Ernst H. F. Meyer

Geschichte der Botanik

Erster Band

Ernst H. F. Meyer

Geschichte der Botanik

Erster Band

ISBN/EAN: 9783955623388

Auflage: 1

Erscheinungsjahr: 2013

Erscheinungsort: Bremen, Deutschland

@ Bremen-university-press in Access Verlag GmbH, Fahrenheitstr. 1, 28359 Bremen. Alle Rechte beim Verlag und bei den jeweiligen Lizenzgebern.

GESCHICHTE

DER

BOTANIK.

STUDIEN

von

ERNST H. F. MEYER.

ERSTER BAND.

KÖNIGSBERG,
VERLAG DER GEBRÜDER BORNTRÄGER.
1854.

Vorrede.

Die gleich nach Beendigung dieses Bandes in bester Stimmung geschriebene Vorrede ist durch einen Zufall verloren gegangen. Jetzt, tief in den dritten Band versenkt, mag und kann ich sie in gleicher Art nicht zum zweiten mal schreiben, und tröste mich damit, dass diejenigen, welche Vorreden lesen, ihrer meist am wenigsten bedürfen. Nur das Nothwendigste wiederhole ich, vor allem den Plan des Ganzen, so weit er sich bis jetzt in der Kürze darlegen lässt, und die Antwort auf zwei Vorwürfe, denen ich entgegen sehe.

Was dieser Band giebt, sagt die Inhaltsanzeige. Im folgenden, der fertig war, als ich den ersten zum Druck übergab, und künftiges Jahr, sobald auch der dritte fertig und der vierte begonnen ist, erscheinen soll, verfolgte ich die Geschichte der Botanik in Europa bis zu ihrem tiefsten Verfall, bis nahe an die Zeit Karls des Grossen. Mit dem dritten Bande spinnt sich ein neuer dünnerer Faden an, die Geschichte indischer Pflanzenkunde, die nach dem Urtheil der gründlichsten Sanskritisten nicht so alt ist, wie man sich vor kurzem noch einbildete, und kaum bis zu Christi Geburt hinaufreicht. Bei den Persern und den Erben ihrer Macht und Geistesbildung, den Arabern, verbanden sich darauf einheimische indische und griechische Elemente zu einer wunderlichen Mischung, worin zwar der Masse nach die letztern überwiegen, doch alles fast wie eine urweltliche Flora unzusammenhängend und im Zustande der Erstarrung erscheint. Arabische Einflüsse erstreckten sich dann wieder auf die spätern griechischen und lateinischen Aerzte des Mittelalters, ohne die Medicin und mit ihr die Botanik merklich zu fördern. Erst als des Aristoteles ewig unzerstörbare Werke in Uebersetzungen theils unmittelbar aus dem Griechischen, theils erst mittelbar aus dem Arabischen in das barbarische Latein des Mittelalters, den Abendländern aufs Neue bekannt wurden, feierte nebst der Philosophie auch die Botanik, und zwar durch Albert den Grossen, ihre Wiedergeburt, freilich nur um gleich darauf zum zweiten mal zu entschlummern. So weit hoffe ich im dritten Bande zu kommen, und im vierten und fünften die Geschichte neuerer Botanik bis auf Robert Brown herabführen zu können. Denn ich rechne darauf, dass die vielen Untersuchungen über das Zeitalter und die Persönlichkeit der Schriftsteller, über die Aechtheit oder Unächtheit ihrer Werke u. dgl. m., die in den beiden ersten Bänden so viel Raum einnehmen, in den beiden letzten fast ganz wegfallen werden. Auch können in einer Zeit, in der die bedeutenderen Schriftsteller näher beisammen stehen, die unbedeutenderen, die keine Spur in der Wissenschaft hinterlassen haben, grossentheils ganz übergangen werden.

Die beiden Vorwürfe, denen ich im voraus begegnen möchte, sind ein vermeinter Ueberfluss und Mangel.

Ueberflüssig finden wird vielleicht mancher in den beiden ersten, zum Theil auch noch im dritten Bande viele Namen, von deren Trägern sich wenig oder nichts Erhebliches für die Geschichte der Botanik berichten liess, noch mehr die mitunter weitläuftigen Untersuchungen, die sich daran knüpfen. Doch ohne Zusammenhang keine Geschichte, und in der früheren Zeit stehen die um die Botanik wahrhaft verdienten Männer mit wenigen Ausnahmen so weit aus einander, so isolirt in ihren Jahrhunderten, dass eben nur jene Männer geringerer Bedeutung den Zusammenhang vermitteln. Dazu kommt die Rücksicht auf Chronologie, auf die ich den grössten Fleiss verwenden zu müssen glaubte. In jenen trüben Zeiten lässt sich das Alter des einen oft nur durch das des andern noch unbedeutenderen Schriftstellers ermitteln, was weitläuftige Untersuchungen unvermeidlich macht. Endlich waren gewisse Schriftsteller, und mit Recht, von jeher die Lieblinge der

Literarhistoriker; über Aristoteles, Theophrastos, Plinius u. s. w., blieb wenig zu sagen übrig, was nicht längst vielleicht besser gesagt war, als ich es sagen konnte. Mit Unrecht vernachlässigte man aber viele geringere Schriftsteller so sehr, dass über sie die gröbsten Irrthümer von Buch zu Buch immer höher aufwucherten. Auch die sonst zuverlässigsten Literarhistoriker, wie Fabricius, Haller, Hamberger und alle Neueren sind bei Schriftstellern der Art mehr oder minder unzuverlässig. Es ist unglaublich, was man bei flüchtigem Lesen der Zeugnisse in sie hinein gelesen, was man heraus zu lesen versäumt hat, oder wie gar Ein Späterer den andern, ohne selbst auf die Quelle zurückzugehen, missverstanden hat. Dergleichen Fehler nach Kräften zu vermeiden, keine Stelle ungelesen zu citiren, oder, wenn das in einzelnen Fällen nicht möglich war, ohne wenigstens den Gewährsmann für das Citat zu nennen, überhaupt das Vertrauen der Leser so selten wie möglich in Anspruch zu nehmen, sondern ihnen die Mittel eigener Prüfung vorzulegen, hielt ich für meine erste Pflicht. Ich fürchte sehr, dass es mir bei beschränkter Gelehrsamkeit im Vergleich mit vielen meiner trefflichen Vorgänger nicht immer gelungen sein wird, sie zu erfüllen; doch dass ich danach gestrebt, und den dazu nothwendigen Raum nicht gespart habe, kann ich mir nicht zum Vorwurf machen.

Was man dagegen in meinem Buch, zumal im Vergleich mit Sprengels Geschichte der Botanik, vermissen wird, ist die Interpretation der Pflanzen der Alten. Ich verkenne wahrlich nicht die grossen Verdienste, die sich Sprengel in seinen Commentaren zum Theophrastos, zum Dioskorides und in andern Schriften um die Lösung dieser schwierigen Aufgabe erworben hat; was er aber in seiner Geschichte der Botanik dafür geleistet hat, halte ich grösstentheils für unerheblich oder ganz verfehlt. Und es kann nicht anders sein. Die Geschichte geht von Schriftsteller zu Schriftsteller, die Erklärung ihrer Pflanzen muss von Pflanze zu Pflanze gehen, und bei jeder alles, was verschiedene Schriftsteller von ihr aussagten, zusammenstellen. Bei der Prüfung dieser so versammelten Zeugnisse ist der sicherste Weg wenigstens oft der aus der näheren rückwärts in die entferntere Zeit; das wäre für die Geschichte ein Krebsgang. Und wenn irgendwo, so ist bei Untersuchungen der Art jedes Urtheil, wenn es Gewicht haben soll, zu motiviren; in der Geschichte fehlt es dazu an Raum. Ueberhaupt gehört die Erklärung der Pflanzen der Alten gar nicht in die Geschichte ihrer Botanik, sondern sollte ihr billig vorausgehen, gleich wie man den Text jedes Schriftstellers, den man als historische Quelle benutzen will, erst gehörig verstehen muss, bevor man ihn benutzt. In dieser Ueberzeugung habe ich die Interpretation der Pflanzennamen alter Schriftsteller so viel wie möglich vermieden, wo sie jedoch nicht zu umgehen war, die Gründe meiner Meinung gewissenhaft dargelegt.

Lange Jahre trug ich mich mit dem Gedanken eine Geschichte der Botanik zu schreiben, richtete auf diesen Zweck meine Studien, und verschaffte mir nicht ohne Opfer manches wichtige und seltene Werk. Was mir an Apparat und Gelehrsamkeit noch abgeht, um das mir vorgesteckte Ziel zu erreichen, empfinde ich um so tiefer, je weiter ich fortschreite. Aber ich überzeuge mich auch immer mehr, dass ein vollständiger Apparat, eine genügende Gelehrsamkeit unerreichbar sind. In der That ist die Geschichte jeder Wissenschaft eben so unergründlich wie sie selbst. Sie muss wiederholt von verschiedenen Gesichtspunkten aus geschrieben und umgeschrieben werden, um sich allmälig ihrer Idee zu nähern. Die der Botanik, so weit sie fertig ist, dieser ihrer Idee um ein Kleines näher gebracht zu haben, bin ich mir bewusst, und darf es ohne Anmassung aussprechen. Dass ein Anderer diese meine Studien einst brauchbar finde, und zum wahren Kunstwerk verarbeite, ist mein lebhaftester Wunsch, und wäre mein höchster Lohn.

Königsberg den 5. Juli 1854.

E. Meyer.

Inhalt.

Erstes Buch. Anfänge der Botanik bei den Griechen . . . Seite 1
- §. 1. Die beiden Quellen botanischer Erkenntniss, Empirie und Speculation . . . . „ 1

Erstes Kapitel. Empirische Pflanzenkenntniss der Griechen von Aristoteles bis Theophrastos . . . . „ 5
- §. 2. Muthmassliche Menge der vor ihnen volksthümlich bekannten Pflanzen . . . . „ 5
- §. 3. Die Rhizotomen, Pharmakopolen und Schriftsteller über Rhizotomie 8
- §. 4. Die Geoponiker oder Georgiker und andere Schriftsteller über den Landbau . . . . „ 14

Zweites Kapitel. Speculative Forschungen der Griechen vor Aristoteles über die Natur der Pflanze . . . . . „ 30
- §. 5. Die philosophischen Schulen der Ionier, Pythagoreer, Eleaten, Sophisten und Sokratiker . . . . . . „ 30
- §. 6. Die Philosophen vor Empedokles . „ 34
- §. 7. Empedokles Akragantinos . . . „ 38
- §. 8. Desselben Phytologie . . . . „ 46
- §. 9. Die Philosophen von Anaxagoras bis Hippon . „ 58
- §. 10. Pseudo-Hippokrates von der Natur des Fötus „ 64
- §. 11. Demokritos Abderita . . . . . „ 70
- §. 12. Platon . . . . „ 74

Inhalt.

Zweites Buch. Blüthe der Botanik bei den Griechen . . Seite 79
§. 13. Einleitnng . . . „ 79
Erstes Kapitel. Aristoteles . „ 81
§. 14. Dessen Leben . . . . „ 81
§. 15. Dessen phytologische Schriften . . . . „ 88
§. 16. Fragmente aristotelischer Phytologie, nach Wimmers
 Ausgabe derselben übersetzt . . . . „ 94
  I. Verwandtschaft des Thiers und der Pflanze Nr. 1—2 „ 94
  II. Das Leben Nr. 3—5 . . . . „ 95
  III. Leben und Seele der Pflanzen. Nr. 6—31 . . . . „ 95
  IV. Von der eignen Wärme der Pflanzen und deren
    Hauptwirkungen. Nr. 32 — 37 . . . . „ 103
  V. Von den Stufen des Lebens und vom Tode. Nr. 38—45 „ 106
  VI. Von der Organisation und den Organen der Pflanze.
    Nr. 46 — 73 108
  VII. Von der Ernährung der Pflanzen. Nr. 74—105 (Nr.
    104 fällt aus) . . . . „ 118
  VIII. Von der Erzeugung der Pflanzen. Nr. 106—147 „ 128
Zweites Kapitel. Theophrastos Eresios „ 146
§. 17. Dessen Leben . . . . . . „ 146
§. 18. Theophrastos als Schriftsteller . „ 153
§. 19. Dessen Geschichte der Pflanzen . . . . . . „ 159
§. 20. Dessen Werk von den Ursachen der Pflanzen . . . „ 167
§. 21. Zwei Bruchstücke aus dessen Pflanzengeschichte als
  Probe der Behandlung . . . . „ 177
§. 22. Ausgaben und literarische Hülfsmittel zum Verständniss der botanischen Werke des Theophrastos 184
Drittes Kapitel. Andere Peripatetiker . 189
§. 23. Phanias Eresios . 189
§. 24. Dikäarchos . . . . , „ 193
§. 25. Die fälschlich dem Aristoteles beigelegte Schrift von
  den Farben 195
Drittes Buch. Verfall der Botanik unter den Griechen bis zur
  Gründung der römischen Weltherrhaft (Augustus) 202
Erstes Kapitel Politisch-literarische Einleitung . . 202
§. 26. Die Ptolemäer in Alexandrien . . 202
§. 27. Das alexandrinische Museum 212
§. 28. Die Attaler in Pergamon 216
§. 29. Die Pharmakeutik im Sinn der Alexandriner . . . 218
§. 30. Zur Charakteristik der naturwissenschaftlichen Literatur des Zeitalters , 222

Inhalt.

Zweites Kapitel. Griechische Schriftsteller über Heil- und Nahrungsmittel . . . . Seite 227
- §. 31. Verlorene vor Nikandros . . . . „ 227
- §. 32. Nikandros Kolophonios . . . . „ 244
- §. 33 Verlorene griechische Schriftsteller über Heil- und Nahrungsmittel von Nikandros bis auf Augustus . . „ 250
- §. 34. Verlorene griechische Schriftsteller über Heil- und Nahrungsmittel von unbestimmtem Alter . . . . . „ 260

Drittes Kapitel. Die Magiker des alexandrinischen Zeitalters unter altgriechischen Namen . . . . „ 269
- §. 35. Pseudo-Orpheus . . . . . - . . . „ 269
- §. 36. Pseudo-Pythagoras . . . . „ 275
- §. 37. Pseudo-Demokritos oder Bolos Mendesios . . „ 277

Viertes Kapitel. Die gekrönten Giftmischer . . . . „ 284
- §. 38. Attalos, König von Pergamon . . . „ 284
- §. 39. Mithridates, König von Pontos . . . . „ 287

Fünftes Kapitel. Die griechischen Georgiker des alexandrinischen Zeitalters . . . . . „ 289
- §. 40. Statistik derselben . . . . „ 289
- §. 41. Magon der Karthager und seine Bearbeiter . . . „ 296
- §. 42. Andere Georgiker . . . . „ 305

Sechstes Kapitel. Die griechischen Geographen des alexandrinischen Zeitalters . . . . . . „ 311
- §. 43. Agatharchides Knidios . . . „ 311
- §. 44. Strabon . . . . „ 313
- §. 45. Juba II., König von Mauritanien . . . . . . „ 317

Siebtes Kapitel. Der einzige phytologische Schriftsteller des Zeitalters, Nikolaos Damaskenos . . . . „ 324
- §. 46. Geschichte seiner Schrift . . . . „ 324
- §. 47. Sein Leben und seine zwei Bücher von den Pflanzen „ 328

Viertes Buch. Botanische Anklänge bei den Römern vor und unter Augustus . . . , . „ 334
- §. 48. Einleitung . . . . . , ... „ 334

Erstes Kapitel. Römische Landwirthe und Gärtner . „ 338
- §. 49. Marcus Portius Cato Censorius . . . . , „ 338
- §. 50. Die lateinische Uebersetzung des Mago . . . . . „ 348
- §. 51. Die beiden Saserna, Vater und Sohn, und Cneus Terentius Scrofa . . . . „ 352
- §. 52. Marcus Terentius Varro „ 354
- §. 53. Publius Virgilius Maro . „ 370

Inhalt.

§. 54. Cajus Julius Hyginus . . . . Seite 375
§. 55. Sabinus Tiro, und der römische Gartenbau . . . „ 377
Zweites Kapitel. Marcus Vitruvius Pollio, der Architekt „ 382
§. 56. Sein Werk . . . . „ 382
§. 57. Sein Leben . . . . „ 387
Drittes Kapitel. Die Heilmittellehre der Römer „ 391
§. 58. Uebersicht ihrer Geschichte nach Plinius „ 391
§. 59. Lenäus Pompejus . . „ 393
§. 60. Cajus Valgius Rufus . . . „ 396
§. 61. Aemilius Macer Veronensis . „ 396

Erstes Buch.
Anfänge botanischer Kenntniss bei den Griechen.

§. 1.
Die beiden Quellen botanischer Erkenntniss, Empirie und Speculation.

Einer der Väter deutscher Pflanzenkunde, Hieronymus Bock, giebt in den zwei ersten Kapiteln der Vorrede zu den spätern Ausgaben seines Kräuterbuchs einen gedrängten Abriss der Geschichte seiner Wissenschaft. Für den ersten aller Botaniker erklärt er in vollem Ernst einer fast kindlichen Naivität den allmächtigen Gott, weil er die Pflanzen erschuf. „Nach Erkundigung aller Geschrift unter der hellen Sonne, so lauten seine Worte, erfindet sich's klar, dass der allmächtig Gott und Schöpfer der allererst Gärtner Pflanzer und Baumann aller einfachen [1]) Gewächse ist und bleiben wird. Denn zuvor und ehe der Mensch geschaffen, seind je alle Gewächs mit ihrer Zierung artlichem Geschmuck Kraft und Wirkung aus der lieben Erde gekrochen, und von Gott nach aller Nothdurft zugerüst und ausbereit gewesen, u. s. w." — In demselben Sinne, „alle Fabel und Poeterei auf ein Ort gestellt," wird ferner Adam als der zweite Botaniker gepriesen, weil er alle Pflanzen mit ihren rechten Namen belegte. Auf ihn folgen die Botaniker Kain, Noah, dann

---

1) **Einfach** heissen sie in der Voraussetzung, dass jede Pflanze ein Arzneimittel sei, im Gegensatz gegen die **zusammengesetzten** Arzneimittel.

die **Chaldäer** und **Aegypter**, darauf die **Griechen**, unter denen nach dem Zeugniss Ovids **Apollon** voran steht. — So weit wird heutiges Tags wohl niemand zurückgreifen wollen.

Auch jene Ueberlieferungen ehrwürdiger Sage, mit denen **Haller** [1]) seine tief gelehrte botanische Bibliothek einleitet, wie z. B. der weise **Salomon** hätte alle Gewächse gekannt „von der Ceder auf dem Libanon bis zu dem Ysop, der aus der Wand wächst."; bei den Griechen hätte **Chiron** den **Aeskulapius**, später den **Achilles** in der Pflanzenkunde unterwiesen; nach Hesiodos wären die Pflanzen unter **Aphrodite's** niedlichem Fuss entsprossen, und mehr dergleichen lehren uns nur, was wir sonst schon wissen, dass die Griechen ein poetisches Volk waren, und dass der Gebrauch einiger Pflanzen als Heilmittel sehr alt sein muss; ob jedoch so alt wie jener biblische König, jene Halbgötter und Heroen, bleibt zweifelhaft. Denn die Sage liebt die Verknüpfung späterer Erfindungen mit älteren Namen. [2])

Noch weniger möchte ich **Sprengels** [3]) Beispiel folgen, der seine Geschichte der Botanik mit vollständigen Verzeichnissen

---

1) *Haller, A. v., bibliotheca botanica, qua scripta ad rem herbariam facientia a rerum initiis recensentur. Tiguri, tom. I, 1771; II, 1772. — 2 voll. 4.* Aller Fehler ungeachtet das reichhaltigste Hülfsmittel für die Geschichte der Botanik. — Unerheblich sind *C. Th. de Murr, adnotationes ad bibliothecas Hallerianas botanicam, anatomicam, chirurgicam et medicinae practicae. Erlangae, 1805. 4.*

2) Wer sich für Forschungen auf jenem dunklen Gebiet interessirt, und deren neueste Ergebnisse in geistvoller Auffassung will kennen lernen, den verweise ich auf *Welcker, F. G., zu den Alterthümern der Heilkunde bei den Griechen* (besonders abgedruckt aus desselben *kleinen Schriften. Bonn, Th. III, 1850. 8.).* Mich hat diese verdienstvolle Arbeit nur befestigt in der Ueberzeugung, dass der Anfang der Geschichte der Botanik in eine spätere Zeit fällt.

3) *Sprengel, Curt., historia rei herbariae. Amstel., tom. I, 1807, II, 1808. 8.* Darauf: *Kurt Sprengels Geschichte der Botanik. Neu bearbeitet. Altenb. u. Lpz. Th. I, 1817. II, 1818. 8.* Nach Hallers Werk unser wichtigstes Hülfsmittel voll umfassender Gelehrsamkeit, doch leider mit einer Flüchtigkeit gearbeitet, die eine stete Controle der zum Glück meist genau angezeigten Quellen unerlässlich macht, und oft zu den verkehrtesten Urtheilen führte.

der bei älteren Schriftstellern vorkommenden Pflanzennamen und deren Deutung ausschmückte, wobei sogar die Bibel, die homerischen Gesänge, die indische Sakontala u. dgl. nicht übergangen wurden. Ich verkenne nicht das grosse Verdienst, das sich Sprengel, vorzüglich in den Arbeiten seines reiferen Alters, in seinen Commentaren zu Theophrastos und Dioskorides, um das so schwierige Verständniss alter Pflanzennamen erworben; blosse Verzeichnisse derselben, wie seine Geschichte der Botanik enthält, haben jedoch wenig Werth, und zu kritischen, auf sorgfältige Vergleichung aller Zeugnisse gegründeten Untersuchungen über die Bedeutung der einzelnen Namen fehlt es in Werken dieser Art an Raum. Füllt doch Olai Celsii hierobotanicon, das Hauptwerk, über biblische Pflanzen, allein schon zwei doppelt so starke Bände wie Sprengels ganze Geschichte der Botanik.[1]

Wie aber alle Naturforschung, ja alle Wissenschaft überhaupt, so ist auch die Botanik aus dem Zusammenfluss zweier weit aus einander liegender Quellen abzuleiten: aus der zunächst rohen

---

[1] Versuche der Art zur Erläuterung der Pflanzennamen einzelner später vorkommender Schriftsteller werde ich bei diesen anzuführen nicht versäumen. Hier nur, was ich später anzuzeigen kaum Gelegenheit finden dürfte: *Rosenmüller, E. F. K., biblische Naturgeschichte. Thl. I, das Mineral- und Pflanzenreich. Lpz. 1830* (bildet Band IV, Abth. I, seines Handbuchs der biblischen Alterthumskunde). Eine gediegene Arbeit, die andre Bücher über denselben Gegenstand ausser Celsius, auf den ich bei der arabischen Literatur zurückkommen werde, entbehrlich macht. — *Miquel, J. A. W., tentamen florae Homericae, of Bijdragen tot de kennis der Planten, die in de Gedichten van Homerus voorkommen. (in Tijdschrift voor Natuurlijke Geschiedenis: Tom. II, Stuck 3.). Desselben homerische Flora. A. d. Holländ. übersetzt von J. C. M. Laurent. Altona, 1836. 8.*

Auch der Anführung folgender Schriften kann ich mich nicht enthalten. Sind sie gleich nichts weniger als botanisch; so verdienten sie doch, wenn einmal die Geschichte der Botanik bis auf Homeros zurückgeführt werden sollte, vor andern benutzt zu werden. *Müller, E., über sophokleische Naturanschauung. Liegnitz, 1842, 4.* (Gymnasialprogramm). — *Humboldt, A. v., Kosmos. Th. II, 1847. S. 6 ff.: Naturbeschreibung; Naturgefühl nach Verschiedenheit der Zeiten und Völkerstämme.* — *Pazschke, über homerische Naturanschauung. Stettin, 1848. 4.* (Gymnasialprogramm).

Masse mannichfacher **Erfahrungen** ohne Zusammenhang und Verständniss, wie sie das Leben darbietet im Umgange mit der Natur, die unsern nächsten einfachen Bedürfnissen so freigebig entgegenkommt, und aus dem höhern Bedürfniss des Geistes, aus dem uns angeborenen Durst nach zusammenhängender Auffassung der Dinge, mit einem Wort aus der **Speculation**. Man irrt, wenn man sich einbildet, alle Naturforschung ginge von der Erfahrung aus, die Speculation suchte sich ihrer erst allmälig zu bemächtigen. Thatsächlich, wie alle Geschichte lehrt, sind beide gleich alt und ursprünglich, und erhalten sich fortschreitend in unaufhörlicher Wechselwirkung, so dass zwar bei einzelnen Trägern der Wissenschaft, ja bei ganzen Völkern, in ganzen Zeiträumen, bald die Empirie, bald die Speculation vorwaltet, doch nie eine die andere gänzlich unterdrückt. Und wie könnte der Empiriker auch nur zwei Thatsachen mit einander verknüpfen ohne freie Vernunftthätigkeit? und woher nähme der Philosoph den Stoff zu seinen kühnsten Constructionen, wenn nicht aus der Sinnenwelt? Es ist thöricht, die Form auf Kosten des Stoffs zu erheben, weil diesen die Natur darbietet, jene der freie Geist hinzufügt: als ob die Form ohne den Stoff, woran sie sich bethätigt, Realität hätte. Doch eben so thöricht ist umgekehrt die Verachtung der Form, weil sie der Veränderung unterworfen ist, und der Dünkel auf den Reichthum des Stoffs, der, einmal gewonnen, seinen Werth ewig behauptet; als ob er nicht seinen Werth für uns, für die Wissenschaft, erst dadurch bekäme, dass der Geist ihn bildend zusammenfasst.

Ein gewisses Maass empirischer Pflanzenkenntniss, so wie einzelne speculativ fruchtbare Gedanken, besassen ohne Zweifel andere Völker lange vor den Griechen, und ich bin weit entfernt zu leugnen, dass sich zahlreiche Spuren von beiden sogar schon in den **mosaischen** Schriften nachweisen lassen. **Wissenschaft** entspringt aber erst aus der Vereinigung beider, und weder allein aus der sich selbst gleichen Erde, noch allein aus der Stirn des Zeus. Sie hemmt ihren Fortschritt, so oft die beiden Erzeuger gegen einander erkalten; wo aber beide nach solcher Trennung sich wieder zusammenfinden, und keiner sich stolz des andern überhebt, da liegen die Knotenpunkte grosser wissenschaftlicher Fortentwickelung. Und der erste jener Knotenpunkte, wie für die meisten, so auch für unsere Wissenschaft, fällt in die Zeit des Aristoteles. Erst bei den Griechen ist es folglich der Mühe werth nachzuforschen, wie Empirie und Speculation, anfangs jede für sich, das glückliche Ereigniss ihrer Vereinigung vorbereiteten und endlich zu Stande brachten. Sei dieser Betrachtung unser erstes Buch geweiht.

Erstes Kapitel.
Empirische Pflanzenkenntniss der Griechen vor Aristoteles und Theophrastos.

§. 2.
Muthmassliche Menge der vor ihnen volksthümlich bekannten Pflanzen.

Wie viel Pflanzen etwa bis auf die Zeiten des Aristoteles und Theophrastos, den Gründern wissenschaftlicher Botanik, den Griechen bekannt, das heisst von Hirten Jägern Holzhauern Kohlenbrennern Acker- und Gartenbauern, so wie von solchen, die sich mit der Heilkunde abgaben, unterschieden sein mochten, lässt sich natürlich unmittelbar gar nicht, mittelbar nur nach der Menge volksthümlicher Pflanzennamen ungefähr beurtheilen, die sich zufällig aus dem Sprachschatz jenes Zeitalters erhielten.

Miquel zählt in seiner schon genannten homerischen Flora in den homerischen Gesängen mit Einschluss der Hymnen überhaupt nur drei und sechzig Pflanzennamen. Wären Hesiodos, Pindaros und die vier dramatischen Dichter eben so botanisch durchsucht, schwerlich liesse sich aus ihnen allen jene Zahl auch nur bis auf hundert steigern. Was die ältern Historiker, besonders Herodotos darbieten, beschränkt sich fast nur auf einige vegetabilische Merkwürdigkeiten fremder Länder unter ungriechischen

Namen, lässt sich also der Menge der volksthümlich durch eigene Anschauung den Griechen bekannten Pflanzen nicht einmal zuzählen.

Etwas mehr Ausbeute liefern die hippokratischen Schriften, von denen jedoch einige in ein weit späteres Zeitalter gehören. In allen, ächten wie unächten zusammengenommen, zählte Dierbach [1]) zwei hundert sechs und dreissig Pflanzen.

Die Bücher des Aristoteles von den Pflanzen gingen verloren, und liessen die specielle Botanik, wie es scheint, unberührt. In denen seines jüngern Zeitgenossen und Schülers Theophrastos zählte Stackhouse [2]), abgesehen von solchen Namen, die sich nur orthographisch unterscheiden, und für reine Synonyme zu halten sind, vier hundert fünf und funfzig, unter denen jedoch, wie auch unter den hippokratischen, mehrere fremden Pflanzen angehören, deren Producte der Handel den Griechen zuführte, ohne dass ihnen die Pflanzen selbst bekannt waren, oder die sie ganz und gar nur aus historischer Ueberlieferung kannten. Die übrigen dürfen wir ohne Zweifel als volksthümlich in Griechenland betrachten. Denn weit entfernt, nach Art heutiger Anfänger in der Botanik überall neue Pflanzen entdecken und als solche beschreiben zu wollen, beschränkte sich Theophrastos durchaus auf Betrachtungen über längst bekannte Pflanzen; und nicht einmal

---

1) *Dierbach, J. H.*, die *Arzneimittel des Hippokrates, oder Versuch einer systematischen Aufzählung der in allen hippokratischen Schriften vorkommenden Medikamenten (sic!). Heidelberg, 1824. 8.*

2) *Stackhouse, Joh.*, catalogus plantarum Theophrasti graeco-latinus, hinter der Vorrede zum ersten Bande seiner Ausgabe der *Historia plantarum* des Theophrastos in zwei Bänden, die 1813 und 1814 zu Oxford erschienen. — Dazu im zweiten Bande die *Plantae omissae in catalogo partis primae vel emendatae. Cum notis.* — Weder Schneider fügte seiner Ausgabe, noch Sprengel seiner Uebersetzung desselben Werks ein Pflanzenverzeichniss bei. In dem *Index nominum graecorum plantarum cum interpretatione Sprengelii*, den Wimmer seiner neuesten Ausgabe desselben Werks vordrucken liess, zählte ich nur 438 Pflanzen. Hier fehlen aber die Namen der Pflanzen, die Sprengel nicht zu deuten wagte.

Buch I. Kap. 1. §. 2.

den Vorrath dieser erschöpfen zu wollen, lag in seinem Plan. Aus der gemachten Angabe folgt daher nur, dass man zur Zeit des Theophrastos oder auch schon kurz vor derselben mindestens gegen fünf hundert Pflanzen kannte, nicht umgekehrt, mehr habe man nicht gekannt.

Wohl bewässert, von Meerbusen und Gebirgen in allen Richtungen durchschnitten, überhaupt mannichfach gebildet wie kein anderes europäisches Land, besitzt Griechenland eine reiche Flora. Sibthorps prodromus florae Graecae von 1806, das Resultat einer flüchtigen Durchreise, enthält schon 2335 Pflanzenarten; wie viel mehr derselben würden wir kennen, hätte nicht der Tod unsern trefflichen Zuccarini an der Bearbeitung einer neuen griechischen Flora verhindert, die er nach den Mittheilungen seines Bruders und anderer Baiern, welche Jahre lang in Griechenland gelebt, bearbeiten wollte! Sicher können wir den Gesammtreichthum der griechischen Flora ohne die niedern Akotylen auf 3000 Arten schätzen. Der Grieche der alten Zeit lebte viel in der Natur, ja im vertrautesten Umgange mit ihr; an Schärfe sinnlicher wie geistiger Auffassung übertraf ihn keine Nation: wäre es nicht wunderbar, wenn er für die ihn umgebenden Pflanzen nicht noch weit mehr Sinn gehabt hätte, als des Theophrastos gar nicht auf diesen Zweck gerichtete Ueberlieferungen erkennen lassen? Noch jetzt finden wir unter uns, zumal in reicheren Gebirgsgegenden, Hirten und Andere, die, ohne dazu jemals wissenschaftliche Anleitung erhalten zu haben, die Heilkunde an Thieren und Menschen üben, sich dazu vornehmlich der einheimischen Pflanzen bedienen, und ihre Flora dem Aeussern nach besser kennen wie mancher Botaniker. Sollte es deren nicht lange vor Aristoteles und Theophrastos auch unter den Griechen gegeben haben? Indess besassen sie von den meisten Pflanzen, die sie zu unterscheiden und zu nennen wussten, schwerlich mehr als einen oberflächlichen Eindruck ihrer Gestalt Farbe Grösse ihres Geruchs und Geschmacks, nebst geringer, mit Aberglauben vermischter Kenntniss ihrer medicinischen Kräfte. Das für sich allein war noch nicht einmal ein Anfang der Wissenschaft, doch war es ein Vorrath, der, um in Wissenschaft zu entlodern, nur des zündenden Gedankens harrete. Vornehmlich verdienen unter den Empirikern die **Rhizotomen** und **Geoponiker** oder **Georgiker** unsere Aufmerksamkeit, von denen ich daher in den nächsten Paragraphen besonders handeln werde. Vielleicht sollte ich auch der neugierig **Reisenden** gedenken; allein von solchen innerhalb Griechenland wissen wir aus jener früheren Zeit so gut wie nichts, unerachtet der zahlreichen Angaben des Theophrastos über die Verschiedenheit der Pflanzen in verschiedenen Theilen Griechenlands, welche die Thätigkeit solcher Reisender verrathen. Und was die weiteren Reisen ins Ausland, z. B. die des **Herodotos** nach Aegypten, die des **Demokritos** ebenfalls dorthin, so wie durch einen beträchtlichen Theil Asiens, oder die Seefahrt des **Skylax**, falls er sie wirklich gemacht hat, zur Bereicherung des Materials beitragen mochten, das konnte erst durch Vergleichung mit dem einheimischen Material, also erst unter der bildenden Hand eines Aristoteles oder Theophrastos Bedeutung gewinnen.

§. 3.
Die Rhizotomen, Pharmakopolen und Schriftsteller über Rhizotomie.

Die **Wurzelgräber**, ῥιζοτόμοι, und die ihnen nahe stehenden **Arzneihändler**, φαρμακοπῶλαι, machten aus dem Einsammeln und Zubereiten der Arzneipflanzen ein eigenes Gewerbe, welches dem Wachsthum der Pflanzenkenntniss nothwendig förderlich sein musste. Um jedoch ihre Verdienste nicht zu überschätzen, wie Sprengel nach meiner Ueberzeugung gethan, ist vor allem die Art, wie sie das Gewerbe zu treiben pflegten, näher zu betrachten.

Theophrastos,[1] nachdem er über das Einsammeln der Wur-

---
1) *Theophr. hist. plant. IX, cap. 8. sect. 5*; nach **Schneiders** und eben so nach Wimmers Ausgabe, nach denen ich stets citiren werde. In der von **Stackhouse** ist die Eintheilung in Kapitel eine andere, in der von **Heinsius** wieder eine andere; in älteren fehlt sie ganz.

Buch I. Kap. 1. §. 3. 9

zeln Früchte Säfte zum Arzneigebrauch einige Regeln gegeben, fährt also fort: „Was aber die Pharmakopolen und Rhizotomen sonst noch sagen, davon scheint einiges zweckmässig, anderes marktschreierisch zu sein. So rathen sie die Thapsia und einige andere Pflanzen vom Winde abgewandt und mit Oel gesalbt zu graben; denn wenn gegen den Wind, so schwelle der Leib an. Vom Winde abgewandt sei auch die Frucht der immergrünen Rose (τοῦ κυνοσβάτου) zu sammeln, sonst liefen die Augen dabei Gefahr. Einige Pflanzen müssten Nachts, andere bei Tage, andere, bevor die Sonne darauf scheint, gesammelt werden, wie z. B. das sogenannte Klymenon (vermuthlich Calendula arvensis) Dies und anderes der Art mag nicht ohne Grund sein, denn die Kräfte einiger Pflanzen sind schädlich, sie entzünden, sagt man, und brennen wie Feuer; wie denn auch die Nieswurz leicht Kopfschmerz macht, so dass man sie nicht lange graben kann, ohne vorher Lauch zu essen und ungemischten Wein dazu zu trinken. Allein ungereimt und übertrieben ist, wenn sie vorschreiben, die Päonia, die man auch Glykysida nennt (Paeonia officinalis), bei Nacht zu graben; denn geschähe es am Tage, und der, welcher die Frucht sammelt, würde vom Specht gesehen, so liefen seine Augen Gefahr, oder der, welcher die Wurzel gräbt, so bekäme er einen Vorfall des Mastdarms. So auch wer die Kentauris gräbt (vermuthlich die Wurzel der Centaurea Centaurium), solle sich vor der Weihe hüten, damit er unverletzt davon komme, und mehr dergleichen. Das Graben mit Gebet mag nicht unangemessen sein, wohl aber, was sie weiter hinzufügen, wenn man das asklepische Panakes (Echinophora tenuifolia) grabe, so solle man dafür einen aus allerlei Samen bereiteten Honigkuchen auf die Erde werfen; wenn aber Xiris (Iris foetidissima), so solle man ihr zum Lohn einen Honigkuchen aus Sommerweizen vorwerfen. Auch solle man mit einem zweischneidigen Schwert drei Kreise ziehen, und was zuerst (durch den engsten Kreisschnitt) abgeschnitten wird, in die Höhe heben, darauf das übrige zerschneiden, und mehr dergleichen. Auch den Mandragoras (Atropa Mandragora) solle man dreimal mit dem Schwert umziehen und gegen Abend gewandt abschneiden; ein Anderer aber solle rings um ihn her tanzen, und viel von Liebeswerken reden. Gleicherweise solle man beim Kümmel, wenn man ihn säet, Lästerungen reden. Auch um die schwarze Nieswurz solle man einen Kreis beschreiben, sich gegen Mittag stellen und beten, und sowohl rechts wie links auf den Adler acht geben, denn er bringe dem Grabenden Gefahr; käme er ihnen nahe, so stürben sie in demselben Jahr. Das alles, wie gesagt, scheint ungereimt zu sein." — An sich gewiss, mit Rücksicht auf den klar zu Tage liegenden Zweck keineswegs. Es kam darauf an, Nebenbuhler von einem leichten und einträglichen Gewerbe fern zu halten. Dazu bot der Aberglaube eins der sichersten Mittel. Zu demselben Zwecke mussten aber auch die gesammelten Kenntnisse so viel wie möglich verheimlicht werden. Kann ich gleich dafür, dass es geschah, kein ausdrückliches Zeugniss beibringen, so lässt sich doch kaum daran zweifeln; und auch das beschränkte unstreitig den Nutzen der Rhizotomie für die Botanik.

Von der Charlatanerie der Pharmakopolen, die man zwar von den Rhizotomen unterschied, die aber oft beide Gewerbe zugleich scheinen getrieben zu haben, weiss Theophrastos nicht weniger zu erzählen. Unter andern [1]), der Pharmakopole Aristophilos von Platäa hätte gesagt, er besässe Mittel, das Zeugungsvermögen zu stärken und zu schwächen. Letzteres könnte er sogar auf bestimmte Zeit, etwa auf zwei oder drei Monate, einrichten, und bediente sich dessen oft bei Sklaven, um sie zu zügeln oder zu züchtigen.

Vorzüglich suchten sie sich durch wirkliches oder vorgespiegeltes Verschlucken drastischer Arzneimittel in grossen Dosen das Ansehen zu geben, als commandirten sie die Wirkung ihrer Mittel, wie noch jetzt zuweilen Rattenfänger so thun, als verschluckten sie Arsenik.

Anders fasst Sprengel die Sache auf; von dem Pharmakopolen Eudemos, den er noch dazu mit dem Philosophen gleiches Na-

---

1) *Theophr. hist. plant. IX, cap. 18. sect. 4.*

mens von Rhodos verwechselt, sagt er unter andern[1]): „er versuchte an sich selbst die Kräfte der Arzneien, besonders des Helleborus." Nach folgenden Stellen des Theophrastos mögen meine Leser selbst beurtheilen, ob das zu wissenschaftlichen Zwecken angestellte Experimente oder betrügliche Gaukeleien waren.

„Alle Arzneimittel, sagt er unter andern[2]), sind minder wirksam bei denen, die sich daran gewöhnten, bei Einigen ganz unwirksam. Manche, die ganze Bündel von Nieswurz verzehren, leiden nichts davon, so z. B. Thrasias, der, was Wurzeln betrifft, für einen der vorzüglichsten gilt. Dasselbe sollen jedoch auch einige Hirten thun. Ein solcher kam zu einem viel bewunderten Pharmakopolen, der eine oder zwei Wurzeln ass, und beschämte ihn, indem er ein ganzes Bündel verzehrte. Er versicherte, sowohl er wie Andere thäten das Tag für Tag." — Ich lasse dahin gestellt sein, ob er es wirklich that, oder ob er den Pharmakopolen nur an Gewandtheit als Gaukler übertraf.

Wenige Zeilen weiter erzählt Theophrastos von jenem Eudemos, den er einen in seiner Kunst sehr geschickten Pharmakopolen nennt, auch dieser hätte Nieswurz genommen und gewettet, das sollte ihn bis Sonnenuntergang (so lange er auf dem Markte auszustehen pflegte) nichts anhaben. Allein obgleich die Portion sehr mässig gewesen, hätte er sie doch nicht bei sich behalten und überwinden können. Das, meine ich, ist nicht die Art, wie man Experimente anstellt.

„Auch Eudemos der Chier, fährt Theophrastos fort, bekam nach Nieswurz keine Ausleerungen. Er erzählt selbst, wie er einst an einem Tage zwei und zwanzig Portionen genommen, während er bis zum Abend ohne aufzustehen auf dem Markt bei

---

1) *Sprengels Gesch. d. Botan.* 1, S. 50. — Ueber die vielen Pharmakopolen, Aerzte und Philosophen Namens Eudemos, deren wir gleich zwei werden kennen lernen, verweise ich auf Rosenbaums Anmerkungen zu seiner (der vierten) Ausgabe des ersten Bandes von Sprengels Geschichte der Medicin, Lpz. 1846, Seite 314 und 442, wo auch noch merkwürdige Züge jener Charlatanerie, freilich aus verschiedenen Zeiten, vorkommen.

2) *Theophr. l. c. 17. sect. 1.*

seinem Geschäft gesessen. Darauf hatte er nach seiner Gewohnheit gebadet und gespeist, ohne sich zu erbrechen. Er hätte aber ein Vorsichtsmittel angewandt, hätte nach der siebenten Portion Bimstein mit scharfem Essig, darauf nochmals mit Wein getrunken." Diese Proben dürften hinreichen, das von Sprengel überschätzte Gewicht der Rhizotomen auf das rechte Maass zurückzuführen. Indess mag es auch unter ihnen bessere gegeben haben, wie denn Theophrastos [1]) z. B. den Alexias, einen Schüler des vorgenannten Thrasias, nicht allein als erfahrenen und geschickten Pharmakopolen, sondern zugleich als Meister in jedem Theil der Arzneikunst rühmt.

Ueberhaupt wissen wir gar nicht, wie weit sich die damaligen Aerzte der Rhizotomen oder Pharmakopolen zu bedienen, oder selbst Rhizotomie und Pharmakopolie zu treiben pflegten. „Die Schriften des Hippokrates, der zuerst treffliche medicinische Vorschriften gab, sagt Plinius [2]), finden wir angefüllt mit Erwähnung von Pflanzen; nicht minder die des Diokles Carystios, des zweiten dem Alter und dem Ruhme nach; desgleichen des Praxagoras und Chrysippos und dann des Erasistratos." Ihnen allen scheint also Plinius wenigstens botanische Kenntnisse zuzuschreiben. Untersuchen wir aber die unzweifelhaft ächten Schriften des Hippokrates, und diejenigen der ihm gewöhnlich zugeschriebenen, welche älter als er selbst zu sein scheinen [3]), so finden wir darin zwar allerlei Pflanzen als Heilmittel empfohlen, doch von eigener Pflanzenkenntniss der Verfasser keine Spur. In der einzigen pseudo-hippokratischen Schrift von den Wunden (περὶ ἑλκέων) [4]), welche Petersen [5])

---

1) *Theophr. l. c. cap. 16. sect. 8.*
2) *Plin. hist. nat. XXVI, cap. 2.*
3) Vergl. *Petersen, Hippocratis nomine quae circumferuntur scripta ad temporum rationes disposita. Pars I,* — im *Index scholarum gymnasii Hamburgensis, Hamburgi, 1839.* 4., eine für Chronologie wichtige, doch wegen der vielen gewagten Hypothesen mit Vorsicht zu benutzende Arbeit, auf die ich noch oft verweisen werde.
4) *Hippocratis opera, edid. Kühn tom. III, pag. 307 sqq.*
5) *Petersen l. c. pag. 50.*

Buch I. Kap. 1. §. 3. 13

um das Jahr 370 v. Chr. setzt, kommen unter vielen bloss namhaft gemachten Arzneipflanzen auch einige mit kurzen beschreibenden Phrasen, und dann wohl gar ohne Namen vor ¹); ein Beweis, dass der Verfasser sich selbst mit Botanik beschäftigt, und sogar mit noch namenlosen Pflanzen experimentirt hatte. Wie er beobachtet, lässt sich freilich nicht beurtheilen, da an ein Wiedererkennen seiner Pflanzen nach seinen kurzen Beschreibungen nicht zu denken ist.

Von Diokles, der zu Karystos auf der Insel Euböa geboren, doch zu Athen ²) gelebt zu haben scheint, und den Galenos ³) wenig jünger als Hippokrates nennt, weshalb ich ihn jedenfalls für älter als Aristoteles halte ⁴), wissen wir sogar, dass er unter vielen medicinischen und diätetischen Werken auch ein Rhizotomikon ⁵) hinterlassen.

Dem Praxagoras, der nach Diokles lebte ⁶), soll Sprengel in seiner Geschichte der Medicin mit Unrecht eine Schrift von den Pflanzen zugeschrieben haben, wie Kühn ⁷) behauptet. Das könnte nur in der zweiten Auflage geschehen sein, die mir

---

1) Gesammelt in *Halleri biblioth. botan. I, pag. 26.*
2) „*Diocles sectator Hippocratis, quem Athenienses juniorem Hippocratem vocarunt etc.*" *Theod. Priscian, in Medici antiqui pag. 315 b.* oder, wie er auch genannt wird, *Octav. Horatianus*, im *Experimentarius medicinae. Argentorat. 1544, pag. 103.*
3) *Galen. opera, edid. Kühn tom. II, pag. 905.*
4) So urtheilte auch Sprengel schon in der ersten Ausgabe der Gesch. d. Med. von 1792 und in allen folgenden. Gleichwohl macht er ihn in der Gesch. d. B. S. 101 zum Alexandriner der Ptolemäer-Zeit, vermuthlich verleitet durch Fabricius, der sich durch einen dem Diokles untergeschobenen Brief irre führen liess. Auch Petersen setzt ihn a. a. O. pag. 51 gewiss zu spät um das Jahr 340 v. Chr., zehn Jahre später als Aristoteles, nachdem er pag. 29 ganz richtig gesagt, *de Dioclis aetate accuratius traditum non invenio, quam quod non diu post Hippocratem, ante Praxagoram Athenis floruisse dicitur.*
5) *Schol. in Nicandri theriaca advers. 647, pag. 97 edit. Schneider.*
6) *Celsi de medic. I, praefat.*; nach Kühn (*Opuscula academica II, pag. 88*), aber ohne Angabe der Quelle, um die 109. Olympiade, d. h. um 343 v. Chr.
7) *Kühn l. c. pag. 148*, wo Sprengel pag. 484 citirt wird.

nicht zur Hand ist; in der ersten, dritten und vierten, wie auch in der Geschichte der Botanik steht nichts der Art. Chrysippos und Erasistratos, deren Plinius noch erwähnt, gehören schon in eine spätere Zeit, und sind beide nicht als Botaniker bekannt. Auf jenen werde ich bei den Geoponikern zurückkommen.

Ausser den genannten erwähnt Sprengel [1]) noch einer Menge anderer Schriftsteller als Rhizotomen der frühern Zeit, die theils dieser Zeit nicht angehören, theils gar nicht zu den Rhizotomen gerechnet werden können. Es ist ein Irrthum, wenn er sagt: „So wie sich nun einige dieser Rhizotomen mehr mit der Anwendung der Pflanzen auf die Heilmittellehre beschäftigten, so hiessen andere eigentliche Physiker, weil sie ganz besonders die Naturlehre der Gewächse bearbeiteten." Die Namen von Physikern oder Physiologen in gleicher Bedeutung kommen bei den Alten sehr häufig vor, doch nirgends vermengen sie dieselben mit den Rhizotomen, sondern verstehen darunter durchgehends die Philosophen der ionischen Schule, die wir als Naturphilosophen im nächsten Kapitel näher werden kennen lernen. Ich bezweifle nicht, dass sie mitunter zum Zweck ihrer Studien auch Pflanzen sammelten, Wurzeln gruben; doch ein Gewerbe wie jene machten sie nicht daraus.

§. 4.
Die Geoponiker oder Georgiker und andere Schriftsteller über den Landbau.

Waren die Rhizotomen durch ihr Gewerbe veranlasst, wildwachsende Pflanzen in freier Natur aufzusuchen, sich die Kennzeichen derjenigen, die sie sammeln wollten, zu merken, um sie von ähnlichen, vielleicht minder wirksamen, vielleicht ganz unwirksamen, oder im Gegentheil schädlichen Arten sicher zu unterscheiden; konnte es nicht fehlen, dass sie den bekannten Vorrath der Arzneipflanzen gelegentlich mit neuen Arten von auffallenden oder zufällig bemerkten Eigenschaften bereicherten: so beschäf-

---

1) *Sprengel*, Gesch. d. Bot. *I*, S. 50—52.

tigten sich die Landwirthe, Georgiker oder Geoponiker genannt, zwar nur mit wenigen von Alters her bekannten Pflanzen, hatten aber Gelegenheit und guten Grund, die Natur derselben, die Bedingungen ihres Gedeihens, die Veranlassung ihres Missrathens, den ganzen Verlauf ihrer Entwickelung desto sorgfältiger zu studiren. Das meiste, was denkende Landwirthe auf solche Weise der Wissenschaft vorgearbeitet haben mögen, kennen wir nicht; doch gab es schon in früher Zeit auch Schriftsteller, die dem Landbau entweder besondere Werke widmeten, oder in Schriften anderer Art gelegentlich auch ihre landwirthschaftlichen Beobachtungen und Meinungen aussprachen. Erhalten hat sich keine jener Schriften, doch erhielten sich bei Theophrastos und Andern manche Nachrichten über sie, und Mittheilungen aus ihnen, die ich hier zusammenstelle. Es versteht sich jedoch von selbst, dass in Rücksicht auf ihre botanischen Leistungen zwischen den Georgikern und den Rhizotomen einer-, den Philosophen andererseits keine scharfe Grenzlinie gezogen werden kann, dass auch die Georgiker wohl einmal Anlass finden konnten, die specifische Verschiedenheit der Pflanzen, und noch öfter die beim Anbau entstandenen Varietäten ins Auge zu fassen, so wie dass ihre Erklärungen der beobachteten Phänomene in Speculation übergehen konnten. Bei dürftigen Nachrichten über die Einzelnen lässt sich daher oft kaum errathen, zu welcher der drei Reihen, die wir unterschieden, sie gehören, ob zu den Rhizotomen, den Georgikern oder Philosophen. Ich möchte folgende vor Andern hierher rechnen, ohne des fabelhaften Orpheus zu gedenken, dessen angebliche Georgika weder Varro noch Plinius in ihre Verzeichnisse agronomischer Schriften aufnahmen, die erst bei Tzetzes an der Grenze des Mittelalters vorkommen, und nur in einem Wirthschaftskalender sollen bestanden haben.[1])

Androtion, älter als Theophrastos, der ihn citirt, sonst

---

1) Vergl. *Lobeck*, *Aglaophamus sive de theologiae mysticae Graecorum causis*. Tom. *I*, pag. *364*; und die noch übrigen Fragmente der Georgika daselbst pag. 411 sqq.

von ungewissem Zeitalter. Varro[1]) und Columella[2]) nennen ihn unter den Quellen ihrer agronomischen Werke, Plinius[3]) sogar mit dem ausdrücklichen Zusatz: „Androtion, der über den **Ackerbau** geschrieben hat," und Athenäos, der seine Benennungen verschiedener Feigensorten[4]) und an einer andern Stelle[5]) die zweier Apfelsorten anführt, citirt an der letztern Stelle sein **Georgikon**. Was jeder der drei erst genannten von ihm entlehnte, wissen wir leider nicht. Nur Theophrastos führt noch folgendes von ihm an: Der Oelbaum und die Myrte bedürften vornehmlich des Beschneidens[6]); auch herrsche eine gewisse Sympathie unter ihnen, der Oelbaum umarme mit seinen Wurzeln die Myrte, sie suche mit ihren Trieben unter seinen Aesten Schutz gegen den Wind, und trage dann zartere und süssere Frucht.[7])

Den **Chares aus Paros** und den **Apollodoros aus Lemnos** über den Landbau (περὶ γεωργίας) citirt schon Aristoteles[8]), ohne etwas auf Pflanzenkunde Bezügliches aus ihnen anzuführen.

Dem berühmten Philosophen **Demokritos von Abdera**, auf dessen phytologische Meinungen sich Theophrastos öfter bezieht, und auf dessen Philosophie ich im nächsten Kapitel zurückkommen werde, schreiben Columella[9]) und Diogenes Laërtios[10]) auch ein Werk über den **Landbau** zu; und mit Sicherheit zu wissen, dass ein solcher Philosoph sich auch mit diesem Gegenstande beschäftigt hätte, wäre nicht unerheblich. Indess werden

---

1) *Varro de re rustic. I, cap. 1.*
2) *Columella de re rustic. I, cap. 1.*
3) *Plin. hist. nat. I*, unter den Schriftstellern, aus denen er im 14., 15., 17. und 18. Buch geschöpft.
4) *Athen. deipnos. III, cap. 3. pag. 75 D.*
5) *L. c. cap. 7. pag. 82 C.*
6) *Theophr. hist. plant. II, cap. 7. sect. 2.*
7) *Ejusd. de causis plant. III, cap. 10. sect. 4.*
8) *Arist. polit. I, cap. 11. pag. 1258—59. edit. Bekker.*
9) *Colum. de re rust. XI, cap. 3. sect. 2.*
10) *Diog. Laërt. IX, cap. 7. sect. 48.*

Buch I. Kap. 1. §. 4.

wir im zweiten Kapitel des dritten Buchs finden, dass schon zu Columella's Zeit dem Demokritos mehrere Bücher untergeschoben waren, als deren Verfasser wir einen weit späteren Schriftsteller des alexandrinischen Zeitalters, den Bolos Mendesios kennen. Dieses letztern, aber keineswegs des Demokritos selbst, sind auch meines Erachtens die Auszüge würdig, die sich in der Sammlung der Geoponika [1]) unter des Demokritos Namen erhielten, wiewohl Mullach [2]), der Monograph des Abderiten Demokritos, geneigt ist, einige derselben für ächt zu halten. Wir wollen sie einzeln prüfen. Als maassgebend stellt Mullach [3]) die Regel voran, für wahrscheinlich ächt wäre zu halten, was des Demokritos nicht unwürdig, und was durch Zeugnisse der Alten bestätigt würde; wir wollen sehen, wie er diese Regeln anwandte. Da er die betreffenden Stellen in seinem Buch abdrucken liess, so citire ich sie hier nach dieser Ausgabe.

Seite 239 Nr. 2 handelt von den Wahrzeichen unterirdischer Gewässer, und nennt als solche auch eine gewisse Anzahl von Pflanzen. Die Stelle wird für ächt erklärt, weil Aristoteles, Theophrastos, Plinius das meiste, was sie über denselben Gegenstand sagen, offenbar aus dieser Quelle geschöpft hätten. Wie aber, wenn umgekehrt ein späterer Pseudo-Demokritos das Seinige aus Aristoteles Theophrastos und Anderen, und wenn er spät genug lebte, vielleicht gar aus Plinius zusammen gelesen hätte? Keiner der Genannten behandelt den Gegenstand so ausführlich wie der vermeinte Demokritos, und keiner erwähnt dabei desselben; ist es nicht wahrscheinlicher, dass die ausführlichere Theorie nach den minder ausführlichen entstanden sei? Allein noch eine sehr ausführliche Theorie desselben Gegenstandes, welche Mullach

---

1) *Geoponica*, edid. *Niclas*. *IV tomi. Lipsiae 1781.* Die dem Demokritos zugeschriebenen Stellen weist der *Index auctorum* nach. Vergl. auch *Prolegomena pag. LIV.*
2) *Democriti Abderitae operum fragmenta, collegit, recensuit, vertit, explicuit, ac de philosophi vita scriptis et placitis commentatus est F. G. A. Mullachius. Berol. 1843. 8.*
3) *L. c. pag. 152 sqq.*

übersehen, besitzen wir. Sie zeigt im Ganzen viel Uebereinstimmendes mit der dem Demokritos zugeschriebenen, wiewohl sie in einzelnen Punkten noch reicher, in andern etwas ärmer ist: ich meine die Stelle, womit Vitruvius [1]) die Lehre von den Wasserbauten einleitet. Sie wird für uns besonders dadurch wichtig, dass Vitruvius etwas weiterhin [2]) die griechischen Schriftsteller aufzählt, denen er, wo seine eigenen Beobachtungen nicht ausreichten, gefolgt sei. Er nennt Theophrastus, Timäus, Posidonius, Hegesias, Herodotus, Aristides, Metrodorus; hätte er den Demokritos, den er bei anderen Gelegenheiten besonders hervorhebt, übergehen können, wenn von ihm eine so ausführliche Behandlung desselben Gegenstandes bekannt gewesen wäre?

Seite 248 Nr. 3 lehrt, wenn die Lesart richtig ist, durch Unterbrechung des Markes der Stämme Weintrauben Wallnüsse und Kirschen ohne Kerne erzeugen. Columella und Palladius sollen die Aechtheit der Stelle bezeugen. Dagegen ist vielerlei zu erinnern. Columella [3]), wie lange vor ihm schon Theophrastos [4]), sagt dasselbe nur von den Weintrauben, und ohne Angabe einer Quelle. Theophrastos spricht sogar an drei verschiedenen Orten von dieser auffallenden Erscheinung beim Weinstock, und sucht daraus zu beweisen, dass zwar die Samen, doch nicht das Fleisch der Frucht aus dem Mark entsprängen. Wäre dieselbe Beobachtung zu seiner Zeit bereits an mehrern Pflanzen gemacht gewesen, würde er sie verschwiegen haben? Mich dünkt, wenn irgendwo, so gilt hier der negative Beweis. Palladius [5]) aber wiederholt in fast wörtlicher Uebersetzung das ganze in den Geoponiken [6]) dem Demokritos zugeschriebene Kapitel, indem er sich statt des Demokritos nur ganz im Allgemeinen auf griechische Schriftsteller

---

1) *Vitruv. de architect. VIII, cap. 2. pag. 179. edit. Rode.*
2) *Ibid. cap. 4. pag. 193.*
3) *Colum. de arboribus cap. 9. sect. 3.*
4) *Theophr. de caus. plant. III, cap. 14. sect. 6; V, cap. 5. sect. 1. et cap. 6. sect. 13.*
5) *Pallad. de re rust. III, tit. 29.*
6) *Geopon. IV, cap. 7.*

Buch I. Kap. 1. §. 4. 19

beruft. Im Vorbeigehen bemerke ich noch, dass Palladius neben Weintrauben und Kirschen nicht Wallnüsse nennt, denen wohl niemand den Kern absichtlich wird entziehen wollen, sondern Granatäpfel. Daher sich schon Needham und Niclas [1]) mit Recht überzeugt hielten, es müsse auch in den Geoponiken ἐπὶ ῥοιᾶς statt des gewöhnlichen ἐπὶ καρύας gelesen werden.

Seite 250 Nr. 7. Der Granatbaum und die Myrte erfreueten sich an einander, beisammen gepflanzt trügen sie reichlicher, und verflöchten ihre Wurzeln in einander, selbst aus einiger Entfernung. Als Zeugen der Aechtheit dieser Stelle beruft sich Mullach auf Theophrastos de causis plantarum II, cap. 9 (cap. 7 der Schneiderschen Ausgabe). Da steht aber nur, der Granatbaum und die Myrte wüchsen gern beisammen, und weil beide den Schatten liebten, thäte der eine der andern keinen Schaden. Das ist etwas anderes, woraus sich in späteren wundersüchtigen Zeiten die Angabe des Pseudo-Demokritos vielleicht entwickelt haben mag, vielleicht auch nicht, was aber sicher nicht erst aus dieser hervorgegangen ist; sonst hätte Theophrastos ohne Zweifel seine Abweichung von der Lehre des Demokritos, dem er in andern Dingen oft und wie es fast scheint, gern widerspricht, ausdrücklich angezeigt. Also nicht vom Granatbaum, wohl aber vom Oelbaum weiss Theophrastos, dass er seine Wurzeln mit denen der Myrte verflechten soll; er nennt auch seinen Gewährsmann dieser ihm offenbar etwas verdächtigen Angabe, doch nicht den Demokritos, sondern den Androtion. Also wieder kein Beweis für die Aechtheit der Stelle, sondern fast das Gegentheil.

Seite 250 Nr. 8. Die Cypresse solle man in Hecken setzen, — und Seite 251 Nr. 10, der Rosmarin besitze einen angenehmen und starken Geruch. Ueber solche Redeschnitzelchen wüsste ich eben nichts zu sagen. Zeugnisse für sie beizubringen versucht auch Mullach nicht einmal; die alterthümliche Sprache soll den Demokritos verrathen. Ich weiss nicht, ob neuere philologische

---

1) In den Text hat Niclas Seite 284 seiner Ausgabe die Berichtigung zwar nicht aufgenommen, aber in der *Varietas lectionis* billigt er sie vollständig.

Spürkraft so weit reicht, und ob alte Grammatiker, wenn sie fälschen wollten, jene Alterthümlichkeit nicht zu erkünsteln wussten.
Seite 251 Nr. 9. Die Frucht der Weide, zerrieben und unter das Futter gemengt, mache das Vieh fett; getrunken, mache sie den Menschen zeugungsunfähig. Daher sage Homeros [1]):
„Erle zugleich und Pappel und fruchtverderbende Weide."
Hierbei ist zu bemerken, dass das griechische Beiwort ὠλεσίκαρ-πος einen Doppelsinn hat. Unser Voss übersetzt es gewiss sehr richtig durch **fruchtabwerfend**, d. h. die Kätzchen umherstreuend. Sollte die andere Deutung **fruchtverderbend** eines **Naturphilosophen** würdiger sein? Als äusseres Zeugniss der Aechtheit führt Mullach an, Aelianos, der viel von Demokritos entlehnt, spreche dieselbe Meinung aus. Das ist richtig, doch setzt Aelianos hinzu [2]): „**Mir scheint** Homeros, der auch das Verborgene der Natur aufspürt, hierauf zu deuten, wenn er in seinen Versen die Weide die **fruchtverderbende** nennt." Konnte er so von sich selbst sprechen, wenn ihm dieselbe Deutung des homerischen Verses im Demokritos vorlag? Ganz anders, nämlich grade so wie Voss, deutete Theophrastos [3]) das verfängliche Beiwort in jenem Verse, ohne einer älteren andern Deutung zu erwähnen. Eustathios, der Commentator des Homeros, führt beide Auslegungen des fraglichen Worts an, entscheidet sich für keine, legt aber diejenige, welche die Geoponika dem Demokritos zuschreiben, irrig dem Theophrastos bei. Das alles wusste Mullach; wie war es möglich, nicht auf den Gedanken zu kommen, das vermeinte demokritische Bruchstück sei ein späteres Machwerk, das man bald unter diesem, bald unter jenem Namen an den Mann zu bringen versuchte?

Die übrigen von Mullach für ächt gehaltenen Bruchstücke beziehen sich nicht auf Pflanzen. Nur des letzten darunter erwähne ich noch, — der Hase wandle seine Natur, sei bald Männ-

---

1) *Homeri* Odyss. X, vers. 510.
2) *Aelian.* hist. animal. IV, cap. 23.
3) *Theophr.* hist. plantar. III, cap. 1. sect. 3.

Buch I. Kap. 1. §. 4. 21

chen, bald Weibchen, bald zeugend, bald gebärend, — damit man daraus abnehme, wie weit sich der Begriff der Würdigkeit unter Mullachs Händen dehnt. Möglich, dass in den angeführten oder andern selbst von Mullach verworfenen Stellen eins oder das andere genau oder entstellt wirklich von Demokritos herrührt; doch wie weit liegt eine solche Möglichkeit von der Wahrscheinlichkeit ab! Bis auf bessere Beweise können wir den Demokritos nicht zu den Georgikern rechnen.

Menestor kommt häufig bei Theophrastos vor, ausserdem fand ich ihn vielleicht nur noch einmal bei Athenäos [1]), der sein Buch von den Weihgeschenken (περὶ ἀναθημάτων) citirt, vorausgesetzt, dass ich nicht falsch rieth, denn die Ausgaben lesen ohne Abweichung Menetor. Minder wahrscheinlich ist Schneiders [2]) Vermuthung, im Verzeichniss der agronomischen Schriftsteller bei Varro [3]) (und dann natürlich auch bei Columella [4])) sei der Name Menestratus vielleicht aus Menestor entstanden. Halten wir uns also lieber an das Gewisse, was Theophrastos von ihm aussagt. — Die Feuchtigkeit in den Pflanzen nannte er ohne Unterschied Saft (ὀπόν) [5]); zu den warmen Pflanzen rechnete er auch den Maulbeerbaum [6]); die besten Zünder wären die aus dem Epheu bereiteten [7]); den Grund des späten Ausschlagens des Maulbeerbaums suchte er in der Kälte des Orts, den des schnellen Reifens der Frucht in der Zartheit des Baums [8]); für die wärmsten Pflanzen hielt er die entschiedensten Wasserpflanzen, Binsen, Schilf u. dgl., so dass die Temperatur der Pflanze und des Orts einander ausglichen [9]); zu fetter Boden schade den Pflanzen, indem er sie

---

1) *Athen. deipnos. XIII, cap. 7. pag. 594 C. edit. Casaub.*
2) Im Index zu seiner Ausgabe des Theophrastos *sub voce* Μενέστωρ.
3) *Varro de re rust. I, cap. 1. sect. 9.*
4) *Columella de re rust. I, cap. 1. sect. 11.*
5) *Theophr. hist. plant. I, cap. 2. sect. 3.*
6) *L. c. V, cap. 3. sect. 4.*
7) *L. c. V, cap. 9. sect. 6.*
8) *Ejusd. de caus. plant. I, cap. 17. sect. 3.*
9) *L. c. I, cap. 21. sect. 6.*

zu sehr austrockne ¹); er nahm zahllose Unterschiede des Geschmacks an, gleichwie die alten Physiologen ²). — Das ist alles, was wir von ihm wissen, uns selbst ein Urtheil über ihn zu bilden, nicht hinreichend; doch scheint es, dass Theophrastos etwas auf ihn hielt. Neuere rechneten ihn bald zu den Aerzten, bald zu den Rhizotomen, bald zu den Philosophen, mit denen ihn Theophrastos in der zuletzt angeführten Stelle zwar zusammen nennt, doch keineswegs verbindet. Wahrscheinlicher finde ich, auch ohne Rücksicht auf Schneiders Hypothese, dass er Georgika geschrieben.

Ob Leophanes hierher zu rechnen, ist noch weniger gewiss. Nach Theophrastos ³) empfahl er den schwarzen Boden, der sowohl Regen als Dünger vertrage, da er sowohl Wärme als Feuchtigkeit in sich aufnehme. Aristoteles ⁴) widerspricht seiner Behauptung, durch Unterbindung des rechten oder linken Testikels liessen sich willkürlich Mädchen oder Knaben erzeugen. Mehr wissen wir nicht von ihm.

Von Androsthenes haben wir durch Theophrastos ⁵) die einzige Erzählung, auf der Insel Tylos im Rothen Meer bekäme das Salzwasser den Pflanzen besser als Regenwasser. Daher die Bewohner ihre Saaten nach jedem Regen mit zugeleitetem Meerwasser abzuspühlen pflegten.

Haller ⁶) nennt als ältere Schriftsteller über den Landbau noch zwei sehr berühmte Männer, den Pythagoreer **Archytas Tarentinos**, den ersten, der die Erde sich um die Sonne schwingen·liess, der auch als Staatsmann keine unwichtige Rolle spielte, und Platons zweite Reise nach Sicilien in politischer Absicht veranlasst haben soll; und den Arzt **Chrysippos Knidios**, einen Zeitgenossen des Aristoteles und Lehrer des als Arzt

---

1) *L. c. II, cap. 4. sect. 3.*
2) *L. c. VI, cap. 3. sect. 5*, nach Schneiders nachträglicher Berichtigung des Textes aus dem *Cod. Urbinas.*
3) *L. c. II, cap. 4. sect. 12.*
4) *Arist. de gener. animal. IV, cap. 1. pag. 765.*
5) *Theophr. l. c. II, cap. 5. sect. 1.*
6) *Haller biblioth. botan. I, pag. 29 et 38.*

noch berühmteren Erasistratos, vermuthlich denselben, dessen Erwähnung bei Plinius schon oben [1]) vorkam. Den ersten nennt Varro [2]) allerdings unter denjenigen griechischen Schriftstellern, bei denen ein römischer Landwirth sich Raths erholen könne, und so auch Columella [3]) im Verzeichniss agronomischer Schriftsteller. Des letztern Georgika soll nach Haller Diogenes Laërtios citiren. Allein grade dieser [4]) nennt zwar zwei Schriftsteller über den Landbau, den einen Archytas, den andern Chrysippos, doch nur um sie von den gleichnamigen Männern, denen Haller die Schriften über den Landbau zuschreibt, zu unterscheiden, und ohne ihr Zeitalter anzugeben. Vermuthlich lebten sie später; wir wissen weiter nichts von ihnen.

Hier scheint mir der schicklichste Ort über Kleidemos zu sprechen, von dem wir zwar kein besonderes Werk über den Landbau kennen, dessen von Theophrastos aufbewahrte die Pflanzen betreffende Aussprüche jedoch meist agronomischen Inhalts sind. Sie lauten: 1) Thiere und Pflanzen beständen aus denselben Stoffen, doch diese aus minder reinen und warmen als jene [5]); 2) das Treiben einiger Pflanzen im Winter würde durch die ihnen eigenthümliche Wärme, das anderer im Sommer durch die ihnen eigenthümliche Kälte bewirkt [6]); 3) die beste Saatzeit wäre der Untergang der Pleiaden, denn sieben Tage darauf träte Regen ein; unsicher wäre die Saat zur Zeit des kürzesten Tages, denn um diese Zeit gliche der Boden schlecht gekämmter Wolle, Dünste weder anzuziehen noch auszuhauchen fähig [7]); aus überreicher Nahrung entständen gewisse Krankheiten der Feigen, Oelbäume und Weinstöcke [8]).

---

1) Seite 12.
2) *Varro de re rustica I, cap. 1. sect. 9.*
3) *Columella de re rustica I, cap. 1. sect. 11.*
4) *Diog. Laërt. de vitis philosoph. VIII, cap. 4. sect. 82, und VII, cap. 7. sect. 186.*
5) *Theophr. hist. plant. III, cap. 1. sect. 4.*
6) *Ejusd. de causis plantar. I, cap. 10. sect. 3.*
7) *L. c. III, cap. 23. sect 1 et 2.*
8) *L. c. V, cap. 9. sect. 10.*

24 Buch I. Kap. 1. §. 4.

Aber das alles könnte auch ein speculativer Physiker zu sagen Veranlassung gefunden haben, und zu diesen scheint ihn Theophrastos [1]) in einer andern Schrift zu zählen, nämlich in dem Fragment seines Werks über die sinnlichen Wahrnehmungen. Darin finden wir eine ausführliche Darstellung und Beurtheilung der Meinungen älterer Philosophen bis zu Platon herab über denselben Gegenstand, und darunter auch die des Kleidemos. Auch Aristoteles [2]) erwähnt seiner, doch nur ein einziges Mal, bei der Lehre vom Blitz, indem er sagt: „Einige, wie Kleidemos, meinten, der Blitz wäre nicht, sondern schiene nur, indem sie sich auf etwas Aehnliches beriefen, auf den Wiederschein des Meers, wenn es bei Nacht mit den Rudern geschlagen wird." Dasselbe wiederholt Seneca [3]) fast wörtlich, so dass er seine Kenntniss des Kleidemos nur dem Aristoteles zu verdanken scheint.

Ausserdem, meint Philippson [4]), käme dieser Kleidemos, den er zu den Physikern rechnet, nirgends bei den Alten vor, und von den Neuern hätte ausser Meursius niemand, nicht einmal Fabricius von ihm gehandelt. Wenn Meursius sage, auch Plutarchos, Athenäos, Harpokration, Konstantinos Porphyrogenneta citirten ihn mehrmals, so scheine ihm das ein ganz anderer Kleidemos zu sein, ein Grammatiker, Ausleger des Homeros, der keineswegs das Zeitalter vor Aristoteles andeute. Suidas führe einige grammatische Worterklärungen von ihm an, unter den Worten ἄπεδα, ἠπέδιζον, πύχνη, ὕης, Athenäos die Titel seiner Schriften, welche dieselbe Art und Weise verriethen. Der ältere Kleidemos sei ein Zeitgenosse des Anaxagoras und Diogenes (Apolloniates), und nähere sich in seiner Philosophie zumeist ersterem. — Wir müssen es Philippson Dank wissen, dass er die

---

1) *Theophr. opera, edit. Schneideri vol. I, pag. 662.* — Eine neue Recension des ganzen Fragments nebst lateinischer Uebersetzung und Commentar lieferte L. Philippson in seiner Ὕλη ἀνθρωπίνη, Berolin. 1831, wo Kleidemos pag. 117 vorkommt.
2) *Aristot. meteorol. II, cap. 9. pag. 370 a edit. Bekkeri.*
3) *Senec. quaest. natur. II, cap. 55. vol. V, pag. 139 edit. Ruhkopf.*
4) In seiner so eben citirten Schrift pag. 197.

Buch I. Kap. 1. §. 4.

Aufmerksamkeit auf einen so sehr vernachlässigten Schriftsteller des Alterthums zurücklenkte; seine Resultate weichen indess von den meinigen so sehr ab, dass ich den Gegenstand etwas genauer zu beleuchten mich nicht enthalten kann.

Die Meinung des angeblichen Philosophen Kleidemos stellt Theophrastos hinter die des Anaxagoras, vor die des Diogenes, und da die übrigen Philosophen, deren Meinungen er anführt, nach der Zeitfolge geordnet sind, so dürfen wir allerdings vermuthen, es liege hierin auch eine Zeitbestimmung. Von Anaxagoras wissen wir ziemlich zuverlässig, dass er von 500 bis 428 v. C. lebte. Diogenes muss nach 467, und scheint kurz vor 422 v. C. geschrieben zu haben, wie ich später, wenn ich zu diesem selbst komme, näher nachweisen werde. Setzen wir nun die Blüthezeit des Anaxagoras, der erst spät als Schriftsteller soll aufgetreten sein[1]), etwa um 450, so würde sich die des Kleidemos etwa um 440, die des Diogenes um 430, wenn nicht etwas später, annehmen lassen.

Untersuchen wir jetzt die Schriften und das Zeitalter des vermeinten Grammatikers Kleidemos. Ein Verzeichniss seiner Werke fehlt uns, nur Athenäos citirt bei verschiedenen Gelegenheiten folgende seiner Werke: 1) Atthis ($Ἀτθίς$)[2]), sicher eine Geschichte von Attika, zu der das, was Athenäos anführt, gehört, und bei der ihn unter andern Plutarchos im Leben des Theseus des Themistokles und des Aristides mehrmals mit besonderer Erwähnung seiner Ausführlichkeit als Zeugen aufruft; 2) $Νόστοι$[3]), das heisst wörtlich die Heimkehrenden, bezeichnete jedoch oft vorzugsweise die von Troja nach Griechenland zurückkehrenden Helden, das Werk behandelte demnach wahrscheinlich älteste griechische Geschichte in weiterem Umfange als die Atthis; 3) Der Ausleger ($Ἐξηγητικός$)[4]), vielleicht der heiligen Gebräuche, denn es

---

1) Aristoteles nennt ihn den Jahren nach älter, den Werken nach jünger als Empedokles (*metaphys. I, cap. 3*).
2) *Athen. deipnos. VI, cap. 5. pag. 235 a. und XIV, cap. 22. pag. 660 D.*
3) *L. c. XIII, cap. 9. pag. 609 C.*
4) *L. c. IX, cap. 18. pag. 405 F.*

gab in Athen ein eigenes Collegium der Ausleger oder Exegeten zu solchem Zweck (religionum interpretes nennt sie Cicero[1]), und was uns Athenäos aus diesem Werke mittheilt, bezieht sich auf dergleichen Gebräuche. Pausanias liess sich überall in Griechenland, wohin er kam, die Bedeutung der öffentlichen Denkmäler und dergleichen von den Exegeten erklären; jener Titel könnte also auch ein Werk über (attische) Merkwürdigkeiten überhaupt bezeichnen. 4) Πρωτογενία[2]), wörtlich die Erstgeburt, hier, wie Dalechamp meint, das Alterthum; das wäre ziemlich dasselbe, was wir im Exegeten vermutheten, und das, was Athenäos aus diesem Werk anführt, bezieht sich wieder auf einen Gebrauch bei feierlichen Opfern. Indess könnte Protogenie auch wohl dasselbe bedeuten, was man gewöhnlich Kosmogenie nennt, Urañfang der Dinge, der Welt überhaupt. Philippson meinte, schon diese Büchertitel verriethen den spätern Grammatiker; in der That aber zeigen sie vielmehr den Historiker, den Theologen in griechischem Sinn des Worts, und den Philosophen. Aber die Worterklärungen bei Suidas? Sind gänzlich missverstanden. Zur Erläuterung der beiden ersten Worte citirt Suidas einen historischen Ausspruch des Kleidemos, worin eins der fraglichen Worte vorkommt. In den beiden andern Stellen finden wir freilich Worterklärungen des Kleidemos selbst, allein die eine betrifft einen Kunstausdruck attischer Verfassung, die andre einen Beinamen des Bacchos, entlehnt von einem besondern religiösen Gebrauch der Athener. Dergleichen konnte in der Atthis, im Exegeten nicht fehlen.

Was nun das Zeitalter dieses Kleidemos betrifft, so verräth schon die treuherzige Umständlichkeit, mit der er bei Plutarchos älteste attische Geschichte erzählt, als hätte er dabei gestanden, wie sich die Dinge ereigneten, des Geschichtschreibers Alter. So erzählte Herodotos kaum, so konnte nach Thukidides kein Historiker mehr schreiben; darum benutzte ihn Plutarchos

---
1) *Cicero de legib. II, cap. 27.*
2) *Athen. l. c. XIV. cap. 22. pag. 660 A.*
3) *Plutarch. opera, Lutet. Paris. 1624 fol. tom. I, pag. 8 C, 12 F, 117 A, 330 E.*

Buch I. Kap. 1. §. 4.

auch nur für die älteste Geschichte neben Hellanikos, und pflegt zu bemerken, wenn er ihn anführt: „so berichtet Kleidemos **ausführlich und weit ausholend**," — „Kleidemos, um **alles aufs genaueste zu beschreiben**," u. dgl. m. Pausanias[1]) nennt ihn sogar geradezu den ältesten derer, welche über die heimathlichen Dinge Athens geschrieben. Unsere Ausgaben lesen bei ihm zwar Kleitodemos statt Kleidemos, doch sind die Kritiker über die Identität der Person einig[2]). Alt war er also gewiss, es fragt sich, wie alt? In des Photios Wörterbuch lesen wir unter dem Artikel ναυκραρία: „Kleidemos im dritten Buch sagt, dass, nachdem Kleisthenes aus den vier Phylen zehn gemacht, man in funfzig Abtheilungen zur Berathung gekommen sei. **Diese aber nannte man Naukrarien, wie man sie jetzt, in hundert Abtheilungen gespalten, Symmorien nennt.**" Daraus folgerte Clinton[3]), Kleidemos habe nach dem Jahr 378 v. C. geschrieben, weil die neue Eintheilung in Symmorien erst in diesem Jahr erfolgte. Dann könnte er zwar noch immer lange vor Aristoteles gelebt haben, allein Pausanias hätte Unrecht; denn, wie schon Krüger, Clinton's Uebersetzer aus dem Englischen ins Lateinische, bemerkte, hatte bereits Hellanikos, der von 496 bis 411 v. C. lebte, eine Atthis geschrieben. Krüger sucht diese Schwierigkeit dadurch zu heben, dass er voraussetzt, Pausanias nenne den Kleidemos nur als den ältesten **einheimischen** Schriftsteller über Athen; das steht aber nicht in den Worten. Auch die Atthis des Androtion scheint nicht viel jünger als 393 v. C. zu sein, wie Krüger gleichfalls bei diesem Jahre des Clintonschen Werks bemerkt. Ich glaube aber, dass sich die Schwierigkeit

---

1) *Pausan.* X, *cap.* 15. *sect.* 3. *vol. III, pag. 196. edit. Facii.*
2) Der Name variirt überhaupt in Handschriften und Ausgaben mancher Schriftsteller ausserordentlich, als Kleidemos, Kleodemos, Kledamos, Kleidimos u. s. w. Auch Demon bei Athenäos und Plutarchos (nach einer andern Lesart Demos) scheint derselbe zu sein.
3) *Clinton fasti Hellenici pag. 373.* Ich benutze die lateinische Ausgabe mit Zusätzen von Krüger, *Lipsiae*, 1830, 4., mit der Pagina des Originals am Rande, und citire nach dieser.

auf eine andre Weise viel natürlicher lösen lässt. Wäre Photios ein älterer Schriftsteller, hätten die Symmorien zu seiner Zeit noch existirt, so würde, meine ich, jedermann die Schlussworte der angeführten Stelle nicht mehr für Worte des Kleidemos, sondern für einen Zusatz des Photios selbst halten. Wie nun, wenn er die ganze Stelle nicht unmittelbar aus Kleidemos, sondern etwa aus des Aristoteles Politica oder sonst einem untergegangenen Werk früherer Zeit entlehnt hätte? Dann könnten und müssten wir diesem die Schlussworte zueignen, für des Kleidemos Alter verlören sie alle Beweisskraft, und des Pausanias Ausspruch über sein Alter behielte sein volles Recht. Ist aber Hellanikos 496 geboren, und ist die Atthis des Kleidemos älter als die seinige: so kann sie sicher nicht jünger sein als 440, welches Jahr wir Grund fanden als die muthmassliche Blüthezeit des angeblichen Philosophen Kleidemos zu betrachten; kurz die Zeitrechnung nöthigt uns nicht, den Historiker (denn einen Grammatiker dürfen wir ihn nicht mehr nennen) und den vermeinten Philosophen für zwei verschiedene Personen zu halten.

Eben so wenig Grund zu dieser Unterscheidung liegt in dem wahrscheinlichen Inhalt der Schriften, welche Philippson dem einen und dem andern zutheilen möchte. Gab es einen nur einigermassen berühmten Philosophen Namens Kleidemos, ohne Zweifel hätten ihn spätere Grammatiker, die uns so viele ganz unbedeutende Philosophen nennen, doch auch einmal genannt; Aristoteles selbst hätte ihn entweder öfter angeführt oder, wenn er ausser einer falschen Vorstellung vom Blitz nichts Eigenthümliches bei ihm fand, gar nicht. Er sagt aber: „Einige" hatten diese Meinung vom Blitz, und unter diesen Einigen hebt er grade den Kleidemos hervor. Ich folgere daraus, dass Kleidemos zwar kein berühmter Philosoph, wohl aber ein durch Verdienste anderer Art berühmter Mann war, dessen gelegentliche Aeusserung über den Blitz darum Beachtung verdiente, weil sie in einem viel gelesenen Werk, sei es in der Atthis, sei es in der Protogonie, oder sonst wo stand. — Im Fragment des Theophrastos fällt die Kürze und Lückenhaftigkeit auf, mit der sich Kleidemos im Vergleich mit den

Buch I. Kap. 1. §. 4.

andern Philosophen über sinnliche Wahrnehmung ausspricht. Auch das bestärkt mich in der Vermuthung, er sei nicht eigentlich Philosoph gewesen, obgleich er sich gelegentlich über philosophische Gegenstände zu äussern liebte. Auch die Worte, mit denen Theophrastos seinen Bericht über ihn schliesst, finde ich bezeichnend: „nicht so wie Anaxagoras macht er zum allgemeinen Princip den Geist." Ein Philosoph hätte, wenn er den Geist als Princip verwarf, entweder ein oder mehrere andere Principe aufgestellt, was Theophrastos anzuzeigen gewiss nicht unterlassen hätte: dem attischen Historiker und Theologen geziemte und genügte die Verneinung des einigen Geistes, der seine vaterländischen Götter zu verdrängen Miene machte. Wie endlich alles, was ihm Theophrastos in seinen botanischen Werken zuschreibt, in der Atthis, im Exegeten u. s. w. gelegentlich Platz finden konnte, bedarf keiner weiteren Erörterung.

Als drittes und letztes Moment füge ich hinzu, dass sich bei den Alten auch nicht die leiseste Spur der Unterscheidung zweier Kleidemen zu erkennen giebt. Das würde nichts sagen, wenn sie sehr verschiedenen Zeiten angehörten; sie wären aber, wie ich gezeigt zu haben glaube, falls sie verschieden wären, jedenfalls für Zeitgenossen zu halten. Der Verfasser der Atthis war ein viel berühmter Mann, unmöglich konnten daher Aristoteles und Theophrastos einen unbedeutenden gleichzeitigen und gleichnamigen Philosophen ohne irgend eine Unterscheidung von jenem einführen, sondern sie hätten entweder sein Vaterland oder seines Vaters Namen hinzugesetzt, oder wenigstens gesagt, Kleidemos der Physiker. Nichts von dem allen lesen wir, und müssen uns überzeugen, dass es nur Einen Kleidemos den Historiker gab, der nach Anaxagoras, gleichzeitig mit dem Historiker Hellanikos, und vor Diogenes Apolloniates lebte, und seinen historisch-theologischen Werken bald philosophische bald botanisch-agronomische Bemerkungen einzuflechten liebte.

Wie dürftig nun auch die in Vorstehendem zusammengetragenen Nachrichten über die ältern griechischen Georgiker sind, so viel lässt sich aus ihnen erkennen, dass der Landbau in Griechenland frühzeitig nicht allein Sklavenhände, sondern auch freier denkender Männer Köpfe beschäftigte, und wohl geeignet war, die wissenschaftliche Botanik vorzubereiten. Manche den Landbau berührende Bemerkungen werden wir alsbald noch bei den Philosophen antreffen; vorzüglich aber enthalten die botanischen Werke des Theophrastos so viel Agronomie, und diese mit Pflanzen-Physiologie so durchwebt, dass sich daraus allein schon auf nicht unerhebliche Leistungen der ihm vorangegangenen Georgiker schliessen lässt.

Zweites Kapitel.
Speculative Pflanzenforschungen der Griechen vor Aristoteles über die Natur der Pflanze.

§. 5.
Die philosophischen Schulen der Ionier, Pythagoreer, Eleaten, Sophisten und Sokratiker.

Unabhängig von den Männern, welche ohne bestimmten Plan den Schatz naturwissenschaftlicher Erfahrungen und Beobachtungen allmälig bereicherten, suchten andere hoch begabte Männer, getrieben von brennendem Durst zu begreifen, und zu ungeduldig ihre Umgebung Stück vor Stück zu mustern, den Hauptschlüssel zu den Räthseln der Erscheinung oder, wie Anaximandros sagte, der Welt Anfang und Urgrund in ihrem Geiste. Auch sie verschlossen ihre Sinne nicht, allein der Gedanke überflügelte bei ihnen die Beobachtung, und meist auch noch die Dichtung den Gedanken, bis sich nach und nach aus der lieblichen Blüthe der Poesie die Frucht einer strengeren Philosophie entwickelte. Doch wer mag leugnen, dass die begeisterte Seele des Dichters die Natur im Grossen und Ganzen oft richtiger schauet, als das durch zahllose Kleinigkeiten zerstreuete mikroskopische Auge des Naturforschers?

Es ist merkwürdig, dass unter den drei ältesten philosophischen Schulen der Griechen zwei einen geographischen Namen führen, und alle drei sich Jahrhunderte lang in ihrer Verbreitung ziemlich genau geographisch umschreiben liessen. Der Grund davon liegt offenbar in der auf damaligen Zuständen beruhenden Gewohnheit der nur mündlichen Mittheilung, wenn auch vielleicht einzelne philosophische Denksprüche frühzeitig mögen aufgeschrieben sein. Die erste philosophische Schrift soll Anaximandros, des Pythagoras Zeitgenosse, geboren vermuthlich 611 J. v. C., hinterlassen haben. Schnelle und weite Verbreitung konnten jedoch Bücher in jener Zeit schon deshalb nicht finden, weil es an jeder regelmässigen Verbindung fehlte, ohne der Kostbarkeit der Bücher, der Seltenheit der Kunst des Lesens und Schreibens zu gedenken. Jedenfalls überwog damals die mündliche Ueberlieferung an einen Kreis ausgezeichneter Schüler, von denen die meisten doch wohl der nähern Umgegend des Lehrers angehören mochten, bei weitem den jetzt so zauberhaften Einfluss schriftlicher Bekanntmachung.

Die älteste der drei Schulen, die ionische, herrschte lange Zeit ausschliesslich in den griechischen Kolonien ionischen Stammes an der Westküste Kleinasiens. Thales der Milesier, geboren zwischen 640 und 636 v. C., wird gewöhnlich als ihr Stifter genannt. Seine Philosophie lehnte sich an alte poetisch-theologische Kosmogonien, deren Alter sich in eine mythische Zeit verliert, und das Hauptproblem, womit sich die ionischen Philosophen beschäftigten, blieb immer die Bildung der Welt, nächstdem innerhalb der Natur die Räthsel des Lebens, Geburt und Sterben, Bewegung überhaupt, also Entstehen und Vergehen, kurz das Werden und der Wandel der Dinge. Auf die mannichfaltigste Weise behandelten sie diesen Stoff, anfangs vorwaltend pantheistisch, später vorwaltend dualistisch, endlich, als ihnen auch das nicht nach Wunsch gelang, abirrend in Atomistik und Materialismus. Auf ethische Beziehungen, die ihnen früher ganz fremd waren, wurden sie erst später, vielleicht durch pythagoreischen Einfluss, geleitet; sich dialektisch zu bewegen lernten sie erst im Kampf mit ihren Widersachern, den Eleaten, von diesen selbst. Mit Recht heissen sie daher bei den Alten, wie schon bemerkt, gewöhnlich **Physiker** oder **Physiologen**, da sie sich fast nur mit der Physis, der Natur, beschäftigten. Es liegt in der Natur meiner Aufgabe, dass ich mich vorzugsweise bei ihnen, und unter ihnen am längsten bei demjenigen aufhalten muss, von dem sich am meisten erhalten hat. Denn leider ist von manchen nicht viel mehr als der Ruhm ihres Namens auf uns gekommen.

Dem Alter nach die zweite griechische Schule der Philosophie, die der **Pythagoreer** oder **Pythagoriker**, ward freilich nicht nach der Gegend, worin sie entstand und vorherrschte, sondern nach ihrem Stifter **Pythagoras** genannt, der vermuthlich zwischen 540 und 500 v. C. zu Kroton in Unteritalien am Tarentinischen Meerbusen blühete; wie aber die Schule der Physiker auf Ionien, eben so bestimmt beschränkte sich diese lange Zeit auf die Kolonien dorischer Griechen in Unteritalien (Gross-Griechenland) und Sicilien. Von ihr sind wir am wenigsten unterrichtet, und das Wenige fliesst aus so unlauteren Quellen, trägt so viel Spuren späterer Entstellung, dass wir uns von ihrer wahren Lehre kaum eine richtige Vorstellung machen können. Eine geschlossene, unsern Orden ähnliche Gesellschaft mit vielen Schwestergesellschaften bildend, hatten die Pythagoreer vor allem eine strenge, streng sittliche Ordensregel, die der ganzen Schule eine mehr praktisch-politische als theoretisch-wissenschaftliche Färbung gab. Doch war auch ihre Lehre ganz eigenthümlicher Art, gegründet auf gewisse Eigenschaften der Zahlen, die der einzig wahre Ausdruck alles dessen sein sollten, was der Mensch erkennen kann. „Den Pythagoreern, sagt Aristoteles, ward die Mathematik zur Philosophie;" was man jedoch nicht im Sinne neuerer Mathematiker nehmen darf, die ihre Wissenschaft als die einzig exacte allen andern voranstellen. Denn was kann weniger exact sein, als die Zurückführung des Unbegrenzten (des Bedingten, Wandelbaren) auf die gerade (theilbare) Zahl, des Begrenzenden (Bestimmenden, Ewigen) auf die ungrade Zahl, wovon die Pythagoreer ausgingen? oder die Beziehung der Fünf auf die Qualitäten der Dinge, der Sechs auf Belebung, der Sieben auf Gesundheit Licht Intelligenz, der Acht auf Freundschaft Liebe Verstand u. s. w.? Und nicht etwa nur symbolisch legte man den Zahlen dergleichen Bedeutungen bei, sondern man betrachtete sie als inhaftende Principien der Dinge. Mag diese Lehre die Mathematik gefördert, mag jene Ordensregel grossen Einfluss auf die Sittlichkeit geübt haben, für die Naturwissenschaft blieb beides unfruchtbar. Erst eine spätere Zeit dichtete den Pythagoreern vieles Andere an, was vor der Kritik verschwindet, und das allein nöthigt mich später noch einmal auf Pythagoras zurück zu kommen.

Die dritte und jüngste der drei Schulen die der Eleaten trägt ihren Namen von der einzelnen Stadt Elea oder Helia am Meerbusen von Salerno, also nicht sehr fern vom Ausgangspunkt der Pythagoreer. Aber hier lebte und wirkte als ein Eingewanderter der Gründer der Schule Xenophanes aus Kolophon etwa 460 v. C., und sie ist die Vaterstadt zweier späterer Koryphäen derselben Schule, des Parmenides und des Zenon. Im Gegensatz gegen die ionischen Physiker könnte man die Eleaten nicht unpassend die Metaphysiker nennen. Denn ausgehend vom reinen unwandelbaren Sein, von dem sie zum Werden keinen Uebergang fanden, erklärten sie die Erscheinungen der wandelbaren Sinnenwelt entweder für ungewiss und ausserhalb der Grenzen wahrer Wissenschaft liegend, oder gradezu für blossen Schein. Dass bei dieser Richtung die Naturwissenschaft ebenso viel verlieren, wie die Dialektik gewinnen musste, versteht sich von selbst; und wenn demungeachtet Parmenides in seinem bis auf wenige Zeilen untergegangenen Lehrgedicht von der Natur sehr umfassende Naturkenntnisse entwickelt zu haben scheint, so machte er wenigstens den Uebergang zu dem sie enthaltenden Theil seines Werks mit den bedenklichen Worten:

„Hiermit schliess ich dir ab das verlässige Wort des Gedankens
„Lauterer Wahrheit voll. Nunmehr auch sterbliche Lehren
„Merke dir, meines Gesangs leicht trügliche Fügung vernehmend."

Als sich später Athen vorleuchtend über alle Städte griechischer Zunge erhob, und mit unwiderstehlichem Zauber alles Grosse und Schöne zu sich heranzog, begegneten sich dort auch die drei genannten älteren Schulen der Philosophie, wirkten gegenseitig vielfach auf einander, konnten aber weder zu einer befriedigenden Vermittelung ihrer Gegensätze gelangen, noch abgesondert eine vor der andern ihre Schwächen verbergen. Ihre Zeit lief ab. Auf ihren Trümmern erhob sich während des peloponnesischen Krieges, der Griechenland acht und zwanzig Jahr lang mit kurzen Unterbrechungen durchtobte, die trostlose Schule der für Geld lehrenden, alle wahre Wissenschaft in Phrasen auflösenden Sophisten, von denen ich nichts weiter zu sagen habe, und bald darauf neben der ihrigen die der Sokratiker, unter denen ich nur bei Platon einen Augenblick verweilen werde. Dann aber geht der Naturphilosophie, welche von den Sokratikern mehr als billig vernachlässigt war, in Aristoteles eine neue Sonne auf, an deren Strahlen wir uns im folgenden Buche erwärmen wollen. Hier, bevor ich mich zu den einzelnen Philosophen wende, habe ich nur noch das Bekenntniss abzulegen, dass ich, ohne Vernachlässigung Ritters und anderer neuerer Forscher, fast alles Nichtbotanische dieses ganzen Kapitels dem Meisterwerk unsres Brandis[1]) verdanke, des ersten nach meiner Ueberzeugung, dem es gelungen ist, Geschichte der Philosophie zu schreiben, ohne sie nach dem Muster eines eigenen Systems zurecht zu schnitzeln. Gefiele es doch dem trefflichen Verfasser, seinen zahlreichen Verehrern wenigstens noch die zweite Abtheilung des zweiten Bandes über Aristoteles zu schenken, den ja niemand besser kennt wie er!

§. 6.
Die Philosophen vor Empedokles.

„Alles sei voll Götter," also beseelt, lehrte dem alten poetischen Volksglauben gemäss Thales der Milesier, und ferner,

---

1) *Brandis, C. A., Handbuch der Geschichte der griechisch-römischen Philosophie. Berlin, Thl. I, 1835.* (die Zeit vor Sokrates umfassend); *Thl. II, Abtheil. I, 1844* (von Sokrates bis Platon).

Buch I. Kap. 2. §. 6.

„des Alls Urgrund sei das Wasser, aus ihm entstehe alles, in ihm gehe es unter." Wechselnde Verdichtung und Auflösung war ihm der Verlauf des Werdens und Lebens. Man sieht, wie innig sich seine Philosophie noch an die ältern theologisch-poetischen Kosmogonien schloss. Wie weit er sie bis zum Besondern herabgeführt, ist unbekannt. Schriftliches scheint er nicht hinterlassen zu haben.

Anaximandros, gleich seinem Vorgänger aus Miletos, doch etwa dreissig Jahr jünger, geboren 611, gestorben 547 J. v. C., hub in ähnlicher Weise an: „woher das, was ist, seinen Ursprung hat, in dasselbe hat es auch seinen Untergang nach der Billigkeit, indem es einander Busse und Strafe zahlt für die Ungerechtigkeit nach der Ordnung der Zeit." Das sich Loswinden des Besondern aus dem Schoss des Allgemeinen erschien ihm also gleichwie ein strafbarer Abfall vom Allgemeinen. Dieses nannte er ἀρχή, ein schwer zu übersetzendes Wort, dem wir noch oft begegnen werden, und das die Bedeutung des Anfangs, der Ursache, des zu Grunde liegenden Princips in sich vereinigt. Er dachte sich dabei aber nicht wie Thales das Wasser oder sonst etwas von bestimmter Qualität, sondern ein an sich Bestimmungsloses, das er unsterblich, unvergänglich, alles umfassend und lenkend nannte. So war ihm der Anfang (ἀρχή) ebensowohl Urkraft wie Urstoff, und aus diesem urkräftigen Urstoff liess er sich die Gegensätze des Warmen und Kalten, Feuchten und Trockenen u. s. w. entwickeln, durch die er allmälig bis zum Weltgebäude, zur Erde, zu ihren Einzelwesen und Organismen fortschritt. Doch wie er sich letztere dachte, ist uns nicht bekannt.

Ihm sehr nahe stand sein vermuthlich etwas jüngerer Zeitgenosse Anaximenes, gleichfalls aus Miletos. Dieser gab aber wie Thales seinem göttlichen Urstoff wieder eine Bestimmung der Qualität, indem er ihn Luft nannte, wiewohl er seine Urluft von der gemeinen Luft sorgfältig unterschied.

Hier wäre der Zeitfolge nach, sowie sich dieselbe etwas abweichend von Andern nach Brandis ergiebt, Pythagoras einzuschalten. Indess zu einem Ueberblick der ionischen Philosophie, auf die es uns vornehmlich ankommt, bedürfen wir der seinigen nicht, wiewohl sich bei Empedokles Spuren der Bekanntschaft mit ihr, und ein gewisser Einfluss derselben auf die seinigen nicht verkennen lassen. Das dem Pythagoras zugeschriebene Buch von den Wirkungen der Pflanzen gehört unzweifelhaft zu den vielen ihm untergeschobenen. Auf dieses werde ich im Zeitalter der Ptolemäer zurückkommen, und wende mich jetzt sogleich zu —

Xenophanes dem Eleaten, nicht weil seine Philosophie uns näher anginge, sondern weil sie, von seiner Schule allmälig weiter entwickelt, in späterer Zeit entschiedenen Einfluss auf die der Physiker oder Ionier gewann. Gebürtig aus Kolophon in Ionien, wo wir bis jetzt ausser Pythagoras alle Philosophen antrafen, hatte er das Unglück früh von dort vertrieben zu werden, und irrete lange in Griechenland und Italien umher, bis er in Elea eine neue Heimath gewann. Ohne die Erforschung des Werdens, womit sich die vorgenannten Ionier ausschliesslich beschäftigten, ganz abzuweisen, genügte sie ihm doch nicht, und zum ersten mal entwickelte sich in ihm der Gedanke des reinen wandellosen Seins, das er Gott nannte. So wenig er aber das Werden in den Begriff des Seins aufnehmen konnte, eben so wenig dachte er an eine streng dualistische Entgegensetzung von Gott und Welt. Es war der erste nur halb sich selbst bewusste Schritt auf einer neuen Gedankenbahn, in welchem strenge Consequenz zu suchen vergeblich ist. Wie sich Xenophanes die Weltbildung vorgestellt, darüber enthalten verschiedene Nachrichten sehr Verschiedenes; und nicht hierin, sondern im Gedanken einer einigen Gottheit liegt die Kraft und Würde seiner Lehre.

In Ionien fand diese neue Lehre jedoch keinen Anklang, sondern im Gegentheil trieb Herakleitos der Ephesier, der ungefähr 500 J. v. C. blühete, die Lehre der Realität des Werdens und Wandels bis zur äussersten Spitze. Grade im ewig bewegten Fluss im unaufhörlichen Wandel suchte er das Wesen der Dinge, erklärte alles Beharren für Täuschung, und pries das wechselseitige Widerstreben, den Krieg, als den Vater der Dinge, aus dem nach ewig bestimmten Verhältnissen die schönste Harmonie des Alls hervorginge. „In denselben Strom, sagte er, vermag man nicht zweimal zu steigen, sondern immer zerstreuet und sammelt er sich wieder, oder vielmehr zugleich stellt er sich zusammen und lässt los, fliesst zu und fliesst ab." In gleichem Sinne sprach er aus: „es lebt das Feuer der Erde Tod, das Wasser lebt den Tod der Luft, die Erde den des Wassers;" das heisst Feuer Luft Erde Wasser, die wir hier zuerst neben einander nennen hören, die hier aber noch nichts weniger als Elemente sind, sondern Momente des ewigen Wechsels, verwandeln sich in einander, und entstehen eins auf Kosten des andern. Da jedoch das Feuer seine Wandelbarkeit am auffallendsten ausspricht, so stellte er es den drei andern Momenten voran, nannte es Zeus, und sagte, „die Welt sei und werde sein stets ein ewig lebendiges Feuer, sich entzündend und verlöschend nach dem Maass, und gegen Feuer werde alles umgetauscht." Weiter ins Besondre gehend, scheint er sich vorzugsweise mit den wechselreichen meteorologischen Phänomenen, zu denen er auch die Gestirne rechnete, und mit ihrer Ableitung aus einander beschäftigt zu haben. Wie er über die Natur der Thiere dachte, davon ist wenig, wie über die der Pflanzen, davon nichts bis zu uns gelangt.

In vollständigem Gegensatz gegen ihn, und mit gleich einseitiger Schroffheit bildete etwa 50 bis 60 Jahr später der Eleate Parmenides (der im 65. Lebensjahr etwa 458 J. v. C. mit dem damals 40jährigen Zeno nach Athen gekommen sein, und schon damals in dem noch sehr jungen Sokrates den Beruf zur Philosophie erkannt haben soll) die xenophaneische Lehre vom reinen einigen unwandelbaren Sein weiter aus, indem er jede Veränderung für Trug erklärte. Dass er gleichwohl sehr umfassende Kenntnisse besessen, und im zweiten Theil seines Lehrgedichts über die Natur entwickelt haben soll, ward schon oben gesagt; leider hat sich grade von diesem Theil so wenig erhalten, dass ich nichts hierher Gehöriges daraus mittheilen kann.

So standen zwei philosophische Grundansichten ohne alle Vermittelung einander schroff gegenüber. Die ältere, ausgehend von der Natur, erfasste mit Liebe das Leben derselben, und vergeistigte es, konnte aber bis zum freien Geist sich nicht erheben; die andere, ganz versenkt in den Gedanken des Geistes, verleugnete die Natur, ohne doch ihrer sich ganz erwehren zu können. Die Pflanzennatur blieb entweder auf beiden Seiten noch unbeachtet, oder uns wenigstens ging, was man davon erkannt zu haben glaubte, verloren. Gleichwohl durften wir diese älteste Periode der Philosophie nicht übergehen, um die des Empedokles, den ersten Versuch einer Vermittelung beider Grundansichten, zu der ich mich nun wende, und aus der sich wenigstens Einiges über die Natur der Pflanze erhielt, richtig aufzufassen.

§. 7.
Empedokles Akragantinos.

Empedokles aus Akragas (Agrigentum der Römer, jetzt Girgenti) an der Südküste Siciliens blühete ungefähr um 444 v. C. Er war reich, angesehen, berühmt als Dichter Redner Philosoph Arzt Seher und — Wunderthäter. Sein überaus hoch geschätztes Gedicht von der Natur, wozu das von den Alten gleichfalls oft erwähnte Gedicht unter dem Namen der Sühnungen als Theil gehört zu haben scheint, soll in drei Büchern aus fünf tausend Hexametern bestanden haben. Alles, was sich in oft sehr geringen Bruchstücken davon erhielt, beträgt nicht viel über vier hundert Verse, wozu jedoch manche zum Theil sehr ausführliche Berichte über die Lehre des Dichter-Philosophen kommen. Sturz[1] hat sich das Verdienst erworben, alles bei den Alten auf Empedokles Bezügliche zu sammeln, die Fragmente so, wie sie in seinem Gedicht wahrscheinlich auf einander folgten, zusammen zu stellen, kritisch zu bearbeiten, und Leben und Lehre des Weisen von Akragas bis ins feinste Detail mit Geist und Gelehrsamkeit zu entwickeln. Nach ihm entdeckte Peyron in einer turiner Hand-

---

1) *Empedocles Agrigentinus. De vita et philosophia ejus exposuit etc.*
F. G. *Sturz.* Tom. 1, II, *Lipsiae, 1805. 8.*

Buch I. Kap. 2. §. 7.

schrift noch mehrere Fragmente, die er in einer besondern kleinen Schrift [1]) bekannt machte. Die dem Zuschnitt nach, sonst aber in nichts der sturzischen ähnliche Arbeit von Lommatzsch [2]) nebst einer metrischen Uebersetzung kann ich leider nicht empfehlen. Was sie Gutes enthält, gehört Sturz, und die sehr übel klingenden Hexameter der Uebersetzung lassen sich ohne Vergleichung des Originals meist gar nicht verstehen.

„Empedokles, sagt Brandis [3]), kehrt zwar zu der Annahme ursprünglich bestimmter Urstoffe zurück, sucht aber die darüber hinausgehenden Speculationen, wie einerseits des Herakleitos, so andererseits der Eleaten und Pythagoreer zu benutzen, und zugleich ihren Folgerungen sich zu entziehen, indem er die Realität von Sein und Werden zu verbinden, und mit hervorstechendem Sinn für Beobachtung eine grössere Mannichfaltigkeit von Erscheinungen auf seine Grundannahmen zurückzuführen bestrebt ist. In ihnen gehört er, wie auch Aristoteles und Andere ausdrücklich anerkannten, durchaus zu der Reihe der ionischen Physiologen, und nähert sich nur in einzelnen Bestimmungen den Pythagoreern und Eleaten, zu denen er in persönlicher Beziehung gestanden haben soll."

Man streitet bis auf den heutigen Tag darüber, zu welcher Schule Empedokles zu rechnen sei. Ritter rechnet ihn zu den Eleaten, Lommatzsch, wie früher Brucker u. a., zu den Pythagoreern, Sturz zwar nicht zu diesen, doch zu den sogenannten Pythagoristen. Mir scheint Brandis, wie gewöhnlich, wenn er von seinen Vorgängern abweicht, den bessern Theil ergriffen zu haben; doch wollen wir nicht unbemerkt lassen, dass ein Vermittler

---

1) *Empedoclis et Parmenidis fragmenta ex codice Taurinensis bibliothecae restituta et illustrata ab Amadeo Peyron etc.* Lipsiae, 1819. 8.

2) *Lommatzsck, B. G. C.*, *die Weisheit des Empedokles nach ihren Quellen und deren Auslegung philosophisch bearbeitet, nebst einer metrischen Uebersetzung der noch vorhandenen Stellen seines Lehrgedichts über die Natur und die Läuterungen, sowie seiner Epigramme.* Berlin, 1830. 8.

3) *Brandis* am angef. Ort *I*, *S. 188.*

zwischen streitenden Parteien, wie Empedokles war, streng genommen keiner Partei ganz gleich zu stellen ist.

Kraft und Stoff, Geist und Welt, die Anaximander in den Begriff des unsterblichen Anfangs, Herakleitos in die Harmonie des ewigen Flusses zusammenfasste, von denen aber die Eleaten nur das erstere als Wahrheit anerkannten, schied Empedokles und liess beide als gleich ursprünglich und ewig gelten. Die Eine alles wirkende Kraft seiner Vorgänger schied er nochmals in zwei einander gesetzmässig entgegen wirkende Kräfte, die er als Liebe und Hader, Harmonie und Zwiespalt, und durch ähnliche Worte bezeichnete. Und „hatte Thales, — ich bediene mich hier der eigenen Worte des Aristoteles, — alles aus dem **Wasser** entstehen lassen, hatten Anaximenes und Diogenes die **Luft** als Anfang aller Körper dem Wasser vorangestellt, Hippasos aber und Herakleitos das **Feuer**: so unterschied Empedokles **vier Anfänge**, indem er als vierten die **Erde** den vorgenannten hinzufügte. Denn diese viere, meinte er, dauerten ewig, und es entstände nichts, als nur durch Verbindung oder Trennung Vieler oder Weniger zu **Einem** oder aus **Einem**." [1]) Hier haben wir also zum ersten mal als grundverschiedene Anfänge der Körper die später sogenannten **vier Elemente**, deren Unterscheidung zwei Jahrtausende lang den entschiedensten Einfluss auf die Entwickelung der Naturwissenschaft ausübte, bis sie der neuern Chemie endlich weichen mussten. Den spätern philosophischen Kunstausdruck Elemente (στοιχεῖα) finden wir jedoch bei Empedokles noch nicht; er nannte sie, wie dem Dichter ziemt, bildlich **die vier Wurzeln der Dinge**, und personificirte sie sogar, das

---

1) *Aristot. metaphys. 1, cap. 3. pag. 983—984 edit. Bekkeri.* — An einer andern Stelle, *de generat. et corrupt. II, cap. 1. pag. 329*, scheint Aristoteles das Wasser als das vierte von Empedokles den drei andern hinzugefügte Element zu bezeichnen. Die Stelle ist indess nicht so klar wie die vorige, und widerspricht, wenn sie wirklich so, wie ich glaube, zu verstehen ist, nicht nur der obigen desselben Schriftstellers, sondern auch allem, was wir sonst von des Thales Philosophie wissen, gradezu. Ich vermuthe daher, dass sie verdorben ist.

Buch I. Kap. 2. §. 7.

Feuer als Zeus, die Luft als Here, die Erde als Aïdoneus, das Wasser als Nestis ¹). Seine Worte sind:
„Jetzt zuvörderst vernimm des Alls vierfältige Wurzeln:
„Feuer und Wasser und Erd' und des Aethers unendliche Höhe;
„Daraus ward, was da war, was da sein wird, oder was nun ist." ²)
Und an einer andern Stelle:
„Jetzt zuvörderst vernimm des Alls vierfältige Wurzeln:
„Zeus glorreich, und Here Ernährerin, nebst Aïdoneus,
„Nestis auch, die bethaut mit Thränen die sterbliche Wimper.
„Aber zuäusserst entrückt war diesem Vereine der Hader." ³)
Wie er sich nun das Zusammenwirken der beiden Urkräfte in den vier Wurzeln der Dinge vorgestellt, darüber geben folgende Verse die sicherste Auskunft. Einige Erläuterungen füge ich in den Anmerkungen hinzu. Denn wie sehr ich auch nach Verständlichkeit des Ausdrucks strebte, etwas anderes ist die durchsichtige Klarheit homerischer Rhapsodie, etwas anderes die gedankenreiche Tiefe empedokleischer Speculation. Daher ich um Nachsicht bitte für meine Uebersetzungen. Die Zahl der Verse bezieht sich auf Sturz.
. . . . Grenzen der Kunde ⁴)
Doppelte nenn' ich. Denn jetzo verwuchs das Eins zum Alleinsein

---

1) Νῆστις bedeutet gewöhnlich nüchtern, und soll, aus ἄνηστις abgekürzt, von ἔδειν essen herkommen. Das Wasser so zu nennen, wäre etwas nüchterne Poesie. Wie Sturz vermuthet, könnte aber die Νῆστις des Empedokles von νάειν, fliessen, rieseln, abgeleitet sein, also die Rieselnde bedeuten, was die gleich folgenden Verse zu bestätigen scheinen. Aïdoneus bekanntlich für Pluton.
2) Bei Sturz Vers 160—163.
3) Daselbst Vers 26—29.
4) Diesen Halbvers enthält das Original nicht. Er lässt sich aber aus Vers 47 unbedenklich hinzufügen. Dort ergiebt auch der Zusammenhang, was Empedokles unter Grenzen der Kunde verstand, nämlich die beiden Wendepunkte periodischer Weltbildung, erstlich Vermischung und Vereinigung der vier Wurzeln zu mannichfachen Gebilden unter dem Einfluss der Liebe und des Haders; und zweitens Wiederzerfallen und Rückkehr derselben in den Zustand des formlosen Sphäros, den wir in einer später anzuführenden Stelle näher werden kennen lernen.

35. Aus Vielfachem, und jetzt aus dem Einssein schied sich die Vielheit.
Zwiefach Sterblichem ¹) so der Entstand ²), zwiefach das Vergängniss.
Nämlich den ersten erzeugt und zerstört die Versammelung Aller,
Aber das zweit' entfleucht machtlos, wenn sie wieder sich trennten ³),
Und nicht endet im Fluge der Zeit je solcherlei Wechsel.
40. Bald von der Liebe zusammengebracht wird alles zu Einem,
Bald dann wieder ein jedes zersprengt durch des Haders Verfolgung.
Doch wie sofort durch des Einen Zersplitterung werden die Vielen,
So auch werden sie nie theilhaftig beständiger Dauer;
Und wie im Fluge der Zeit nie endiget solcherlei Wechsel,
45. Also bestehn unverändert in sich sie den ewigen Kreislauf.
Auf! jetzt horche der Kunde; denn Trunkenheit ⁴) steigert die Sinne.
Denn wie ich sagte zuvor und erläuterte: Grenzen der Kunde
Doppelte nenn' ich. Denn jetzo verwuchs das Eins zum Alleinsein
Aus Vielfachem, und jetzt aus Einssein schied sich die Vielheit,
50. Feuer und Wasser und Erd' und des Himmels unendliche Höhe,

---

1) Sterblich, vergänglich, ist nach Empedokles alles ausser den beiden Grundkräften und den vier Wurzeln der Dinge. Im Original steht die Mehrzahl Sterbliche, nämlich Dinge. Ich wählte die einfache Zahl, damit der Leser nicht verleitet werde, nur an die Menschen zu denken, die Empedokles freilich auch zu den sterblichen Dingen rechnet, und deren Seelen er nur dadurch vor gänzlicher Vernichtung rettet, dass er mit Pythagoras Seelenwanderung annimmt, von der Pflanze an bis zu den Göttern hinauf, welche nach Verdienst oder Verschuldung in höhere oder geringere Wesen erfolgt.

2) Entstand und Vergängniss erlaubte ich mir zu sagen, um wenigstens ein männliches Wort zu gewinnen, damit in den folgenden Versen der Artikel den Leser sogleich orientire, auf was sich das erste, das Entstehen, auf was das andere, das Vergehen, sich beziehen soll.

3) Sobald sich die vier Wurzeln aus ihren Verbindungen trennten, und wiederum zum Sphäros balleten, unterliegen sie weiter keiner Zerstörung mehr. An sich sind sie ewig: nur das durch Mischung aus ihnen Gewordene erleidet den Tod, die Entmischung.

4) Trunkenheit für Begeisterung, versteht sich von selbst.

Buch I. Kap. 2. §. 7.

Auch der verderbliche Hader abseits [1]) gleichwiegend in allem,
Auch in jenen die Liebe, sich gleich in die Läng' und die Breite [2]).
Diese betrachte genau, nicht zagenden Blickes im Geist nur,
Sie, die den Sterblichen auch, wie man sagt, ursprünglich ver-
leibt ist,
55. Liebes dem Sinn einflössend, und ähnliche Thaten bewirkend.
Freudeverkündigerin heisst bald sie, bald Aphrodite,
Deren Verschlingungen noch kein Sterblicher völlig erkannte
Jemals. Doch nun höre der Wort' untrüglichen Richtpfad:
Gleich sind jene zumal, und an Abkunft keins vor dem andern [3]),
60. Obschon anderes wirkend ein jedes nach seiner Gewohnheit,
Und nach der Reih' obwaltend im wogenden Kreise des Zeitstroms.
Auch ist nimmer Entstand bei diesen und nimmer Vergängniss,
Denn wenn sie jemals ganz aufhöreten, wären sie gar nicht [4]).
Und was könnte vermehren das All? woher sollt' es ihm kommen?
65. Oder wohin sich verlieren? Ist ihrer doch keins so vereinsamt,
Sondern dasselbige sind sie, doch unter einander gestürmet
Werden sie anderswo immer ein Anderes, ewig dieselben.

---

1) Im Sphäros werden wir die Liebe im Mittelpunkt, den Hader an der Oberfläche, also abseits, finden, von wo aus er gleichwohl noch so gewaltig auf alles einwirkt, dass er der Liebe überall das Gleichgewicht hält. Daraus erklärt sich auch das folgende in, d. h. innerhalb der vier Wurzeln.

2) Nämlich des Sphäros, den wir bei dieser ganzen Schilderung als Gegensatz der aus ihm gebildeten, und in ihn sich zurückbildenden Welt, nie aus dem Sinn verlieren dürfen.

3) Keine der vier Wurzeln entspringt, wie Andere meinten, aus der andern.

4) Es war ein Hauptsatz, den die Eleaten den älteren Ionikern entgegenstellten, das wahre Sein schliesse jede Veränderung aus, es werde und vergehe nicht; was entstehe und vergehe, dem fehle eben das wahre Sein. Diesen Satz erkennt Empedokles an, unter andern sehr bestimmt in folgenden Versen:
  Aus Nichtseiendem kann Etwas ohnmöglich entstehen,
  Und dass ein Seiendes je aufhöre, das ist unausführbar.
  Immerdar wird es bestehn, wohin immerdar jemand es stürze.
Er leugnete aber das von den Eleaten behauptete einige Sein, indem er zwei Grundkräfte und vier Wurzeln sein liess. Daher der gleich folgende Ausdruck, keins der Elemente sei so vereinsamt, dass es sich, wie ich erläuternd hinzusetze, in eine Wüste verlieren könnte.

So dachte sich Empedokles zwei sehr verschiedene Zustände des Weltalls, den einen bevor, den andern nachdem aus dem Einen die Vielheit hervorging. Von seiner Schilderung des ersten Zustandes, sehr verschieden von dem, was ältere Kosmogenien das Chaos nannten, erhielten sich zusammenhängend nur die zwei folgenden Verse:

23. Aber der allwärts gleiche, der allunbegrenzete Sphäros
 Ward nun, kugelgestalt, umrollender Wirbelung freudig.

Bewegung und Leben fehlte also dem Ganzen auch in diesem Zustande nicht; nur die Elemente innerhalb des Sphäros ruheten. Das Hervorgehen der gestaltreichen Welt der Gegensätze aus ihm schildern folgende Verse:

... Sobald nun der Hader gelangt zu des wirbelnden Abgrunds
 Tiefe, die Liebe jedoch ihm mitten im Wirbel begegnet,
 Drängt inwendig sich alles zusammen, damit es nur Eins sei;
 Nicht im Moment zwar, gründlich verbindet sich eins mit dem
  andern,
140. Und Myriaden Geschlechter des Sterblichen quelln aus der
  Mischung.
 Doch viel blieb unvermischt mit dem unter einander Geworfnen,
 Welches noch aufwärts hielt in der Schwebe der Hader; denn
  niemals
 Zog er sich völlig zurück von der äussersten Grenze des Kreises,
 Sondern in einigen Gliedern verblieb, aus andern entwich er.
145. Doch in dem Maass, nach dem er entstürmt, in demselbigen
  naht sich
 Immer die sorgliche Liebe sofort unverwüstlichen Antriebs.
 So ward Sterbliches schnell, was zuvor sich Unsterbliches fühlte,
 Was einfach, ein Gemisch, austauschend die Weisen des Daseins,
 Und Myriaden Geschlechter des Sterblichen quelln aus der
  Mischung
150. Nach vielfältigen Mustern gebildete, Wunder dem Anblick.

Ueber die Rückbildung der gebildeten Welt in den Sphäros belehrt uns keins der erhaltenen Fragmente; dass Empedokles aber eine solche, und sogar eine periodische Wiederkehr von

Buch I. Kap. 2. §. 7.   45

Bildung und Rückbildung angenommen, ergiebt sich zum Theil aus den schon angeführten, noch deutlicher aus folgenden Versen, die ich etwas umzustellen wagte:

109. Thoren (denn fremd ist ihnen die weit ausgreifende Vorschau),
Welche da hoffen, es solle zuvor Nichtseiendes werden,
111. Oder es möcht' absterben, und ginge so völlig zu Grunde. —
105. Vielmehr also red' ich: Entstand ist keinem von allen
Sterblichen Wesen, noch irgend ein Ziel des vernichtenden Todes,
Sondern nur Mischung bald, bald wieder der Mischungen Umtausch
108. Ist es, Entstand wird's nur von sterblichen Menschen geheissen.—
105. Sie dann, komme Gemischtes nach Art des Menschen zum Vorschein,
Oder der Thiere des Feldes, vielleicht so wie Staudengewächse,
Oder wie Vögel beschaffen, so, sagen sie, wär' es geworden;
Löst es sich wieder, so heiss es ein dysdämonisches Schicksal
Nach dem Gebrauch, und so red' ich wohl auch, weil's eben
Gebrauch ist.

Hierher gehört auch die Stelle:

21. Keiner der Götter erschuf, auch keiner der Menschen das Weltall,
Sondern von Ewigkeit war's . . .

Doch am deutlichsten spricht sich Aristoteles [1]) über die Hypothese periodischer Weltumbildungen aus in folgenden Worten: „dass es (das Weltall oder der Uranos) geworden sei, behaupten alle, aber Einige nennen es ewig, Andere vergänglich gleich allem, was von Natur entstanden ist, noch Andere periodisch (ἐναλλάξ), so dass es bald so, bald anders beschaffen sei, der Verderbniss unterworfen; und das, meinen sie, ginge so fort, wie Empedokles der Akragantiner und Herakleitos der Ephesier." Mehrere Zeugnisse der Art sammelten Sturz und Brandis, doch bedarf es deren nicht zum Beweise, dass eine der wichtigsten Lehren der neuern Geologie, unser Erdball habe eine Reihe von Umwandelungen durchlaufen, bei denen das Thier- und Pflanzenreich bald unter-

---

1) *Aristot.* de coelo *I, cap. 10.*

gingen, bald in andern Arten sich wieder erneuerten, und ähnliche Umwälzungen ständen in Zukunft bevor, — als Ahnung, um mich des schwächsten Ausdrucks zu bedienen, als subjective Ueberzeugung schon in Empedokles und Herakleitos lebte. Der Thatsachen, auf die sie sich dabei stützten, waren vielleicht nicht viele, um so schärfer der Blick, der doch schon das Richtige traf.

§. 8.
Die Phytologie des Empedokles.

Davon erhielt sich leider nur wenig in den Fragmenten seines Gedichts. Drei seiner eigenthümlichsten phytologischen Meinungen bewahrte uns Nikolaos Damaskenos [1]) auf, von dem ich später ausführlicher handeln werde, und hier nur bemerke, dass er mit grosser Vorsicht benutzt werden muss; denn das Original ging verloren, wir besitzen nur eine lateinische Uebersetzung des Mittelalters, die selbst nicht einmal aus dem Griechischen, sondern aus einer gleichfalls verlorenen arabischen Uebersetzung gemacht ist. Etwas reichhaltiger, aber zugleich noch verworrener, und gewiss durch mancherlei Missverständnisse entstellt, sind die Nachrichten in der Sammlung der Meinungen der Philosophen, die gewöhnlich dem Plutarchos zugeschrieben wird, vermuthlich aber ein Auszug aus einem grösseren Werke jenes Schriftstellers ist, deren wir mehrere, zum Theil in wörtlicher Uebereinstimmung besitzen [2]). Sehr vereinzelt findet sich auch einiges hierher gehörige bei Aristoteles, Theophrastos u. a., und alles gesammelt und geordnet, wiewohl ohne Sachkenntniss, bei Sturz Seite 350

---

1) *Nicolai Damasceni de plantis libri duo, Aristoteli vulgo adscripti etc. recensuit E. H. F. Meyer. Lipsiae, 1841. 8.*

2) *Plutarchi de physicis philosophorum decretis libri quinque. Emendatiores edid. C. D. Beckius. Lipsiae, 1787. 8.* Auch unter dem bekannteren Titel *de placitis philosophorum* in den Ausgaben der Werke des Plutarchos. Von den andern Redactionen dieser Sammlung, deren eine dem Galenos, eine andere dem Stobäos, eine dritte dem Origines zugeschrieben wird, handelt Beck in der Vorrede seiner Ausgabe des falschen Plutarchos pag. XXIII sqq. ausführlich.

Buch I. Kap. 2. §. 8.

bis 364 und in seinem Commentar zu denjenigen Versen des Empedokles, worin Phytologisches berührt wird.

Aus Nikolaos entnehmen wir: 1) die Pflanzen wären entstanden, bevor sich die Welt vollständig ausgebildet hätte; 2) sie besässen wie die Thiere Verlangen, Gefühl der Lust und Unlust, ja Verstand und Einsicht; 3) auch die beiderlei Geschlechter fehlten ihnen nicht, doch wäre das eine mit dem andern in ihnen vermischt, und hohe Bäume brächten Junge zur Welt. Wir wollen sehen, wie das alles, gleichviel ob richtig oder falsch, doch mit den Grundansichten des Empedokles folgerecht zusammenhängt.

Gleich die erste Meinung bestätigt unser Pseudo-Plutarchos [1]) mit den Worten: „zuerst unter den lebendigen Wesen, sagt Empedokles, wären die Bäume aus der Erde hervorgegangen, bevor noch die Sonne dieselbe umschiffte, und Tag und Nacht sich geschieden hätten." An der Richtigkeit zweier so übereinstimmender Zeugnisse lässt sich nicht zweifeln; durch die Prosa des zweiten hört man die empedokleischen Verse beinahe noch durchklingen. Schwieriger ist der Zusammenhang dieser Meinung mit der Gesammtlehre des Empedokles aufzufinden. Was Lommatzsch [2]) meint: „sollten ihn vielleicht gezweigte Formen der Crystallisation zu dieser Ansicht hingeleitet haben?" — hat weder Grund noch Wahrscheinlichkeit. Der Wahrheit näher bringt uns vielleicht folgende Stelle des Theophrastos [3]), aus der wir zugleich einen neuen Hauptpunkt empedokleischer Pflanzenlehre erfahren:

„Das Erzeugende ist ein Einiges und nicht so, wie es Empedokles scheidet, wenn er die Erde an die Wurzeln, den Aether an die Zweige vertheilt, als wäre Eins vom andern getrennt, und nicht aus Einer und derselben Kraft und Materie erzeugend." Dass unter Aether nichts weiter als Luft zu verstehen ist, folgt aus den beiden schon angeführten Versen des Empedokles 50 und 101, worin bei Aufzählung der Elemente das

---

1) *Plut. l. c. V, cap. 26.*
2) *Lommatzsch, die Weisheit des Empedokles. S. 210.*
3) *Theophr. de caus. plant. 1, cap. 12. sect. 5.*

vierte Einmal der Luft, das andere mal des Aethers unendliche Höhe genannt wird. Nur schade, dass mit dieser Stelle eine andere des Aristoteles [1]) in Widerspruch steht. Auch dieser berichtet und bekämpft dieselbe Lehre des Empedokles, doch mit dem Unterschiede, dass er nicht Erde und Luft, sondern Erde und Feuer als die empedokleischen Bestandtheile der Pflanzen angiebt. Einer der beiden gleich zuverlässigen Berichterstatter muss sich in diesem Fall, die Richtigkeit der Lesarten vorausgesetzt, geirrt haben. Vermuthlich Aristoteles; doch über allen Zweifel lässt sich die Vermuthung nicht erheben.

Ich muss hier gleich noch einen dritten Hauptpunkt empedokleischer Lehre einführen, weil Einer auf den andern einiges Licht zu werfen scheint. Nicht allein Menschen und Thiere, wie sich aus mehrern seiner Fragmente und zahllosen spätern Berichten ergiebt, sondern, was sich fast von selbst versteht, und Eins der Fragmente ausdrücklich bestätigt, auch Pflanzen, also sämmtliche Organismen, liess Empedokles nicht auf Einen Schlag entstehen und dann allmälig sich weiter entwickeln, sondern einzelne Gliedmaassen derselben sollten jedes für sich entstanden und durch den Hader so lange getrennt erhalten sein, bis es endlich der Liebe sie zu verbinden gelang. Eine seiner Beschreibungen des Umhertreibens der noch vereinzelten Gliedmaassen schliesst Empedokles mit den Worten:

225. So wiederfährt es den Stauden und wasserbewohnender
Fischbrut,
So bergfreudigem Wild und befiederten Luftdurchseglern.

Der Vollständigkeit wegen setze ich noch eine Stelle des Pseudo-Plutarchos [2]) hierher, die dasselbe bestätigt und in etwas dunklen Worten weiter entwickelt. „Empedokles (sagte), die erste Erzeugung der Thiere und Pflanzen wäre keineswegs eine vollständige gewesen, sondern eine in nicht verwachsene Glieder getrennte; die zweite nach Art von Bildern, mit verwachsenen Gliedern; die

---

1) *Arist. de anima II*, cap. 4. pag. 415 b.
2) *Plutarch. l. c. V*, cap. 19.

dritte mit aus einander hervorgewachsenen Gliedern; die vierte nicht mehr aus gleichen (aus elementaren) Theilen, wie Erde und Wasser, sondern aus einander, indem bei Einigen die reichliche Nahrung, bei Andern die Schönheit der Weibchen den Reiz der Besamung hervorbringe."

Endlich gehört hierher noch folgende Stelle bei demselben Schriftsteller [1]): „(die Pflanzen) wüchsen von der in der Erde vertheilten Wärme, als wären sie Theile der Erde, gleich wie die Embyronen im Mutterleibe Theile der Mutter wären. Die Früchte aber wären der Ueberschuss des in den Pflanzen enthaltenen Wassers und Feuers."

Gehen wir nun auf die erste Entstehung der Pflanzen zurück, so hörten wir, dass sie gliedweise erfolgt sein soll. Als Glieder nannte Theophrastos die Wurzeln und die Zweige, zu denen Pseudo-Plutarchos als einen Ueberschuss der Nahrung, also gewiss als die letzten, noch die Früchte hinzufügt. Die Verschiedenheit der Glieder sollte nach Theophrastos und Aristoteles offenbar auf verschiedener elementarer Mischung beruhen. Ich sage Mischung; denn zu streng müssen wir den Ausspruch, die Wurzeln wären aus diesem, die Zweige aus jenem Element erzeugt, nicht nehmen; ganz ohne Antheil an allen vier Wurzeln der Dinge, und an beiden Grundkräften der Liebe wie des Haders dachte sich Empedokles nichts auf der Erde, nur vom Vorwalten eines einzelnen Bestandtheils sind jene Aussprüche zu verstehen. Dass die unterirdischen Wurzeln hauptsächlich aus Erde, die in freier Luft befindlichen Zweige hauptsächlich aus Luft bestehen sollten, lag bei jenen Grundannahmen sehr nahe. Wärme, also Feuer, sollten die Pflanzen nur mittelbar durch die Erde empfangen, und dessen Ueberschuss sollte sich zur Frucht gestalten. Schon hierin scheint sich die Richtigkeit des theophrastischen Ausspruchs, wie auch die Quelle des aristotelischen Missgriffs zu verrathen.

Wir gehen weiter. Aus anderen Zeugnissen, die man bei

---

1) *Plut. l. c. V, cap. 26.* gleich hinter den schon angeführten Worten.

Brandis[1]) gesammelt findet, wissen wir, dass der Hader sich vorzugsweise im und durch das Feuer, die Liebe sich vorzugsweise im und durch das Wasser bethätigen sollten. Das Wasser sinkt herab, die Flamme erhebt sich; schon im Sphäros sollte der Hader mehr die Oberfläche, die Liebe das Kentrum einnehmen: was ist natürlicher, als dass bei der Weltbildung aus dem Sphäros Empedokles das die Sonne und Gestirne bildende Feuer emporsteigen, das Wasser sich zu unterst befinden liess, bis es durch die dichte Zusammenschnürung der Erde in Quellen gleichsam heraufgepresst ward? Die Beweisstelle für diese zuletzt ausgesprochene Quellentheorie werde ich gleich bringen. Nun haben wir noch Erde und Luft, diese als Hauptbestandtheil der Atmosphäre, jene des Bodens, denen sich demnach ihr Platz im Weltraum von selbst anweist. Unten aber im Wasser, und folglich am Boden, war die Liebe am wirksamsten, oben am Himmel der Hader; unten musste sich daher Vieles bilden, bevor Sonne und Gestirne zur Ausbildung gelangten. So hätten wir denn, den muthmasslich irrigen Ausdruck des Aristoteles bei Seite gesetzt, alles bisher Angeführte, wie wunderlich es sein mag, wenigstens in sich selbst vollkommen zusammenhängend und folgerichtig gefunden. Es fragt sich nur noch, ob ich des Empedokles Meinung über die erste Scheidung der Elemente richtig errathen habe. Einen directen Beweis dafür kann ich nicht liefern, vielmehr würde folgende Stelle des Pseudo-Plutarchos[2]), die ich nicht verleugnen will, ein directer Gegenbeweis sein, wenn sie nicht so offenbare Missverständnisse enthielte, dass sie dadurch, wie mir scheint, bis auf einen gewissen Punkt alles Gewicht verliert. Sie lautet so:

„Empedokles (sagte), zuerst hätte sich der Aether abgesondert, darauf das Feuer, nach diesem die Erde; zusammengeschnürt durch des Umschwungs Kraft, sei aus ihr das Wasser hervorgequollen, aus diesem die Luft ausgedünstet. Und der Himmel sei entstanden aus dem Aether, die Sonne aus dem Feuer, aus den

---

1) *Brandis a. a. O. I, S. 202 ff.*
2) *Plut. l. c. II, cap. 6.*

Buch I. Kap. 2. §. 8.

übrigen wären die Dinge der Erdoberfläche zusammengeknetet." Wäre die Stelle richtig, so hätten wir fünf Wurzeln der Dinge, Empedokles kennt nur viere; Aether ist bei ihm, wie wir sahen, gleichbedeutend mit Luft, die Absonderung des Aethers **vor** dem Feuer muss also auf einem Missverständniss beruhen. Unterschied Empedokles vielleicht zuerst einerseits eine noch aus Feuer und Luft gemischte Atmosphäre, die er vielleicht ätherisch nannte, und aus der er das Feuer sich aussondern liess; andrerseits einen noch aus Erde und Wasser gemischten Grund und Boden, aus dem er später das Wasser hervorquellen liess? Dann wären unter der aus dem Wasser ausdünstenden Luft die Wolken zu verstehen, und so jede Schwierigkeit gehoben; doch liessen sich leicht noch andere Erklärungen finden, und keine vor den übrigen behaupten. Die schon gegebene Quellentheorie aber enthält nichts, was sie verdächtig machte.

Ich komme zu dem zweiten von Nikolaos Damaskenos hervorgehobnen Hauptpunkt empedokleischer Phytologie: **die Pflanzen besässen wie die Thiere Verlangen, Gefühl der Lust und Unlust, ja Verstand und Einsicht.** Das klingt sehr wunderlich, und schon Sextus Empiricus[1]), nachdem er erzählt, Herakleitos hätte behauptet, die Menschen wären nicht die einzigen verständigen Wesen, fährt fort: „noch paradoxer behauptete Empedokles, **alles wäre verständig**, nicht allein die Thiere, sondern **auch die Pflanzen**, indem er ausdrücklich schrieb: „Wisse denn, alles erhielt Antheil an Sinn und Verständniss." Ausser allem Zusammenhange darf indess ein empedokleischer Satz am wenigsten beurtheilt werden, und bei diesem Satz kommen zwei tief eingreifende Vorstellungen des Empedokles in Betracht, seine Vorstellung von der Seele und von der Seelenwanderung.

Ungeachtet der Unterscheidung zweier Grundkräfte von den vier Wurzeln der Dinge, war Empedokles doch nichts weniger als Dualist im heutigen Sinne des Worts, sondern jene Grundkräfte

---

1) *Sext. Empir. advers. mathem. VIII, cap. 286. pag. 512. edit. Fabricii.*

hafteten an den körperhaften Wurzeln, und diese Wurzeln waren selbst zugleich, ich darf nicht sagen beseelt, doch seelenhaft. Statt vieler Beweisstellen, die sich darbieten, nur zwei. „Nach Empedokles, sagt Aristoteles [1]), wären die Elemente vor den Göttern gewesen, ja sie wären selbst Götter." An einem andern Ort sagt derselbe [2]): „Alle die, welche bei Bestimmung des Beseelenden auf die Bewegung zurückgingen, hielten das für die Seele, was zumeist bewegt; die aber auf Erkenntniss und sinnliche Wahrnehmung zurückgingen, nannten die Principien Seele. Deren Einige nahmen mehrere, Andere nur eins an. So meinte Empedokles, sie bestünden aus allen Elementen, und **jedes derselben wäre Seele**, indem er also sprach:

318. Denn mit der Erde beschaun wir die Erde, mit Wasser das Wasser,
Himmlischen Aether mit Aether, mit Feuer vertilgendes Feuer,
320. Freundschaft mit Freundschaft, und Hader mit düsterem Hader.'‚

Wir können diese Verse zusammenfassen in den Satz: Gleiches wird von Gleichem erkannt. Und somit ist nichts ohne Erkenntniss, denn nichts ist ohne seinesgleichen; und wenn wir mehr erkennen als Andere, so geschieht das, weil sich in uns alle vier Wurzeln der Dinge nebst Liebe und Hader gleichmässiger und inniger gemischt befinden. Aufs eifrigste bekämpft Aristoteles in zwei von Brandis [3]) nachgewiesenen Stellen seiner Werke diese ganze Lehre, gesteht aber gleichwohl in der letzten, Empedokles sei doch einer der folgerechtesten Denker. Möge sie denn, wie sie es ist, verwerflich sein; lächerlich wird eine einzelne Folgerung aus ihr wie die, auch die Pflanzen besässen eine der unsrigen ähnliche Seele, dem, der sie in ihrem Zusammenhange auffasste, nicht erscheinen.

Dachte sich aber Empedokles die Pflanzen einmal beseelt, so

---

1) *Arist.* de generat. et corrupt. *II, cap. 6.. pag. 333.*
2) *Ejusd.* de anima *I, cap. 2. pag. 404.*
3) *Brandis I, S. 222.* — *Arist.* de anima *I, cap. 5. pag. 409*, und *Metaphys. II, cap. 4. pag. 1000.*

Buch I. Kap. 2. §. 8.

dürfen wir uns nicht wundern, wenn er Erscheinungen an ihnen, die wir mechanisch zu erklären gewohnt sind, als Zeichen der Seelenthätigkeit betrachtete. In den Fragmenten finde ich nichts der Art, allein beim Pseudo-Plutarchos kommt folgende merkwürdige Stelle vor [1]: „Platon und Empedokles sagten, auch die Pflanzen wären beseelt und wären Thiere. Das erhelle aus ihrem Erzittern (vielleicht dem des Laubes gewisser Bäume bei kaum fühlbarem Luftzuge?), und aus der Ausstreckung ihrer Zweige (vielleicht gegen das Licht? [2]), die, wenn man sie böge, nachgäben, und sich mit solcher Heftigkeit wieder ausstreckten, dass sie schwere Gewichte mit aufhöben."

Derselbe Grundgedanke, die Elemente, und weil Alles aus ihnen besteht, Alles wäre beseelt, spricht sich sehr bestimmt auch in dem aus, was man unpassend bei Empedokles die Seelenwanderung genannt hat. [3]) Denn wie sich Pythagoras die Seelenwanderung dachte, weiss ich zwar nicht, und glaube gern, dass durch ihn Empedokles auf Das, was man bei ihm Seelenwanderung genannt hat, geleitet sei; allein von einer Wanderung unsterblicher Seelen durch verschiedene sterbliche Leiber im Sinn orientalischer Dualisten kann natürlich nicht die Rede sein bei einem Philosophen, der Leib und Seele nicht schied. Gleichwohl enthielt sein Gedicht Stellen, die für sich allein genommen leicht auf wirkliche Seelenwanderung bezogen werden könnten, z. B.

---

1) *Plut. l. c. V, cap. 26.* Doch bemerke ich, dass in den Parallelstellen des *Pseudo Galenos, histor. philos. cap. 38. (Galeni opera edit. Kühn vol. XIX, pag. 340)* und des *Stobäos (eclog. physic. cap. 48, pag. 758 edit. Heeren)* nicht Platon und Empedokles, sondern Thales und Platon genannt werden; und zweitens dass P l a t o n in einer später mitzutheilenden Stelle seines Timäos den Pflanzen zwar eine mit Empfindung und Verlangen begabte Seele zuschreibt, doch ohne Bezug auf die hier erwähnten Erscheinungen.

2) So lässt *Sprengel in der Gesch. der Bot. I, S. 43* den Plutarchos sagen. Richtig gab er früher in der *Historia rei herbariae I, pag. 52* die Worte desselben. Offenbar lässt sich aber die Ausstreckung auch als blosse Elasticität fassen.

3) Siehe die Widerlegung dieser Auffassung bei *Sturz pag. 471 sqq*

3. Schicksalssatzung ist es und uralt göttlicher Rathschluss,
Wenn sich die freudigen Glieder befleckt mit Frevel und
Mordthat
5. Irgend ein Dämon, — und solche beglückt langathmiges
Leben —,
Dass er den Seligen fern umirrt drei tausend der Jahre.
So gottfern bin ich selber anitzt ein geflüchteter Wandrer,
Der ich dem wüthenden Hader vertraut —

Und ferner:

362. Denn vordem schon ward ich, vielleicht als Knab oder
Mägdlein,
Staude vielleicht, oder Vogel, und Fisch tonlos in der Salz-
fluth.

Deutlicher sagt folgende Stelle, wie er es meinte:

74. Aber im Streit wird alles gesprengt und beraubt der Gestaltung,
Aber in Liebe verschmilzt es, und sehnet sich gegen einander.
Daraus alles, was war, und was ist, und ins Künftige sein
wird.
Bäum' entsprosseten also, wie Männer, und eben so Jungfraun,
Wild also, wie Geflügel, und wasserernährte Fischbrut,
Götter sogar langathmiger Kraft, an Würde die Besten;
80. Alle ja sind sie dasselbe, doch unter einander gestürmet
Werden sie anders geartet, und wandeln sich in der Ent-
wicklung.

Nicht eigentliche Metempsychose, sondern nur eine bald vorwärts bald rückwärts schreitende Metamorphose war es demnach, bei der weder die Seele noch der Körper dieselben blieben; und ihre Stufenleiter reichte, wenn nicht von noch tiefern Stufen ab, wenigstens von den geringsten Pflanzen an bis hinauf zu den Göttern, die zwar langathmiger .... als wir sein, doch vermuthlich auch nicht länger unverändert bestehen sollten, als von Einer Weltumbildungsperiode bis zur andern.

Die dritte und letzte Bestimmung empedokleischer Phytologie bei Nikolaos Damaskenos war folgende: **die Pflanzen besässen zwar beiderlei Geschlechter, doch mit einander**

Buch I. Kap. 2. §. 8.

vermischt, und die hohen Bäume brächten Junge zur Welt. Noch besitzen wir die Quelle, aus der Nikolaos diese Nachricht schöpfte, in folgenden Worten des Aristoteles[1]): „Bei allen Thieren also, welche Ortsbewegung haben, ist das Weibliche von dem Männlichen getrennt, Ein Thier ist männlich, das andere weiblich, doch beide gleicher Art, wie beiderlei Menschen. Bei den Pflanzen dagegen sind diese Kräfte vermischt, und das Weibliche vom Männlichen nicht getrennt, so dass sie aus sich selbst zeugen, und keinen Befruchtungsstoff, sondern die Empfängniss ausscheiden, die man den Samen nennt. Und das drückt Empedokles richtig aus, wenn er singt:
(286.) Eier auch legen die Bäume, die stämmigen, erst die Olive.
Denn das Ei ist Leibesfrucht, und aus einem Theil desselben entsteht das Thier, das übrige ist Nahrung. Und aus einem Theil des Samens entsteht das Gewächs, und das übrige wird Nahrung für den Keim und die erste Wurzel." Das sind freilich, bis auf den eingelegten Vers, Worte des Aristoteles, nicht des Empedokles; indess der Grundgedanke spricht sich allerdings in jenem Verse ziemlich klar aus, und vermuthlich liess ihn der Zusammenhang noch bestimmter hervortreten, da sich Aristoteles sonst schwerlich auf diesen Vers berufen hätte. Man sieht, wie nahe schon jene alten Physiker an die Entdeckung der wahren Geschlechtlichkeit heranstreiften. Hätten sie, wie Aegypter und Syrer die dikline Dattelpalme, oder sonst eine rein dikline Culturpflanze täglich vor Augen gehabt, sie wäre ihnen schwerlich entgangen.

Eine Aeusserung ganz anderer Art über die Geschlechtlichkeit der Pflanzen, doch so kurz und dunkel, dass sich nicht viel daraus abnehmen lässt, legt Pseudo-Plutarchos dem Empedokles in den Mund: „nach Verhältniss der Mischung bekämen sie die Beschaffenheit des Weiblichen oder Männlichen." Das scheint sich der gewöhnlichen Vorstellung der Griechen zu nähern, wonach sie von zwei einander ähnlichen Pflanzen sehr willkührlich die

---
1) *Arist. de gener. animal. I, cap. 23. pag. 730.* Vergl. *Wimmer phytologiae Aristotelicae fragmenta pag. 36.*
1) *Plutarch. l. c. V, cap. 26.*

eine das Männchen, die andere das Weibchen zu nennen pflegten, und zwar so, dass die stärkere, rauhere, blattreichere Pflanze als männlich, die schwächere, glättere, fruchtreichere als weiblich galt; eine Vorstellung, die sich auch der Botaniker bemächtigte, und bis kurz vor Linne's Zeit erhielt, ja von der sich noch jetzt Spuren finden in den Namen Cornus mascula, Polystichum Filix mas, Asplenium Filix femina u. a. m. Was aber den wahren Plutarchos, oder wen sonst unser Pseudo-Plutarchos excerpirte, veranlasst haben könnte, eine Meinung, die jeder griechische Bauer theilte, aus dem Empedokles zu notiren, verstehe ich nicht; noch weniger, wie sie sich mit der einer Vereinigung der Geschlechter, die Aristoteles doch dem Empedokles zuzuschreiben scheint, verträgt.

Aus derselben unlautern Quelle des Pseudo-Plutarchos habe ich jetzt noch einiges anzuführen, wobei uns Nikolaos, dem wir bis hierher folgten, verlässt. Zuvörderst erinnere ich nochmals an die schon vorgekommenen Worte: „die Pflanzen wüchsen von der in der Erde vertheilten Wärme, als wären sie Theile der Erde, gleich wie die Embryonen im Mutterleibe Theile der Mutter." Das kann wohl nichts anderes bedeuten, als den Pflanzen fehle die den Thieren zukommende eigenthümliche (organische) Wärme. Und ist das richtig, so scheint weiter daraus zu folgen, die später so beliebte Eintheilung der Pflanzen in warme und kalte sei dem Empedokles noch fremd gewesen, obgleich schon bei Anaximandros Wärme und Kälte, Feuchtigkeit und Trockenheit eine grosse Rolle spielten.

Ueber die immergrünen Pflanzen lässt Pseudo-Plutarchos an demselben Ort den Empedokles sagen: „die Pflanzen, die so arm an Feuchtigkeit, dass dieselbe im Sommer austrockne, verlören, die vollsaftigen behielten ihr Laub, wie der Lorbeer, der Oelbaum und die Palme." Ganz anders berichtet der wahre Plutarchos[1]): „Einige meinen, wegen Gleichartigkeit der Mischung daure das Blatt aus. Empedokles aber führte ausserdem noch eine gewisse Symmetrie der Poren als Grund an, welche regelmässig durch-

---

1) *Plutarch. sympos. III*, cap. 2.

liessen, so dass hinreichender Zufluss wäre." Und das ist eine nicht unerhebliche Ergänzung des vorigen Berichts. Poren und ihnen entsprechende Aus- und Einströmungen spielen in der ganzen Physik und Physiologie des Empedokles eine grosse Rolle; allem, sogar den Elementen schrieb er Poren und Strömungen zu, vermöge deren sie sich mischten.

117. ... Jeglichem sind Ausströmungen, was da geworden.

Daraus erklärte er die Anziehung des Magnets, den Ernährungsprocess, die sinnlichen Wahrnehmungen und vieles andere[1]). Doch liess er beim Ernährungsprocess offenbar auch die Gährung mitwirken, wie folgender Vers bezeugt, das einzige, was ich darüber beibringen kann.

290. Wein ist unter der Rind' im Holze gegorenes Wasser.

Wie es aber zugeht, dass verschiedene Weinstöcke, obschon mit denselben Organen versehen, doch verschiedenen Wein liefern, darüber giebt uns Pseudo-Plutarchos die Meinung des Empedokles in so verdorbenen Worten gleich nach den eben angeführten, dass ich statt einer Uebersetzung nur ihren muthmasslichen Sinn wiederzugeben vermag. Wahrscheinlich wollte er den Empedokles sagen lassen, die Verschiedenheit der Pflanzensäfte entstände aus der Verschiedenheit entweder der sie bereitenden Organe (wobei dann die Poren vermuthlich wieder aushelfen mussten), oder der Nahrung, aus der sie bereitet würden. Letzteres mache den Rebensaft zum Wein bald brauchbar bald unbrauchbar.

Das ist alles, was Sturz über die Pflanzenlehre des Empedokles aus dem ganzen Umfange der griechischen Literatur mit unsäglichem Fleiss zusammengebracht. Hinzuzusetzen fand ich gar nichts, nur in der Auslegung durfte ich als Botaniker von dem Philologen mitunter abzuweichen mir erlauben. Sprengels[2]) Angabe, nach Empedokles diene die Wurzel den Pflanzen statt des Mundes und Kopfes, entsprang wie so mancher seiner Irrthümer

---

1) Die Hauptstelle darüber bei *Aristoteles de gener. et corrupt. I, 8. pag. 324. sqq.* Was sonst noch vorkommt, sammelte *Sturz pag. 341—350*.
2) *Sprengel Gesch. d. Bot. I, S. 44.*

aus zu flüchtigem Lesen der angeblichen Beweisstelle, hier des Themistios [1]). Erst Aristoteles stellte jene Vergleichung auf, und sein Ausleger Themistios, weit entfernt sie dem Empedokles zueignen zu wollen, bediente sich ihrer vielmehr zur Widerlegung einer andern Meinung jenes Philosophen.

Nur noch zwei ganz kurze Fragmente des Empedokles mitzutheilen enthalte ich mich nicht. Sie lauten, das eine:

321. Denn es erwächst Einsicht den Menschen aus ihrer Umgebung;
und das andere:

322. Anderes einzusehen befähiget werden sie soweit,
  Als sie mit anderem mehr sich befasseten...

So hoch achtete der Mann, dessen schöpferische Phantasie uns aus so vielen seiner Verse entgegentrat, dessen Consequenz im speculativen Denken der consequenteste Denker des Alterthums gleichsam wider Willen anerkennen musste, — die Erfahrung, die Beobachtung, dass er sie als den Quell aller menschlichen Einsicht pries. Das ist ja, was den wahren Naturforscher macht, nicht die Beobachtung allein, nicht das Denken allein, noch weniger allein die Phantasie, sondern das glückliche Gleichgewicht dieser drei Göttergaben. Ob dieses Gleichgewicht bei Empedokles waltete, ob der Beobachter dem Denker und Dichter nichts nachgab, lassen die Fragmente seines Gedichts nicht mehr erkennen; aber Plinius, der nur für das Besondere Sinn hatte, rechnete ihn zu den Quellenschriftstellern seines ölften Buchs der Naturgeschichte, das von den am schwersten zu beobachtenden niedern Thieren handelt.

§. 9.
Die Philosophen von Anaxagoras bis Hippon.

Ueber die folgenden Philosophen können wir schneller hinweggehen, über einige, weil sie sich weniger mit der Natur beschäftigten, über andere, deren Naturkenntniss gerühmt wird, wegen gar zu dürftiger Nachrichten. Ein paar Aerzte sei mir erlaubt der Zeitfolge nach einzureihen.

---
1) *Themist. ad Aristot. de anima II, cap. 4*, abgedruckt bei *Sturz pag. 361*.

Buch I. Kap. 2. §. 9.

Ein solcher ist gleich der erste **Akron der Akragantiner**, den ich nur nenne, weil Haller[1]) ihn unter den botanischen Schriftstellern anführt. Er war Landsmann und Zeitgenosse des Empedokles, von dem sich ein beissendes Epigramm auf seine Anmassung erhielt. Die sehr viel später entstandene ärztliche Schule der Empiriker pflegte, um sich das Ansehen eines höheren Alters zu geben, ihren Ursprung auf ihn zurückzuführen. Seine von Haller citirte verlorene Schrift über die Zuträglichkeit der Nahrungsmittel (περὶ τροφῆς ὑγιεινῶν) dürfte ihm kaum Anspruch geben auf einen Platz unter den Botanikern.

Höchst bedeutend als Philosoph ist **Anaxagoras der Klazomenier**, also ein Ionier dem Vaterlande wie der Schule nach. Geboren 500, gestorben 428 J. v. C., war er, wie Aristoteles sagt, den Jahren nach älter, den Werken nach jünger als Empedokles. Zwanzig Jahr alt ging er nach Athen, wo er fast die Hälfte seiner Lebenszeit in genauen Verhältnissen mit Perikles, Euripides und andern ausgezeichneten Männern verweilte, bis er, der Gottlosigkeit angeklagt, von dort entfliehen musste. Von den früheren Physikern unterschied ihn die Annahme **eines einigen Geistes** und einer unendlichen Menge unendlich kleiner, ursprünglich nur qualitativ verschiedener Urstoffe, die er die **Samen der Dinge**[2]) nannte. Diese liess er im Aether und in der Luft, die er unterschied, umherschwimmen, und von da in mannigfaltigen Verbindungen zur Erde kommen. Dass er auf diese Art Pflanzen entstehen liess, bezeugt Theophrastos[3]) mit ausdrücklichen Wor-

---

1) *Haller* bibl. bot. *I, pag. 13*, vergl. *Sprengel* Gesch. d. Med. *I, mit Anmerk. von Rosenbaum S. 305.*

2) Ob er selbst sie auch **Homöomerien** (gleichartige Theile) genannt, oder ob Aristoteles dies Wort erst gebildet hat, um damit die anaxagorische Lehre präciser zu bezeichnen, scheint mir nicht sehr erheblich. Ersteres war bis auf Ritter die allgemeine Meinung, und ward nach Ritter von Schaubach wieder vertheidigt; letzteres scheint mir, nach Schaubach, Philippson in seiner Ὕλη ἀνθρωπίνη *pag. 188 sqq.* über jeden Zweifel erhoben zu haben.

3) *Theophr.* hist. plant. *III, cap. 1. sect.*

ten, indem er nach Anführung anderer Fortpflanzungsarten der Bäume hinzusetzt: „Dazu kommt die Entstehung aus freien Stücken, wie es die Physiologen nennen. So behauptete Anaxagoras, die Luft enthielte die Samen von allem, und wohin dieselben durch das Regenwasser gebracht würden, da entständen Pflanzen." Dasselbe scheint Nikolaos Damaskenos [1]) den Anaxagoras sagen zu lassen, doch in so verderbten Worten, dass ihr wahrer Sinn sich nur errathen lässt. Wahrscheinlich lauteten sie: „und so sagt Anaxagoras, ihr Same [2]) käme aus der Luft, und darum sage man überhaupt [3]), die Erde sei die Mutter, die Sonne der Vater der Pflanzen."

Das Leben der Pflanze und des Thiers scheint er kaum unterschieden zu haben. Dahin deutet schon der aristotelische Ausspruch, nach Anaxagoras und Diogenes athme alles [4]); und noch bestimmter sagt Nikolaos [5]): „die Pflanze hat keinen Athem, obschon Anaxagoras sagt, sie habe Athem." An einer andern Stelle [6])

1) *Nicol. Dam. de plant. I, cap. 6.*
2) Im lateinischen Text steht ihre Kälte. In meinem Commentar habe ich gezeigt, wie leicht die arabischen Worte, welche Kälte und welche Samen bedeuten, verwechselt werden konnten.
3) Im lateinischen Text steht, wie öfter, wenn sich der Uebersetzer nicht anders zu helfen wusste, ein sehr zweifelhaftes arabisches Wort: et ideo dicit lechineon. Albertus Magnus hielt es für den Namen Lykophron, „quem Arabes corrupte Leucineom vocent." Jourdain wollte lieber Leukippos lesen. Meine Erklärung aus dem Arabischen, nach der es heissen würde: „und so sagten die Philosophen seiner Schule," muss ich als übereilt und sprachwidrig zurücknehmen. Aus der Parallelstelle des Aristoteteles *de gener. animal. I, cap 2. pag. 716 a* (διὸ καὶ ἐν τῷ ὅλῳ τὴν τῆς γῆς φύσιν ὡς θῆλυ καὶ μητέρα νομίζουσιν, οὐρανὸν δὲ καὶ ἥλιον ἤ τι τῶν ἄλλων τῶν τοιούτων ὡς γεννῶντας καὶ πατέρας προςαγορεύουσιν), welche Nikolaos allem Anschein nach wiedergeben wollte, ergiebt sich, dass das arabische lechineon dem griechischen ἐν τῷ ὅλῳ entspricht. Sollte es daher nicht aus einer der vielen Nebenformen des Wortes ﻛﻮﻥ, essentia, existentia, und der inseparablen Partikel ﻟ zusammengesetzt sein? ungefähr wie das sehr ähnliche in gleicher Art gebildete ﻟﺬﻭﻟﻚ, propterea?
4) *Arist. de respir. cap. 2. pag. 470 in fine.*
5) *Nicol. Damasc. I, cap. 5.*
6) *L. c, I, cap. 2.*

Buch 1. Kap. 2. §. 9. 61

sagt er: „Anaxagoras, Demokritos und Empedokles behaupteten die Pflanzen hätten Verstand und Einsicht." Und eine dritte Stelle bei ihm[1]) lautet: Anaxagoras und Empedokles sagen, die Pflanzen würden von Verlangen getrieben, sie fühlten, trauerten und freueten sich. Ja Anaxagoras behauptete, sie wären Thiere, und zum Beweise dass sie sich freueten und trauerten, berief er sich auf die Bewegungen (flexus) der Blätter (vielleicht nach dem Lichte). Wie wir aber diese Behauptungen zu verstehen haben, erläutern am besten zwei anaxagoreische Aussprüche, die uns Simplicius[2]) aufbewahrte: „Was Seele hat, Grösseres und Kleineres, alles dessen ist der Geist mächtig;" und: „Aller Geist ist sich gleich, der grössere, wie der kleinere." Man sieht, wie dem Anaxagoras der einige Geist doch wieder zur Weltseele zusammenschrumpfte. Aufs Besondere der Naturlehre scheint er sich nicht eingelassen zu haben.

Ueberhaupt rückte der gänzliche Umschwung, den die ionische Philosophie durch die Eleaten, und bald darauf die gesammte Philosophie erfahren sollte, immer näher. Um das Jahr 458 v. C. kam der schon greise Parmenides mit seinem damals vierzigjährigen Schüler Zenon, den Aristoteles als Begründer der Dialektik betrachtet, nach Athen, und kehrte seitdem öfter dahin zurück, während Anaxagoras die Stadt verlassen musste. Schon damals soll sich der philosophische Geist des Sokrates verrathen haben; doch lange bevor er als Lehrer einer reineren Sittenlehre auftrat, hatten die Sophisten in Athen ihr Wesen zu treiben begonnen, der Physik wie der Sittenlehre gleich unerspriesslich; und die letzten Physiker bereiteten ihnen die Wege durch ihre Verirrung in Atomistik und rohen Materialismus, womit sich wenigstens bei einem der folgenden, bei Demokritos, noch eine nicht geringe Portion Aberglauben verbunden zu haben scheint.

Ich lasse, wie Krüger[3]) und Brandis, nach Anaxagoras zunächst den Diogenes von Apollonia auf der Insel Kreta fol-

---
1) *L. c. II, cap. 1.*
2) Bei *Brandis I, S. 263. Anmerk. b. und d.*
3) *Clinton fasti Hellen. edid. Krüger ad annum 465.*

gen, dessen Zeitalter Petersen [1]) noch etwas näher als seine Vorgänger bestimmte. Krüger hatte bemerkt, dass er des berühmten um 467 v. C. bei Aegispotamos gefallenen Meteorsteins gedenke, und ihn daher in das Jahr 465 gestellt; Brandis suchte diese Angabe durch die Nachricht des Simplicius zu unterstützen, er sei fast der jüngste der Physiker; Petersen zeigte, dass sich gewisse Spöttereien des Aristophanes in den Wolken fast nothwendig auf ihn beziehen müssen. Diese Komödie ward 423 und nochmals 422 v. C. in Athen aufgeführt, ohne Zweifel noch bei Lebzeiten des Diogenes, da sich der Komiker um Todte nicht viel zu kümmern pflegte. Petersen lässt demnach den Diogenes etwa um 429 blühen.

Wie viel Diogenes dem Anaxagoras verdanken mag, so sehr wich er gleichwohl in den Grundbestimmungen von ihm ab. Der Unterschied von Stoff und Kraft, Körper und Geist, verschwindet bei ihm wieder; Träger des Geistes wird wieder ein bestimmter Stoff, nämlich die Luft, und des Anaxagoras unendlich viele, ursprünglich verschiedene Samen der Dinge oder Homöomerien werden wieder zu einem einigen unendlich wandelbaren Stoff. Von seinen phytologischen Meinungen wissen wir nur, dass die Pflanzen aus faulendem Wasser mit Erde vermischt entständen [2]), und dass sie, weil sie nicht hohl wären, also keine Luft in sich aufnehmen könnten, auch der Erkenntniss gänzlich ermangelten [3]).

Neben Diogenes stelle ich nach Petersen [4]) den Hippon aus Rhegion (nach Sextus Empiricus und Origines) oder Melos (nach Clemens Africanus, wenn die Lesart richtig ist [5]). Bran-

---

1) *Petersen, C.*, *Hippocratis nomine quae circumferuntur scripta ad temporum rationes disposita. Pars prior. pag. 31 und 49 sqq.* Steht im *Index scholarum Gymnasii Hamburgensis. Hamburg, 1839. 4.*
2) *Theophr. hist. plant. III, cap. 1. sect. 4.*
3) *Ejusd. de sensu sect. 44. edit. operum Schneid. I, pag. 665. edit. Philippson in Ejusd. ὕλη ἀνθρωπίνη pag. 120.*
4) *Petersen l. c. pag. 33 sq. nota †)*
5) Des *Censorinus Worte cap. 1. sect. 5.: Hipponi Metapontino sive, ut Aristoxenus auctor est, Samio,* beruhen nach Bergk auf einer Verwechselung mit dem Hippasos Metapontinos.

dis¹) lässt ihn gleich nach Thales folgen, doch nur wegen einer gewissen Aehnlichkeit der Lehre, und mit der ausdrücklichen Bemerkung, er sei wahrscheinlich ungleich später. Dass es so ist, zeigte Petersen, indem er Spöttereien, die sich nach dem Zeugniss des Grammatiker Krates auf Hippon beziehen, in den Wolken des Aristophanes nachwies, woraus sich abnehmen lässt, er habe zur Zeit der Aufführung dieser Komödie, also im Jahr 423 oder 422, oder mindestens nur kurz zuvor gelebt, sei also Zeitgenosse des Diogenes. Bestätigt wird diese Zeitbestimmung durch des Hippon Widerlegung derer, welche das Blut für die Seele hielten, was unseres Wissens Empedokles²) zuerst angenommen. Dass er nicht, wie bei Sprengel³), zu den Rhizotomen gezählt zu werden verdient, sondern wirklich zu den Philosophen der ionischen Schule gehört, ergiebt sich schon daraus, dass Aristoteles⁴) ihn, wiewohl nicht ohne Ausdruck der Geringschätzung, mitten unter den Ioniern anführt. Er scheint, wie Brandis glaubt, ein höheres vom Stoff gesondertes denkendes Princip geleugnet, und alle übrigen Stoffe aus dem Wasser abgeleitet zu haben. Von seinen phytologischen Meinungen kennen wir nur die eine, dass der Unterschied der zahmen und wilden Pflanzen erst durch die Cultur entstehe, und bei Vernachlässigung derselben wieder verschwinde. Theophrastos⁵), der sie anführt, billigt sie im Ganzen, doch nicht unbedingt.

---

1) *Brandis Handbuch I, S. 121 ff.*
2) *Sturz, Empedocles pag. 439 und die Verse 315—317.* Doch ist dies Argument darum nicht ganz zuverlässig, weil Porphyrios (in *Stob. eclog. I, cap. 52. pag. 1024 edit. Heeren*), der uns die betreffenden Verse des Empedokles erhielt, nicht nur schon dem Homeros etwas willkürlich dieselbe Meinung zuschreibt, sondern hinzusetzt: „wie auch viele derer, die nach ihm, versichern."
3) *Sprengel Gesch. d. Bot. I, S. 51.*
4) *Aristot. metaphys. I, cap. 3. pag. 984 a.*
5) *Theophr. hist. plant. III, cap. 2. sect. 2. Vergl. I, cap. 2. sect. 5.*

§. 10.
Pseudo-Hippokrates von der Natur des Fötus.

Wichtiger als viele Philosophen, von denen ausser ihres Namens Ruhm wenig auf uns gekommen, scheint mir für die Geschichte der Botanik ein nicht einmal dem Namen nach bekannter Arzt, dessen kleine Schrift von der Natur des Fötus, eigentlich eine vergleichende Entwickelungsgeschichte des menschlichen Embryo's, gewisse Theile der Pflanzenphysiologie ziemlich ausführlich und mit philosophischer Färbung behandelt. In Handschriften und Ausgaben führt sie den Namen des Hippokrates [1]), doch schon zu Galenos Zeiten zweifelte man, ob sie wirklich von Hippokrates oder von dessen Schwiegersohn Polybos verfasst sei. Neuere Kritiker sprachen sie dem erstern, der neueste, Petersen [2]), auch dem letztern entschieden ab, und dieser zeigte zugleich, dass sich die Philosophie des Verfassers, so weit sie sich aus einer Schrift so geringen Umfanges und keineswegs der Hauptsache nach philosophischen Inhalts erkennen lässt, sehr nahe an die des Diogenes Apolloniates anschliesst, und dass Aristophanes in den in den Jahren 423 und 422 v. Chr. aufgeführten Wolken neben jenem vermuthlich auch diesen bespöttelte. Daher die Schrift desselben etwa um 424 zu setzen sein möchte, in dieselbe Zeit, in der nach Petersen auch die ächten hippokratischen Schriften, theils etwas früher, theils etwas später entstanden.

Aus vielen Aeusserungen lässt sich abnehmen, dass unser Pseudo-Hippokrates (denn es sind mehrere zu unterscheiden) gleich Diogenes keine Grundverschiedenheit der Elemente annahm, sondern eins in das andere sich wandeln liess. So scheint er den stets mehr oder minder feuchten Athem ($\pi\nu\varepsilon\tilde{\upsilon}\mu\alpha$, Grimm übersetzt es durch Luftgeist) wie eine wasserartige Luft, und die Nässe ($\dot{\iota}\varkappa\mu\dot{\alpha}\varsigma$, bei Grimm Feuchtigkeit), die sich als Niederschlag des

---

1) *Hippocrates de natura pueri;* in *Ejusd. operibus cura Kühn,* tom. *I,*
1825. 8. pag. 382 sqq.
2) *Petersen l. c. pag. 30 sqq. et pag. 49.*

Dampfes bildet, als ein luftartiges Wasser zu betrachten. Entsprechende deutsche Ausdrücke für jene beiden griechischen in diesem Sinne giebt es nicht, was ich nicht zu übersehen bitte, wenn in der Uebersetzung, die ich gleich mittheilen werde, auch dasjenige Athem genannt wird, was wir Dunst, und das Nässe, was wir Saft nennen würden. Von Kraft ist öfter die Rede, zumal wo sich ein Neues bilden oder eine lebhaftere organische Thätigkeit regen soll; aber auch von leichter und schwerer, von fetter und dichter Kraft, so dass sie, wie bei Diogenes, dem Stoff nicht entgegengesetzt, sondern ihm inhaftend gedacht zu sein scheint, weshalb auch hier der deutsche Ausdruck dem griechischen (δύναμις) nicht recht entspricht. Ich lasse jetzt die Hauptstellen in einer mir selbst am wenigsten genügenden Uebersetzung folgen. Doch hoffe ich dem Original etwas näher gekommen zu sein, als Grimm [1]) in seiner sonst so gelungenen Uebersetzung.

„Alles, was erwärmt wird, bekommt Athem. Der Athem aber bricht durch, bahnt sich selbst einen Weg, und tritt aus; wogegen das Erwärmte wiederum neuen kalten Athem, von dem es sich ernährt, durch den entstandenen Riss einzieht. Das geschieht auch mit Holz Blättern Speisen und Getränken, wenn sie stark erwärmt werden, wie man an brennendem Holze sehen kann; denn alles Holz macht es so, vornehmlich das grüne. Durch einen Spalt stösst es den Athem aus, und sobald er ausgetreten ist, wirbelt er um den Spalt; so zeigt es sich allemal. Offenbar verhält sich also der Athem so, dass er, wenn er sich im Holze erwärmte, anderen kalten anzieht, von dem er sich ernährt, und von dem er selbst ausgeht. Denn zöge er nicht etwas an, so würde der ausgehende Athem nicht wirbeln. Alles Warme ernährt sich von mässig Kaltem, und so wie sich das Feuchte im Holz erwärmt, so wird es Athem und tritt aus; und so wie das im Holz befindliche Warme herausgeht, so zieht es neues Kaltes an, wo-

---

1) *Hippokrates Werke. Aus dem Griech. übers. u. mit Erläuterungen von J. F. C. Grimm. Revidirt u. mit Anmerkungen versehen von L. Lilienhain. II*, S. 272 u. 281 ff.

von es sich ernährt. Dasselbe thun grüne Blätter; so wie sie verbrannt werden, bekommen sie Athem; dann bricht der Athem hervor, bahnt sich einen Weg, und tritt wirbelnd aus; beim Austritt aber macht er da, wo die Einathmung stattfindet, ein Geräusch. Eben so Bohnen, Weizen, Kastanien, wenn sie erwärmt werden, bekommen sie Athem, der sich einen Riss macht und austritt. Kurz Alles, was erwärmt wird, athmet aus und zieht dafür Kaltes wiederum ein, wovon es sich ernährt, u. s. w."

„Je nachdem die Mutter gesund oder schwach ist, befindet sich auch das Kind, gleichwie, was aus der Erde wächst, sich von Erde ernährt, und wie die Erde beschaffen ist, so verhält sich auch, was in ihr wächst. Denn sobald der Same in die Erde gekommen, wird er von ihr mit Nässe ($\mathit{ἰκμάς}$) erfüllt; denn die Erde hat bei sich selbst jederlei Nässe zur Ernährung der Gewächse. Aber von Nässe erfüllt blähet sich der Same und schwillt an, und die in ihm sehr geringe (oder sehr leichte, $\mathit{κουφοτάτη}$) Kraft wird von der Nässe sich zu sammeln genöthigt. Nachdem sie sich aber gesammelt vermöge des Athems und der zu Blättern gewordenen Nässe, platzt der Same, und die Blätter treten nun erst äusserlich hervor. Können sich dann die hervorgetretenen Blätter von der im Samen enthaltenen Nässe nicht mehr ernähren, so platzen am untern Ende sowohl der Same wie auch die Blätter, und jener, von den Blättern überwältigt, schickt, was ihm von Kraft noch übrig blieb, abwärts vermöge der Schwere, und so entstehen die von den Blättern ausgespannten Wurzeln. Hat sich aber die Pflanze stark bewurzelt, so dass sie ihre Nahrung aus der Erde nimmt, so verschwindet der Same ganz, und löst sich, bis auf die sehr harte Schale, in die Pflanze auf, und wenn dann die Schale in der Erde fault, so wird sie allmälig unkenntlich, und es bilden sich einige Blätter."

„Hat sich die Pflanze nun aus dem Samen, also vom Feuchten gebildet, so wächst sie, so lange sie zart und wässerig ist, zwar auf- und abwärts, kann aber noch keine Frucht ausscheiden; dazu fehlt ihr die hinreichende feiste Kraft, die Frucht zu sammeln. Erstarkt aber und bewurzelt sich das Gewächs allmälig, so be-

Buch I. Kap. 2. §. 10. 67

kommt es auch weitere Adern nach oben wie nach unten zu, und jetzt zieht es aus der Erde nicht mehr bloss Wässriges an, sondern auch Dichteres, Festeres, in grösserer Menge, was dann von der Sonne erwärmt in die Spitzen der Zweige treibt und Frucht wird nach Beschaffenheit dessen, woraus sie ward. Erst klein, wird sie gross, indem jedes Gewächs aus der Erde mehr Kraft anzieht, als die war, daraus es entstand; und nicht nur an einer, sondern an mehrern zieht es an. Nachdem aber die Frucht angesetzt, wird sie von dem Gewächs ernährt; denn was dasselbe aus der Erde anzieht, überliefert es der Frucht. Die Sonne aber kocht und stärkt die Frucht, indem sie das mehr Wässrige daraus zu sich selbst zieht. So viel über das Erwachsen der Pflanzen aus Samen vermöge des Wassers und der Erde."

„Durch Stecklinge aber entstehen Bäume aus Bäumen auf diese Art. Am untern Ende gegen die Erde zu hat das Reis eine Wunde, da wo es vom Stamm abgenommen ward, und von wo aus sich die Wurzeln bilden. Sie entwickeln sich aber folgendermaassen. So weit die Pflanze in der Erde befindlich Nässe aus der Erde aufnimmt, schwillt sie an, und bekommt Athem; nicht so der über der Erde befindliche Theil. Der Athem und die Nässe, unten in der Pflanze verbunden, reissen, was von Kraft das schwerste ist, abwärts, und daraus entstehen zarte Wurzeln. So wie aber unten aufgenommen wird, so zieht das Reis die Nässe aus der Wurzel an sich und überliefert sie dem überirdischen Theil. Nunmehr schwillt dieser Theil an, und bekommt Athem, und alles, was sich von leichter Kraft in der Pflanze befindet, schlägt in Blätter aus, und jetzt wächst die Pflanze sowohl nach oben wie nach unten zu."

„So verhält sich, was aus Samen, und was aus Stecklingen erwächst, hinsichtlich der Belaubung einander entgegengesetzt. Aus dem Samen entsteht zuerst das Blatt, und darauf werden aus dem untern Ende die Wurzeln entlassen; der Baum dagegen wurzelt zuerst, und dann belaubt er sich. Der Grund davon ist, dass in dem Samen selbst Nässe in Menge ist, und dass die Erde, die

5*

ganz Nahrung ist, das enthält, was anfangs dem Blatt genügt, und wovon es sich so lange ernährt, bis es sich bewurzelte. Beim Steckling dagegen geschieht das nicht, denn aus Ungleichartigem entsteht das, wovon das erste Blatt seine Nahrung haben soll, nicht. Das Reis aber verhält sich wie der Baum selbst, und dieser befindet sich grösstentheils über der Erde. Daher könnte er sich, so weit er über der Erde ist, nicht mit Nässe füllen, wenn nicht eine starke von unten ausgehende Kraft dem obern die Nässe zuführte. Und zuerst muss auch der Steckling sich selbst Nahrung aus der Erde verschaffen durch Wurzeln, dann erst kann er das aus der Erde angezogene aufwärts abgeben, und Blätter können aus dem Reise ausbrechen und wachsen. Wuchs aber die Pflanze heran, so verästelt sie sich aus derselben Ursache, die ich angab. Empfing sie viel aus der Erde gezogene Nässe, so platzt sie vor Fülle da, wo sich das Meiste befindet, und verästelt sich daselbst."

„Die Pflanze wächst aber sowohl in die Breite, wie auch auf- und abwärts deshalb, weil die Erde in der Tiefe im Winter warm, im Sommer kalt ist, u. s. w." — Nun folgt eine lange Untersuchung über die in verschiedenen Jahrszeiten verschiedene Erdwärme, erst Thatsachen zum Beweise der Behauptung, dann die physikalisch-philosophische Erklärung jener, wovon ich nur Einiges anzuführen mich begnüge. Die Lockerheit der Erdoberfläche im Sommer begünstige den Austritt des Athems, und bewirke dadurch Abkühlung; die Dichtigkeit derselben im Winter verhindere den Austritt des Athems, er werde zu Wasser, und das sei der Grund, weshalb die Quellen im Winter reichlicher fliessen und höhere Temperatur zeigen. Hier ist also unter Athem offenbar Wasserdunst zu verstehen; wenn aber mit demselben Wort, wie öfter, auch der Athem der Mutter bezeichnet wird, so scheint es doch bedenklich, den Ausdruck mit einem andern zu vertauschen. Dass, was feucht und dicht ist, sich erwärme, was trocken und locker, sich abkühle, wird besonders noch an feucht aufgeschüttetem Getreide und zusammengeballten Zeugen nachgewiesen, die sich bis zur Entzündung erhitzen, so wie auch dadurch, dass eine Wassermenge durch eine kleine Oeffnung weit weniger als durch eine

Buch I. Kap. 2. §. 10.

grosse verdunstet. Darauf fährt der Verfasser, auf die Vegetation zurückkommend, fort:

„Es ist nicht nothwendig, dass der Baum zweierlei Wärme oder Kälte zugleich bekomme, um zu gedeihen, sondern wenn er Wärme von oben bekommt, so muss er von unten Kälte bekommen, und umgekehrt, wenn Kälte von oben, dann von unten Wärme; und was die Wurzeln anziehen, das theilen sie dem Baum mit, und eben so dieser den Wurzeln, so dass eine Ausgleichung der Wärme und Kälte erfolgt. Gleichwie der Mensch, wenn er Speise in den Magen einnahm, die sich bei der Verdauung erwärmt, durch Getränke dem Magen Kälte darbieten muss, so muss auch bei dem Baum der untere Theil dem obern und dieser jenem das Entgegengesetzte darbieten. Deshalb wächst der Baum sowohl nach unten wie nach oben zu, weil seine Nahrung theils von unten theils von oben herkommt."

„Und so lange er noch zart ist, trägt er keine Frucht. Ihm fehlt noch die feiste derbe Kraft, die nöthig ist, um Frucht auszuscheiden. Im Verlauf der Zeit aber, wenn die Adern in ihm sich erweiterten, bewirken sie in ihm von der Erde aus eine fette und derbe Strömung; und da dieselbe leicht ist, so bewirkt die sich ergiessende Sonne, dass sie hervorbricht an den Spitzen der Zweige, und Frucht wird. Und die dünne Flüssigkeit entzieht die Sonne den Früchten, die dickere kocht und erhitzt sie und macht sie süss. Bäume aber, die keine Frucht tragen, haben die Fettigkeit, die sie der Frucht abgeben sollten, nicht in sich. Jeder Baum aber, nachdem er allmälig erstarkte und Wurzeln schlug, hört gänzlich zu wachsen auf."

„Bäume, die als Augen von andern Bäumen übertragen wurden, und auf denselben zu Bäumen erwuchsen, gleichen in ihrer Lebensweise und Frucht nicht denen, auf die sie übertragen wurden, was auf folgende Art zugeht. Zuerst fängt das Auge an zu treiben, denn anfangs hat es noch Nahrung von dem Baum, von dem es genommen ward; sodann von dem, auf den es übertragen ward. Nachdem es aber getrieben, sendet es zarte Wurzeln von sich aus in den Baum, und nimmt nun zuerst von der Nässe des

Baumes, auf den es übertragen ward; mit der Zeit aber sendet es Wurzeln in die Erde durch den Baum hindurch, auf den es übertragen ward, und nimmt, aus der Erde anziehend, sich die Nüsse, die ihm zur Nahrung dient; daher man sich nicht wundern darf, wenn gepfropfte Bäume zweierlei Frucht tragen, denn sie leben (beide unmittelbar) von der Erde. So viel über die Bäume und über die Früchte, weil ich die halb vollendete Rede nicht abbrechen konnte."

Man sieht, wie mancher Gedanke hier, wenn auch in abenteuerlicher Verbindung, schon vorkommt, der später bald vergessen ward, bald wieder auftauchte. Ich erinnere nur an die Aehnlichkeit der letzten Behauptung, dass das Pfropfreis seine Wurzeln durch den Wildling bis in den Boden treibe, mit der von Aubert du Petit-Thouars aufgestellten Theorie des Wachsthums der Baumstämme in die Dicke.

§. 11.
Demokritos Abderita.

Zu den Philosophen zurückkehrend, wende ich mich jetzt zu Demokritos von Abdera, einer thrakischen, von ionischen Einwanderern bevölkerten Stadt. Seiner eigenen Angabe nach hatte er sein Hauptwerk, den kleinen Diakosmos, 730 Jahr nach Troja's Zerstörung geschrieben. Daher, wie es scheint, die sehr verschiedenen Bestimmungen der Zeit seiner Geburt seiner Blüthezeit seines Todes, je nachdem man jenes in der That vorhistorische Ereigniss früher oder später setzte. Er selbst hatte sich aber auch in jenem Werke vierzig Jahr jünger als Anaxagoras genannt. Halten wir uns mit Clinton und Brandis an diese Zeitbestimmung, so fällt seine Geburt um das Jahr 460 v. Chr.; und so hatte sie schon Apollodoros[1] in seiner Chronologie berechnet. Sein Tod, wenn es wahr ist, wie von vielen Seiten behauptet wird, dass er etwas über 100 Jahr alt geworden, fiele

---

1) Bei *Diog. Laërt. IX*, cap. 7. sect. 41, wo sich auch die übrigen Angaben nebst Abweichungen davon beisammen finden.

denn bald nach 360 v. Chr., und die Zeit seiner Blüthe, die man bei Philosophen gewöhnlich um das vierzigste Lebensjahr zu setzen pflegt, sicher nicht vor 420, vielleicht weit später. Denn schon Theophrastos [1]) rühmte ihn wegen seiner grossen, zu wissenschaftlichen Zwecken unternommenen Reisen, die seiner schriftstellerischen Thätigkeit ohne Zweifel vorhergingen; des Aufenthalts in Aegypten rühmt er sich selbst [2]), und wäre die Lesart richtig, so hätte er sich gar 80 Jahr lang in der Fremde umhergetrieben. Dass er einen grossen Theil Asiens durchstreift, bezeugt auch Strabon [3]), und unter seinen Schriften wird eine über die heiligen Inschriften zu Babylon, eine andere über Chaldäa oder die Chaldäer angeführt [4]); ja Aelianos [5]) lässt ihn gar bis nach Indien gekommen sein. Ich begreife bei dem allen nicht, was Petersen [6]) veranlassen konnte, in seiner Untersuchung über die Zeit der hippokratischen Schriften die Blüthenzeit des Demokritos der des Anaxagoras bis auf vier Jahr zu nähern. In der chronologischen Tabelle am Schluss der Arbeit steht Anaxagoras unter 444, Demokritos unter 440 v. Chr. Ich möchte letztern bis auf 420, wenn nicht gar bis 400 herabsetzen.

Schwerer noch als die Bestimmung seiner Zeit ist die Beurtheilung seines **wissenschaftlichen Wirkens**, wie seiner Vorzüge und Schwächen überhaupt. Ausser dem Wenigen, was Aristoteles und Theophrastos mittheilen, wissen wir über ihn fast nichts Zuverlässiges. Seine Schriften gingen sehr früh verloren; vermuthlich eine der wichtigsten darunter, der grosse **Diakosmos**, wird gewöhnlich ihm, von Theophrastos aber dem **Leukippos**, seinem Zeitgenossen und Vorgänger in der Atomistik,

---

1) Bei *Aelian. var. hist. IV, cap. 20.*
2) In einem Fragment bei *Clemens Alexandr. stromat. I, cap. 15. §. 69. pag. 131 edit. Sylburg.*
3) *Strab. XV, pag. 703 edit. Casaub., vol. III, pag. 277 edit. stereot.*
4) *Diog. Laërt. l. c. sect. 49.*
5) *Aelian. l. c.* Vergl. über dies alles *Brandis Handbuch d. Gesch. der gr. röm. Philosophie I, S. 294 ff.*
6) *Petersen l. c. pag. 49.*

zugeschrieben, von dem wir noch weniger wissen als von Demokritos selbst. Dass aber der kleine Diakosmos den Demokritos zum Verfasser hatte, leidet keinen Zweifel. Von Fragmenten seiner Schriften hat sich sehr wenig erhalten, und das meiste davon ist wiederum zweifelhaft. Denn später wurden ihm viele seiner ganz unwürdige Schriften betrüglicher Weise untergeschoben, von denen wir das über den Landbau bereits kennen lernten [1]), und später noch einige werden kennen lernen; sie galten lange für ächt, und ihnen gehört ohne Zweifel ein grosser Theil der dem Demokritos selbst zugeschriebenen Fragmente. Nirgends wäre eine streng philologisch-historische Kritik nöthiger, und nirgends fehlt sie mehr als hier.

Eine edle, reich begabte Natur, hohe Begeisterung für Wahrheit und Wissenschaft, umfassende Kenntnisse und rastloses Forschen lassen sich an Demokritos nicht verkennen, und selbst Aristoteles, sein grösster Gegner, gesteht, wie er über Alles nachgedacht, überall die eigentlichen und natürlichen Ursachen aufgesucht, und manches früher Vernachlässigte festgestellt habe; seine Philosophie aber war flacher Materialismus, Geist Leben Bewegung jede Qualität der Dinge führte er zurück auf die quantitativen Verhältnisse, die Grösse Gestalt und Lagerung ewig unwandelbarer Atome, und nannte deren Verbindung und Trennung bald Zufall, in sofern er jede Zweckmässigkeit ablehnte, bald Nothwendigkeit, eine Verkettung von Ewigkeit her bestehender Ursachen und Wirkungen. Hoher sittlicher Ernst leuchtet aus vielen seiner Aussprüche hervor, und doch kannte er keinen höhern Lebenszweck, kein höheres Gut, als den Gleichmuth der Seele, den er freilich vom gemeinen Gefühl der Lust unterschied, und durch Forschung nach dem Zusammenhang der Dinge erwerben lehrte. Entschiedener Gottesleugner, war er zugleich Erfinder oder doch Vertheidiger eines theoretisch, wie es scheint, sehr ausgebildeten Gespensterglaubens, indem er nach Sextus Em-

---

1) Siehe oben S. 17.

Buch I. Kap. 2. §. 11.

piricus ¹) behauptete, „gewisse Erscheinungen (εἴδωλα) kämen zu den Menschen, theils wohlthätige, theils schadenbringende; daher er wünschte, dass ihm nur glücklich gelooste zu Theil werden möchten. Sie wären gross und ungeheuer und schwer zerstörbar, doch nicht unzerstörbar. Durch ihr Erscheinen und ihre Stimme deuteten sie den Menschen die Zukunft an." An der Aechtheit dieser Stelle können wir nicht zweifeln, da sich schon Cicero ²), zu dem die untergeschobenen Bücher noch nicht gekommen zu sein scheinen, unverkennbar auf sie bezieht. Für uns ist sie in sofern wichtig, als sie uns erkennen lässt, warum der krasseste Aberglaube oder Betrug in Naturwissenschaft und Heilkunst sich später so gern hinter den Namen des Demokritos versteckte.

So wenig wir sonst von seinen naturwissenschaftlichen Untersuchungen wissen, so ist uns doch eine derselben, über die sinnlichen Wahrnehmungen, aus des Theophrastos ³) ausführlichen Berichten ziemlich genau bekannt, und kann uns als Probe seiner Behandlung dienen. Vor allem zeigt sie, wie sehr er ins Besondere einging mit steter Beziehung desselben aufs Allgemeine. Weniger können uns freilich die Besonderheiten selbst befriedigen. Aus kugeligen, vielkantigen, spitzigen, hakenförmigen u. s. w. Atomen, und deren verschiedener Grösse und Lagerung gegen einander erklärt er die Verschiedenheit des Süssen Herben Scharfen u. s. w., die verschiedenen Farben und andere Eigenschaften der Dinge. Die Wahrnehmung solcher Eigenschaften, wie überhaupt alle Wirkung der Dinge auf einander, führte er auf wechselseitige Ausströmungen und Einströmungen zurück, und schrieb daher allem ausser den Atomen Poren zu. Dabei war es ein Hauptsatz

---

1) *Sext. Empir. adversus mathemat. IX, sect. 19. pag. 552 sqq. edit. Fabricii.*
2) *Cicero de nat. deor. I, cap. 43.* Er nennt sie patria Democriti quam Democrito digniora. Thrakien aber war das Vaterland orphischer Geheimnisse.
3) *Theophr. de caus. pl. VI, cap. 1. sect. 6*, und *de sens.*, was in *Philippson* Ὕλη ἀνθρωπίνη mit dem Commentar zu vergleichen. Ueber die Farbenlehre des Demokritos ist besonders lehrreich *Prantl, Aristoteles über die Farben. München, 1849. 8. S. 48 ff.*

seiner ganzen Philosophie, **Gleiches** werde durch **Gleiches** erkannt, Gleiches nur von Gleichem afficirt, und Gleiches strebe zu Gleichem. Das Begeistende, Belebende, überhaupt Bewegende in der Natur war ihm das aus den kleinsten beweglichsten kugelichen Atomen bestehende **Feuer**. Menschen und Thiere athmeten es mit der Luft stets ein und aus, ganz fehlte es keinem Körper; und in diesem Sinn, ganz anders als Anaxagoras dasselbe aussprach, durfte er sagen [1]), „Alles sei der Seele theilhaft, selbst den Leichen der Körper fehle es nicht ganz an Wärme und Empfindung, welche sie durchwehn;" — wieder ein Satz, den spätere Magiker und Nekromanten sich trefflich zu Nutz machen konnten.

Von seiner **Phytologie** haben sich nur zwei Aussprüche erhalten: nach Theophrastos [2]) sagte er, die schnellwüchsigen kurzlebigen Pflanzen besässen grade Adern, durch welche der Saft und im Winter die Kälte rascher eindrängen; und Nikolaos Damaskenos [3]) zählt ihn zu den Philosophen (Anaxagoras, Demokritos, Empedokles), die auch den Pflanzen Verstand und Einsicht beilegten. Beides bedarf nach dem Gesagten keiner Erläuterung mehr, und liesse sich sogar, wenn man wollte, mit Hülfe jener Angaben in demokritischem Geiste leicht noch weiter ausführen.

§. 12.
Platon.

Gedenke ich endlich noch, bevor ich zu Aristoteles, dem Gründer wissenschaftlicher Botanik, übergehe, des Platon [4]), so geschieht es mehr des historischen Zusammenhangs wegen, und um auch mit diesem unsterblichen Namen mein vergängliches Buch zu schmücken, als aus Ueberschätzung der wenigen Worte, die er beiläufig der Natur der Pflanzen widmete.

---

1) *Plutarch. de placit. philos. IV, cap. 4.*
2) *Theophr. de caus. plant. II, cap. 11. sect. 7, 8.*
3) *Nicol. Damasc. de plant. I, cap. 2.*
4) *Brandis, Handb. d. Gesch. d. griech. röm. Philos. Thl. II. Abth. I, 1844,* handelt von S. 134 bis zu Ende nur von Platon. Hierher gehört besonders S. 350 ff.

Buch I. Kap. 2. §. 12.

Geboren 429 oder 428, gestorben 347 v. Chr.[1]), lebte er meist in Athen als einer der eifrigsten Schüler des Sokrates, nach dessen Tode aber im Jahr 399 v. Chr. mit selbstschöpferischem Geist seines Meisters Lehre erweiternd fortbildend und künstlerisch-wissenschaftlich gestaltend. Den Namen der akademischen erhielt seine Schule nach einem mit Tempeln reich geschmückten öffentlichen Ort bei Athen, der Akademie, unter deren schattenreichen Platanen er seine Vorträge zu halten pflegte. Er hatte Aegypten, Kyrene, Unteritalien und sogar dreimal Sicilien besucht, aber schwerlich, wie erzählt wird, angelockt durch das Wunder des Aetna, die Geheimlehre der Pythagoreer und Magier. Kenntnisse mancher Art, besonders auch mathematisch-astronomische, mag er auf diesen Reisen gesammelt haben; doch mehr als die Natur beschäftigten ihn menschliche Sitten und Einrichtungen, und vor allem war sein Geist stets auf das Ewige gerichtet. Sehr begreiflich daher, dass er nächst Sokrates dem Eleaten Parmenides, nächst diesem den Pythagorern die höchste Achtung erwies, dass ihn die ionische Schule weniger ansprach. Von Anaxagoras lässt er den Sokrates sagen, er hätte die Mittel, durch welche die höchste Ursache, die Gottheit wirkt, mit dieser selbst verwechselt; und im Timäos, dem einzigen seiner Dialoge naturphilosophischen Inhalts, unterscheidet er gleich am Eingange das immer Seiende Unentstandene, was die Vernunft im Denken erfasst, von dem Werdenden niemals Seienden, was mit den Sinnen erschauet wird, und worüber sich nur Meinungen hegen lassen. Ueber dieses will sein Timäos reden, und verspricht daher wie Parmenides statt der Wahrheit nur das Wahrscheinliche; weiterhin nennt er diese Beschäftigung sogar eine blosse Erholung vom ernsteren Nachdenken über das Sciende, eine untadelige Lust, ein verständiges Spiel. Und so redet er nicht aus Geringschätzung der Natur, wie wohl neuere Idealisten pflegen, — denn er nennt sie ein Werk Gottes, der, weil er gut ist und ohne Neid, nur das Schönste wollen und wirken kann, — sondern im Gefühl menschlicher Unzulänglichkeit

---

1) *Clinton, fasti Hellen. ad ann. 347.*

das Geheimniss der wunderbaren Verschmelzung des Werdenden Vergänglichen mit dem Seienden Ewigen zu ergründen. Darum sagt Goethe [1]) so treffend in Bezug auf die Farbenlehre: „So entzückt uns denn auch in diesem Fall, wie in den übrigen, am Plato die heilige Scheu, womit er sich der Natur nähert, die Vorsicht, womit er sie gleichsam nur umtastet, und bei näherer Bekanntschaft vor ihr sogleich wieder zurücktritt, jenes Erstaunen, das, wie er selbst sagt, den Philosophen so gut kleidet." Das ist es aber auch, was oft zwar wie ein zarter Duft das Bild, das er vor uns aufrollt, nur verschönert, oft aber wie dichter Nebel eine unergründliche Tiefe zu bedecken scheint.

Es ist eine vom Himmel aus bis zum Menschen fortgesetzte philosophisch-poetische Kosmogenie, die er dem Pythagoreer Timäos [2]) von Lokroi in den Mund legt, astronomisch-physikalisch-physiologischen Inhalts in der jetzigen Bedeutung dieser Worte. Die Anatomie, Physiologie und sogar die Pathologie des Menschen werden ziemlich ausführlich behandelt, die thierische Schöpfung wird am Schluss mit wenigen Worten abgefertigt, die vegetabilische ganz übergangen. Nur in wiefern der Mensch der Pflanzen zu seiner Nahrung bedarf, ist früher von ihnen die Rede, und hier werden die Grundzüge ihrer Natur gelegentlich angedeutet. Die Stelle lautet nach Schneiders Uebersetzung [3]) also: „Nachdem aber alle Theile und Gliedmaassen des sterblichen Wesens [4]) zusammengewachsen waren, und die Nothwendigkeit es mit sich brachte, dass es in Feuer [5]) und wehender Luft leben musste, und es darum von diesen aufgelöst und entleert hin-

---

1) *Goethe's Farbenlehre II*, S. 113.
2) Schleiermacher vollendete seine Uebersetzung des Platon nicht, weil er am Timäos verzweifelte. Jetzt haben wir zwei Uebersetzungen desselben: *Platons Timäus und Kritias, übersetzt von F. W. Wagner, Breslau 1841, 8.*; und die zweite sehr viel genauere von K. E. Ch. Schneider, im *Janus, Zeitschrift für Geschichte und Literatur der Medicin, herausgegeben von A. W. E. Th. Henschel. Band II, 1847, Heft 3 u. 4.*
3) In *Henschels Janus II*, S. 667 ff.
4) des Menschen.
5) Licht und Wärme behandelt Platon als Arten des Feuers.

Buch I. Kap. 2. §. 12.

schwand¹), bereiteten die Götter ihm eine Hülfe. Denn sie schufen eine mit der menschlichen verwandte Natur, andere Gestalten und Empfindungen ihr beimischend, so dass es ein anderes lebendiges Wesen ist, nämlich die jetzt milden Bäume und Pflanzen und Samen, die vom Landbau erzogen sich zahm gegen uns verhalten; ehedem aber gab es bloss die wilden Arten, die älter als die milden sind. Denn was nur immer Theil am Leben hat, das alles wird doch mit Recht am richtigsten lebendiges Wesen genannt; dieses jedoch, wovon wir jetzt sprechen, hat Theil an jener dritten Art Seele²), deren Sitz die Rede zwischen Nabel und Zwergfell legt, die von Meinung und Ueberlegung und Vernunft nichts in sich hat, aber angenehme und schmerzhafte Empfindung mit Begierden. Denn es verhält sich immer leidend gegen alles; dass es aber in sich selbst herumgewendet um sich selber, die Bewegung von aussen her von sich abstossend und der eigenen sich bedienend, etwas von dem Seinigen zu erkennen, und es sich zu denken geeignet wäre, hat die Entstehung ihm nicht verliehen. Daher lebt es

1) Also der Nahrung zum Ersatz des Geschwundnen bedurfte.
2) Ausser der unsterblichen giebt Platon (a. a. O. S. 657) dem Menschen noch eine andere Seele sterblicher Art, welche gefährliche und nothwendige Eindrücke in sich aufnimmt, zuerst Lust, die grösste Lockspeise des Schlechten, dann Scherz, des Guten Verscheucher, dann auch Zuversicht und Furcht, zwei thörichte Rathgeber, dann schwer zu besänftigenden Zorn, dann leicht zu verführende Hoffnung; dann vermischten sie dies mit vernunftloser sinnlicher Wahrnehmung und mit alles versuchender Liebe. — Diese Seele setzten sie in die Brusthöhle. — Weil aber das eine in ihr besserer, das andere schlechterer Art war, so trennten sie die Brusthöhle wiederum wie im Hause das Gemach der Männer von dem der Frauen, indem sie das Zwergfell ausspannten. Denn Streitliebendes, welches Theil hat an Tapferkeit und Zorn u. s. w., setzten sie über das Zwergfell, dem Kopfe näher. — Aber das nach Speise und Trank begierige der Seele und nach allem, was ihm die Natur des Leibes zum Bedürfniss macht, dieses verlegten sie in die Gegend zwischen dem Zwergfell und der bis zum Nabel sich erstreckenden Grenze, nachdem sie gleichsam eine Krippe diesem ganzen Raume für die Nahrung des Leibes eingerichtet hatten, und banden dann jenes dort an wie ein wildes Thier, das aber als nothwendiger Geselle ernährt werden musste, wenn es jemals ein sterbliches Geschlecht geben sollte u. s. w.

denn zwar, und ist kein von einem lebendigen Wesen verschiedenes, aber es bleibt fest und eingewurzelt an seinem Ort, weil es der Bewegung durch sich selber beraubt wurde. Diese Geschlechter also schufen die Mächtigeren uns Schwächeren zur Nahrung, u. s. w."
Das ist alles, was uns Platon selbst über die Natur der Pflanze hinterliess, und was Andere darüber aus seinen Schriften berichten, scheint sich einiger Abweichungen ungeachtet auch nur auf unsere Stelle des Timäos zu beziehen. Pseudo-Plutarchos [1]) lässt den Platon und Empedokles, Pseudo-Galenos und Stobäos lassen den Platon und Thales sagen, auch die Pflanzen wären beseelt und Thiere (beseelte Thiere nach Stobäos); das erhelle aus ihrem Erzittern, der Ausstreckung ihrer Zweige, die, wenn man sie böge, nachgäben, und sich mit solcher Heftigkeit wieder ausstreckten, dass sie schwere Gewichte mit aufhöben. Es lässt sich kaum glauben, dass zwei der Zeit nach so weit aus einander stehende Philosophen denselben Satz genau so auf gleiche Weise sollten erläutert haben; weit wahrscheinlicher war ihnen nur der Hauptsatz gemeinschaftlich, und die Erläuterung des Empedokles (schwerlich des Thales) Eigenthum, weshalb ich sie oben bereits dem Empedokles vindicirte. Sodann lässt Nikolaos Damaskenos [2]) den Platon sagen, die Pflanzen hätten Verlangen wegen des starken Bedürfnisses der Ernährung; und bald darauf heisst es (vorausgesetzt dass ich richtig Plato statt ergo lese, was sich kaum bezweifeln lässt): Platon sagt: „was sich ernährt, das verlangt nach Speise, erfreuet sich der Sättigung und trauert, wenn es hungert, und diese Zustände finden nicht statt ohne Empfindung. Das war also das Motiv dieses Bewunderungswürdigen, welcher meinte, sie empfänden und verlangten." In dieser Stelle findet sich in der That nichts, was nicht in jener des Timäos vorkäme, wenn wir sie mit der in der Note angeführten in Verbindung bringen. Das ist alles der Art, was ich gefunden.

---

[1]) Man sehe das Citat dieser Stelle und der beiden Parallelstellen oben S. 53 Anmerk. 1.
[2]) *Nicolai Damasc.* de plant. *I, cap. 1*, u. die gleich folgende Stelle *cap. 2*.

Zweites Buch.
Blüthe der Botanik bei den Griechen.

§. 13.
Einleitung.

Niemals erzeugte ein einziges Land in einem einzigen Jahrhundert so viel schöpferische Geister, Künstler Dichter Denker Staatsmänner und Helden, wie das kleine Griechenland, ja wie die einzige Stadt Athen, in dem kurzen Zeitraum von Perikles († 429 v. Chr.) bis Alexander den Grossen († 323 v. Chr.). Und alles wesete und wirkte in freiester Entfaltung in und durch einander; das Leben selbst war Kunst, war Poesie, seine Heiterkeit gemildert durch den Ernst der Wissenschaft. Auch letztere verschmähete noch nicht den Kranz der Gracien, sie redete noch die Sprache des Landes, und bewegte sich, frei von der Last der Bibliotheken und Apparate von Mund zu Mund gehend, ein brausend dahin wogender Gedankenstrom. Das konnte freilich nicht fortdauern, ihr Lauf musste durch Dämme geregelt, ihre befruchtende Kraft in einem Netz von Seen und Kanälen über das ganze Gebiet des Geistes planmässig vertheilt werden. Auch dies Wunderwerk sollte Athen am Schluss jener Periode ausführen, und nicht, wie sich erwarten liess, durch vereinte Arbeit all seiner grossen Geister, nein, durch einen einzigen Riesengeist, der allein das gesammte Wissen seiner Zeit umfasste erweiterte vertiefte, nach allen Richtungen hin vollständig beherrschte, und zu einem so fest begründeten, so schön gegliederten Tempel ausbauete, desgleichen keiner jemals wieder emporstieg. Aristoteles ward der Schöpfer, so wie der allgemeinen Wissenschaftslehre, so auch einer Reihe besonderer in organischem Zusammenhange mit jener ausgebildeten Wissenschaften; und nie wirkten, wenn man, wie Schlosser[1]) sagt, die Religionsstifter ausnimmt, eines einzelnen Mannes Schriften tiefer nachhaltiger unwiderstehlicher auf die Entwickelung des ganzen menschlichen Geschlechts.

Ihm scheint auch die Botanik ihre erste wissenschaftliche Gestaltung zu verdanken. Ich sage, sie scheint; denn leider besitzen wir seine „Theorie der Pflanzen" nicht mehr. Nur zerstreute Stellen seiner zahlreichen übrigen Werke verwandten Inhalts, ich meine die zoologischen physiologischen und allgemein naturwissenschaftlichen, lassen uns die Grösse des Verlustes ermessen.

Beinahe vollständig erhielten sich dafür die beiden umfassenden, ganz in aristotelischem Geist geschriebenen botanischen Werke seines Lieblingsschülers, des Theophrastos von Eresos, und zeigen uns auch diese Wissenschaft in jenem Zeitalter schon auf bewunderungswürdiger Höhe. Nach Aristoteles und Theophrast folgt keiner mehr unter den uns übrig gebliebenen Alten, der ihnen auch nur von fern zu vergleichen wäre. Denn von Phanias besitzen wir nur Fragmente, und das Buch von den Farben berührt die Botanik nur obenhin.

Mit vollem Recht glaube ich daher jenen beiden vorgenannten Männern fast allein ein ganzes Buch meiner Geschichte der Botanik widmen zu dürfen. An Reichthum des Inhalts wird es keinem nachstehn und die meisten überbieten.

---

1) *Schlosser, F. C., universalhistorische Uebersicht der Geschichte der alten Welt und ihrer Cultur. Theil I, Abtheilung 3. Seite 321.* — Ich führe diese Stelle deshalb genauer an, um meine Leser auf den ganzen Abschnitt jenes Werks, der bis S. 375 von den schriftstellerischen Arbeiten des Aristoteles und Theophrastos handelt, aufmerksam zu machen. Das Verhältniss des Aristoteles zu Alexander und manches andre, was jenen betrifft, findet sich an andern Orten desselben Werks, welche das treffliche Register in Band III, Abtheilung 4 nachweist.

Erstes Kapitel.
Aristoteles.

§. 14.
Sein Leben.

Des Aristoteles Leben schrieb vor kurzem Stahr[1]) so fleissig und so ganz von dessen Herrlichkeit durchwärmt, dass ich mich fast ganz auf einen Auszug daraus beschränken darf.

Der Vater Grossvater und Urgrossvater des Aristoteles waren Aerzte, und leiteten ihr Geschlecht ab von dem göttlichen Asklepios, dem Aesculapius der Römer; der Vater aber war beides, Freund und Leibarzt des Königs Amyntas II. von Makedonien. Aristoteles, geboren 384 v. Chr. (Olympiade 99. 1.) zu Stageira, einer griechischen Kolonie am strygmonischen Meerbusen auf der früher thrakischen, seit König Philippos makedonischen Halbinsel Chalkidike, sog daher gleichsam mit der Muttermilch nicht nur die Neigung zur Naturwissenschaft ein, sondern zugleich auch die für sein ganzes Leben entscheidend gewordene Beziehung zum makedonischen Königshause. Mit des Amyntas jüngstem Sohn und Nachfolger Philippos stand er in ungefähr gleichem Alter, vermuthlich hatten die Knaben schon Freundschaft geschlossen. Auch deutet manches auf ein ansehnliches von seinem Vater ererbtes Vermögen, was ihm ganz seinem Genius zu leben gestattete. Seine Aeltern scheint er jedoch früh verloren zu haben, denn erzogen ward er von dem Mysier Proxenos aus Atarneus, der sich in Stageira niedergelassen, und zwar so, dass er denselben innig

---

1) *Stahr, Aristotelia.* I, *Halle 1830;* und Zusätze und Verbesserungen dazu *II, 1832. 8.* — So eben, da ich drucken zu lassen im Begriff bin, erschien endlich auch *Brandis Geschichte der griechisch-römischen Philosophie Band II, Abtheil. II, erste Hälfte;* auch unter dem besondern Titel: *Aristoteles seine akademischen Zeitgenossen und nächsten Nachfolger. Erste Hälfte. 1853,* — und darin abermals eine sorgfältige Kritik unserer Nachrichten über des Aristoteles Leben und Schriften. Ich freue mich, dass ich sie noch benutzen konnte, wie auch darüber, dass ich wenig zu ändern fand.

verehren lernte. Noch in seinem Testament, woraus uns Diogenes Laërtios einen Auszug erhalten hat, verordnete er dem Proxenos eine Bildsäule zu errichten, und seine Tochter mit dessen Sohn zu vermälen.

Siebzehn Jahr alt (367 v. Chr.) begab er sich nach Athen, wohin etwa drei Jahr darauf auch Platon von seiner zweiten sicilianischen Reise zurückkehrte, und er verweilte dort im Ganzen zwanzig Jahr lang, also, abgesehen von der Unterbrechung durch Platons dritte sicilianische Reise, siebzehn Jahr lang in dessen Nähe. Ob stets mit ihm in gutem Vernehmen? darüber sind die Berichte getheilt, und die verschiedene Richtung beider Männer lässt einen ununterbrochenen Einklang unter ihnen kaum erwarten; allein von dem Verdacht eines unziemlichen Benehmens, ja des Undanks gegen seinen grossen Lehrer hat Stahr ihn gründlich gereinigt. Man gefiel sich früh in bösen Nachreden über ihn; doch lassen sie sich meist auf eine gemeinschaftliche Quelle, auf den Neid des Epikuros[1]) zurückführen, der ihn nicht allein, sondern mehrere gleichzeitige Philosophen mit den giftigsten Verläumdungen überschüttet haben soll. Zu diesen Verläumdungen rechnet Aristokles Messenios, einer der glaubhaftesten Zeugen, unterandern auch die Sage, Aristoteles hätte sein väterliches Erbe früh vergeudet, Kriegsdienst genommen, und sich darauf in Athen als Pharmakopole ernährt.

Schon während dieses seines ersten Aufenthalts zu Athen scheint Aristoteles als Schriftsteller und Lehrer, wenn nicht der Philosophie, doch der wahren Beredtsamkeit gegen den Schönredner Isokrates aufgetreten zu sein. Auch bei Philippos soll er damals den Athenern Dienste erwiesen, und sich sogar zu einer diplomatischen Sendung an ihn hergegeben haben. Doch erfolglos. Denn ohne seine grossen politischen Pläne ganz aufzugeben, konnte Philippos die Athener und deren Bundesgenossen in den thrakischen Küstenstädten nicht dulden. Dreissig derselben zerstörte

---

1) „Epicurus contumeliosissime Aristotelem vexavit." *Cicero de natura deorum I, cap. 33.*

er nach und nach, im Jahr 348 v. Chr. auch Stageira, und im folgenden Jahre führte er gegen das mächtige Olynth einen Hauptschlag, der die Athener mit Erbitterung und Besorgniss gegen ihn erfüllte.

Kurz zuvor war auch Platon gestorben, und Aristoteles folgte (348) der Einladung seines Freundes Hermeias nach der mysischen Küste Kleinasiens, die damals auf kurze Zeit das persische Joch abgeschüttelt hatte, und von jenem Hermeias geleitet ward. Mancherlei kann ihn dazu bewogen haben, die Freundschaft zu Hermeias, der längere Zeit mit ihm in Athen gelebt hatte, der Trieb, Welt und Menschen zu beobachten, die Besorgniss eines Krieges zwischen Athen und Philippos, als dessen Anhänger er den Athenern verdächtig sein musste, oder Platons Tod: allein der böse Leumund, das heisst vermuthlich wieder Epikuros, sagte, Neid gegen Speusippos, den Platon zu seinem Nachfolger an der Akademie erkoren, hätte ihn vertrieben. Als jedoch 345 die Perser Mysien wieder eroberten, und Hermeias durch Verrath in ihre Hände fiel, floh Aristoteles nach Mitylene, der Hauptstadt der gegenüberliegenden damals griechischen Insel Lesbos, nachdem er sich, um sie vor persischer Grausamkeit zu retten, mit der Pythias, des Hermeias Schwester vermält hatte.

Nicht lange darauf (343) berief ihn Philippos an seinen Hof nach Pella, und übertrug dem damals ein und vierzigjährigen Manne die Erziehung seines dreizehnjährigen Sohnes Alexandros. Schon früher soll er ihm geschrieben haben: „Ich fühle mich den Göttern zu Dank verbunden, nicht so sehr über des Knaben Geburt, als darüber, dass sie ihn zu Deiner Zeit liessen geboren werden. Denn von Dir erzogen soll er, hoffe ich, meiner und der Nachfolge auf meinem Thron würdig werden." Und die Hoffnung täuschte ihn nicht. Unter des Alexandros früheren Erziehern nahmen Leonidas und Lysimachos den ersten Rang ein; jener, ein dem König verwandter harter und ungebildeter Mann, hatte den hochsinnigen Knaben von sich abgestossen; dieser, ein gedrungener Schmeichler, sich ihm verächtlich gemacht. An den Aristoteles schloss er sich bald mit solcher Innigkeit an, dass er ihn höher hielt als seinen eigenen Vater, und bethätigte ihm später seine Dankbarkeit auf das Grossartigste. Der königliche Hof zu Pella mit seinen Zerstreuungen und Versuchungen jeder Art eignete sich wenig zur Erziehung des schon missleiteten Prinzen. Nach Plutarchos entschloss sich der König, sicher auf Aristoteles Verwendung, die Stadt Stageira wieder aufbauen, die vertriebenen oder in Sklaverei gehaltenen Bürger wieder zurückkehren zu lassen, und daselbst das Nymphäon zu gründen, eine Bildungsanstalt, zunächst für seinen Sohn, doch, wie Stahr wahrscheinlich zu machen sucht, so dass andere ausgezeichnete Knaben und Jünglinge dort an des Aristoteles Vorträgen Theil nehmen konnten, wie Marsyas, des spätern Königs Antigonos Bruder, Kallisthenes, des Alexandros unglücklicher Begleiter nach Asien und Vetter des Aristoteles, vielleicht auch des letztern Lieblingsschüler und Nachfolger am Lykeion Theophrastos Eresios. Bedenklich ist mir dabei nur, dass unter den drei Genannten nur Marsyas mit Alexandros in ziemlich gleichem Alter stand, die beiden andern etwa funfzehn Jahr älter waren [1]). Acht Jahr lang weilte Aristoteles in Makedonien, sein unmittelbarer Antheil an des Alexandros Erziehung erstreckte sich indess höchstens auf vier Jahr; denn schon 340 v. Chr., als Philippos gegen Byzanz zu Felde zog, bestellte er seinen damals sechzehnjährigen Sohn zum Reichsverweser. Gleichwohl scheint sich jener Unterricht auf alle Theile der Philosophie bis auf die höchsten Probleme der Metaphysik ausgedehnt zu haben. Denn aus Asien, mitten im Drange seiner Welteroberung, schreibt Alexandros seinem Lehrer in einem Briefe, dessen Aechtheit, wie Stahr sagt, oft bezweifelt, nie widerlegt ward [2]): „Du thatest nicht wohl, Deine akroatischen Vorträge bekannt zu machen. Wodurch sollen wir uns auszeichnen vor Andern, wenn die Vorträge, durch die wir gebildet wurden, Allen gemein sind? Ich wenigstens zeichne

---

1) Auch Brandis bezweifelt diese Vermuthung.
2) *Brandis S. 56* nennt den Brief „mehr als verdächtig," doch ohne Angabe seiner Gründe.

mich lieber aus durch das Wissen des Höchsten, als durch Macht." Die angebliche Antwort des Aristoteles lautet: „Du schriebst mir wegen der akroatischen Vorträge, ich hätte sie geheim halten sollen. Wisse denn, dass sie veröffentlicht und nicht veröffentlicht sind. Denn verständlich sind sie nur denen, die mich hörten." — Bedenkt man aber, wie innig und nachhaltig für lange Zeit des Alexandros Verhältniss zu seinem Lehrer war, so versteht sich von selbst, dass dessen Einwirkung auf ihn mit dem eigentlichen Unterricht nicht abbrechen konnte. Ueberhaupt unterscheiden nur die spätern Ausleger des Aristoteles seine exoterischen und seine akroatischen oder esoterischen Vorträge und Schriften. Nach Stahr sind unter jenen die populären, unter diesen die streng wissenschaftlich gehaltenen zu verstehen, so dass der Unterschied durchaus nicht die Bedeutsamkeit hat, die man darin zu finden glaubte[1]).

In diese Zeit des Aufenthalts in Makedonien scheinen die grossen naturwissenschaftlichen Werke des Aristoteles zu fallen. Die Meteorologica können, wie Alexander von Humboldt[2]) nachgewiesen hat, nicht später als höchstens 337 v. Chr. geschrieben sein, und ihnen folgte die Thiergeschichte vermuthlich sehr bald. Stahr ist geneigt, diese Werke und was dazu gehört, also auch die verloren gegangene Theorie der Pflanzen, auf die ich zurückkommen werde, in des Aristoteles zweiten athenischen Aufenthalt zu verlegen, weil derselbe, wenn auch von Haus aus wohlhabend, und von Philippos ohne Zweifel fürstlich belohnt, doch dazu, wie er meint, einer ganz andern Unterstützung bedurfte, die ihm erst Alexandros mit beispielloser Freigebigkeit gewährt hätte. Nach Athenäos[3]) schenkte ihm Alexandros 800 Talente, nach unserm Gelde etwa 1,800,000 Thaler; und wie viel ein Gelehrter damals bedurfte, um sich einen so ausgedehnten literarischen Apparat wie Aristoteles zu verschaffen, das zeigt schon die einzige

---

1) Nach *Brandis* S. *101—109* kommt bei Aristoteles selbst noch keine Spur dieser Unterscheidung vor, und was die Ausleger darunter verstanden, ist viel zu schwankend, um es noch jetzt festzuhalten.
2) *Humboldt Kosmos II, S. 191 und 427.*
3) *Athenäus IX, cap. 13. pag. 398 edit. Casaubon.*

Angabe des Gellius[1]), dass Aristoteles für die Bücher des Philosophen Speusippos allein drei Talente, etwa 4050 Thaler, bezahlt habe. Doch nicht bloss mit Gelde, viel wirksamer noch auf andere Weise soll Alexandros die naturwissenschaftlichen Forschungen seines Lehrers und Freundes unterstützt haben. Einige tausend Personen, erzählt Plinius[2]), waren beauftragt ihm aus ganz Griechenland und Asien, so weit sich des Königs Macht erstreckte, alles Merkwürdige, was ihnen die Jagd der Fisch- und Vogelfang darböte, oder was sich in den königlichen Menagerien Heerden Bienenhäusern Fischteichen und Vogelhäusern zeigte, zu übersenden. Darauf gestützt, suchte und fand man bei Aristoteles Nachrichten über asiatische Thiere, die, wie man sich einbildete, nur durch Alexandros an ihn gelangt sein könnten. Allein nach Alexander von Humboldt[3]) ist „der Glaube an eine unmittelbare Bereicherung des aristotelischen zoologischen Wissens durch die Heerzüge des Makedoniers durch ernste neuere Untersuchungen, wo nicht gänzlich verschwunden, doch wenigstens sehr schwankend geworden," und „die Geschenke von acht hundert Talenten und die Beköstigung so vieler tausend Sammler, Aufseher von Fischteichen und Vogelhütten, sind wohl nur für Uebertreibungen und missverstandene Traditionen des Plinius, Athenäos und Aelianos zu halten."

Im Jahr 336 v. Chr. bestieg Alexandros den Thron, und vermuthlich schon das Jahr darauf, also noch vor dem asiatischen Feldzuge, kehrte Aristoteles nach Athen zurück, und eröffnete dort seine sogenannte peripatetische Schule im Lykeion; und in diese Lebensperiode des Stageiriten setzen wir mit Stahr, zwar nicht die grossen naturhistorischen, doch die philosophischen Werke desselben. Aber das schöne Verhältniss zu Alexandros blieb in dieser Zeit nicht ungetrübt. Eine Verschwörung gegen des Königs Leben ward entdeckt, ein Verdacht der Mitschuld fiel

---

1) *Gellius III, cap. 17.*
2) *Plin. hist. natur. VIII, cap. 16. sect. 17.*
3) *Humboldt Kosmos II, S. 191. f.* nebst den dazu gehörigen Anmerkungen.

Buch II. Kap. 1. §. 14.

auf Kallisthenes, des Aristoteles Vetter, der, um die Geschichte des Feldzugs zu schreiben [1]), den König begleitete. Dieser liess ihn ergreifen und mit sich fortschleppen, bis er im tiefsten Elende umkam. Auch auf Aristoteles soll sich sein Verdacht erstreckt, auch dessen Tod soll er in der ersten Aufwallung beschlossen haben; doch bekräftigt keine beglaubigte Thatsache des Königs Ungnade gegen den einst so hoch gefeierten Lehrer. Nur der zarte Duft, der auf ihrem gegenseitigen Verhältniss ruhete, ist verwischt.

Den Welteroberer ereilte schon in seinem drei und dreissigsten Jahre, 323 v. Chr., zu Babylon der Tod. Nun erst wagte die antimakedonische Partei in Athen den Aristoteles der Gottlosigkeit anzuklagen. Ob er in Folge dieser gefährlichen Anklage nach Chalkis entfloh, oder sich in Voraussicht solches Sturmes schon früher dahin zurückgezogen hatte, was Stahr wahrscheinlicher findet, ist zweifelhaft. Hier war er sicher für seine Person, und durch die Entfernung seiner Bildsäule aus dem Tempel des delphischen Apollon entehrten die Athener nicht ihn, sondern sich selbst. Allein ein innerer Wurm nagte längst an seinem Leben. Noch in demselben Jahre, dem drei und sechzigsten seines Alters beschloss er seine ewig denkwürdige Laufbahn; und ich schliesse diesen dürftigen Abriss derselben mit Schlossers [2]) Worten: „Aristoteles und Alexandros umfassten beide im Geist die ganze Welt und ihre Wissenschaften, beide wollten sie ganz bezwingen, ganz umgestalten. Mit Aristoteles war das Schicksal, Alexandros konnte seinen Plan nicht durchführen."

---

1) Einen Kallisthenes nennt auch Epiphanios zu Anfang des ersten Buchs contra haereses in einer Liste von Schriftstellern über die Pflanzen oder vielmehr Arzneimittellehre. Dass der Aristoteliker gemeint sei, scheint mir nicht bloss zweifelhaft, sondern sehr unwahrscheinlich, da die Schriftsteller chronologisch geordnet sind, und Kallisthenes erst hinter dem König Mithridates steht. Entgegengesetzter Meinung sind freilich *Haller bibl. botan. I, p. 38., Sprengel Gesch. d. Arzneik. I, (vierte Aufl.)* und selbst *Humboldt Kosmos II, S. 193.*

2) *Schlosser universalhistorische Uebersicht der Geschichte der alten Welt und ihrer Cultur. Thl. I, Abtheil. III, S. 321.*

§. 15.
Phytologische Schriften des Aristoteles.

Ich sollte jetzt eine Darstellung seiner schriftstellerischen Laufbahn, und einen Abriss, wenn nicht seiner ganzen, mindestens seiner Naturphilosophie folgen lassen, als Vorbereitung zu richtigem Verständniss seiner phytologischen Beobachtungen und Ansichten. Doch zu ersterer fehlt es an hinlänglichem Material, und dieser letztere ist bereits in einem umfangreichen Werke viel besser ausgeführt, als mir, auch wenn es der Raum gestattete, möglich sein würde.

Das Werk, auf das ich mich hier beziehe, ist „die Philosophie des Aristoteles, in ihrem innern Zusammenhange, mit besonderer Berücksichtigung des philosophischen Sprachgebrauchs, aus dessen Schriften entwickelt von Franz Biese. Zwei Bände. Berlin 1835 u. 1842, in 8." Der erste Band enthält die Logik und Metaphysik, der zweite die besondern Wissenschaften, und darunter zuerst die Naturwissenschaft. Von Seite 128 bis 142 wird das Leben der Pflanze behandelt, und Punkt für Punkt sind die Beweisstellen den Aussprüchen beigefügt. In der Vorrede zum ersten Bande stellt der Verfasser sich selbst als eifrigen Anhänger Hegels dar, und möchte die Färbung, die sein Buch von seinen eigenen Ueberzeugungen annahm, gewiss nicht verleugnen. Das wäre bedenklich, wenn es sich um eine Kritik der aristotelischen Philosophie handelte; die einfache Darstellung derselben, hervorgegangen aus gründlichem Studium sämmtlicher aristotelischen Schriften, scheint mir dadurch um so weniger getrübt zu werden, je näher sich Hegel selbst an Aristoteles schliesst. — Doch wie viel Rühmliches sich auch von diesem Werke sagen lässt, ganz kann es uns nicht dafür entschädigen, dass Brandis die zweite Abtheilung des zweiten Bandes seines in rein objectiver Auffassung alter Philosophien unübertrefflichen „Handbuchs der Geschichte der griechisch-römischen Philosophie", die den Aristoteles umfassen sollte,

Buch II. Kap. 1. §. 15.

nachdem die erste Abtheilung schon sieben Jahr alt geworden, noch immer nicht folgen liess.¹)

In literarhistorischer Hinsicht hat man sich mit den Schriften des Aristoteles von den frühesten Zeiten her eifrigst und meist mit Vorliebe beschäftigt, und doch im Ganzen wenig Genügendes zu Stande gebracht. Eine lange Reihe seiner zum Theil sehr umfangreichen und durchaus inhaltschweren Schriften hat sich glücklich erhalten, und doch vielleicht nur ein geringer Theil seiner sämmtlichen Werke ²). Sehr unsicher ist bei vielen die Reihenfolge, noch unsicherer die Zeit der Abfassung der einzelnen Werke, und was wir verloren haben, aus den blossen Titeln oft kaum zu errathen.

Zu den verlorenen gehört leider auch die Theorie der Pflanzen, die Aristoteles selbst im fünften Buch seiner Thiergeschichte citirt ³). Auf dies Werk scheint er hinzudeuten, wenn

---

1) Indem ich dies drucken lasse, ist zwar endlich ein neuer Band des Werks von Brandis erschienen, doch nur die erste Hälfte desselben, die, nächst dem Leben und den Schriften des Aristoteles überhaupt, nur erst seine Logik und Metaphysik behandelt.

2) Ich berufe mich theils auf das lange Verzeichniss der aristotelischen Schriften bei Diogenes Laërtios und aus Andern vervollständigt bei Fabricius (*bibliotheca Graeca, edid. Harles, tom. III.*), wiewohl manches Buch eines grösseren Werks als besonderes Werk genannt sein mag; theils auf die Angabe des Gesammtumfangs seiner Werke bei Diogenes Laërtios zu 445,270 Zeilen ($\sigma\tau\iota\chi\omicron\iota$). Nach Ritschl's Untersuchungen über die Stichometrie der Alten, im Anhange zu seiner gehaltreichen Schrift „die alexandrinischen Bibliotheken u. s. w." S. 110, verhalten sich die Zeilen, die Galenos in den hippokratischen Schriften zählte, zu denen der kühnschen Ausgabe derselben ungefähr = 10 : 12. In Bekkers Ausgabe der Werke des Aristoteles finde ich nach Abzug der notorisch unächten Schriften 1330 Seiten in 2 Columnen mit durchschnittlich 35 Zeilen, folglich im Ganzen 93,100 Zeilen, die durchschnittlich noch um einige Buchstaben kürzer sind als die des kühnschen Hippokrates. Reducirt auf die Länge der von Galenos angenommenen Zeilen, giebt das 77,580, mithin kaum den sechsten Theil der von Diogenes Laërtios angegebenen Summe der Zeilen sämmtlicher aristotelischer Werke.

3) Θεωρία περὶ φυτῶν. Man sehe unten in den Auszügen aus Aristoteles Nr. 114.

er in einem seiner frühern Werke¹) sagt: „die Untersuchung der andern Erleidungen des Geschmacks findet ihren rechten Ort in der **Physiologie der Pflanzen**." Zweifelhafter ist, ob das Werk, welches er unter dem einfacheren Titel **von den Pflanzen** in der kleinen Schrift über **Lang- und Kurzlebigkeit**²) künftig zu liefern verspricht, und in dem spätern Werk über die Entstehung der Thiere³) als bereits vorhanden anführt, gleichfalls dasselbe ist. Da er neben seinen verschiedenen Schriften über Anatomie Physiologie und Teleologie der Thiere noch eine ausführliche mehr ins Besondere eingehende Geschichte der Thiere geschrieben hat, so liegt die Vermuthung nahe, er hätte die Botanik in ähnlicher Weise behandelt, das Allgemeine in der **Theorie der Pflanzen**, das Besondere in dem Werk, welches er schlechthin **von den Pflanzen** nennt; und wirklich sagt einer seiner spätern griechischen Ausleger, Simplikios⁴), er hätte eine **Geschichte der Pflanzen** und ein **Werk von den Ursachen der Pflanzen** geschrieben. Gleichwohl scheint Simplikios sich geirrt zu haben. Denn Diogenes Laërtios gedenkt in seinem Katalog der aristotelischen Werke nur zweier Bücher **von den Pflanzen**, worunter er also die **Theorie der Pflanzen** verstehen muss. Dazu kommt, dass wir in der gesammten Literatur nur zwei aristotelische Aussprüche angeführt finden, die vielleicht aus seiner Pflanzengeschichte entlehnt sein können, vielleicht auch sonst woher. Bei Athenäos⁵) lesen wir, nach Aristoteles **von den Pflanzen** würden die Datteln von Einigen Eunuchen, von Andern kernlos genannt. Und zu dem Wort Eryngion bemerkt der Scholiast des Nikandros⁶), Aristoteles, vom Eryngion han-

---

1) *Aristot.* de sensu et sensibil. cap. 4. pag. 442 b. edit. *Bekkeri.*
2) Ἐν τοῖς περὶ φυτῶν διορισθήσεται. S. unten in den Auszügen Nr. 60.
3) Περὶ φυτῶν ἐν ἑτέροις ἐπέσκεπται. So liest wenigstens Bekker. S. unten in den Auszügen Nr. 118.
4) *Simplic.* in prooemio ad physic.
5) *Athen.* deipnos. XIV, cap. 18. pag. 652 edit. *Casaub.*
6) *Schol.* ad *Nicandri* theriac. vers. 645. pag. 97 edit. *Schneideri.* Dass er, wie Sprengel (*Gesch. d. Botan. I. S. 45*) sagt, die Bücher des Aristoteles **von den Pflanzen** nenne, ist unrichtig.

Buch II. Kap. 1. §. 15.

delnd, sage, als kürzlich eine Heerde Ziegen flüchtig geworden, habe er selbst sie zum Stehen gebracht, und sie sei ihm gefolgt (weil er ihnen Eryngion entgegen hielt, — scheint hier supplirt werden zu müssen). Keiner von beiden, und überhaupt niemand ausser Simplikios kennt eine Geschichte der Pflanzen von Aristoteles. Simplikios lebte 550 Jahr n. Chr.; mehr als 300 Jahr vor ihm, etwa gleichzeitig mit Athenäos, lebte ein anderer Ausleger des Aristoteles, Alexandros von Aphrodisias, und dieser gesteht[1]), zu seiner Zeit hätte kein aristotelisches Werk über Pflanzen mehr existirt. Allerdings ist eine solche Behauptung etwas gewagt, zumal im Alterthum; manche aristotelische Schrift konnte selten geworden sein, und nur in Alexandrien, wo er lebte, fehlen, ohne deshalb ganz untergegangen zu sein oder niemals existirt zu haben; ja sein Zeitgenosse Athenäos, der zu Rom lebte, scheint doch noch ein aristotelisches Pflanzenwerk, wie wir sahen, gekannt zu haben, wiewohl es möglich wäre, dass er aus einer abgeleiteten Quelle schöpfte. Indess wie dem auch sei, geschwächt wird das Zeugniss des Simplikios durch das des Alexandros Aphrodisiakos jedenfalls, vermuthen müssen wir, dass er die beiden Pflanzenwerke, die er dem Aristoteles beilegte, nicht selbst vor Augen hatte, sondern sich auf irgend eine Weise darüber täuschen liess; von grossem Gewicht ist das ganz vereinzelt stehende Zeugniss eines so späten Zeugen schon an sich nicht; und verdächtig wird es besonders dadurch, dass es den beiden angeblich aristotelischen Werken genau dieselben Titel beilegt, welche die beiden noch jetzt vorhandenen botanischen Werke des Theophrastos führen, während Aristoteles selbst das eine seiner botanischen Werke, das er unzweifelhaft geschrieben hat, nicht von den Ursachen, sondern Theorie der Pflanzen, das andere, wenn es von diesem verschieden war, nicht Geschichte der Pflanzen, sondern kürzer von den Pflanzen nannte. Und hätte er eine Geschichte der Pflanzen geschrieben, würde dann wohl Theophrastos seines Meisters Werk zum zweiten mal geschrieben haben?

---

1) *Alex. Aphrod. in Arist. de sensu et sensibil. cap. 4.*

Ja, als Ergänzung vielleicht, doch schwerlich in der Gestalt, worin wir es besitzen.

Einen dürftigen Ersatz für den Verlust der Theorie gewähren uns zahlreiche beiläufige Aeusserungen des Aristoteles über die Pflanzennatur in verschiedenen Werken andern Inhalts, die daher auch der Botaniker nicht ungestraft vernachlässigen darf. Und glücklicher Weise hat uns die berliner Akademie der Wissenschaften das Studium derselben durch ihre Ausgabe des Aristoteles sehr erleichtert [1]. Jahre lang liess sie zwei der ausgezeichnetsten Gelehrten, Immanuel Bekker und Ch. A. Brandis, reisen, um in verschiedenen Bibliotheken des In- und Auslandes Handschriften des Aristoteles und seiner griechischen Ausleger aufzusuchen und zu vergleichen. Jener war mit der Recension des aristotelischen Textes, dieser mit der der Commentatoren beauftragt: und so erhielten wir nicht nur den Text des durch Kürze des Ausdrucks und Tiefe der Gedanken äusserst schwer verständlichen, in frühern Ausgaben oft ganz unverständlichen Aristoteles in seltener Reinheit, so dass nachfolgenden Bearbeitern einzelner Werke nur eine verhältnissmässig geringe Nachlese von Verbesserungen übrig blieb; sondern ausserdem erhielten wir auch in den griechischen Commentarien, die bis dahin zum Theil nur in seltenen alten Drucken wenigen Gelehrten zugänglich, zum Theil noch gar nicht gedruckt waren, ein neues höchst wichtiges Hülfsmittel zum Verständniss des Aristoteles, und nebenbei einen Schatz literarisch-antiquarischer Nachrichten aller Art.

Für den Botaniker sind freilich Auszüge des die Pflanzen Betreffenden aus den Gesammtwerken des Aristoteles bequemer und meist ausreichend. Wir besitzen deren, abgesehen von solchen, die sich in grösseren älteren zum Theil seltenen Werken

---

[1] Der vollständige Titel ist: *Aristoteles. Graece. Ex recensione Imm. Bekkeri. Edidit Academia Regia Borussica. Vol. I, II, Berolini 1831.* — *Aristoteles. Latine interpretibus variis. Edidit Acad. Reg. Boruss. Berol. 1831.* — *Scholia in Aristotelem. Collegit Ch. A. Brandis. Edid. Acad. Reg. Boruss. Berol. 1836.* — Zusammen 4 Bände in 4.

Buch II. Kap. 1. §. 15.

befinden [1]), zwei neuere besonders abgedruckte, den einen von Henschel [a]), den andern von Wimmer [b]). Jenem gebührt das Verdienst, die sehr zerstreueten Stellen vollständiger als seine Vorgänger gesammelt und geistreicher geordnet und beurtheilt zu haben; wobei er, da er nicht für Philologen, sondern für Botaniker schrieb, statt des griechischen Textes überall die besten vorhandenen lateinischen Uebersetzungen benutzte. Dieser liess die Stellen, noch etwas vollständiger gesammelt, im griechischen Original abdrucken, wobei er auch nach Bekker noch manches zu berichtigen fand, und fügte am Ende einen Conspectus phytologiae Aristotelicae mit steter Verweisung auf die Beweisstellen hinzu. Eine deutsche Uebersetzung dieser merkwürdigen Stellen gab es bisher nicht. Ich hoffe mir den Dank mancher Botaniker zu verdienen, indem ich eine solche hier einschalte, und zwar ganz in der Ordnung, in der sie Wimmer zusammenstellte. Nur die von ihm unter Nr. 104 eingetragene Stelle aus der Schrift über die Farben übergehe ich hier, nachdem sich vollständig erwiesen hat, dass dieselbe weder von Aristoteles noch von Theophrastos verfasst sein kann, werde sie aber später im dritten Kapitel dieses Buchs nachliefern.

---

1) Namentlich in folgenden Werken: 1. *Patricii discussionum peripateticarum tom. IV. Basil. 1581. fol.* 2. *Felicis Accoramboni vera mens Aristotelis etc. Romae 1590. fol.* 3. Schneider, in seiner Ausgabe der *Opera Theophrasti, tom. V, pag. 250 sqq.*

a) *Henschel, A. G. E. T., commentatio de Aristotele botanico philosopho. Vratislav. 1824. 4.*

b) *Wimmer, Fr., phytologiae Aristotelicae fragmenta. Vratislav. 1838. 8.* — Erschien in zwei Abtheilungen. Daher auf dem Titel mancher Exemplare Pars I steht. Enthält vollständig XII und 98 Seiten.

§. 16.

Fragmente aristotelischer Phytologie, nach Wimmers Ausgabe derselben übersetzt.

I. Verwandtschaft des Thiers und der Pflanze.

1. So geht die Natur allmälig über von den unbeseelten Dingen zu den Thieren, so dass sich, wo die Grenze und wo die Mitte sind, in der Reihenfolge verbirgt. Denn auf die Gattung der unbeseelten Dinge folgt zunächst die der Pflanzen, und unter diesen unterscheidet sich eine von der andern darin, dass die eine mehr die andre weniger Antheil am Leben zeigt. Vergleicht man aber diese Gattung im Ganzen mit jenen andern Dingen, so zeigt sie sich offenbar wie beseelt, wenn mit den Thieren, wie unbeseelt; und gleichwohl ist der Uebergang von ihnen zu den Thieren, wie gesagt, ununterbrochen. Denn bei einigen, die im Meere wohnen, möchte man zweifeln, ob sie Thiere oder Pflanzen seien. Sie sind nämlich angewachsen, und losgerissen kommen viele derselben um..... Ueberhaupt gleicht die ganze Gattung der Schalthiere den Pflanzen, wenn man sie gegen die beweglichen Thiere hält, ... der Schwamm aber gleicht völlig den Pflanzen.

2. Die Austern unterscheiden sich ihrer Natur nach wenig von den Pflanzen, doch sind sie thierhafter als die Schwämme; diese haben ganz das Wesen einer Pflanze. Denn ununterbrochen geht die Natur über von den unbeseelten Dingen zu den Thieren durch diejenigen, welche zwar leben, doch noch nicht Thiere sind, so dass die einander nahe stehenden sich nur sehr wenig von einander unterscheiden a).

---

1) *Histor. animal. VIII, cap. 1. pag. 588 b.*
2) *De partib. animal. IV, cap. 5. pag. 681 a.*

a) Im Griechischen bedeutet ζῆν, athmen, und dann überhaupt leben. Davon abgeleitet ist ζωή, das Leben, und ζῶον, das Thier, so dass beide Wörter sich nur durch das grammatische Geschlecht und den Accent unterscheiden. Das war wohl nicht ganz ohne Einfluss auf die Untersuchung des Pflanzenlebens.

II. Das Leben.

3. Alle Dinge sind entweder von Natur, oder aus einer andern Ursache. Von Natur sind die Thiere und deren Theile, ferner die Pflanzen, und die einfachen Körper, als Erde Feuer Luft und Wasser; von diesen und dergleichen sagen wir, sie sind von Natur. Alle genannte aber unterscheiden sich von den nicht von Natur bestehenden offenbar dadurch, dass sie das Princip der Bewegung und der Ruhe sowohl dem Ort nach, wie auch in Hinsicht auf Wachsthum und Abnahme und auf Umwandelung (der Qualität nach) in sich selbst haben.

4. Einige Naturkörper haben Leben, andere nicht. Leben aber nennen wir Ernährung Wachsthum und Abnahme durch sich selbst.

5. Demnach ist die Seele die erste wirkliche Vollendung (Entelechie) des der Möglichkeit nach Leben habenden Naturkörpers, dergestalt dass er auch ein organischer sei. Soll ich daher etwas Allgemeines über die Seele im Ganzen sagen, so sage ich, sie sei die erste wirkliche Vollendung des organischen Naturkörpers.

III. Leben und Seele der Pflanzen.

6. Wir sagen .... das Beseelte unterscheide sich von dem Unbeseelten durch das Leben. Da aber Leben in verschiedenen Bedeutungen gesagt wird, so nennen wir Leben dasjenige, worin auch nur eins von folgenden vorhanden ist: Denken, Empfinden, Bewegung und Ruhe dem Ort nach, oder Bewegung rücksichtlich der Ernährung Abnahme und Zunahme. Demnach scheinen auch alle Gewächse zu leben, da sie offenbar die Kraft und das Princip, vermöge deren sie an entgegengesetzten Orten zu- und abnehmen, in sich selbst haben. Denn sie wachsen nicht etwa nur nach

---

3) *Physic. auscult. II, cap. 1. pag. 192 b.*
4) *De anima II, cap. 1. pag. 412 a.*
5) *Ibidem.*
6) *Ibidem, cap. 2. pag. 413 a.*

oben und nicht nach unten zu, sondern zugleich nach beiden und nach allen Seiten, und ernähren sich und leben immerfort, so lange sie Nahrung zu sich nehmen können. Und diese Kraft (der Seele) lässt sich bei sterblichen Wesen von den andern getrennt denken, die andern von dieser dagegen nicht. Das ist offenbar bei den Gewächsen, denn in ihnen waltet keine andere Kraft der Seele. Diesem Princip nach waltet also das Leben in allem Lebendigen.

7. Die Seele ist die Ursache und das Princip des lebendigen Körpers. Das sagt man aber in verschiedenem Sinn. Auf die drei unterschiedenen Weisen zugleich ist die Seele Ursache, erstlich der Bewegung an sich, sodann des Zwecks der Bewegung, und endlich des Wesens der beseelten Körper. Dass sie deren Wesen ausmacht, ist klar, denn der Grund alles Seins ist das Wesen, das Sein alles Lebendigen ist das Leben, und dessen Grund und Princip die Seele. Uebrigens ist der Begriff des der Möglichkeit nach Seienden die Entelechie. Es leuchtet aber ein, wie die Seele auch Ursache des Wozu (des Zwecks der Bewegung) ist; denn wie der Geist mit Absicht wirkt, so auch die Natur, und dies ist für sie Zweck. So ist demnach in dem, was lebt, die Seele beschaffen. Alle Naturkörper sind Organe der Seele, die thierischen sowohl wie die pflanzlichen: der Seele wegen sind sie.

8. Auch das in den Pflanzen befindliche Princip scheint eine Art Seele zu sein. Sie allein kommt den Thieren und Pflanzen gemeinsam zu; dieselbe lässt sich unterscheiden vom empfindenden Princip, nichts aber hat Empfindung ohne sie.

9. Von den genannten Seelenkräften walten, wie gesagt, hier alle, dort einige, dort eine einzige. Wir unterschieden aber die ernährende, verlangende, empfindende, ortsbewegende, denkende Kraft der Seele. In den Pflanzen waltet allein die ernährende.

10. Die Ernährung waltet in allen Pflanzen sowohl als Thieren.

---

7) *De anima II*, *cap.* 4. *pag. 415 b.*
8) *Ibid. I*, *cap. 5. pag. 411 b.*
9) *Ibid. II*, *cap. 3. pag. 414 a.*
10) *Ibid. III*, *cap. 9. pag. 432 a.*

Buch II. Kap. 1. §. 16.

11. Ernährend nennen wir den Theil der Seele, deren auch die Pflanzen theilhaftig sind.

12. Der ernährenden Seele bedarf nothwendig Alles, was da lebt und Seele hat, von seiner Entstehung an bis zu seinem Untergange. Denn nothwendig ist bei allem Entstandenen Zunahme (Gipfel, ἀκμή) und Abnahme, was ohne Ernährung unmöglich. Nothwendig muss daher die ernährende Kraft allem beiwohnen, was da wächst und vergeht.

13. Verwandelung (ἀλλοίωσις) ist die Veränderung nach der Qualität. Die Zustände und Beschaffenheiten der Qualität entstehen aber nicht ohne Veränderung im Erleiden, z. B. Gesundheit und Krankheit [a]. Alle Naturkörper aber, die sich dem Erleiden nach (durch äussere Affectionen) ändern, sehen wir Zu- und Abnahme haben, wie die Körper und Körpertheile sowohl der Thiere wie der Pflanzen.

14. Die ernährende Seele waltet auch in den andern (nicht bloss in den thierischen Organismen), und ist die erste und allgemeinste Kraft der Seele, vermöge welcher das Leben in allen waltet. Ihre Werke sind Zeugen und sich Ernähren; denn das natürlichste Werk aller Lebendigen, die voll ausgebildet, nicht verstümmelt sind, und keine spontane Entstehung (generatio aequivoca) haben, ist ihresgleichen hervor zu bringen, das Thier ein Thier, die Pflanze eine Pflanze, um, so viel sie vermögen, am Ewigen und Göttlichen Theil zu nehmen; denn darnach strebt

---

11) *De anima II*, cap. 2. pag. 419 b.
12) *Ibid. III*, cap. 12. pag. 434 a.
13) *De coelo I*, cap. 3. pag. 270 a.

a) An einer andern Stelle, *de generatione et corruptione I*, cap. 4. pag. 319 a, erklärt Aristoteles die verschiedenen Arten der Bewegung oder Veränderung so: „Erfolgt nun der Umtausch des Gegensatzes der Quantität nach, so ist es Zu- und Abnahme, wenn aber dem Ort nach, so ist es Trieb (φορά, — ich kenne kein anderes deutsches Wort, was zugleich das passive Getriebenwerden und active sich selbst Treiben ausdrückte), wenn aber der Erleidung und Qualität nach, so ist es Verwandelung."

14) *De anima II*, cap. 4. pag. 415 a.

alles, deswegen handelt alles, was seiner Natur nach handelt. Vermögen sie nun nicht fortdauernd am Ewigen und Göttlichen Theil zu nehmen, weil Sterbliche unmöglich der Zahl nach eins und dasselbe bleiben können: so nimmt ein jegliches Theil daran, so viel es vermag, dieses mehr, jenes weniger, und bleibt zwar nicht dasselbe, doch gleich als wie dasselbe, nicht eins der Zahl, doch der Art nach.

15. Dieselbe Kraft der Seele ist die ernährende und die erzeugende.

16. Sei es Pflanze, sei es Thier, dasselbe waltet in allen, das Ernährende. Dasselbe ist aber das seinesgleichen Erzeugende. Denn das ist das Werk jedes seiner Natur nach voll Ausgebildeten, sowohl der Thiere, wie der Pflanzen.

17. Vom Empfindenden unterscheidet sich das Ernährende in den Pflanzen.

18. Dass das Thier, sofern es Thier ist, nicht lebe, ist unmöglich; dass aber etwas, sofern es lebt, auch Thier sei, ist nicht nothwendig; denn die Pflanzen leben, und haben keine Empfindung. Durch die Empfindung unterscheiden wir Thier und Nichtthier.

19. Die Pflanzen leben offenbar, ohne des Triebes ($\varphi o \varrho \tilde{a} \varsigma$, das heisst der Ortsbewegung; vergl. die Anmerkung zu Nr. 13) oder der Empfindung theilhaft zu sein.

20. Nicht die ganze Seele noch alle Theile derselben sind Princip der Bewegung; sondern das der Zunahme, wie auch bei den Pflanzen, ist das Empfindende, das des Triebes ($\varphi o \varrho \tilde{a} \varsigma$) wieder etwas anderes, und nicht das Denkende [a]).

---

15) *De anima II*, cap. 4. pag. 415 a.
16) *De generat. animal. II*, cap. 1. pag. 735 a.
17) *De anima II*, cap. 3. pag. 415 a.
18) *De juvent. et senect.* cap. 1. pag. 467 b.
19) *De anima I*, cap. 5. pag. 410 b.
20) *De partib. animal. I*, cap. 1. pag. 611 b.

a) Wimmer giebt nur die erste Hälfte dieses Satzes. Da ich ihn nicht übergehen zu dürfen glaubte, gab ich ihn vollständig, damit sich seine Verdorbenheit vollständig erkennen liesse. Denn wir wissen ja aus den vorher-

Buch II. Kap. 1. §. 16.

21. Daraus ergiebt sich,.... warum die Pflanzen nicht empfinden, obgleich sie einen Theil der Seele haben, und von Einwirkungen afficirt werden, z. B. kalt oder warm werden. Der Grund davon ist, sie haben weder das Vermittelnde a), noch ein Princip, fähig die Eindrücke der sinnlichen Dinge aufzufassen, sondern sie werden nur stoffartig afficirt.

22. Für alles Berührende ist die Berührung das Vermittelnde, und das Auffassende das Sinneswerkzeug, nicht bloss für so viel Verschiedenheiten der Erde, wie es giebt (das heisst, nicht bloss für die vier sogenannten Wurzeln der Dinge, wie Empedokles behauptete), sondern auch für Wärme und Kälte und. alles sonst noch Berührende; und wiewohl wir von Erde sind, empfinden wir doch nicht mit den Knochen Haaren und dergleichen Theilen; und wiewohl sie von Erde sind, haben die Pflanzen doch gar keine Empfindung.

23. Nimmt man von einer Zahl eine Zahl oder Einheit weg, so bleibt eine andre Zahl. Die Pflanzen dagegen und viele Thiere leben fort, wenn man sie theilt, und scheinen der Art nach dieselbe Seele zu haben.

---

gehenden Nummern, dass nach Aristoteles nicht das Empfindende, sondern das Ernährende Princip der Zu- und Abnahme ist, dass aber das Empfindende eben Princip des Triebes, der Ortsbewegung ist. Es scheint demnach hinter den Worten — wie bei den Pflanzen — ausgefallen zu sein — ist das Ernährende; und die Worte — ist das Empfindende — scheinen mit dem folgenden — das des Triebes — in Verbindung gestanden zu haben. Doch überlassen wir das den Philologen.

a) Im vorangehenden Kapitel hatte Aristoteles nachzuweisen gesucht, dass die Sinneswerkzeuge von den sinnlichen Gegenständen nicht unmittelbar, sondern durch Vermittelung eines Zwischenkörpers afficirt würden. Beim Gesicht und Gehör betrachtete er die Luft oder auch das Wasser als das Vermittelnde, beim Gefühl, dessen Sitz er in den Muskeln suchte, die das Thier umkleidende Haut. Die Behauptung, den Pflanzen fehle das Vermittelnde, ist also etwas spitzfindig. Besässen sie Empfindung, so würde er ein Vermittelndes bei ihnen nicht vermisst haben.

22) *De anima III*, cap. 13. pag. 435 a.
23) *Ibid. I*, cap. 6. pag. 409 a.

24. Auch die Pflanzen leben getheilt offenbar fort, und von den Thieren einige Insecten, als hätten sie der Art, wenn auch nicht der Zahl nach, noch dieselbe Seele.

25. Wie unter den Pflanzen einige getheilt und von einander getrennt offenbar fortleben, indem bei ihnen der Entelechie nach die Seele in jeder Pflanze nur einfach, der Möglichkeit nach aber mehrfach ist: so sehen wir es auch bei einer andern Theilung der Seele an den Insecten, wenn man sie durchschneidet.

26. Das Princip der ernährenden Seele ist offenbar sowohl der Wahrnehmung nach, wie auch aus Verstandesgründen, in dem mittlern der drei Theile (des voll ausgebildeten Thiers). Denn viele Thiere, wenn man ihnen den einen oder andern jener Theile nimmt, entweder den, welcher Kopf genannt wird, oder den, welcher die Nahrung in sich aufnimmt, leben fort mit dem, woran der mittlere Theil blieb. So verhält es sich augenscheinlich bei den Insecten, z. B. bei den Wespen und Bienen. Und auch von den nicht eingekerbten Thieren können viele vermöge des Ernährenden zerschnitten fortleben; denn sie haben diesen Theil (der Seele) in Wirklichkeit einfach, der Möglichkeit nach aber mehrfach, indem sie eben so verschmolzen sind wie die Pflanzen. Denn auch die Pflanzen, wenn man sie theilt, leben getrennt fort, und aus einem Anfange werden viele Bäume. Aus welchem Grunde aber manche Pflanzen getheilt nicht fortleben können, andere sich durch Stecklinge vermehren lassen, wollen wir an einem andern Ort untersuchen. Auch hierin verhalten sich die Pflanzen auf gleiche Art wie die Insecten; die ernährende Seele muss auch bei ihnen in Wirklichkeit zwar einfach, jedoch der Möglichkeit nach mehrfach sein. Eben so auch die empfindende Seele; denn Empfindung haben offenbar die getrennten Theile. Doch sich in ihrer Natur erhalten können nur die Pflanzen, jene nicht, indem sie die zur Erhaltung erforderlichen Organe nicht haben, und einige

---

24) *De anima I, cap. 9. pag. 411 b.*
25) *Ibid. II, cap. 2. pag. 413 b.*
26) *De juvent. et senect. cap. 2. pag. 468 a. b.*

des die Nahrung ergreifenden, andere des sie in sich aufnehmenden Organs, andere anderer, oder jener beiden ermangeln.

27. Eingekerbt zu sein, ist ihnen nothwendig; denn das waltet vor in ihrem Wesen, viele Principien zu haben, und darin gleichen sie den Pflanzen, können auch gleich diesen getrennt fortleben, doch jene nur für eine Weile, diese dagegen werden ihrer Natur nach wieder vollständig, und der Zahl nach aus einer zwei oder mehrere.

28. Die Pflanzen gleichen, wie gesagt den Insecten, getrennt leben sie fort, und aus Einer werden zwei oder mehrere. Allein die Insecten bringen es zwar bis zum Fortleben, doch nicht auf lange Zeit; denn das in jedem befindliche Princip hat keine Organe, und kann sich dieselben nicht bilden. Das in der Pflanze befindliche dagegen vermag das, denn diese hat der Möglichkeit nach überall die Wurzel und den Stengel. Daher kommen an ihr stets junge und ältere Triebe vor, die sich, weil sie langlebig sind, wenig unterscheiden. Eben so die Stecklinge; denn auch beim Stecken, könnte man gewissermassen sagen, finde dasselbe statt, da das Gesteckte doch nur irgend ein Theil ist. Was aber beim Stecken an getrennten Theilen, das findet dort am Zusammenhängenden statt. Der Grund davon ist, dass das der Möglichkeit nach sciende Princip überall waltet.

29. In Betreff der Ortsbewegung ist zu untersuchen, was denn das Thier zur fortschreitenden Bewegung bestimmt. Dass nicht etwa die ernährende Kraft, ist klar; denn diese Bewegung erfolgt stets wegen etwas, sei es eine Vorstellung oder ein Verlangen, und kein Thier, was nicht Verlangen oder Abscheu hat, bewegt sich ohne Zwang. Auch würden sonst die Pflanzen beweglich sein, und irgend ein Organ der Bewegung haben.

30. Nach dem, was früher in andern Schriften über die so-

---

27) *De partib. animal. IV, cap. 6. pag. 682 b.*
28) *De vita longa et brevi cap. 6. pag. 467 a.*
29) *De anima III, cap. 9. pag. 432 b.*
30) *De somno et vigil. cap. 1. pag. 454 a.*

genannten Theile der Seele fest gestellt ist, dass nämlich der ernährende von den andern verschieden, ohne ihn aber keiner der andern ist, ergiebt sich, warum bei denjenigen Lebendigen, denen nur Zu- und Abnahme zukommt, wie bei den Pflanzen, weder Schlaf noch Wachen waltet. Sie haben nicht den empfindenden Theil (der Seele), weder theilbar noch untheilbar; — denn der Möglichkeit und dem Sein nach ist er theilbar. Nicht minder ergiebt sich daraus, warum kein Lebendiges ist, was immer schläft oder immer wacht, sondern diese Erleidungen beide mit einander bei denselben Thieren walten.

31. Eine Schwierigkeit beim Schlafen und Wachen hat deren erste Entstehung, die Frage, ob bei den Thieren das Wachen oder der Schlaf zuerst walte. Denn daraus, dass sie mit zunehmendem Alter wachsamer werden, möchte man auf letzteres schliessen, dass nämlich bei ihrer ersten Entstehung der Schlaf walte; eben so daraus, dass der Uebergang vom Nichtsein zum Sein durch den Mittelzustand geschehen muss. Der Schlaf scheint aber zwischen der Natur des Lebens und Nichtlebens die Mitte zu halten, und der Schlafende weder völlig zu sein noch völlig nicht zu sein. Denn im Wachen waltet das Leben vornehmlich wegen der Empfindung. Wenn aber auch das Thier nothwendig Empfindung haben muss, und gewissermassen mit dem Eintritt derselben erst Thier wird: so darf man gleichwohl den anfänglichen Zustand nicht Schlaf, sondern nur schlafartig nennen, gleich wie den, welcher der Gattung der Pflanzen zukommt. Denn wirklich führen die Thiere um jene Zeit ein Pflanzenleben. Dass aber der Schlaf auch bei den Pflanzen walte, ist unmöglich; denn ohne Erwachen giebt es keinen Schlaf, und jener dem Schlaf vergleichbare Zustand der Pflanzen ist unerweckbar.

---

31) *De generat. animal.* V, cap. 1. pag. 778 b.

Buch II. Kap. 1. §. 16.

IV. Von der eignen Wärme der Pflanzen und deren Hauptwirkungen.

32. Da alles Lebendige eine Seele hat, und diese, wie gesagt, ohne natürliche Wärme nicht waltet, so haben die Pflanzen in der Nahrung und in dem Umgebenden ein angemessenes Mittel ihre natürliche Wärme zu regeln.

33. Nachdem wir vier Ursachen der Elemente unterschieden haben, wobei sich ergab, dass aus der paarigen Verbindung derselben die vier Elemente sind, und zwar zwei active, die Wärme und die Kälte, und zwei passive, die Trockne und die Feuchte [a]):

---

32) *De juvent. et senect. cap. 6. pag. 470 a.*
33) *Meteoror. IV, cap. 1. pag. 378 b.*

a) Den Ausdruck Elemente ($\sigma\tau οιχεῖα$) gebraucht Aristoteles in zwiefacher Bedeutung. Oft versteht er darunter, dem ältern Sprachgebrauch oder vielmehr den frühern philosophischen Systemen gemäss, die vier damals unterschiedenen Hauptformen der Materie, Feuer Wasser Luft und Erde, oder, wie einige Neuere muthmassen, das was wir Aggregatzustände zu nennen pflegen, das Feste (Erde) tropfbar Flüssige (Wasser) elastisch Flüssige (Luft) nebst dem Inponderablen (Feuer). Oft aber auch, und namentlich da, wo er diesen Gegenstand systematisch behandelt *(de generat. et corrupt. II, cap. 1—8,* besonders 3), bezeichnet er als Elemente ausdrücklich die vier Principien des Warmen Kalten Trocknen und Feuchten, aus deren combinirter Wirkung auf die an sich bestimmungslose Materie er jene vier einfachen Körper ($ἁπλᾶ\ σώματα$), wie er sie hier nennt, auf folgende Art sich entwickeln lässt. Da unter Vieren nur sechs paarweise Verbindungen möglich sind, das einander Entgegengesetzte, wie Wärme und Kälte, Trockne und Feuchte, sich aber nicht verbinden kann, weil es einander aufhebt, so bleiben nur vier Verbindungen übrig, und diese sind:
1) die des Warmen und Trocknen = Feuer,
2) die des Warmen und Feuchten = Luft,
3) die des Kalten und Feuchten = Wasser,
4) die des Kalten und Trocknen = Erde.
Dabei lässt er aber in jedem der vier einfachen Körper eins der beiden in ihm verbundenen Principien vorwalten, im Feuer das Warme, in der Luft das Feuchte, im Wasser das Kalte, in der Erde das Trockne. Und hieraus erklärt sich, wie er später nicht selten an Stellen, wo der Zusammenhang kein Missverständniss befürchten lässt, jene vier principiellen Elemente und

104 Buch II. Kap. 1. §. 16.

.... so müssen wir die Wirkungen derselben erläutern, sowohl diejenigen, bei denen die activen thätig sind, wie auch die Arten der passiven [a]). Zuerst ist nun überhaupt die einfache Erzeugung und natürliche Veränderung das Werk dieser Kräfte, und die ihr entgegengesetzte naturgemässe Zerstörung, wie sie in den Pflanzen und Thieren und deren Theilen waltet. Es findet aber die einfache und natürliche Erzeugung durch diese Kräfte nur da statt, wo sie der besondern Natur der zum Grunde liegenden Materie entsprechen; und diese Kräfte sind die genannten passiven. Die Wärme aber und die Kälte erzeugen dann, wenn sie die Materie beherrschen. Beherrschen sie dieselbe nicht, so entsteht theilweise Gebrühtsein und Ungarheit [b]); wogegen der einfachen Er-

---

diese vier einfachen Körper, die auf ihnen beruhen, als Synonyma behandeln konnte, ohne sich einer Inconsequenz schuldig zu machen. Hier in unsrer Stelle sind Ursachen der Elemente eben jene vier principiellen Elemente.}

a) Diesen Nachsatz, nebst einer langen Parenthese, lässt Wimmer aus, und macht das Folgende zum Nachsatz, wodurch die an sich schon etwas dunkle Gedankenreihe noch dunkler wird.

b) Zu besserm Verständniss dieser und einiger später vorkommenden Stellen setze ich die vollständige aristotelische Terminologie der einfachen, d. h. nicht von seinesgleichen, sondern unmittelbar von der Natur ausgehenden Erzeugungen hierher. Sie findet sich bei Aristoteles in den unmittelbar auf unsre Stelle folgenden Kapiteln des *lib. IV meteororum*, soll aber, wie Aristoteles nicht oft genug wiederholen kann, nur gleichnissweise verstanden werden.

I. Wirkungen der activen Elemente:
  A. Der Wärme, Garheit (πέψις). Deren Arten sind:
   1) Reife (πέπανσις), bei den Früchten, aber auch andern Dingen. Durch sie wird der Körper ausgedehnt, das Luftige bekommt eine mehr wässrige, das Wässrige eine mehr erdige Beschaffenheit.
   2) Kochung (ἕψησις), die im Feuchten durch feuchte Wärme erzeugte Garheit. Von der umgebenden Feuchtigkeit nimmt das Gekochte nichts auf, es wird vielmehr trockener, weil die innere Wärme von der äussern überwältigt ist. Was keine Feuchtigkeit enthält, wie Steine, oder so dicht ist, dass sie sich nicht austreiben lässt, wie Holz, das erleidet keine Kochung.
   3) Bratung (ὄπτησις), wird durch fremde Wärme und Trockenheit bewirkt, ohne Verlust der innern Feuchtigkeit.

zeugung vornehmlich die Fäulniss eigen ist. Denn zu dieser führt jede naturgemässe Zerstörung, wie das Alter und das Verwelken.

34. Garheit ist nun die durch die natürliche und eigene Wärme bewirkte völlige Ueberwindung der entgegengesetzten passiven (einfachen Stoffe), welche die jedem Naturkörper eigene Materie ausmachen. Sobald diese gar gemacht ist, so ist sie vollendet und geworden, und der Anfang der Vollendung erfolgt durch die eigene Wärme, wenn er auch durch einige Hülfe von aussen unterstützt werden mag.

35. Die Reife ist eine Art Gare; denn die Gare der Nahrung in den Fruchtgehäusen wird Reife genannt. Da aber die Gare eine gewisse Vollendung ist, so ist die Reife dann vollendet, wenn die Samen im Fruchtgehäuse ihresgleichen hervorzubringen vermögen. .... Aus dem Luftartigen consolidirt sich nun das Wässrige, aus diesem das Erdige, und aus dem Schmächtigen wird alles, wenn es reift, stets feister.

36. Rohheit ist das Gegentheil. Der Reife aber entgegengesetzt ist die Ungare der Nahrung im Fruchtgehäuse, und diese

---

B. Der Kälte, Ungarheit (ἀπεψία). Deren Arten sind:
  1) Rohheit (ὠμότης), unvollendete Reife,
  2) Brühung (μώλυσις), unvollendete Kochung,
  3) Röstung (στάτευσις), unvollendete Bratung.
  In allen drei Fällen war die Wärme unfähig, die Passivität der
    zum Grunde liegenden Materie zu überwältigen.
II. Von den passiven Elementen abhängige Zustände sind:
  A. Bei vorwaltender Feuchtigkeit, und überwiegend wässriger Grundlage:
    1) Weichheit,
    2) feuchter Zustand,
    3) Schmelzung.
  B. Bei vorwaltender Trockenheit, und überwiegend erdiger Grundlage:
    1) Härte,
    2) trockener Zustand,
    3) Erstarrung.

34) *Meteoror. cap. 2. pag. 379 a.*
35) *Ibid. cap. 3. pag. 380 a.*
36) *Ibid. pag. 380 a. b.*

ist undeterminirte Feuchtigkeit. Folglich ist die Rohheit entweder luftartig oder wässrig oder beides zugleich. Da aber die Reife eine gewisse Vollendung ist, so muss die Rohheit Unvollendung sein. Die Unvollendung entsteht aber aus dem Mangel der natürlichen Wärme, und ihrem Missverhältniss zu dem Wässrigen, was gereift werden soll. Doch kein Feuchtes reift für sich allein ohne ein Trockenes; denn das Wasser für sich allein verdichtet sich nicht aus dem Feuchten a). So tritt denn Unreife ein entweder wegen geringer Wärme, oder wegen Uebermass der zu determinirenden Materie. Daher sind die Säfte des Unreifen dünn und mehr kalt als warm, und weder essbar noch trinkbar.

37. Fäulniss ist die Verderbniss der eigenen und natürlichen Wärme in jedem Feuchten durch fremde Wärme, die sich in seiner Umgebung befindet. Daher, indem es (das Feuchte) Mangel an Wärme leidet, das b) dieser Kraft Ermangelnde aber durchaus kalt ist, mag wohl eine doppelte Ursache, und die Fäulniss ein gemeinsames Erleiden sein sowohl der eigenen Kälte, wie auch der fremden Wärme. Deshalb wird auch alles Faulende trockener, und endlich Erde und Dünger. Denn mit dem Ausgehen der eigenen Wärme verdunstet zugleich die natürliche Feuchtigkeit, und es bleibt nichts, was die Feuchtigkeit anzieht; denn das Anziehen bewirkt die natürliche Wärme.

V. **Von den Stufen des Lebens und vom Tode.**

38. Princip und Grund davon (dass Land und Wasser wechseln) ist, dass auch das Innere der Erde, gleich wie die Pflanzen und Thiere, einen Gipfel des Lebens und ein Alter hat, doch mit dem Unterschiede, dass bei diesen jene Zustände nicht Theil um Theil eintreten, sondern alles zugleich gipfelt und vergeht;

---

a) Diesen Satz übergeht Wimmer.
37) *Meteoror. cap. 1. pag. 379 a.*
b) Ich übersetze nach der Beckerschen Lesart, wiewohl die Wimmersche denselben Sinn giebt.
38) *Meteoror. I, cap. 14. pag. 351 a.*

Buch II. Kap. 1. §. 16. 107

wogegen das bei der Erde Theil um Theil geschieht je nach deren Erkalten oder Warmsein.

39. Es ist ungewiss, ob das längere oder kürzere Leben bei allen Thieren und Pflanzen verschiedene, oder ob es dieselbe Ursache hat; denn auch unter den Pflanzen haben einige nur einjähriges, andere vieljähriges Leben.

40. Die unvergänglicheren Thiere sind weder die grössesten, — denn das Pferd ist kurzlebiger als der Mensch, — noch die kleinen, — denn viele unter den Insecten leben ein Jahr lang; noch sind die Pflanzen überhaupt unvergänglicher als die Thiere, — denn einige Pflanzen sind einjährig, — noch sind es die Landpflanzen, denn es giebt einjährige Landpflanzen wie Landthiere. Im Ganzen jedoch kommen die langlebigsten unter den Pflanzen vor, wie die Palme.

41. Man muss annehmen, das Thier sei von Natur feucht und trocken, und solcher Art sei das Leben; das Alter aber sei kalt und trocken, und so das Gestorbene. . . . Nothwendig muss demnach das Alternde austrocknen. Es ist also nöthig (wenn das Leben lange dauern soll), dass die Feuchtigkeit nicht leicht auszutrocknen sei, weshalb die Fette nicht faulen; — und ferner dass der Feuchtigkeit nicht zu wenig sei, denn wenig trocknet leicht aus. Daher sind auch die grossen Thiere und Pflanzen im Ganzen genommen langlebiger, wie früher gesagt ist; denn natürlich haben die grössern mehr Feuchtigkeit.

42. Unter den Pflanzen sind sehr langlebige häufiger als unter den Thieren, zuvörderst weil sie minder wässerig sind, und daher nicht so leicht erstarren; sodann haben sie Fettigkeit und Zähigkeit, und wiewohl sie trocken und erdig sind, so besitzen sie doch eine nicht leicht auszutrocknende Feuchtigkeit.

43. Nothwendig müssen Leben und erhaltende Wärme mit

---

39) *De vita longa et brevi cap. 1. pag. 464 b.*
40) *Ibid. cap. 4. pag. 466 a.*
41) *Ibid. cap. 5. pag. 466 a.*
42) *Ibid. cap. 6. pag. 467 a.*
43) *De juvent. et senect. cap. 4. pag. 489 b.*

einander walten, und was man Tod nennt, muss die Vernichtung dieser sein.

44. Der Tod ist entweder gewaltsam oder natürlich: gewaltsam, wenn die Ursache äusserlich, natürlich, wenn sie eine innere, und wenn die Verbindung des (abgestorbenen) Theils noch dieselbe ist wie anfangs, und keine Einwirkung erlitt; und das nennt man bei den Pflanzen abwelken, bei den Thieren altern. Der Tod und das Verderben aber ist allem gemein, was nicht unvollendet ist; dem Unvollendeten zwar auch fast so, doch auf andre Weise. Unvollendet aber nenne ich z. B. die Eier und die wurzellosen Samen der Pflanzen. Denn bei allem entsteht zwar die Verderbniss aus Verlust der Wärme, bei dem Vollendeten aber aus Verlust derselben aus dem Theil, welcher die Grundlage ihres Wesens enthält; das ist, wie früher gesagt worden, der Theil, worin das Aufwärts und Abwärts zusammenkommen, bei den Pflanzen die Mitte des Stengels und der Wurzel, bei den blutführenden Thieren das Herz, bei den nicht blutführenden ein dem entsprechender Theil.

45. Die Pflanzen haben in der Nahrung und in dem Umgebenden ein passendes Mittel ihre natürliche Wärme zu regeln; denn die eingehende Nahrung bewirkt auch Abkühlung. Ueberwiegt nun in ihrer Umgebung die Kälte, zur Zeit der strengen Fröste, so welken sie; tritt brennende Hitze ein, und die aus der Erde eingesogene Feuchtigkeit vermag sie nicht (hinreichend) abzukühlen, so werden sie durch die zehrende Wärme zerstört, und man sagt, die Bäume bekämen den trockenen Brand und den Sonnenstich zu dieser Zeit.

VI. Von der Organisation und den Organen der Pflanze.

46. Die Grundlagen der Körper sind die passiven (einfachen Körper), das Feuchte und das Trockene; andere sind gemischt

---

44) *De respirat. cap. 17. pag. 478 b.*

45) *De juv. et senect. cap. 6. pag. 470 a.* — Ist im Text der Nachsatz, des unter Nr. 32 gegebenen Vordersatzes.

46) *Meteoror. IV. cap. 4. pag. 381 b. 382 a.*

Buch II. Kap. 1. §. 16.

aus diesen, und wovon sie mehr enthalten, dessen Natur haben sie um so mehr, so dass einige mehr die des Feuchten, andre mehr die des Trockenen haben. Ganz besonders aber wird von den Elementen der Erde das Trockene, dem Wasser das Feuchte zugeschrieben. Deshalb sind alle hier (auf Erden) unterschiedenen Körper nicht ohne Erde und Wasser, und wovon sie mehr erfüllt sind, nach dessen Kraft (oder Eigenschaft) zeigt sich ein jeder.

47. So wie sie eine den Pflanzen entgegengesetzte Natur haben, so entstehen auch gar keine oder sehr wenige Schalthiere auf dem Lande, aber im Meer oder in ähnlichen Feuchtigkeiten viele von vielfacher Gestalt. Die Gattung der Pflanzen dagegen entsteht im Meer und was dem ähnlich ist in geringer Zahl oder so zu sagen gar nicht, auf dem Lande entstehen sie alle. Denn sie haben eine demselben entsprechende Natur, und wie die Feuchtigkeit und das Wasser lebendiger sind als das Trockene und die Erde, so verhält sich auch die Natur der Schalthiere zu der der Pflanzen; das will sagen, wie sich die Pflanzen zur Erde, so verhalten sich die Schalthiere zum Feuchten, als ob die Pflanzen gleichsam Erdaustern, die Austern Wasserpflanzen wären. Aus diesem Grunde sind auch die Organismen im Feuchten vielgestaltiger als die auf dem Lande; denn das Feuchte hat eine leichter gestaltbare Natur als die Erde, und eine nicht viel weniger körperhafte, zumal das Feuchte im Meer.

48. Einige sind mehr aus Erde gebildet, wie das Geschlecht der Pflanzen, andere mehr aus Wasser, wie das der im Wasser befindlichen; von den mit Flügeln und mit Füssen versehenen aber die einen mehr aus Luft, die andern mehr aus Feuer. Jedes hat seiner Heimath zufolge seine besondere Beschaffenheit.

49. Wenn das Feuchte und Trockene die Materie aller Körper ist, so werden begreiflicher Weise, die aus Feuchtem und Kaltem bestehenden an feuchten Orten, und wenn sie kalt sind, im Kalten,

---

47) *De generat. animal. III*, cap. 11. pag. 761 a.
48) *De respiratione* cap. 13. pag. 477 a.
49) *Ibid.* cap. 14. pag. 477 b.

die aus Trockenem bestehenden im Trockenen sein. Daher wachsen die Bäume nicht im Wasser, sondern auf dem Lande.

50. Aus den Elementen bestehen die homöomeren a) Körper aus diesen, wie aus ihrer Materie alle übrigen Naturerzeugnisse.

51. Hieraus erhellt, dass die Körper zusammenhalten durch Wärme und Kälte, diese aber durch Ausdehnung und Verdichtung ihre Einwirkung üben. Indem sie aber durch dieselben gebildet werden, so ist die Wärme in allen, in einigen, wenn jene entweicht, auch die Kälte, so dass, da diese activ, die Feuchte und Trockene aber passiv walten, alle vier allen zugleich zukommen. So bestehen denn aus Wasser und Erde die homöomeren Körper sowohl bei den Pflanzen, wie bei den Thieren, eben so die mineralischen, wie Silber und Gold und dergleichen mehr; aus ihnen (bestehen sie) und aus der in ihnen eingeschlossenen Ausdünstung.

52. Durch diese Erleidungen und Unterschiede unterscheiden sich, wie gesagt, die homöomeren Körper von einander nach dem Gefühl, wie auch nach Geruch Geschmack und Farbe. Homöomer nenne ich aber auch die mineralischen Körper, Gold Kupfer Silber Zinn Eisen Stein u. s. w., und was aus denselben durch Ausscheidung entsteht, eben so was sich in den Pflanzen und Thieren befindet, als Fleisch Knochen Bänder Haut Eingeweide Haare Sehnen Adern, woraus die nicht homöomeren Theile bestehen,

---

50) *Meteoror. IV, cap. 12. pag. 389 b.*

a) Das heisst wörtlich aus gleich- oder ähnlichartigen Theilen bestehend. Was nun Aristoteles selbst darunter versteht, das sagt er, ausser obiger, noch an mehrern Stellen, unterandern *de generat. et corrupt. I, cap. 1. pag. 314 a*: „Anaxagoras setzte die homöomeren Körper als die Elemente, z. B. Knochen Fleisch Mark und anderes, wovon sonst noch jeder Theil denselben Namen führt." — Wie aber Anaxagoras, wenn er wirklich, was zweifelhaft, den Ausdruck Homöomerie schon gebraucht hat, den Begriff derselben gefasst haben mag: das ist mir auch nach H. Ritters schätzbaren Untersuchungen in seiner Geschichte der ionischen Philosophie (Berlin 1821) S. 210—225 und besonders S. 260—275 noch nicht klar.

51) *Meteoror. IV, cap. 8. pag. 384 b.*
52) *Ibid. cap. 10. pag. 388 a.*

wie Gesicht Hand Fuss u. s. w., und bei den Pflanzen Holz Rinde Blatt Wurzel u. s. w. Weil aber jene auf andre Weise zusammengesetzt sind als diese, indem die Materie jener das Trockene und Feuchte ist in der Form von Wasser und Erde, — denn diese beiden enthalten offenbar ein jedes die Möglichkeit des andern, — und indem das Active in ihnen die Wärme und die Kälte ist, — denn diese verbinden und verdichten jene —: so wollen wir als Arten der homöomeren Körper betrachten die aus Erde, die aus Wasser und die aus beiden gemeinschaftlich bestehenden.

53. Da es (bei den Theilen der Thiere) drei Zusammensetzungen giebt, so wollen wir als die erste betrachten die aus den von Einigen sogenannten Elementen, nämlich Erde Luft Wasser und Feuer, doch sagte man vielleicht besser aus deren Kräften, und nicht aus allen denselben, sondern so wie es früher an einem andern Ort gesagt ist [a]). Denn das Feuchte und Trockene und Warme und Kalte ist die Materie der zusammengesetzten Körper, und die andern Unterschiede folgen aus diesen, wie Schwere und Leichtigkeit, Dichtigkeit und Lockerheit, Rauheit und Glätte und mehr dergleichen Eigenschaften der Körper. Die zweite Zusammensetzung aus den ersten ist die Natur der homöomeren Theile bei den Thieren, wie der Knochen des Fleisches u. s. w. Die dritte und letzte der Zahl nach ist die der nicht homöomeren Theile, des Gesichts, der Hand u. s. w. Anders verhält es sich indess mit der Entstehung als mit dem Wesen. Denn das letzte nach der Entstehung ist seiner Natur nach das erste, und das der Entstehung nach erste ist das letzte; denn das Haus ist nicht der Ziegel und Steine wegen, sondern diese sind des Hauses wegen, und eben so verhält es sich mit anderm Material. Und dass es sich so verhalte, ergiebt sich nicht allein durch Induction, sondern auch aus dem Begriff. Denn alles Gewordene wird hervorgebracht durch etwas zu etwas, und aus einem Princip zu einem Princip, aus dem ersten Bewegenden und schon eine gewisse Natur

---

53) *De partib. animal. II, cap. 1. pag. 646 a.*

a) Bis hierher hat Wimmer diesen Satz nicht.

Habenden zu einer gewissen Gestalt oder zu einem andern Zweck der Art. Der Mensch erzeugt einen Menschen und die Pflanze eine Pflanze aus dem Stoff, der jedem derselben zum Grunde liegt. Der Zeit nach muss also nothwendig die Materie und die Erzeugung das erste sein, dem Begriff nach aber das Wesen und die Form eines jeden.

54. Organe sind auch die Theile der Pflanzen, aber ganz einfache, z. B. das Blatt die Bedeckung der Fruchthülle, diese die der Frucht, die Wurzeln ein Analogon des Mundes, denn beide nehmen die Nahrung ein.

55. Weil die Natur der Pflanzen stetig ist, so hat sie nicht vielerlei nicht homöomere Theile. Denn zu wenigen Functionen bedarf sie nur weniger Organe. Deshalb müssen sie für sich betrachtet werden nach ihrer Eigenthümlichkeit.

56. So glauben wir das Zusammengesetzte zu kennen, wenn wir wissen, aus was und aus wie vielem es besteht. Ferner wenn sich ein Theil eines Körpers um irgend ein Maass vergrössert oder verkleinert, so muss das nothwendig auch der Körper thun. Theil aber nenne ich etwas von dem, in was das vorhandene Ganze zerlegt wird. Wenn nun ein Thier oder eine Pflanze der Grösse oder Kleinheit nach unmöglich ein ganz unbestimmtes Maass haben kann, so ist klar, dass das auch keiner ihrer Theile haben kann; denn mit dem Ganzen verhält es sich, wie mit den Theilen. Dergleichen Theile des Thiers sind Fleisch und Knochen, der Pflanze die Früchte.

57. Offenbar ist das Entstehende durchaus unvollendet und seinem Princip nachstrebend ($\dot{\varepsilon}\pi$' $\dot{\alpha}\varrho\chi\dot{\eta}\nu$ $\dot{\iota}\acute{o}\nu$), so dass, was zuletzt wird, der Natur nach zuerst ist. Endzweck aber alles dessen, was entsteht, ist der Trieb (die freie Ortsbewegung; vergl. die Anmerkung zu Nr. 13). Daher sind zwar Einige wegen Mangel an

---

54) *De animalib. II, cap. 1. pag. 412 b.*
55) *De partib. animal. II, cap. 10. pag. 655 a, 656 b.*
56) *Physic. auscultat. I, cap. 4. pag. 187 b.*
57) *Ibid. VIII, cap. 7. pag. 261 a.*

Buch II. Kap. 1. §. 16.

Organen ganz bewegungslos, wie die Pflanzen und viele Gattungen der Thiere; in den Vollendeten aber waltet der Trieb.

58. Offenbar walten in den Thieren alle diese Arten; ich meine die, wozu das Rechts und Links gehört, doch in einigen nur einige, in den Pflanzen nur das Oben und Unten..... Denn von diesen dreien, — ich meine vom Oben und Unten, Vorn und Hinten, Rechts und Links, — ist jedes gleichsam ein Princip. Denn der Vernunft gemäss walten diese Gegensätze sämmtlich in den vollendeten Körpern; das Oben aber ist das Princip der Länge, das Rechts das der Breite, das Vorn das der Tiefe. Doch anders verhält es sich hinsichtlich der Bewegung. Hier nenne ich Principe, von wo aus die Bewegungen bei denen, die sie haben, anfangen. Vom Oben aber ist das Wachsthum, vom Rechts die Ortsbewegung, vom Vorn die sinnliche Wahrnehmung; denn vorn nenne ich das, wo sich die Sinneswerkzeuge befinden. Daher muss man nicht an jedem Körper das Oben und Unten, Rechts und Links, Vorn und Hinten suchen; sondern nur bei den beseelten, die ein Princip der Bewegung haben. Denn bei keinem der Unbeseelten sehen wir, woher sie ein Princip der Bewegung haben sollten..... Auch ist das Oben und Unten allem Beseelten, sowohl den Thieren wie den Pflanzen gemeinsam; das Rechts und Links aber waltet nicht bei den Pflanzen.

59. Von den sechs Verschiedenheiten, die an den Lebendigen vorzukommen pflegen, dem Oben, dem Unten, dem Vorn, dem Hinten, dem Rechts und dem Links, kommt das Oben und Unten allen Lebendigen zu, nicht bloss den Thieren, sondern auch den Pflanzen. Es unterscheidet sich aber an sich selbst, und nicht bloss nach der Stellung gegen Erde und Himmel. Denn von wo die Verbreitung der Nahrung und das Wachsthum ausgehen, das ist bei jedem das Oben; und wohin jene zuletzt gelangt, das ist unten; eins ist Anfang, das andere Ende, Anfang aber das Oben. Nun will es aber scheinen, als wäre den Pflanzen mehr das Unten

---

58) *De coelo II, cap. 2. pag. 284 b.*
59) *De incessu animal. cap. 4. pag. 705 a. b.*

eigen, denn nicht auf gleiche Weise verhält sich der Stellung nach das Oben und das Unten bei ihnen und bei den Thieren. Ungleich verhält es sich dem Ganzen nach, der Function nach aber gleich. Denn die Wurzeln sind für die Pflanzen das Oben, denn von hier aus verbreitet sich die Nahrung bei den Gewächsen, und mit ihnen nehmen sie dieselbe auf, wie die Thiere mit dem Munde. Was aber nicht nur lebt, sondern auch Thier ist, bei dem waltet das Vorn und das Hinten, denn alle Thiere haben Empfindung.

60. Dasselbe findet statt bei den Pflanzen und bei den Thieren. Denn unter den Thieren sind die Männchen meist langlebiger. Bei ihnen sind die obern Theile grösser als die untern, — denn das Männchen ist zwergartiger als das Weibchen —; oben aber ist das Warme, das Kalte unten; und auch bei den Pflanzen sind die schwerköpfigen langlebiger, dergleichen sind aber nicht die einjährigen, sondern die baumartigen. Denn das Oben und der Kopf der Pflanze ist die Wurzel. Die einjährigen aber machen ihre Frucht und haben ihr Wachsthum nach dem Unten zu (das heisst, weil die Wurzel ihr Oben ist, der gewöhnlichen Stellung gemäss nach oben zu). Doch darüber, und was dazu gehört, soll in den Büchern von den Pflanzen gehandelt werden [a]).

61. Ferner, da sich alle lebenden Körper nach dem Oben und Unten unterscheiden, — denn alle, auch die Pflanzen, haben das Oben und Unten —, so ist klar, dass sie das ernährende Princip in der Mitte zwischen jenen haben müssen. Denn an welchem Theil die Nahrung eingeht, den nennen wir oben, indem wir sie nach sich selbst, nicht bloss nach ihrer Umgebung betrachten; unten dagegen, wohin ersteres den Ueberrest sendet. Das verhält sich aber entgegengesetzt bei den Pflanzen und Thieren. Bei dem Menschen wegen seiner aufrechten Stellung zeigt sich das am deutlichsten, dass das sein Oben ist, was auch das Oben des

---

60) *De vita longa et brevi cap. 6. pag. 467 a.* Schliesst sich an den unter Nr. 28 gegebenen Satz.
 a) Die letzten Worte hat Wimmer ausgelassen.
 61) *De juvent. et senect. cap. 1. pag. 467 b. 468 a.*

Ganzen ist; bei den übrigen Thieren hält es die Mitte; bei den Pflanzen aber, welche unbeweglich sind, und ihre Nahrung aus der Erde nehmen, muss dieser Theil nothwendig immer unten sein. Denn es entsprechen einander die Wurzeln bei den Pflanzen und bei den Thieren der sogenannte Mund, mit welchem jene ihre Nahrung aus der Erde nehmen, diese woher sie wollen (δι' αὐτῶν).

62. Mit Unrecht behauptete Empedokles, bei den Pflanzen ginge das Wachsthum nach unten zu, wohin sie wurzeln, weil dahin die Erde ihrer Natur nach getrieben würde; nach oben zu in gleicher Art wegen des Feuers. Er nahm das Oben und das Unten nicht richtig. Denn keineswegs ist das Oben und Unten bei allen (einzelnen) Dingen und bei dem Weltall dasselbe, sondern was bei den Thieren der Kopf, das sind bei den Pflanzen die Wurzeln, wenn es ziemt die Organe nach ihren Functionen verschieden oder gleich zu nennen.

63. Geht man allmälig weiter, so wird man gewahr, dass auch bei den Pflanzen, was da entsteht, sich auf einen Zweck bezieht, z. B. die Blätter zur Bedeckung der Frucht dasind. Wenn also von Natur die Schwalbe ihr Nest, die Spinne ihr Gewebe zweckmässig machen, ferner die Pflanzen ihre Blätter der Früchte wegen, und die Wurzeln nicht oben sondern unten der Nahrung wegen: so muss offenbar die Ursache davon in dem, was von Natur ward und ist, selbst liegen. Und weil die Natur eine zwiefache ist, einmal als Materie, das andremal als Form, letztre aber ihr Zweck ist, so muss sie wohl die Ursache sein zu ihrem Zweck.

64. Alle Schalthiere haben gleich den Pflanzen den Kopf unten. Die Ursache davon ist, dass sie ihre Nahrung von unten aufnehmen, wie die Pflanzen mit den Wurzeln. Es zeigt sich also bei ihnen, dass sie, was sonst unten ist, oben, und was sonst oben, unten haben.

65. Wird die hebende Wärme geringer, das Erdige häufiger,

---
62) *De anima II*, *cap. 4. pag. 415 b.*
63) *Physic. auscult. II*, *cap. 8. pag. 199 a.*
64) *De partib. animal. IV*, *cap. 7. pag. 683 b.*
65) *Ibid. cap. 10. pag. 686 b.*

so werden auch die Körper der Thiere unvollkommener, vielfüssig, endlich fusslos und auf den Boden gestreckt. So allmälig weiter gehend, bekommen sie das Princip (ihres Lebens) unten, der Theil, der ihnen als Kopf dient, wird bewegungs- und empfindungslos, und sie werden Pflanzen, indem sie das Oben unten, das Unten oben haben. Denn die Wurzeln haben bei den Pflanzen die Bedeutung des Mundes und Kopfes, der Same die des Gegentheils; denn er entsteht oben an den äussersten Trieben.

66. Was die lange Dauer der Bäume betrifft, so ist deren Ursache aufzufassen; denn sie hat eine besondere Ursache, die bei den Thieren, die Insecten ausgenommen, fehlt. Die Pflanzen verjüngen sich beständig, daher dauern sie lange. Beständig machen sie neue Triebe, andre altern; eben so mit den Wurzeln. Doch nicht auf einmal, sondern bald verdirbt nur der Stamm, bald der Stockausschlag, und anderer wächst nach; sind es aber die Wurzeln [a]), so entstehen andere aus dem, was übrig bleibt. Und so währt das Vergehen und Entstehen immer fort, darum sind sie langlebig.

67. Die Entstehung der Keime (wörtlich der Samen) erfolgt bei allen von der Mitte aus..... Beim Pfropfen und Ablegen erfolgt das vornehmlich an den Knoten. Denn der Knote ist gewissermassen Anfang (in welchem das Lebensprincip liegt) des Zweiges, und zugleich Mitte. Weshalb man ihn (beim Ablegen) wegnimmt, oder auf ihn pfropft, damit aus ihm Zweig oder Wurzeln entstehen, indem Stengel und Wurzel ihren Anfang von der Mitte aus haben.

68. Das Gesagte findet auch statt bei den Pflanzen, auch bei ihnen geht der obere Theil dem untern in der Bildung voran. Denn die Samen treiben früher Wurzeln als Stengel.

---

66) *De vita longa et brevi cap. 6. pag. 467 a.*

a) Warum Wimmer die Worte von Doch nicht auf einmal an, bis hierher, für verdorben oder eingeschoben hält, verstehe ich nicht.

67) *De juvent. et senect. cap. 3. pag. 468 a.*
68) *De generat. animal. II, cap. 6. pag. 741 b.*

69. Das leuchtet ein sowohl bei den Pflanzen, wie bei den Thieren, bei den Pflanzen, wenn man deren Entstehung aus Samen oder das Pfropfen oder Ablegen betrachtet. Die Entstehung aus Samen findet bei allen von der Mitte aus statt. Denn da sie alle zweiklappig sind, so ist auch die Stelle, wo sie zusammengewachsen sind, für jedes der beiden Stücke die Mitte. Von hier aus entwickelt sich sowohl der Stengel wie die Wurzel; Anfang ist ihnen die Mitte.

70. Same und Frucht unterscheidet sich durch das Vorher und Nachher. Die Frucht wird aus einem Andern, aus dem Samen wird ein Anderes, ausserdem sind beide dasselbe.

71. .... wie gekochte Hülsenfrüchte und andre Früchte, weil sie hauptsächlich aus Erde bestehen, wenn die damit gemischte Feuchtigkeit entweicht. Denn auch diese werden hart und ganz erdig.

72. Samen zu tragen beginnt das Männchen gewöhnlich erst nach Verlauf von zwei mal sieben Jahren. Zugleich beginnt auch die Behaarung der Mannbarkeit, wie denn auch von den Pflanzen der Krotoniate Alkmäon sagt, dass sie, wenn sie Samen tragen wollen, erst blühen.

73. Auf dieselbe Weise leitet auch die Natur das Blut durch den ganzen Körper, da er der Stoff des ganzen Körpers ist. Augenscheinlich geschieht das vornehmlich in sehr verdünnten Theilen; denn in den Wein- und Feigen- und andern Blättern zeigt sich nichts anderes als nur Adern. Denn wenn dieselben vertrocknen, so bleiben nur Adern. Der Grund davon ist, dass das Blut und was seine Stelle vertritt, der Möglichkeit nach Körper und Fleisch oder das, was dessen Stelle vertritt, ist.

---

69) *De juvent. et senect. cap. 3. pag. 468 b.*
70) *De gener. animal. I, cap. 18. pag. 724 b.*
71) *De partib. animal. II, cap. 7. pag. 653 a.*
72) *Histor. animal. VII, cap. 1. pag. 581 a.*
73) *De partib. animal. III, cap. 5. pag. 668 a.*

VII. Von der Ernährung der Pflanzen.

74. Da nichts ernährt wird, was nicht am Leben Theil hat, so mag das Beseelte ein sich ernährender Körper sein, in so fern er beseelt ist, so dass die Nahrung wesentlich für das Beseelte ist, und nicht als Nebenbestimmung. Es ist aber ein Unterschied, zur Nahrung zu sein, oder zum Wachsthum. Denn in sofern das Ernährende ein gewisses Quantum ist, macht es das Beseelte wachsen, in sofern es aber eben dies und das Wesen ist, ernährt es. Denn es unterhält das Wesen (dessen, was es ernährt), es ist so lange, als dasselbe ernährt wird, und bewirkt die Entstehung, nicht des Ernährten, aber wohl eines demselben Gleichen; denn es ist sogar selbst das Wesen. Doch nichts erzeugt sich selbst, sondern es erhält sich nur. Demnach ist ein solches Princip der Seele eine Kraft das zu erhalten, was ein solches Princip hat; die Nahrung aber macht es zum Wirken geschickt, daher ohne Nahrung nichts zu sein vermag. Da ihrer aber drei sind, das Ernährte, das, wodurch es ernährt wird, und das Ernährende: so ist das Ernährende die erste Seele, das Ernährte der sie habende Körper, und das, wodurch er ernährt wird, die Nahrung. Da es aber angemessen ist, alles nach seinem Zweck zu benennen, der Zweck aber seinesgleichen zu erzeugen ist: so mag die erste Seele das seinesgleichen Erzeugende heissen. Das, wodurch ernährt wird, ist aber ein zwiefaches, gleichwie das, wodurch man steuert, die Hand und das Steuerruder, so hier bei einigen das Bewegende und das Bewegte, bei andern nur das Bewegende [a]). Für alle Nahrung ist aber nothwendig, dass sie gar gemacht werden könne; das Garmachen aber bewirkt die Wärme; folglich hat alles Beseelte Wärme.

75. Alle gemischte Körper, wie viel deren sich um den Mittelpunkt (das heisst, auf der Erde) befinden, sind zusammengesetzt

---

74) *De anima II*, cap. 4. pag. 416 b.
a) Diesen Satz hat Wimmer ausgelassen.
75) *De generat. et corrupt. II*, cap. 8. pag. 334 b. und 335 a.

aus allen einfachen Körpern. Die Erde waltet in allen, weil jeder der einfachen Körper an seinem eigenen Ort am meisten und häufigsten ist; das Wasser, weil das Zusammengesetzte fixirt werden muss, unter den einfachen Körpern aber nur das Wasser zum Fixiren geeignet ist, auch weil die Erde ohne Feuchtigkeit nicht zusammen bleiben kann, sondern jene sie zusammenhält; denn wenn das Feuchte ganz aus ihr entweicht, so zerfällt sie. Aus diesen Ursachen walten die Erde und das Wasser; die Luft aber und das Feuer, weil sie der Erde und dem Wasser entgegengesetzt sind. Die Erde ist der Luft, das Wasser dem Feuer entgegengesetzt, so weit ein Wesen dem andern Wesen entgegengesetzt sein kann. Wenn nun die Erzeugungen aus Entgegengesetztem erfolgen, und die Einen Aeussersten der Gegensätze worin walten, so müssen nothwendig auch die andern darin walten, so dass sich in jedem Zusammengesetzten alle vier einfachen Körper befinden. Dasselbe scheint auch eines jeden Nahrung zu bezeugen. Alles ernährt sich von dem, woraus es besteht, und alles ernährt sich von mehrerem; auch was sich nur von Einem zu nähren scheint, wie die Pflanzen von Wasser, ernährt sich von mehrerem; denn Erde ist mit dem Wasser vermischt. Daher auch die Landleute mit Mischungen (oder wie Wimmer liest: mit zugemischtem Dünger) zu begiessen pflegen.

76. Dass die verschiedenen Arten des Geschmacks Erleidungen oder Beraubungen nicht alles Trockenen, sondern nur des Ernährenden sind, lässt sich daraus abnehmen, dass weder Trockenes ohne Feuchtes noch Feuchtes ohne Trockenes ist. Keins davon für sich allein, sondern nur Gemischtes giebt den Thieren (oder auch selbst den Pflanzen, nach einer andern Lesart) Nahrung. Und es ist der von den Thieren eingenommenen Nahrung eigenthümlich, dass diejenigen unter den sinnlichen Dingen, die durch Berührung (der Zunge) wirken, das Wachsthum und die Abnahme bewirken. Die Ursache davon ist die damit eingenommene Wärme und Kälte, denn diese bewirken das

---

76) *De sensu et sensibil.* cap. 4. pag. 441 b.

Wachsthum sowohl wie die Abnahme. Es ernährt aber das Eingenommene in sofern es Geschmack hat; denn alles nährt sich vom Süssen entweder einfach oder in Mischungen.

77. Zuerst sehen wir, dass die Nahrung zusammengesetzt sein muss. Denn auch die ernährten Körper sind nicht einfach. Daher haben sie Secretionen, entweder inwendig, oder wie die Pflanzen äusserlich.

78. Die Nahrung muss, weil sie körperhaft ist, feucht sein, wie bei den Pflanzen. Was aber in den Eiern oder bei den Thieren entsteht, das lebt anfangs ein Pflanzenleben; denn als Sprossen (τῷ ἐξέρχεσθαι ἐκ τινός) nehmen sie den ersten Zuwachs und die erste Nahrung.

79. Die Wärme bewirkt das Wachsthum und leitet die Nahrung. Das Leichte zieht sie an, das Salzige und Bittere lässt sie wegen seiner Schwere zurück. Was an der Oberfläche der Körper die äussere Wärme, das thut die natürliche Wärme in den Thieren und Pflanzen.

80. Da alles was wächst Nahrung nehmen muss, die Nahrung Aller aber aus Feuchtem und Trockenem besteht, und die Garmachung und Umwandlung dieser durch die Kraft der Wärme erfolgt: so müssen sowohl die Pflanzen wie die Thiere sämmtlich, wenn aus keinem andern Grunde, doch wegen dieses, das natürliche Princip der Wärme haben [a]).

81. Die Pflanzen nehmen die zubereitete Nahrung durch die Wurzeln aus der Erde. Daher geben sie keinen Unrath von sich, denn die Erde und die darin befindliche Wärme dienen ihnen als Bauch. Die Thiere dagegen fast alle, offenbar aber die schreitenden, haben gleichsam als Erde in sich selbst die Höhle des Bauchs,

---

77) *De sensu et sensib.* cap. 5. *pag. 445 a.*
78) *De generat. animal. III,* cap. 2. *pag. 753 b.*
79) *De sensu et sensib.* cap. 4. *pag. 412 a.*
80) *De part. animal. II,* cap. 3. *pag. 650 a.*
a) Das Folgende ist verdorben und unübersetzbar.
81) *Ibid. II,* cap. 3. *pag. 250 a.*

Buch II. Kap. 1. §. 16.

woraus sie, wie jene mit den Wurzeln, so mit etwas Aehnlichem die Nahrung nehmen müssen, bis sie das Ziel der nöthigen Garmachung erreicht haben.

82. Zuerst unterscheidet sich offenbar das Herz bei allen blutführenden Thieren, denn es ist die Grundlage wie der homöomeren, so der nicht homöomeren Theile. Denn schon verdient es Grundlage des Thiers und seines Baues genannt zu werden, sobald dasselbe der Nahrung bedarf; und sobald es ist, wächst es auch; letzte Nahrung des Thiers aber ist das Blut oder was dessen Stelle vertritt; dessen Gefässe sind die Adern, daher das Herz auch deren Anfang ist. Das ist klar aus der Anschauung und aus Sectionen. Wenn es aber zwar der Möglichkeit nach schon Thier, doch noch unvollendet ist, so muss es nothwendig anderswoher seine Nahrung nehmen. Daher bedient es sich des Uterus und der Mutter, welcher derselbe angehört, wie die Pflanze der Erde, zu seiner Ernährung, bis es so weit gelangte, der Möglichkeit nach schon ein schreitendes Thier zu sein.

83. Die Adern haften wie die Wurzeln am Uterus, aus welchem der Embryo seine Nahrung nimmt.

84. Wachsthum erlangt der Embryo durch den Nabel, so wie die Pflanzen durch die Wurzeln, und nachdem die Thiere sich ablösten, durch die in ihnen selbst befindliche Nahrung.

85. Die Embryonen der Lebendiggebährenden haben ihr Wachsthum, wie früher gesagt, durch die Verwachsung des Nabels. Denn da die ernährende Kraft der Seele auch den Thieren beiwohnt, so senden sie den Nabel wie eine Wurzel gradezu in den Uterus.

86. Da die Thiere Nahrung von aussen einnehmen müssen, und aus dieser die letzte Nahrung werden muss, die dann an die

---

82) *De generat. animal. II, cap. 4. pag. 470 a.*
83) *Ibid. II, cap. 1. pag. 740 a.*
84) *Ibid. II, cap. 4. pag. 740 b.*
85) *Ibid. II, cap. 7. pag. 745 b.*
86) *De partib. animal. IV, cap. 4. pag. 678 a.*

Theile des Körpers abgegeben wird, — diese heisst aber bei den blutlosen Thieren Saft (ἀνώνυμον, eigentlich das Unbenannte), bei den blutführenden Blut —: so muss etwas dasein, wodurch wie durch Wurzeln die Nahrung in die Adern geführt wird. Die Pflanzen schicken ihre Wurzeln in die Erde, denn aus ihr nehmen sie die Nahrung; den Thieren aber ist der Bauch und die Thätigkeit der Eingeweide die Erde, aus der sie die Nahrung nehmen müssen. Deshalb ist es die Natur des Gekröses, Adern zu haben gleich Wurzeln.

87. Alle Thiere und vollendete Körper bedürfen durchaus zweier Theile, dessen, durch den sie die Nahrung aufnehmen, und dessen, wodurch sie den Ueberrest ausführen. Denn ohne Nahrung können sie weder sein noch wachsen. Die Pflanzen nun, — denn auch ihnen schreiben wir Leben zu —, haben keinen Ort für den unnützen Ueberrest. Denn aus der Erde nehmen sie die Nahrung gargemacht, und sondern dafür ab die Samen und Früchte. Aber einen dritten Theil haben alle, den mittlern zwischen jenen, in welchem das Princip des Lebens ist.

88. Die Qualle hat offenbar gar keinen Unrath, sondern gleicht darin den Pflanzen.

89. Es ist aber zu bedenken, dass die Thiere und Pflanzen im Ganzen täglich nur wenig wachsen; denn setzten sie auch nur wenig mehr an, so würden sie dadurch doch über ihre eigene Grösse hinausgehen.

90. So wie von der grossen Menge der ersten Nahrung wenig ausgeschieden wird, was zur Fruchtbildung beiträgt, und wie endlich das letzte gegen die ursprüngliche Fülle fast nichts ist: so wird auch, indem sich die Theile bei Bereitung der vollendeten Nahrung einander ablösen, aus der gesammten Nahrung nur ein sehr Geringes.

---

87) *De partib. animal. II, cap. 10. pag. 655 a.*
88) *Histor. animal. IV, cap. 6. pag. 531 b.*
89) *De gener. animal. I, cap. 18. pag. 725 a.*
90) *Ibid. III, cap. 1. pag. 765 b.*

Buch II. Kap. 1. §. 16.

91. Die Menstruation ist ein unreiner Same, der noch der Bearbeitung bedarf, so wie bei der Fruchtbildung, wenn sie noch keineswegs beendigt, die Nahrung zwar schon darin ist, doch noch der Bearbeitung zu ihrer Reinigung bedarf.

92. Auch unter den Vögeln sind die kleinen brünstig und fruchtbar, wie auch einige unter den Pflanzen. Denn das Wachsthum, was in den Körper gehen sollte, wird eine spermatische Absonderung.

93. Nicht allein unter den Füsslern, auch unter den Flüglern und Schwimmern sind die grossen wenig fruchtbar, die kleinen sehr fruchtbar, aus demselben Grunde, gleichwie auch unter den Pflanzen nicht die grössesten die meiste Frucht tragen.

94. Dass bei den sehr fruchtbaren die Nahrung in Samen übergeht, wird aus den Erscheinungen klar. Auch unter den Bäumen vertrocknen die viel Frucht tragenden leicht, nachdem sie getragen, indem dem Körper keine Nahrung übrig geblieben ist; und selbst die einjährigen scheinen dasselbe zu erleiden, wie die Hülsenfrüchte und das Korn ($\sigma\tilde{\iota}\tau o\varsigma$) und andere dergleichen; denn sie verwenden alle Nahrung auf den Samen; denn die Gattung derselben ist vielsamig.

95. Erschöpft werden sowohl die Vögel wie die Pflanzen. Dieses Erleiden ist Uebermaass der Ausscheidung des Samens.

96. Ueberhaupt muss man nicht vergessen, dass, wie bei den Pflanzen und vierfüssigen Thieren die Gegenden grossen Einfluss haben, nicht allein auf das sonstige Gedeihen des Körpers, sondern auch auf das öftere Befruchtetwerden und Tragen, so auch bei den Fischen die Oertlichkeiten vielen Einfluss haben, nicht allein auf die Grösse und Wohlgenährtheit, sondern auch auf die Brut und die Begattung.

---

91) *De gener. animal. I, cap. 20. pag. 728 a.*
92) *Ibid. III, cap. 1. pag. 749 b.*
93) *Ibid. IV, cap. 4. pag. 771 b.*
94) *Ibid. III, cap. 1. pag. 750 a.*
95) *Ibidem.*
96) *Hist. animal. V, cap. 11. pag. 513 b.*

97. So oft sich Weibchen und Männchen verschiedener Arten vermischen, — es vermischen sich aber die, deren Zeiten ganz, deren Schwangerschaften fast gleich, und deren Grösse nicht sehr verschieden ist —, so entsteht zuerst ein der Aehnlichkeit nach beiden Gemeinsames, z. B. die Bastarde des Fuchses und Hundes, des Rebhuhns und Haushahns; mit der Zeit aber nehmen endlich auch die von ungleichen Aeltern ungleich Entsprungenen die Gestalt der Mutter an, wie ausländische Samen die (Einwirkung) der Gegend. Denn diese ist es, die den Samen die Materie und den Körper darbietet.

98. Wie die Gewächse des Bodens, bedienen sich die Embryonen des Uterus.

99. Weshalb die Kapper nicht gut auf bearbeitetem Lande gedeiht? — Viele haben es versucht, sowohl die Wurzeln zu verpflanzen, wie auch die Samen auszustreuen; denn hie und da lohnt sie besser als Rosen; aber sie wächst vorzüglich an Gräbern, weil das vor andern wenig betretene Orte sind. Hierbei und bei dergleichen muss man annehmen, dass nicht alles von einerlei Materie wird und wächst, sondern einiges wird und erwächst aus der Verderbniss anderer und aus seinem besondern Urgrunde (durch generatio aequivoca), wie die Läuse und die Haare auf dem Körper nach verdorbener Nahrung und fortdauernder schlechter Haltung. Wie nun im oder am Körper einiges entsteht aus dem Ueberrest der Nahrung, der sicher ungar ist, und den die Natur nicht überwältigen konnte, — was zunächst zur Hand ist, wird in die Harnblase und den Bauch ausgeschieden, aus einigem aber entstehen Thiere, die daher im Alter und bei Krankheiten zunehmen —: so wird und erwächst auch in der Erde einiges aus gar gewordener Nahrung, anderes aus Ueberresten oder anderem von entgegengesetzter Beschaffenheit. Der Landbau macht die

---

97) *De generat. animal. II, cap. 4. pag. 738 b.*
98) *Politic. VII. cap. 16. pag. 1335 b.*
99) *Problemat. XX, No. 12. pag. 924 a.* Ob ein ächt aristotelisches Werk, ist sehr zweifelhaft.

Nahrung gar und kräftig, aus welcher die zahmen Früchte bestehen. Was nun aus solcher Zähmung entsteht, wird zahm genannt, weil es mit Hülfe der Kunst gleichsam Erziehung genossen hat; was das aber nicht kann, oder aus Materie von entgegengesetzter Beschaffenheit besteht, das ist wild und entsteht nicht auf gebauetem Lande. Denn das grade zerstört a) der erziehende Landbau, indem es aus Verdorbenem entsteht. Und der Art ist auch die Kapper.

100. Die meisten Fische gedeihen, wie früher gesagt, besser in regnigten Jahren. Denn dann haben sie nicht nur mehr Nahrung, sondern das Regenwasser ist überhaupt zuträglich, auch dem, was aus der Erde erwächst. Denn auch die Gemüse, obschon begossen, gerathen gleichwohl beregnet besser. Eben so verhalten sich die Wiesengräser; sie wachsen so zu sagen gar nicht ohne Wasser.

101. Am meisten verändert sich in Folge des Wassers, was an sich einfarbig einer vielfarbigen Gattung angehört. Einigen macht die Wärme das Haar weiss, andern die Kälte schwarz, wie auch bei den Pflanzen.

102. Wie viel Geschmäcke in den Fruchthüllen, so viel walten offenbar auch in der Erde. Daher auch viele der alten Physiologen sagten, so vielartig sei das Wasser, wie der Boden, durch den es rinne. Am deutlichsten ist das bei den salzigen Wassern; denn die Salze sind eine Art Erde..... Es versteht sich aber, dass die Arten des Geschmacks vorzüglich bei den Gewächsen vorkommen.

103. Seiner Natur nach nun will das Wasser geschmacklos sein. Aber nothwendig muss das Wasser entweder die Arten des Geschmacks, ihrer Geringfügigkeit wegen unwahrnehmbar, in sich selbst haben, wie Empedokles sagt, oder es muss ihm irgend eine

---

a) φθείρει, statt φέρει, nach Wimmers Verbesserung.
100) *Histor. animal. VIII, cap. 19. pag. 601 a.*
101) *De generat. animal. V, cap. 6. pag. 786 a.*
102) *De sensu et sensib. cap. 4. pag. 441 a. b.*
103) *Ibid. pag. 441 a — b.*

Materie, gleichsam als Samen aller Geschmäcke beiwohnen, und alles aus dem Wasser, doch aus verschiedenen Theilen desselben werden, oder endlich, wenn das Wasser gar keine Unterschiede hat, so könnte man etwa die Wärme oder die Sonne für die bewirkende Ursache halten. Die Unrichtigkeit dessen, was Empedokles sagt, ist sehr leicht einzusehen. Denn setzt man die Fruchthüllen der Sonne oder dem Feuer aus, und verändert sich dadurch ihr Geschmack: so sehen wir ja, dass das nicht geschieht, weil sie aus dem Wasser etwas an sich ziehen, sondern dass die Veränderung in ihnen selbst vor sich geht; und getrocknet sehen wir sie mit der Zeit aus dem Süssen ins Herbe und Bittere u. s. w., und gekocht, ich möchte sagen in alle Arten des Geschmacks übergehen. Eben so wenig kann das Wasser die Materie der vielen Samen in sich enthalten [a]; denn aus derselben Sache sehen wir, wie aus derselben Nahrung verschiedene Geschmäcke entstehen. Es bleibt also nur übrig, dass das Wasser eine Veränderung erleide [b].... Das Feuchte, wie alle (einfachen Körper), pflegt von seinem Gegensatz afficirt zu werden; sein Gegensatz ist aber das Trockne..... Wie sich nun, wenn man Farben oder Geschmäcke in Wasser abspült, diese dem Wasser mittheilen, so ertheilt die Natur selbst, indem sie das Trockne und Erdige und durch ein Trockenes und Erdiges durchseihet und vermöge der Wärme bewegt, dem Feuchten eine gewisse Wirksamkeit. Und das ist der Geschmack, der durch das genannte Trockne im Feuchten bewirkte passive Uebergang des der Möglichkeit nach Schmeckbaren in ein wirklich Schmeckbares.

---

a) Im Text steht ohne alle Varianten sein statt in sich enthalten. Dass aber das Wasser die Materie des Geschmacks nicht ist, ward bereits gezeigt; jetzt soll gezeigt werden, dass sie auch nicht in ihm enthalten sei, ὕλην τοιαύτην μὴ ἐνεῖναι. Es muss also statt εἶναι τὸ ὕδωρ nothwendig ἐνεῖναι τῷ ὕδατι oder etwas der Art gelesen werden. Denn unmöglich konnte Aristoteles dasselbe Wort ὕλη in derselben Gedankenreihe einmal in der Bedeutung von Stoff, und das andre mal in der von Träger eines Stoffes (constituens) gebrauchen.

b) Zu der hier ausgelassenen Stelle gehört der ganze unter Nr. 102 gegebene Satz, der sich dem hier folgenden unmittelbar anschliesst.

Buch II. Kap. 1. §. 16.

104. (Fällt hier aus, und wird später vorkommen, weil sich ergeben hat, dass Aristoteles nicht der Verfasser des Buchs von den Farben ist, woraus Wimmer diese Nummer entlehnte.)
105. Unstreitig werden die Menschen am häufigsten kahlköpfig unter den Thieren. Denn es ist dies Erleiden ein durchgängiges. Auch unter den Pflanzen sind einige immergrün, andere werfen ihr Laub ab, und unter den Vögeln mausern sich die Winterschläfer. Dahin gehört auch das Kahlwerden bei den Menschen, denen dies begegnet. Nach und nach fallen zwar die Blätter bei allen Pflanzen, und die Federn und Haare bei denen, die deren besitzen; wird aber dies Erleiden stark, so bekommt es die erwähnten eigenen Namen, und wird Kahlwerden Laubfall Mauser genannt. Ursache dieses Erleidens ist ein Mangel warmer Feuchtigkeit, und vor andern Feuchtigkeiten vornehmlich des Fettes; daher auch die Fettpflanzen meist immergrün sind. Der Grund davon ist anderswo zu erörtern, denn es kommen noch andre Nebengründe dieses Erleidens hinzu. Der Laubfall tritt bei den Pflanzen im Winter ein, denn dieser Wechsel (der Jahreszeit) beherrscht sie mehr als der der Lebensalter; und zu derselben Zeit bei den Winterschläfern unter den Thieren, denn auch diese sind von Natur weniger feucht und warm als der Mensch; die Menschen aber haben ihren Winter und Sommer in ihren eigenen Lebensaltern.... Warum aber die Winterschläfer gleich wieder behaart oder befiedert und die Pflanzen gleich wieder belaubt werden, den Kahlköpfen aber das Haar nicht wieder wächst, davon ist die Ursache, dass jene mehr an die Jahreszeiten gebunden sind, so dass mit deren Wechsel zugleich der Wuchs und Fall der Federn Haare Blätter wechselt; wogegen den Menschen der Winter und Sommer, der Frühling und Herbst nach den Lebensaltern kommt, so dass ohne die Lebensalter auch die von ihnen abhängigen Erleidungen nicht wechseln, obschon ($καίπερ$) es denselben Grund hat [a]).

---

105) *De generat. animal.* V, cap. 3. pag. 783—84.

a) Ich verstehe dies Obschon nicht; es sollte, meine ich, im Gegentheil heissen: weil eben beides denselben Grund hat. Doch das würde

VIII. **Von der Erzeugung der Pflanzen.**

106. Einiges ist ewig und göttlich, anderes kann es sein wie auch nicht sein. Das Höhere und Göttliche ist aber bei dem, welchem es zu Theil ward, seiner Natur nach immer die Ursache eines Höheren; das Nichtewige dagegen kann niedriger oder höher sein, oder auch an beidem Theil nehmen; die Seele aber ist ein Höheres als der Leib, das Beseelte als das Unbeseelte, und das Sein als das Nichtsein, das Leben als das Nichtleben. Aus diesen Ursachen erklärt sich die Entstehung der Thiere. Denn wenn die Natur irgend einer Gattung nicht ewig zu sein vermag, so ist das Gewordene doch in so weit ewig, als es das zu sein vermag. Nun vermag sie es der Zahl nach nicht [a]), — denn das Wesen ist jedem Dinge für sich eigen; wäre es nun einem Dinge (der Zahl nach möglich), das wäre ewig —; wohl aber der Art nach vermag sie es. Deswegen ist ewig die Gattung der Menschen und Thiere, und die der Pflanzen.

107. Alles, was von Natur entsteht, das entsteht so entweder immer oder meistens, und was ausserdem noch, das entsteht von selbst und durch Zufall. Aus welcher Ursache entsteht nun immer oder meistens vom Menschen ein Mensch? vom Weizenkorn ein Weizenkorn, und keine Olive? Oder warum bildet sich ein Knochen grade so? Denn nicht, wie Empedokles sagt, wie es grade trifft, sondern vernunftmässig verbindet sich das, was entsteht. Was ist die Ursache davon? Wahrlich, weder das Feuer, noch die Erde; eben so wenig die Liebe und der Hader, wovon

---

eine gewaltsame Veränderung nöthig machen. Läse man aber καὶ περὶ, und setzte vor diese Worte ein Kolon oder Punctum, so hiesse es im Zusammenhange mit dem Folgenden so: sowohl über die gemeinschaftliche Ursache davon, wie auch über die andern Erleidungen der Haare ist nun genug gesagt, u. s. w. — Doch dergleichen stelle ich den Philologen anheim.

106) *De generat. animal. II, cap. 1. pag. 731 a. b.*
   a) Das heisst, das Einzelwesen der Gattung vermag es nicht. Vergl. Nr. 14.
107) *De generat. et corrupt. II, cap. 6. pag. 333 b.*

eins bloss Grund der Verbindung, das andre der Trennung sein soll: sondern das Wesen eines jeden Besondern ist die Ursache davon, und nicht, wie jener sagt:

.... des Gemischeten Mischung und Wiederentmischung.

108. Auch die Glieder der Thiere, sagt Empedokles, entständen meist durch Zufall; ja Einige betrachten die Entstehung von selbst sogar als die Ursache des Himmels und aller Weltkörper.... Besonders muss man sich aber wundern über die, welche sagen, die Pflanzen und Thiere zwar wären weder, noch entständen sie durch Zufall, sondern ihre Ursache wäre entweder die Natur oder der Geist oder sonst etwas, — denn sie entstehen nicht, wie es grade fällt aus jedem Samen, sondern aus einem solchen die Olive, aus einem solchen der Mensch —; aber der Himmel und die göttlichsten aller sichtbaren Dinge enständen von selbst, und hätten keineswegs eine solche Ursache wie die Thiere und Pflanzen.

109. Die Unterscheidung der Theile erfolgt nicht, wie Einige annehmen, dadurch, dass Gleiches zu Gleichem getrieben zu werden pflegt, ... sondern [a]) deshalb entsteht jeder derselben, weil das, was das Weibchen absondert, der Möglichkeit nach das ist, was das Thier seiner Natur nach ist, und der Möglichkeit nach, doch keineswegs in Wirklichkeit, die Theile schon enthält. Und weil das Active und das Passive, so wie es in Berührung kommt, je nach der Weise, wie jenes activ dieses passiv ist, — die Weise aber nenne ich das Wie Wo Wann —, sofort das eine wirkt, das andere erleidet: so bietet nun das Weibchen die Materie, das Männchen aber das Princip der Bewegung dar. Wie aber Kunstproducte durch Werkzeuge, oder genauer durch deren Bewegung entstehen, — denn diese ist die Wirklichkeit der Kunst, die Kunst

---

108) *Physic. auscult. II*, cap. 4. pag. 196 a.
109) *De generat. animal. II*, cap. 4. pag. 740 b.
[a]) Ausser der auch von mir ausgelassenen Parenthese, fehlt bei Wimmer der ganze lange Nachsatz, den ich des Zusammenhanges wegen gebe, bis auf die letzten Worte.

aber ist die Form des Werdens in Anderem —: so wirkt auch die Kraft der ernährenden Seele. Und wie sie bei Thieren und Pflanzen aus der Nahrung später das Wachsthum bewirkt, indem sie sich als Werkzeug dazu der Wärme und Kälte bedient, — denn darauf beruht ihre und gewissermassen jede Bewegung —: so setzt sie auch von Grund aus das, was von Natur wird, zusammen. Denn sie selbst ist die Materie, von der es wächst, und aus der es zuerst zusammentritt, wie auch die Kraft, die das in dem von Grund aus Entstehenden bewirkt. Aber sie ist noch grösser [a]). Wenn dieselbe nun die ernährende Seele ist, so ist dieselbe auch die erzeugende. Und das ist die Natur, waltend eines jeden in allen Pflanzen und Thieren.

110. Das Werk der meisten Thiere ist fast kein anderes als das der Pflanzen, — Same und Frucht.

111. Das Werk der Pflanzen ist offenbar kein anderes, als ein ihnen gleiches Anderes wiederum hervorzubringen, was durch den Samen geschieht.

112. Dass das Wesen der Dinge und alles übrige einfache Sein aus einer Grundlage hervorgeht, kann dem Aufmerksamen nicht entgehen. Immer ist etwas, welches zum Grunde liegt, woraus das Werdende wird, wie die Pflanzen und Thiere aus dem Samen.

113. Unter den Pflanzen entstehen einige aus Samen, andere von abgerissenen Stecklingen, noch andere durch Wurzelbrut, wie die Gattung der Zwiebeln.

---

a) Indem ich diese Worte auf das Folgende beziehe, auf die zeugende Thätigkeit der ernährenden Seele, von der im Früheren noch nicht die Rede war, finde ich den Anstoss nicht, den Wimmer daran nimmt, der sie, nach seiner Interpunction zu urtheilen, auf das Vorhergehende bezieht.

110) *De generat. animal. I, cap. 4. pag. 717 a.*
111) *Histor. animal. VIII, cap. 1. pag. 588 b.*
112) *Physic. auscult. I, cap. 7. pag. 190 b.*
113) *De generat. animal. III, cap. 11. pag. 761 b.* Den vordern Theil dieses Satzes von den Schalthieren übergehe ich.

114. Dasselbe tritt ein bei den Thieren, was auch bei den Pflanzen. Einige dieser entstehen aus den Samen anderer Pflanzen, andere von selbst, indem irgend ein solcher Anfang zusammentritt; und von diesen nehmen einige die Nahrung aus der Erde, andere bilden sich auf andere Pflanzen, wie in der Theorie der Pflanzen gesagt ist [a]).

115. Auf dieselbe Weise ist es auch mit den Pflanzen, einige entstehen aus Samen, andre so, als brächte die Natur sie von selbst hervor. Denn sie entstehen entweder, wenn die Erde fault, oder auf faulenden Pflanzentheilen. Einige entstehen gar nicht für sich allein aus dem Boden, sondern bilden sich auf andern Bäumen, wie die Mistel.

116. Welche Schalthiere weder sprossen noch Zellgewebe machen (κηριάζει), alle diese entstehen von selbst. ... Man muss aber annehmen, dass bei den Thieren, die aus der eingehenden Nahrung zeugen, die in dem Thiere sich abscheidende und zusammenkochende Wärme die Aussonderung macht, welche der Anfang der Leibesfrucht ist. So auch bei den Pflanzen, ausser dass es bei ihnen und einigen Thieren keines männlichen Princips bedarf, indem sie dasselbe in sich gemischt enthalten; allein die Aussonderung der meisten Thiere bedarf desselben. Nahrung ist einigen Wasser und Erde, andern was daraus entstanden. Was daher in den Thieren die aus der Nahrung erhaltene Wärme leistet, dasselbe bringt die Wärme der Jahreszeit in dem Umgebenden aus dem Meer und der Erde zusammen, kocht und bildet es. Was aber ausgeschieden im Hauche des Seelenprincips begriffen ist, das macht die Leibesfrucht, und flösst ihr Bewegung ein. In gleicher Weise bilden sich die von selbst entstehenden Pflanzen; aus irgend einem Theil wird etwas der Anfang des Gewächses, etwas anderes wird seine erste Nahrung.

---

114) *Histor. animal.* V, cap. 1. pag. 530 a.
a) Was bei Wimmer noch folgt, betrifft nur die Thiere.
115) *De generat. animal.* I, cap. 1. pag. 715 b.
116) *Ibid.* III cap. 11. pag. 762 b.

117. Zuvörderst müssen die, welche nicht ohne einander sein können, verbunden werden, wie Mann und Frau, der Zeugung wegen; und das geschieht nicht etwa mit Vorsatz, sondern wie bei den andern Thieren und den Pflanzen ist der Wunsch seines gleichen zu hinterlassen Naturtrieb.

118. Bei allen Thieren also, welche Ortsbewegung haben, ist das Weibliche vom Männlichen getrennt, und Ein Thier ist weiblich, das andere männlich, beide jedoch gleicher Art, wie beiderlei Menschen. Bei den Pflanzen dagegen sind diese Kräfte vermischt, und das Männliche vom Weiblichen nicht unterschieden; daher sie auch aus sich selbst zeugen, und keinen Befruchtungsstoff ausstossen, sondern die Leibesfrucht, die man Samen nennt. Und das drückt Empedokles richtig aus, wenn er singt:
„Eier auch legen die Bäume die stämmigen, erstlich Oliven".
Denn das Ei ist Leibesfrucht, und aus einem Theil desselben entsteht das Thier, das übrige ist Nahrung; und aus einem Theil des Samens entsteht das Gewächs, und das übrige wird Nahrung für den Keim und die erste Wurzel. Gewissermassen findet sogar dasselbe bei den Thieren statt, die das Weibliche und das Männliche getrennt haben. Denn wenn sie zeugen wollen, so werden sie unzertrennlich wie bei den Pflanzen, und ihre Natur bringt es mit sich, dass sie Eins werden, so dass augenscheinlich, indem sie sich mischen und paaren, Ein Thier aus zweien wird. ... Und wirklich scheint es, als wären die Thiere gleichsam getrennte Pflanzen, als hätte man diese, nachdem sie Samen getragen, aufgelöst, und in das Weibliche und Männliche, was in ihnen waltet, aus einander geschieden. Und das alles richtet die Natur der Vernunft gemäss ein. Denn das einzige Werk, die einzige Verrichtung des Wesens der Pflanzen ist Samen zu erzeugen; da das nun durch Paarung des Weiblichen und Männlichen geschieht, so brachte sie beides mit einander gemischt hervor. Darum ist bei den Pflanzen das Weibliche vom Männlichen nicht getrennt.

---

117) *Politic. I, cap, 2 pag. 1252 a.*
118) *De generat. animal. I, cap. 23. pag. 730 b. — 731 b.*

Doch von den Pflanzen ist in andern Büchern gehandelt. Bei den Thieren ist aber das Zeugen nicht das einzige Werk; zwar kommt dies allen Thieren zu, zugleich aber haben alle Theil an einer gewissen Erkenntniss, diese an einer höhern, jene an einer geringern, noch andere an einer sehr geringen; denn sie haben sinnliche Wahrnehmung, und diese ist Erkenntniss.... Durch die sinnliche Wahrnehmung unterscheiden sich aber die Thiere von den bloss Lebenden. Weil aber, was ein Thier ist, nothwendig auch leben muss, wenn es das Werk eines Lebendigen verrichten soll, so paart es sich und zeugt und wird, wie wir sagten, eine Pflanze. Die Schalthiere aber, die das Mittel des Lebendigen ausmachen zwischen den Thieren und Pflanzen, verrichten, da sie ihre Entstehung von beiden haben, keins der beiderlei Werke. Denn da sie Pflanzen sind, so haben sie nicht ein Männliches und ein Weibliches, und zeugen nicht in einem Andern; und da sie Thiere sind, so tragen sie nicht, wie die Pflanzen, Frucht aus sich selbst: sondern sie bestehen und werden aus einer erdigen und feuchten Verbindung.

119. Da bei den vollendeten Thieren das Männliche und das Weibliche getrennt sind, und wir behaupten, dass diese Kräfte die Principien aller Thiere und Pflanzen sind, diese aber dieselben ungetrennt, jene getrennt besitzen: so ist von der Entstehung dieser zuerst zu handeln.

120. Bei den Pflanzen nun ist das Männliche und Weibliche nicht getrennt; bei den Thieren aber, bei denen es getrennt ist, bedarf das Männliche des Weiblichen.

121. Es bleibt (nach Widerlegung anderer Meinungen) nur übrig, dass die Bienen, so wie offenbar einige Fische, ohne Begattung die Drohnen gebären, also, in sofern sie gebären, zwar weiblich sind, doch gleich wie die Pflanzen das Männliche und

---

119) *De generat. animal. IV, cap. 1. pag. 763 b.*
120) *Ibid. II, cap. 4. pag. 741 a.*
121) *Ibid. III, cap. 10. pag. 759 b.*

134 Buch II. Kap. 1. §. 16.

Weibliche bei sich selbst haben.... Denn weiblich darf man nicht nennen, worin das Männliche sich nicht geschieden hat.

122. Wie bei den Schalthieren und Pflanzen Eins zwar zeugt und gebiert, aber Keins das Andere befruchtet, so auch unter den Fischen die Gattungen Psetta, Erythrina, Channa; denn alle diese haben offenbar Eier.

123. Da aber bei diesen (den Menschen Thieren und Pflanzen), das Princip das Weibliche und das Männliche ist, so wird beides der Zeugung wegen in denselben sein. Und da die Ursache der ersten Bewegung, in der die Vernunft und die Form waltet, besser ist und göttlicher als die Materie, so ist es auch besser, dass das Höhere vom Geringeren getrennt sei [a]). Daher das Weibliche und Männliche bei Allen, bei denen es angeht, und so weit es angeht, getrennt sind. Denn besser und göttlicher ist das Princip der Bewegung, welches als das Männliche waltet in den Werdenden; Materie aber ist das Weibliche. Zum Werk der Zeugung verbindet und vermischt sich aber das Männliche mit dem Weiblichen, denn dieses ist beiden gemeinsam. In wiefern nun etwas Theil hat am Weiblichen und Männlichen, so lebt es, — und darum haben auch die Pflanzen Theil am Leben; in wiefern es aber Empfindung hat, gehört es zur Gattung der Thiere.

124. Indess könnte man fragen, wenn das Weibliche dieselbe Seele hat, und wenn seine Aussonderung die Materie (das zu Erzeugende) ist, wozu es des Männlichen bedarf, und warum es nicht aus sich selbst zeugt? Der Grund ist, dass das Thier sich durch die Empfindung von der Pflanze unterscheidet.... Ist es nun das Männliche, welches, wo Weibliches und Männliches getrennt sind, diese (die empfindende) Seele bewirkt, so kann das Weibliche aus sich selbst kein Thier erzeugen. So viel über die

---

122) *Histor. animal. IV*, cap. 11. pag. 538 a.
123) *De generat. animal. II*, cap. 1. pag. 732 a. Schliesst sich unmittelbar an den Satz Nr. 106.
a) Ich übersetze nach Bekker.
124) *Ibid. II*, cap. 5. pag. 741 a.

Natur des Männlichen. Dass übrigens der aufgeworfene Zweifel Grund hat, das zeigt sich an den Vögeln, welche Windeier legen, also bis zu einer gewissen Grenze erzeugen können. Auch das hat eine Schwierigkeit, in wie fern man sagen kann, dass ihre Eier leben? Denn so leben sie nicht, wie befruchtete Eier, — denn sonst enstände aus ihnen ein in der That Beseeltes; — aber sie sind auch nicht wie ein Holz oder Stein, denn ihre Zerrüttung erfolgt so, als hätten sie früher am Leben einigen Theil gehabt. Es ergiebt sich also, dass sie der Möglichkeit nach eine gewisse Seele haben. Aber welche? Es muss nothwendig die schlechteste sein, das ist die ernährende; denn diese waltet gemeinschaftlich bei allen Thieren und Pflanzen [a]). Warum bringen sie denn die Theile und das Thier nicht zu Stande? Weil es eine empfindende Seele haben muss. Denn die Theile des Thiers sind nicht, wie die der Pflanze (d. h. nicht ohne Rechts und Links, Vorn und Hinten u. s. w.); deshalb bedarf es der Gemeinschaft mit dem Männlichen, welches bei ihnen getrennt ist.

125. Der Same hat den Naturzweck, das zu sein, woraus das naturgemäss Bestehende zuerst hervorgeht, nicht dazu, damit in dem oder jenem, wie etwa in dem Menschen, ein Actives sei. Es entsteht vielmehr aus ihm etwas, weil er dieses, nämlich der Same, ist. Weil aber auf vielfache Weise eins aus dem andern entsteht, wie wir sagen, die Nacht entstehe aus dem Tage, aus dem Knaben werde ein Mann, weil jenes nach diesem ist; oder auf andre Weise, aus dem Erz entstände eine Bildsäule, aus dem Holz ein Bettgestell und mehr dergleichen..., und wieder auf andere Weise, aus dem Künstler werde ein Nichtkünstler, aus dem Gesunden ein Kranker, und überhaupt das Entgegengesetzte aus dem Entgegengesetzten; ferner auch noch, wie Epicharmos die Steigerung macht, aus der Verläumdung Schimpfworte, aus diesen der Kampf; — was alles den Anfang der Bewegung von einem andern aus be-

---

a) Wimmer übergeht, was bis hierher von den Windeiern gesagt ward. Mir schien es zum Verständniss des Folgenden nothwendig.
125) De generat. animal. I, cap. 18. pag. 724 a. b.

zeichnet a): .... — so ist klar, dass der Same von zweierlei eins sein muss, entweder der Stoff, oder das ursprünglich Bewegende, dessen, was aus ihm entsteht. Denn es entsteht aus ihm nicht so, wie das eine nach dem andern, wie etwa aus dem Fest der Panathenäen das Auslaufen der Flotte, noch auch so, wie aus dem Entgegengesetzten; denn das Entgegengesetzte entsteht, wenn das ihm Entgegengesetzte zu Grunde geht, und etwas anderes, als in dem ersten waltete, muss in dem zweiten walten. Es ist daher zu untersuchen, als was von jenen beiden man den Samen zu nehmen hat, ob als passive Materie, oder als active Form, oder auch als beides zugleich? Damit wird zugleich vielleicht klar werden, ob die Entstehung aus Entgegengesetztem bei allem walte, was aus Samen entsteht. Denn naturgemäss ist auch die Entstehung aus Entgegengesetztem; denn einiges entsteht aus dem Gegensatze des Männlichen und Weiblichen, anderes nur aus einem, wie die Pflanzen und einige Thiere, bei denen das Männliche und Weibliche nicht besonders unterschieden ist. Befruchtungsstoff heisst nun der erste vom Zeugenden ausgehende Grund des Anfangs der Erzeugung derer, die sich paaren: Same aber, was die Anfänge nimmt aus beiden paarig in Eins Verbundenen, wie von den Pflanzen und einigen Thieren, bei denen das Weibliche und Männliche nicht geschieden sind. Was also aus dem Weiblichen und Männlichen entsteht, ist die erste Mischung wie die Leibesfrucht oder das Ei; denn auch diese haben schon etwas von beiden.

126. Bei welchen Lebendigen das Weibliche und das Männliche nicht geschieden sind, denen ist der Same statt der Leibesfrucht. Leibesfrucht nenne ich aber die erste Mischung aus dem Weiblichen und dem Männlichen. Daher entsteht auch aus Einem Samen Ein Körper, z. B. aus Einem Weizenkorn Eine Staude, wie aus Einem Ei Ein Thier; denn die Zwillingseier sind zwei Eier. Bei welchen Zeugenden aber das Weibliche und das Männ-

---

a) Auch dieser von mir schon etwas abgekürzte Vordersatz, den Wimmer ganz auslässt, schien mir des Folgenden wegen unerlässlich.
126) *De generat. animal.* I, cap. 20. pag. 728 a.

Buch II. Kap. 2. §. 8. 137

liche geschieden sind, bei diesen können aus einem Samen viele Thiere entstehen, indem der Same bei den Pflanzen und bei den Thieren seiner Natur nach verschieden ist.

127. Die Windeier bilden sich aus, so weit sie können. Zum Thier vollendet werden können sie nicht, denn dieses bedarf der Empfindung; aber die ernährende Kraft der Seele besitzen auch die Weibchen und die Männchen und alle Lebendigen, nach dem, was öfter gesagt ist. Daher ist das Ei, als sein (des Weibchens) eigenes, wie die Leibesfrucht einer Pflanze, vollendet, aber als Thierei unvollendet. Ist nun das Männliche nicht in der Erzeugung derselben, so entstehen sie etwa so wie bei den Fischen, falls es eine Gattung derselben giebt, die ohne Männchen erzeugen. Darüber ist aber schon früher gesagt, dass es noch nicht hinreichend beobachtet ist. Nun ist aber bei allen Vögeln das Weibliche und das Männliche, so dass sie als Pflanze wohl etwas vollenden können, — weshalb es sich nach der Begattung nicht sofort verändert, — als nicht Pflanze es aber nicht vollenden können, so dass daraus kein Anderes entsteht; denn es entstand weder einfach als Pflanze, noch als Thier aus der Paarung.

128. Es ist zu entscheiden, ob das, was sich im Weibchen verbindet, von dem Eindringenden etwas in sich aufnimmt, oder nicht? und in Hinsicht der Seele, vermöge welcher es Thier genannt wird, — es ist aber Thier kraft des empfindenden Theils der Seele, — ob sie (schon) im Samen und in der Leibesfrucht walte, oder nicht, und woher sie sei? Denn niemand möchte wohl behaupten, dass die Leibesfrucht auf jede Weise der Seele ermangele. Denn die Samen und Leibesfrüchte der Thiere leben nicht minder als die der Pflanzen, und sind bis zu einem gewissen Punkt productiv; dass sie also die ernährende Seele haben, ist offenbar. . . . So ist denn klar, dass man den trennbaren Samen und Leibesfrüchten der Möglichkeit nach die ernährende Seele zuschreiben muss, der Wirklichkeit nach aber

---

127) *De generat. animal. III, cap. 7. pag. 757 b.*
128). *Ibid. II, cap. 3. pag. 736 a. b.*

nicht eher, als bis sie gleich den schon getrennten Leibesfrüchten Nahrung einnehmen und das Werk einer solchen Seele verrichten; denn anfangs scheint alles der Art ein Pflanzenleben zu führen.

129. Da Einige sagen, (der Same) komme aus dem ganzen Körper, so müssen wir zunächst untersuchen, wie es sich damit verhält.... Aus diesen vier Gründen suchen sie es wahrscheinlich zu machen, dass der Same vom ganzen Körper ausgehe. Untersucht man aber genauer, so wird das Gegentheil einleuchtend.... Und von den Pflanzen gilt dasselbe. Denn offenbar müsste auch bei ihnen der Same aus allen Theilen hervorgehen. Viele aber haben manche Theile nicht, andere wurden ihnen vielleicht genommen, und andere wachsen nach. Auch geht von den Früchten nichts ab, und doch entstehen auch diese in derselben Gestalt.

130. Ferner gebären einige Thiere nach einer einzigen Beiwohnung viele (Junge), die Pflanzen aber sämmtlich; denn es ist klar, dass sie in Folgen einer einzigen Anregung ($κινήσεως$) alle Früchte des Jahrs tragen. Wie wäre das möglich, wenn der Same aus der ganzen Pflanze käme? Denn nothwendig entsteht nur Eine Ausscheidung aus Einer Beiwohnung und Einer Wiedertrennung (? $καὶ\ μιᾶς\ διακρίσεως$), welche im Uterus nicht weiter getheilt werden kann; denn die Absonderung erfolgt wie von einem neuen Gewächs oder Thier, nicht wie vom Samen. Auch tragen die von der Pflanze gemachten Stecklinge Samen, woraus folgt, dass sie schon vor dem Ablegen ihre Frucht aus ihrem eigenen Volumen trugen, und der Same nicht von der ganzen Pflanze ausging.

131. Die Ausscheidung des Samens erfolgt bei Allen wie die jeder andern Secretion. Jede wird an ihren eigenen Platz getrieben, nicht durch die Kraft der Luft oder einer andern zwingenden Ursache der Art,.... wie wenn jemand sagte, bei

---

129) *De generat. animal.* I, cap. 17. — 18. pag. 721 — 722 a.
130) *Ibid.* I, cap. 18. pag. 723 b.
131) *Ibid.* I, cap. 4. pag. 737 b. 738 a.

Buch I. Kap. 2. §. 16.

den Pflanzen würden die Samen durch die Luft jedesmal an dem Ort ausgeschieden, an welchem sie die Frucht zu tragen pflegen.

132. Die unvollendeten (Thiere) legen die Eier wie die Fische; denn ausserhalb werden die der Fische vollendet, und nehmen zu, indem sie sehr·fruchtbar sind, und dies Werk bei ihnen so wie bei den Pflanzen ist. Brächten sie die Eier in sich selbst zur Vollendung, so könnten es der Menge nach nur wenige sein. Nun aber vermögen sie so viele (zu legen), dass alles an ihnen Gebärmutter zu sein scheint a), wenigstens an den kleinen Fischen. Denn diese sind die fruchtbarsten, wie das auch bei Andern der Fall ist, die eine diesen ähnliche Natur haben, sowohl unter den Pflanzen, wie unter den Thieren. Denn das Wachsthum in die Grösse kehrt sich bei ihnen dem Samen zu.

133. Bei vielen Thieren und Pflanzen so wie Gattungen im Vergleich mit andern Gattungen zeigt sich hierin (in der Samenbildung) ein Unterschied, ja auch bei gleichartigen derselben Gattung im Vergleich unter einander, z. B. zwischen Mensch und Mensch, Weinstock und Weinstock. Einige sind vielsamig, andere armsamig, andere ganz ohne Samen, und zwar nicht aus Schwäche, sondern bei einigen grade umgekehrt, weil alles auf den Körper verwandt wird. So ist es bei einigen Menschen. Sind sie wohl genährt, fleischig oder etwas fett, so sondern sie weniger Samen aus, und verlangen um so weniger nach den Werken der Liebe. Diesem Zustande gleicht auch die Krankheit der Weinstöcke, die man das Böcken nennt. Wegen der Nahrung

---

132) *De generat. animal. I, cap. 8. pag. 718 b.*

a) Die Worte lauten in der Bekker'schen Ausgabe ohne Varianten: ὥστε δοκεῖν ᾠὸν εἶναι τὴν ὑστέραν ἑκατέραν, und geben entweder gar keinen oder, wenn man ihn erzwingen will, keinen passenden Sinn. Lesen wir aber ὅιον statt ᾠόν, — eine gar bescheidene Veränderung, wie mich dünkt, so wird alles klar, und wir erhalten ein Wortspiel. Da ὑστέρα, die Gebärmutter, ursprünglich der hintere Theil heisst, so kann ὑστέρα ἑκατέρα, wörtlich ein Hinterer an beiden Enden, nur so viel heissen, wie eine Gebärmutter, die von hinten bis vor durch das ganze Thier geht.

133) *De generat. animal. I, cap. 18. pag. 725 b, —726 a.*

wachsen sie zu üppig, wie die fetten Böcke, die minder brünstig sind. Daher lässt man sie abmagern, und von sehr üppigen Weinstöcken sagt man mit Bezug auf dieses Verhalten sie böcken (τραγᾶν).

134. Die fetten Böcke sind minder brünstig, daher man die Weinstöke, wenn sie weniger tragen, böckig nennt.

135. Bei den nicht schreitenden Thieren, wie bei den Schalthieren und denen, welche angewachsen leben, indem sie ein den Pflanzen ähnliches Wesen haben, fehlt, wie bei diesen, das Weibliche und das Männliche. Gleichwohl werden sie nach der Aehnlichkeit und Analogie männlich und weiblich genannt; denn einen gewissen geringen Unterschied der Art haben sie allerdings. Auch unter den Bäumen tragen einige derselben Gattung Frucht, andere tragen keine Frucht, unterstützen aber die fruchtbaren beim Garmachen der Früchte, wie das der Fall ist bei der Feige und dem Caprificus (der wilden Feige).

135. Mit Unrecht sagen Einige, alle Fische wären weiblich ausser den Knorpelfischen; denn bei diesen, meinen sie, unterscheiden sich die, welche man männlich nennt, von den weiblichen wie bei den Pflanzen, von denen einige Frucht tragen, andere nicht, wie der zahme und wilde Oelbaum, die zahme und wilde Feige.

137. Bei allen vierfüssigen Thieren ist das Eine weiblich, das andere männlich; nicht so bei den Schalthieren, sondern bei diesen ist es wie bei den Pflanzen, von denen einige reichlich tragen, andere nicht.

138. Die wilden Feigen haben in Früchten den sogenannten Psen (Cynips Psenes Linne.) . . . . Zuerst entsteht er als Made, dann, nachdem die Haut geplatzt, fliegt der Psen, dieselbe ver-

---

134) *Histor. animal. V, cap. 14. pag. 546 a.*
135) *De generat. animal. I, cap. 1. pag. 715 b.*
136) *Ibid. III, cap. 5. pag. 755 b.*
137) *Histor. animal. IV, cap. 11. pag. 537 a.*
138) *Ibid. V, cap. 32. pag. 557 b.*

Buch II. Kap. 1. §. 16.

lassend, heraus und bohrt sich in die Früchte der zahmen Feige, und bewirkt durch seine Stiche, dass dieselben nicht (vor der Reife) abfallen. Daher die Landleute die Früchte der wilden Feige um die zahmen befestigen, und wilde Bäume neben die zahmen pflanzen.

139. Bei den Eiern scheidet sich das männliche Princip da aus, wo das Ei mit der Gebärmutter zusammenhängt.... Eben so verhält es sich mit den Samen der Pflanzen; denn das untere Ende der Samen, die das Princip enthalten, ist angewachsen entweder am Zweige, oder im Kelche, oder in der Fruchthülle. Das ist klar bei den Hülsenfrüchten; denn da, wo sich die beiden Klappen (die Kotyledonen) der Bohne und ähnlicher Samen befinden, da sind sie angewachsen, und da befindet sich das Princip des Samens.

140. Sobald die Leibesfrucht zusammengetreten ist, so verhält sie sich wie bei den Saaten. Denn auch die Samen haben ihren ersten Anfang bei sich selbst. Sobald aber dieser, welcher der Möglichkeit nach zuerst war, ausgeschieden ist, so geht von ihm der Keim und die Wurzel aus. Letztere ist es, welche die Nahrung einnimmt; denn die Pflanze bedarf des Wachsthums. So waltet auch gewissermassen als besonders förderlich der Anfang in der Leibesfrucht, in welcher der Möglichkeit nach die Theile schon vorhanden waren. Daher in der That das Herz zuerst ausgeschieden wird.

141. Man könnte den Zweifel aufwerfen, wenn das Blut Nahrung ist, das Herz aber schon mit Blut gefüllt entsteht, — das Blut aber ist Nahrung, und die Nahrung kommt von aussen; — woher kam dann die erste Nahrung? Es ist jedoch nicht richtig, dass jede Nahrung von aussen kommt, sondern ursprünglich, wie die Samen der Pflanzen etwas Milchartiges enthalten, ist auch in der Materie des Thiers der Ueberschuss des sie Bil-

---

139) *De generat. animal. III*, cap. 2. pag. 752 a.
140) *Ibid. II*, cap. 4. pag. 739 b.
141) *Ibid. II*, cap. 4. pag. 740 b.

denden Nahrung. Dann kommt der Leibesfrucht das Wachsthum durch den Nabel auf dieselbe Weise wie durch die Wurzel den Pflanzen, und selbst auch den Thieren, nachdem sie von der in ihnen selbst befindlichen Nahrung abgelöst sind.

142. Daher es sehr zweifelhaft ist, wie aus dem Samen eine Pflanze oder irgend ein Thier entsteht. Denn nothwendig muss, was entsteht, aus etwas entstehen, durch etwas und als etwas. Woraus nun, das ist die Materie..... Jetzt aber handelt es sich nicht darum, woraus, sondern wodurch die Theile entstehen. Entweder macht sie etwas Aeusserliches, oder es waltet etwas in dem Befruchtungsstoff und dem Samen; und dies ist entweder ein Theil der Seele, oder eine Seele, oder etwas Seelenhaftes. Dass nun von aussen her etwas alle Eingeweide und sonstigen Theile mache, lässt sich nicht glauben; denn bewegen kann nicht, was nicht berührt, noch kann etwas von nicht Berührendem leiden. Sicher also in der Leibesfrucht selbst schon waltet etwas, sei es als Theil derselben oder abgesondert. Dass nun jenes ein abgesondertes Anderes sei, ist unstatthaft; denn soll es, nachdem das Thier entstanden, untergehen, oder darin bleiben? Es zeigt sich aber nichts darin, was nicht Theil der ganzen Pflanze oder des ganzen Thiers ist. Und auch dass es untergehe, nachdem es alle oder einige Theile hervorgebracht, ist widersinnig. Denn was soll die übrigen Theile hervorbringen. Denn ginge jenes unter, nachdem es das Herz, dieses das übrige (hervorgebracht), so müsste nach demselben Schluss alles entweder untergehen oder bleiben; es bleibt aber; folglich ist das ursprünglich im Samen Waltende ein Theil desselben. Gehört aber sicher nichts zur Seele, was nicht in einem Theil des Körpers ist, so muss auch sofort irgend ein Theil ein beseelter sein. Wie werden nun die andern? Entweder entstehen zugleich alle Theile, z. B. Herz Lunge Leber Auge u. s. w., oder in einer Reihenfolge.... Dass nicht zugleich, ist schon den Sinnen klar..... Wenn aber ein Theil früher, der andere später, macht dann einer den andern und ist durch den

---

142) *De generat animal. II, cap. 1. pag. 733 b.*

Buch II. Kap. 1. §. 16.

vorhergehenden? oder entsteht vielmehr einer (nur) nach dem andern? Die Sache ist so zu verstehen, dass in Allem, was von Natur oder durch Kunst entsteht, aus dem in der That Seienden das der Möglichkeit nach Seiende entsteht. Art und Gestalt (der spätern Theile) müssten also in jenem (frühern) sein, z. B. die der Leber im Herzen.... Was immer von Natur oder durch Kunst entsteht, das entsteht durch ein in der That Seiendes aus einem der Möglichkeit nach ein solches Seienden. Der Same nun ist so beschaffen, und hat eine solche Bewegung und ein solches Princip, dass, wenn die Bewegung aufhört, jeder der Theile entsteht und beseelt ist. Das Harte und Weiche, Zähe und Spröde und Eigenschaften der Art, die in den beseelten Theilen walten, mag die Wärme und Kälte hervorbringen; den Grund aber, warum dieses Fleisch, jenes Knochen ist, nimmermehr. Sondern (dieser Grund ist) die Bewegung, welche vom Zeugenden ausgeht, von dem in der That Seienden, was der Möglichkeit nach diejenige (Materie) ist, woraus es wird, wie auch bei den Werken der Kunst. Denn hart oder weich macht die Wärme oder Kälte das Erz, das Schwerdt aber macht die Bewegung der Instrumente, welche den Kunstverstand hat. Denn auch die Kunst ist Anfang und Vorbild des Werdenden, jedoch des in einem Andern Werdenden; die Naturbewegung dagegen ist in ihm selbst, herrührend von einer andern Natur, welche der Möglichkeit nach die Art enthält. Hat aber der Same eine Seele, oder nicht? Damit verhält es sich genau so, wie mit den Theilen. Keine Seele kann in etwas anderem sein, als in dem, dessen Seele sie ist, und kein Theil kann ohne Sie sein, wenn er nicht bloss dem Namen nach Theil ist, wie z. B. das Auge des Todten. Es ist also klar, dass der Same Seele hat und der Möglichkeit nach ist.... Keiner der Theile aber ist der Grund dieses Entstehens, sondern das ursprünglich Bewegende ist ein Aeusseres; denn nichts erzeugt sich selbst, sondern nachdem es entstanden, wächst es durch sich selbst. Daher entsteht zuerst eins, und nicht alles auf einmal. Zuerst aber muss nothwendig das entstehen, was das Princip des Wachsthums enthält.... Wenn daher das Herz in einigen Thieren zuerst entsteht, in denen aber, welche kein Herz haben, etwas demselben Analoges: so mag auch bei denen, die es nicht haben, aus dem Analogen desselben das Princip ausgehen.

143. Nicht, was die Seele verloren hat, ist das der Möglichkeit nach lebendig Seiende, sondern was sie hat. Der Same aber und die Frucht sind der Möglichkeit nach ein solcher Körper.

144. Es giebt auch gewaltsame und widernatürliche Zeugungen, den naturgemässen entgegengesetzte und gewaltsame Zu- und Abnahmen, z. B. durch die Nahrung bewirkte zu frühe Mannbarkeit, oder schnell aufschiessendes, nicht ansetzendes Getreide.

145. Missgeburten sind Verirrungen dessen, was eines Zweckes wegen ist. . . . Sodann muss der Same nothwendig zuerst geworden sein, und die Thiere nicht sofort, und das „Zeugungskräftig zuerst Entsprosste" [a]) — war der Same. Ausserdem ist auch in den Pflanzen das Wozu, nur weniger ausgeprägt. Entstand nun etwa auch bei den Pflanzen, gleich wie „Stierbrut Mannsantlitzes" [b]),

---

143) *De anima II, cap. 1. pag. 412 b.*
144) *Physic. auscult. V, cap. 6. pag. 230 a.*
145) *Ibid II, cap. 8. pag. 199 b.*

a) Es sind dies Worte eines Empedokleischen Verses, den wir noch in seinem Zusammenhange besitzen. Ich setze V: 198—202 hierher.
 „Zeugungskräftig entsprossten zuerst Urbilder dem Boden,
 „Beiderlei Looses, der Erde zugleich theilhaft und des Wassers.
 „Die nun erregte das Feuer, bestrebt zu Verwandtem zu kommen,
 „Sie, die noch gar nichts zeigten von lieblicher Glieder Gestaltung,
 „Auch weder Stimme, noch gar schon mannanheimelnder Rede."
Es wollte mir aber nicht gelingen, das Wort οὐλοφυεῖς ganz sinngemäss zu übersetzen. Lommatsch übersetzt zeugungsganz, in der activen Bedeutung von ganz und gar zeugungsfähig. Jeder Deutsche, der den Text nicht kennt, wird es aber in passiver Bedeutung nehmen für vollständig ausgezeugt.

b) Bezieht sich wieder auf die im Alterthum viel besprochenen Verse des Empepokles, V. 214—217:
 „Mancherlei Doppelgesichter und Zwiefachbrüstige giebts nun,
 „Stierbrut Mannsantlitzes, und wiederum Andres erhebt sich,
 „Mannesgezücht stierhäuptig, gemischmascht diese von Männern,
 „Weiblicher Abkunft jene, geziert mit schattigen Gliedern."

eben so Rebenbrut Oelbaumantlitzes, oder nicht? Das wäre widersinnig; gleichwohl, wenn bei den Thieren, müsste es so sein; auch in den Samen müsste entstehen, was eben der Zufall fügte. Wer das sagt, hebt aber die Naturdinge und die Natur gänzlich auf. Denn Naturdinge sind die, welche, von einem innern Princip fortdauernd bewegt, zu einem gewissen Ziel kommen.

146. Ereignet es sich, dass aus Einem Samen mehr als Ein Gesammtwesen entsteht, ... so liegt der Grund davon vermuthlich in der Materie und den sich bildenden Leibesfrüchten. Daher auch derlei Missgeburten bei den nur Ein Junges gebährenden Thieren äusserst selten, bei den viele Junge gebärenden öfter, und am meisten bei den Vögeln vorkommen. ... Weshalb sie auch oft Doppeleier legen. Denn wegen des nahen Aneinanderseins verwachsen die Leibesfrüchte, wie mitunter auch viele Fruchthüllen.

147. Die Missgeburt ist etwas gegen die Natur, doch nicht gegen die ganze Natur, sondern nur gegen ihre gewöhnliche Art; denn dem, was die Natur immer und nach Nothwendigkeit thut, geschieht nichts entgegen, sondern nur dem, was zwar gewöhnlich so geschieht, doch auch anders erfolgen kann. Aber auch da, wo sich etwas zwar gegen diese Ordnung, immer jedoch nicht bloss zufällig ereignet, scheint eigentlich keine Missgeburt zu sein, weil dasselbe gewissermassen gegen und nach der Natur ist, falls nicht die Naturgestaltung den Naturstoff überwältigt. Daher man dergleichen nicht Missgeburten nennt, auch nicht bei andern Dingen, bei denen es vorzukommen pflegt, wie bei den Fruchthüllen. So giebt es einen Weinstock, den Einige Kapnion (den rauchfarbenen) nennen. Trägt der nun schwarze Trauben, so hält man das für keine Missgeburt, weil er es öfter zu thun pflegt. Der Grund davon ist, dass er zwischen dem Weissen und Schwarzen das Mittel hält, so dass der Uebergang nicht gross und nicht naturwidrig erscheint. Ist er doch kein Uebergang in eine nadere Natur.

---

147) *De generat. animal.* IV, *cap.* 4. *pag.* 770 b.

So weit Aristoteles. Ein Resümé seiner Pflanzenlehre scheint mir für den, welcher die Stellen in dieser Anordnung aufmerksam gelesen hat, überflüssig. Wer will, findet es in den oben angeführten Schriften von Biese von Henschel und von Wimmer.

Wir wenden uns sogleich zu Theophrastos, und beginnen auch bei ihm mit einem Abriss seines Lebens.

Zweites Kapitel.
Theophrastos Eresios.
§. 17.
Dessen Leben [1]).

Geboren ward er höchst wahrscheinlich im Jahre 371 v. Chr. [2]) zu Eresos oder Eressos auf der Insel Lesbos, wo sein Vater Walker und ohne Zweifel ein begüterter Mann war. Denn von früh auf widmete sich der Sohn dem Studium der Philosophie und Naturwissenschaft, welches ihm wenigstens nichts eingebracht zu

---

1) Vornehmlich folge ich hier Harles in seiner Ausgabe von *Fabricii bibliotheca Graeca III. pag. 408 sqq.*, und citire die dort citirten Beweisstellen hier nicht noch einmal.

2) Sicher ist sein Todesjahr 286 v. Chr., und nach Diogenes Laërtios starb er in seinem 85sten Jahr, womit sich auch die meisten sonstigen Nachrichten über ihn recht gut vereinigen lassen; nur zwei nicht. In der Vorrede zu seinen Charakteren lesen wir, wie aus seiner eigenen Feder, er sei, indem er dieses schreibe, 99 Jahr alt; und der heilige Hieronymos lässt ihn ein Alter von 107 Jahren erreichen. Nach Einigen ist aber in jener Stelle 79 statt 99 zu lesen; Andere halten die Stelle für eine zufällig in den Text gekommene Randglosse; noch Andere, zu denen sich Harles neigt, halten sogar die ganze Vorrede für untergeschoben, und sprechen dem Zeugniss des Hieronymos alles Gewicht ab. Mir genügt zu bemerken, dass Theophrastos, wenn Hieronymos Recht hätte, sieben Jahr älter als sein Lehrer Aristoteles gewesen sein müsste, was sich, wie das Folgende zeigen wird, gar nicht denken lässt. Nach unserer Rechnung war er funfzehn Jahr jünger. sla jener.

haben scheint, lebte stets mit einem gewissen Aufwande, ward als freigebig gerühmt, und hinterliess gleichwohl ein ansehnliches Vermögen.

Zuerst besuchte er die Schule eines Philosophen seiner Vaterstadt, nach dem gewöhnlichen Text des Diogenes Laërtios die des Leukippos, nach einer andern, wie es scheint, richtigen Lesart, die des sonst nicht weiter bekannten Alkippos. Doch schon früh begab er sich nach Athen zu Platon, und wandte sich nach dessen Tode (347 v. Chr.) nach unsrer Rechnung im sechs und zwanzigsten Jahre seines Lebens zu Aristoteles. Wir sahen, dass Aristoteles um dieselbe Zeit oder kurz darauf Athen verliess und nach Atarneus oder Astos ging, dass er sich nach seiner Flucht von dort bis zu seiner Berufung zu Philippos in Mitylene aufhielt, sehr nahe bei Eresos, der Vaterstadt des Theophrastos: leicht möglich, obgleich Zeugnisse darüber fehlen, dass dieser ihm dorthin gefolgt war. Zu Stageira, wo er vermuthlich zugleich mit dem jungen Alexandros die Vorträge des Aristoteles hörte, besass er sogar ein eigenes Grundstück, wie sich aus seinem bei Diogenes Laërtios uns aufbewahrten Testament ergiebt. Wer kann sagen, welche Wirkung beides auf des Theophrastos Verhältniss zu Aristoteles, und dadurch auf die ganze Richtung seines Lebens, auf die ganze Gestaltung der Botanik durch ihn unter aristotelischem Einfluss ausübte? Doch wie dem sei, einmal verbunden mit Aristoteles, trennte er sich nicht wieder von ihm, bis dieser (322) von Athen nach Chalkis auswanderte und bald darauf sein Ende fand.

Durchs ganze Alterthum zieht sich die Sage, ursprünglich hätte er Tyrtamos geheissen, erst Aristoteles hätte ihn anfangs Euphrastos, den Wohlredenden, später Theophrastos, den Göttlichredenden, genannt; sicher eine Fabel, da der Name Theophrastos unter den Griechen gar nicht ungewöhnlich, solche Namensänderungen hingegen damals unerhört waren, und Schmeichelei nicht im Charakter des ernsten Stageiriten lag: dass sie aber erfunden ward und Glauben fand, ist ein Beweis nicht allein der hohen Wohlredenheit des Schülers, sondern auch der Gunst, worin er bei seinem Meister stand. Doch es giebt stärkere Beweise dafür. So bald Aristoteles Athen für immer verliess, trat gewiss nicht ohne sein Wissen und Wollen [1]) Theophrastos an die Spitze der peripatetischen Schule, und was noch mehr ist, jener hinterliess ihm seinen kostbarsten Schatz, seine Bibliothek [2]), die grösseste, welche bis dahin existirte. Zwei tausend Schüler soll er nach einer freilich wohl übertriebenen Nachricht um sich versammelt haben. Kassandros, derjenige unter des Alexandros Generalen, der damals in Grichenland vorherrschte und Athen besetzt hielt, war ihm gewogen; und Ptolemäos Soter versuchte ihn für Aegypten zu gewinnen. Abgesehen von literarischen Widersachern, unter denen Epikuros und dessen philosophirende Bulerin Leontion [3]) hervorragen, finden wir sein Leben nur zwei mal durch Kränkungen getrübt, die beide ihm bald darauf einen Triumph bereiteten. Als Agnonides ihn der Gottlosigkeit anzuklagen wagte, fehlte wenig, dass nicht der Ankläger selbst statt seiner dieses Verbrechens wegen verurtheilt wäre. War es vielleicht bei dieser Gelegenheit, dass der sonst so beredte Mann vor dem Gerichtshofe des Areopagos Fassung und Sprache verlor [4])? Als ein gewisser Sophokles, der Sohn des Amphiklides, die Athener überredet hatte, ein Gesetz zu geben, dass bei Todesstrafe niemand ohne Erlaubniss des Rathes und Volks einer philosophischen Schule vorstehen solle, verliess er zwar gleich andern Philosophen die Stadt; doch schon im folgenden Jahre ward das Gesetz widerrufen, der Urheber desselben mit schwerer Geldbusse belegt, und Theophrastos und die Andern kehrten zurück.

1) Bald nachdem seine Schüler, erzählt Gellius (*XIII, cap. 5), ihn vergebens gebeten, seinen Nachfolger selbst zu wählen, hätte er lesbischen und rhodischen Wein verlangt, und diesen kräftig und angenehm, jenen aber doch süsser gefunden; woraus sie geschlossen, dass er unter den beiden Einzigen, zwischen denen die Wahl schwanken konnte, dem Theophrastos aus Lesbos und dem Menedemos aus Rhodos, jenem den Vorzug gäbe.
2) In seinem Testament bei Diogenes Laërtios steht nichts davon; ausführlich aber berichtet darüber Strabon *XIII, cap. 1. pag. 608 edit. Casauboni.*
3) *Aelian. var. histor. VIII, cap. 12.*
4) *Cicero de natura deor. I, cap. 33.*

An den öffentlichen Angelegenheiten scheint er sich wenig betheiligt zu haben. Die Nachricht bei Plutarchos [1]), er habe zweimal sein Vaterland von der Tyrannei errettet, steht zu vereinzelt, um Glauben zu verdienen. Manche kleine Züge, die von ihm erzählt werden, deuten vielmehr auf ein zwar mit regelmässiger Thätigkeit durchwebtes, sonst aber stilles und behagliches Wohlleben. Dahin rechne ich seinen gewählten Anzug, seine rege Theilnahme an den Freuden der Tafel, seine Abneigung gegen den Ehestand, in den er nie getreten, und dessen Gefahren und Widerwärtigkeiten er in einem uns nur noch in lateinischer Uebersetzung erhaltenen Fragment mit grellen Farben schildert [2]).

Haller [3]) rühmt seinen bewunderswürdigen Scharfblick und ausserordentlichen Fleiss in Erforschung der Aehnlichkeiten Unterschiede und besondern Beschaffenheiten der Pflanzen, und fügt hinzu, das alles habe er nicht aus andern Schriftstellern entlehnt, sondern auf Reisen durch ganz Griechenland an der Geburtsstätte der Pflanzen selbst aufgezeichnet. Nicht viel weniger günstig urtheilte Sprengel über ihn in der ersten Auflage seiner Geschichte der Medicin vom Jahre 1792. „Er scheint Reisen durch ganz Griechenland unternommen zu haben, heisst es unterandern [4]); wenigstens sind manche seiner Beschreibungen der Pflanzen wahrscheinlich an Ort und Stelle aufgesetzt. Die Beschreibung der Binseninseln auf dem orchomenischen See ist zum Beispiel hinreichend." Ganz anders lautet desselben Kritikers Ausspruch 1807 in der Historia rei herbariae, und noch etwas später 1817 in der Geschichte der Botanik. Hier lesen wir schon [5]): „Beschreibungen fehlen entweder völlig, oder sie sind äusserst mangelhaft. Ja da er nie grössere Reisen unternommen zu haben scheint, so ver-

---

1) *Plutarch. advers. Colotem, vol. II, pag. 1126 edit. Lutet. Paris.*
2) *Theophr. opera edid. Schneider V, pag. 221 sqq.*
3) *Haller bibl. bot. I, pag. 33—34.*
4) *Sprengel Gesch. der Medicin erste Aufl. I. S. 350.* In den folgenden Ausgaben bleibt das Botanische über Theophrastos weg.
5) *Desselben Gesch. der Bot. I. S. 57.*

lässt er sich auf die Aussagen der Landleute. Die Ausdrücke: so sagt man; so sprechen die Arkadier; so erzählen die Anwohner des Olymp; kommen oft vor. Ja eben so oft heisst es: das muss noch untersucht werden. Fast lächerlich ist es, wenn er sogar von den Linden sagt, es müsse noch untersucht werden, ob sie Kätzchen tragen." — Aber wer sollte glauben, dass wenige Jahre später auch folgende Worte aus derselben Feder flossen? „Theophrastos sammelte die Berichte Anderer über die Natur und die Verhältnisse der Pflanzen, ohne sie selbst zu prüfen. Philosophen Rhizotomen Pharmakopolen Aerzte Landwirthe Holzhauer und Kohlenbrenner sind seine Gewährsmänner sogar über die Pflanzen seines Vaterlandes. Ja er scheint, ausser Attika Euböa und Lesbos, kaum eine andere Provinz seines Vaterlandes, wenigstens in wissenschaftlicher Rücksicht bereist zu sein." — Und doch ist es so. Diese Worte stehen in den vorläufigen Bemerkungen, womit Sprengel den Commentar zu seiner 1822 erschienenen deutschen Uebersetzung der Pflanzengeschichte des Theophrastos eröffnet [1]), vielleicht statt der Lobeserhebungen, womit man sonst Schriftsteller, die man übersetzt, zu überhäufen pflegt. Wahr ist, dass weder Theophrastos selbst noch Andere von seinen Reisen erzählen, dass die von Sprengel bemerkten Ausdrücke: so sagt man, u. d. m., nicht selten vorkommen; und sogar die Aussagen der Holzhauer und Kohlenbrenner nicht verschmähet sind. Unleugbar ist aber auch in seinen Werken ein· für jene Zeit bewundernswürdiger Reichthum an phytologischen Thatsachen, unverkennbar bei sehr vielen das Gepräge eigener Anschauung, ohne welche er nimmermehr im Stande gewesen wäre, das so überaus weitschichtige, noch ganz ungeordnete Material so, wie er es that, zu beherrschen. Dass er auch fremde Beobachtungen nutzte, selbst Holzhauer und Kohlenbrenner auszuforschen nicht unter seiner Würde hielt, sollten wir ihm zum Verdienst anrechnen; es ist nicht leicht aus den Berichten solcher Leute den wahren Gehalt herauszufinden. Nicht

---

1) *Theophrast's Naturgeschichte der Gewächse, übersetzt von Sprengel, II. S. 4.*

genug zu loben ist dabei die Gewissenhaftigkeit, mit der er das Nicht selbst beobachtete von dem Selbstbeobachteten unterscheidet: und da er sich weit öfter auf die Bewohner weit aus einander liegender Gegenden, als auf Schriftsteller beruft, so scheint es doch, als hätte er dergleichen Nachrichten auf eigenen Reisen gesammelt. Er liebt es, die Verschiedenheiten der Vegetation verschiedener Gegenden einander gegenüber zu stellen. Bei dieser Neigung konnte er oft nicht vermeiden, wo zuverlässigere Nachrichten fehlten, vorläufig minder zuverlässige zu benutzen. Würde er wohl jemals diese Richtung genommen haben, wenn ihn nicht eigene Anschauung von dem grossen Einfluss verschiedener Klimate und Localitäten auf die Vegetation überzeugt hätte? welche Reisen er gemacht, wie weit er sie ausgedehnt, und wie er sie benutzt, wird sich auch bei dem sorgfältigsten Studium seiner Werke für diesen Zweck niemals entscheiden lassen; vergessen wir indess nicht, dass der wahre Naturforscher selbst im beschränkten Kreise oft mehr sieht, als Andere auf einer Weltumsegelung. Darf ich noch eine Vermuthung aussprechen, so meine ich, Theophrastos habe seine grossen botanischen Werke wohl erst in spätern Jahren geschrieben, als Körperschwäche ihn, wie wir von Diogenes Laërtios wissen, sich eines Tragsessels zu bedienen nöthigte; die Materialien dazu habe er aber in frühern Jahren wenigstens grossentheils auf Reisen gesammelt. Unter dieser Voraussetzung können uns oft mitten in einer Reihe trefflicher Beobachtungen einzelne Lücken, wie z. B. die von Sprengel gerügte in Betreff des Blüthenstandes der Linde, nicht befremden.

Einen Garten, den er seit Aristoteles Tode gemeinschaftlich mit Demetrios Phalereus, seinem Schüler und zehn Jahr lang Regenten Athens, besass, vermachte er nebst dem damit verbundenen Säulengange und andern Gebäuden seiner Schule. So erzählt uns Diogenes Laërtios [1]), kaum glaublich ist aber, was Neuere daraus machten. Schon Haller [2]) setzt etwas hinzu, wenn

---
1) *Diog. Laërt. V, cap. 2 sect. 36 et 52, cap. 5 sect. 76.*
2) *Haller bibl. bot. I, pag. 34.*

er sagt: „Er besass selbst einen Garten, um die Erscheinungen der Gartenpflanzen in der Nähe betrachten zu können." Näher an die Ueberlieferung hielt sich Sprengel in seiner Historia rei herbariae [1]): in seiner Geschichte der Botanik [2]) spricht er aber statt des Gartens überhaupt von einem Pflanzengarten, was, wenn es sich auch anders deuten lässt, doch jeden Botaniker unwillkürlich an das französische Jardin des plantes, d. h. botanischer Garten, erinnert. Zu einem solchen hat ihn denn auch ohne Zweifel im Vertrauen auf Sprengel, ich weiss nicht, ob Cuvier [3]) selbst, oder der Herausgeber seiner Vorlesungen Saint-Agy, erhoben, zu einem Garten, „in welchem er eine beträchtliche Menge exotischer und einheimischer Pflanzen zusammen gebracht hatte." Dem Urheber dieses Ausspruchs ahnete nicht, dass die wissenschaftliche Bedeutung dieses Gartens seitdem von Schneider [4]) mit Recht in Zweifel gezogen, und bald darauf von Sprengel [5]) vielleicht nur zu sehr herabgesetzt ward. Denn nunmehr sagte letzterer: „Wie viel Pflanzen er in seinem Garten, den er seiner Schule hinterliess, mit Beihülfe des Demetrios von Phaleros gezogen, das wissen wir nicht; aber gross war seine Kenntniss von Gewächsen auf keine Weise, und den Bau

---

1) *Sprengel Hist. rei herb. II, pag. 70*, wo, wie auch im folgenden Werke Demosthenes statt Demetrios steht.
2) **Desselben** Gesch. der Bot. I. Seite 54.
3) *Cuvier, histoire des sciences naturelles depuis leur origine jusqu'à nos jours chez tout les peuples connus, professée au collège de France. Completée, redigée, annotée et publiée par M. Magdeleine de Saint-Agy. Tom I, 1841, pag. 177.* — Man muss besonders den ersten Theil dieses Werks, dem laut der Vorrede keine stenographischen Berichte zum Grunde liegen, mit grosser Vorsicht gebrauchen. Die Urtheile, zumal über zoologische und anatomische Leistungen, sind meist sehr treffend, die historischen Angaben äusserst unzuverlässig.
4) *Theophr. opera, edid Schneider V, pag. 229.*
5) *Theophr.* Naturgesch. d. Gew. übers. v. Sprengel II. S. 4. — Könnte man das, was jeder seinen Vorgängern und ihren Erfindungen (also auch dem Mikroskop) verdankt, abrechnen, bei wem bliebe dann wohl mehr Pflanzenkenntniss übrig, bei Theophrastos oder bei Sprengel?

Buch II. Kap. 2. §. 18.

der Pflanzen hatte er sehr wenig untersucht." Und in der That, so wenig wir von einer Menagerie des Aristoteles wissen, eben so wenig wissen wir von einem botanischen Garten des Theophrastos. Zunächst diente der Garten mit seiner Säulenhalle unstreitig ihm und seinen Schülern zum Versammlungsort. Enthielt er aber auch nur Obstbäume, Gemüse und einige Kranzpflanzen (so nannten die Griechen, was wir Zierpflanzen nennen), wer kann zweifeln, dass Theophrastos sie nicht zu mannichfachen Beobachtungen sollte benutzt haben?

Ueberhaupt hatte Theophrastos vor andern das Schicksal, bald bis in den Himmel erhoben, bald rücksichtslos verkleinert, selten unbefangen und nach Verdienst gewürdigt zu werden. Anstatt nun auch mir ein entscheidendes Urtheil anzumassen, will ich meine Leser mit seinen botanischen Schriften wenigstens so weit bekannt zu machen suchen, dass sich jeder ein eigenes Urtheil über ihn zu bilden im Stande ist. Ueber seine Leistungen in andern Zweigen der Naturwissenschaft und der Philosophie sei mir dagegen kurz hinweg zu gehen vergönnt.

§. 18.

Theophrastos als Schriftsteller.

Dürften wir dem Diogenes Laërtios trauen, so hätte Theophrastos 227 Werke in 230,808 Zeilen hinterlassen, also der Zahl nach weit mehr, dem Umfange nach etwa halb so viel wie Aristoteles. Allein vier mal hebt in dem langen Titel-Verzeichniss die alphabetisch angelegte, wenn gleich nicht streng eingehaltene Aufzählung von vorn an, und eben so oft wiederholen sich einige Titel theils wörtlich, theils mit geringer Abweichung. Es sind also vier Verzeichnisse, welche Diogenes ohne, was die frühern schon enthielten, aus den folgenden wegzulassen, sorglos zusammengefügt hat; und dennoch fehlen einige von andern Schriftstellern citirte Werke. Mitunter werden auch offenbar dieselben Werke von verschiedenen Schriftstellern unter verschiedenen Titeln citirt, und nicht selten eignet dieser dem Theophrastos zu, was jener für ein aristotelisches Werk ausgiebt. Ueberhaupt ruht auf dem Verhältniss des Theophrastos zum Aristoteles als Schriftsteller ein wunderbares Dunkel, was noch niemand, so viel ich weiss aufzuklären versucht hat. Viele Schriften sehr verschiedenen Inhalts sollen beide unter ganz gleichen Titeln verfasst haben, so dass es scheint als hätte der Schüler einen grossen Theil der Werke seines Lehrers zum zweitenmal geschrieben. Das wäre bei abweichenden Grundansichten beider leicht möglich, bei ihrer, so weit wir darüber urtheilen können, fast durchgängigen Uebereinstimmung lässt es sich schwer begreifen. Einige Schriften werden von verschiedenen späteren Schriftstellern bald diesem bald jenem zugeeignet. Dazu kommt, dass Theophrastos selbst den Aristoteles niemals citirt, auch dann nicht, wenn er mitunter dessen Aussprüche fast wörtlich wiederholt. Sollte Theophrastos den Aristoteles absichtlich geplündert, oder gar ganze Werke desselben mit unerhörter Frechheit für die seinigen ausgegeben haben? Das hätte nicht unbemerkt bleiben können, und streitet mit allen Zeugnissen über das innige Verhältniss des Schülers zu seinem Lehrer und Meister. Jene Uebereinstimmung der Titel und jenes Schwanken in der Angabe ihrer Verfasser ward schon oft bemerkt, man darf nur das Verzeichniss der Werke beider Philosophen bei Fabricius durchgehen, um sich davon zu überzeugen. Für die Wiederholung aristotelischer Angaben bei Theophrastos finden sich ein paar auffallende Belege gleich im ersten Kapitel der Pflanzengeschichte, von dem ich unten eine vollständige Uebersetzung mittheilen werde. In der aus Aristoteles mitgetheilten Stelle Nr. 105 lasen wir die Vergleichung des Laubfalls mit dem Verlust der Federn und Haare bei den Thieren, ganz dasselbe werden wir in jenem Kapitel des Theophrastos wiederfinden; ebenso die Lehre von den homöomeren oder gleichartigen Theilen, die wir bei Aristoteles aus Nr. 50 ff. besonders Nr. 52 kennen lernten. Hier nannte Aristoteles als Beispiele ungleichartiger Theile bei den Thieren das Gesicht die Hand den Fuss, genau derselben Beispiele zur Erläuterung derselben Sache bedient sich Theophrastos. Was Aristoteles Nr. 147 von einer rauchfarbenen Weintraube erzählte, welche Einige Kapion nannten, dass sie nicht selten in die schwarze Farbe überginge, und dass man das, weil es oft vorkäme, nicht zu den Missgeburten oder Vorzeichen rechnete, dasselbe lesen wir zweimal bei Theophrastos, in der Pflanzengeschichte Buch II, Kapitel 3, und von den Ursachen der Pflanzen Buch V, Kapitel 3. Und solcher Beispiele könnte ich viele häufen.

Ich glaube hier daran erinnern zu müssen, dass Theophrastos die Bibliothek seines Lehrers erbte, und das Vertrauen desselben, wie eben daraus erhellt, bis zum letzten Augenblick in vollem Maasse besass. Unter der Bibliothek haben wir ohne Zweifel den gesammten schriftlichen Nachlass zu verstehen; denn damals sonderte man ja nicht wie wir Bücher und Handschriften; doch dürfen wir, wie mir scheint, dreierlei Bestandtheile darin wohl unterscheiden: 1. bereits öffentlich herausgegebene Bücher, die sich im Besitz Vieler befanden, 2. angefangene, noch nicht vollendete, oder gar erst im Entwurf vorhandene Bücher, und 3. Collectaneen, theils in früheren Schriften schon benutzte, theils noch unbenutzte. Schon aus dieser Erbschaft musste eine gewisse Solidarität des Erben und des Erblassers hervorgehen, dergleichen wir sogar in der neuern Literargeschichte nicht selten antreffen, obgleich sich der Begriff des literarischen Eigenthums nach und nach immer schärfer entwickelte, der bei den Alten noch viel Schwankendes hatte. Dass Aristoteles aber weitläuftige Collectaneen besitzen musste, verräth die Beschaffenheit vieler seiner Werke, ihr Reichthum an Specialien und die stete Rücksicht auf die Meinung der Vorgänger; und dass er manches unvollendet oder nur im Entwurf hinterlassen, ergiebt sich mit grosser Wahrscheinlichkeit aus der plötzlichen Unterbrechung seiner schriftstellerischen Thätigkeit zu Athen durch politische Ereignisse. Solche Arbeiten zu vollenden und bekannt zu machen, war ohne Frage des Schülers erste Pflicht, und es wäre leicht möglich, dass er dazu noch besondern Auftrag empfangen hätte. Jene Collectaneen dabei zu benutzen war aber sein gutes Recht. Fand ein solches Verhältniss statt, so genügte es, wenn sich Theophrastos ein für allemal darüber aussprach. Wir wissen nicht, ob er es wirklich gethan, und das ist bei dem Verlust der meisten seiner Werke kein Wunder. Ist es aber geschehen, so löst sich dadurch das obige Räthsel beinahe vollständig. Es bedurfte dann natürlich keiner speciellen Citate des Aristoteles, der Antheil desselben an allen Werken des Theophrastos durfte als bekannt vorausgesetzt, eine Wiederholung am gelegenen Orte nicht gescheut werden. Späteren Grammatikern, unter denen sich besonders zwei, Andronikos Rhodios und Hermippos, mit den Schriften des Theophrastos beschäftigt zu haben scheinen [1]), konnten den Verfasser und den Herausgeber nur zu leicht verwechseln, und mussten bei solchen Schriften, woran beide mehr oder weniger Theil hatten, vollends in Verlegenheit gerathen. Herrschten aber solche Zweifel bei einigen Werken, so konnten sie sich in noch späterer Zeit auch auf solche Werke erstrecken, die man früher als entschieden aristotelisch oder theophrastisch betrachtet hatte.

Es bleibt nur noch die doppelte Reihe unzweifelhaft ächt aristotelischer und ächt theophrastischer Schriften unter ganz oder fast gleichen Titeln zu betrachten übrig. Die Absicht, seines grossen Meisters Leistungen durch neue Bearbeitungen derselben Gegenstände zu überbieten, können wir vernünftiger Weise dem Theophrastos nicht zutrauen. Seine Aufgabe war, Lücken auszufüllen, im Allgemeinen aufgestellte Gedanken weiter zu verfolgen und im Besondern zu bewähren, dieselben Gegenstände von Seiten her, von denen sie Aristoteles unberührt gelassen hatte, zu beleuchten, und dergleichen mehr. In einem einzelnen Fall sagt uns Cicero ganz bestimmt, dass es sich wirklich so verhalten. „Durch Aristoteles, sagt er [2]) kennen wir die Sitten Einrichtungen Verfassungen nicht nur aller griechischen, sondern auch ausländischen Staaten; durch Theophrastos auch ihre Gesetze." So diente

---

1) Vergl. *Fabric. bibl. Graec. III, pag. 412, 444* und *445*, und Schneider in *Theophr. opera V, pag. 234.*
2) *Cicero de finibus V. cap. 4.*

also das Werk des Theophrastos über die Gesetze dem aristotelischen über die Staatsverfassungen zur Ergänzung. Sollte es sich mit den naturwissenschaftlichen Werken beider anders verhalten? Unter den zoologischen Werken des Theophrastos werden genannt: vom Instinct und den Gewohnheiten der Thiere, von den verschiedenen Stimmen gleichartiger Thiere, von den von selbst (automatisch) entstehenden Thieren, von den Winterschläfern; dazu sechs Bücher von den Thieren ohne nähere Bezeichnung des Inhalts [1]). Es leuchtet von selbst ein, dass jene besondern Werke vielleicht nur Abschnitte des letztern waren; und dann war dieses nichts weniger als eine Wiederholung der aristotelischen Thiergeschichte, sondern eine reichhaltige Ergänzung derselben. Einen gewissen Mangel an Zusammenhang tadelten die Kritiker von Scaliger bis heute an den noch übrigen Büchern des Theophrastos von den Ursachen der Pflanzen. Besässen wir des Aristoteles Theorie der Pflanzen, und fände sich, dass Theophrastos, diese voraussetzend, sie nur hätte ergänzen wollen: so möchte sich der Tadel vielleicht in Lob verwandeln. Leider fehlt uns ein solcher Maassstab, desto vorsichtiger sollten wir bei Beurtheilung der uns noch übrigen Fragmente theophrastischer Schriften verfahren. Denn vollständig ist keins seiner Werke auf uns gekommen. Mögen genauere Kenner beider Schriftsteller diese Bemerkungen ihrer Aufmerksamkeit würdigen. Ich zweifle nicht, dass sie sich mehr und mehr bestätigen werden.

Unter den beiden noch vorhandenen botanischen Werken des Theophrastos bestand die **Geschichte der Pflanzen** aus zehn Büchern, neuere Ausgaben enthalten nur neun; denn was ältere Ausgaben und einige Handschriften wenigstens als Anfang des zehnten lieferten, erwies sich bei näherer Untersuchung als Schlusssatz des neunten, verbunden mit einigen Wiederholungen aus früheren Büchern. Ausserdem fehlt uns nach der wohl begründeten Meinung des neuesten Bearbeiters, Wimmer, das Ende des zweiten und fünften Buchs, und zahlreiche Lücken zeigen sich

---

1) *Fabric bibl. Gr. l. c.* 449 und 450.

bald hier bald dort. Was wir aber das neunte Buch nennen, hält Wimmer doch wohl ohne hinreichenden Grund für eine Zusammensetzung verschiedenartiger Auszüge aus einem ganz andern Werke des Theophrastos, wie er meint, aus den verlorenen fünf Büchern von den Säften.

Noch minder vollständig erhielt sich das Werk von den Ursachen der Pflanzen. Es bestand aus acht Büchern, wir besitzen nur sechs. Ueber die Zerrissenheit Verworrenheit Lückenhaftigkeit Wiederholungen und Dunkelheiten derselben ergiessen sich alle Ausleger, jenachdem sie entweder wie Scaliger alle Mängel dem Verfasser aufbürden, oder dieselben wie Schneider als später entstandene Verderbnisse betrachten, bald in schulmeisterliche Zurechtweisungen, bald in wehmüthige Klagen. Mir scheinen diese Ausstellungen, so weit sie begründet, übertrieben zu sein, grossentheils aber darauf zu beruhen, dass Philologen und Botaniker, die sich dem erst genannten Werk mit Neigung widmeten, dieses zweite nicht minder wichtige bisher auf unverantwortliche Weise vernachlässigten. Wer weiss, was eine gründliche Kritik des Textes, woran es noch ganz fehlt, ein tiefer eingehender Commentar noch aufzuklären vermöchten? Erst nach solchen Vorarbeiten wird sich ermitteln oder muthmassen lassen, was durch den Zahn der Zeit verloren ging, was neuere Abschreiber, was ältere alexandrinische Redactoren verschuldeten, und was von Haus aus mangelhaft aus der Hand des Verfassers hervorging; wobei nicht ausser Acht zu lassen, was ich über das muthmassliche Verhältniss dieses Werks zu der aristotelischen Theorie der Pflanzen vorhin schon andeutete. Doch schon in seinem jetzigen Zustand kann ich die Lectüre desselben, wenn auch nur in der durch Schneider verbesserten lateinischen Uebersetzung des Theodor Gaza, allen Botanikern, denen die Geschichte ihrer Wissenschaft von Bedeutung ist, nicht dringend genug empfehlen. Es ist auch so noch viel daraus zu lernen, und zum Verständniss späterer Erscheinungen in unsrer Literatur unerlässlich. Betrachten wir nun jedes der beiden Werke noch etwas näher.

§. 19.
Des Theophrastos Geschichte der Pflanzen.

Wer den Inhalt dieses Werks, ohne es selbst zu lesen und zu studiren, einigermassen will kennen lernen, den verweise ich auf das Argumentum librorum de historia plantarum, welches Wimmer in seiner Ausgabe dem Text vorangeschickt hat, von pag. XXXI. bis XLIV. Man findet hier von Buch zu Buch, von Kapitel zu Kapitel, ja von Paragraph zu Paragraph die Angabe des Hauptinhalts und der dem Gange der Untersuchung zum Grunde liegenden Disposition, mit einer von keinem seiner Vorgänger erreichten Genauigkeit und Uebersichtlichkeit. Ich werde mich auf die Hauptpunkte beschränken, und diese, so weit es nöthig scheint, erläutern.

Das erste Buch handelt von den Theilen der Pflanze und deren Verschiedenheiten im Allgemeinen.

Hier drängt sich gleich eingangs die Frage auf, was denn Theile oder, wie wir sagen würden, wesentliche Theile der Pflanze sind? Kein Theil kommt allen Pflanzen ohne Ausnahme zu, keiner dauert bei allen Pflanzen, die ihn haben, so lange fort wie sie selbst; die Pflanze ist, wie wir sagen würden, mit einem Wort kein Individuum. Aber lebendig, sprossend ist sie überall und, wie es an einem andern Orte [1]) heisst, jeder Trieb des Baums ist gleichsam eine Pflanze für sich, die auf ihm wie auf ihrem Boden wurzelt. Die Untersuchung streift also ganz nahe an den Gedanken hinan, dass die wandelbare Pflanze nur Bestand hat in dem Gesetz ihres ewigen Wandels; doch erfasst sie ihn nicht; ihn wirklich zu gewinnen, bedurfte es noch zweitausendjähriger Anstrengung. Daher das Schweben und Schwanken dieser ganzen, am Ende eigentlich zu nichts führenden Untersuchung, als zu dem Geständniss, man müsse es mit dem Begriff der Theile bei den Pflanzen nicht zu genau nehmen. Das ward dem Theophrastos oft zum Vorwurf gemacht; mir scheint es ihm weit mehr Ehre zu

---

1) *Theophrast. de causis plantar.* I, cap. 11. sect. 4.

machen; als die logische Präcision denen, die, ohne Ahnung des eigentlichen Wesens der Pflanze, ihre willkürlichen Bestimmungen der Natur aufdrängen, und sie mit Definitionen hofmeistern. Doch genug hiervon, da ich hinter dieser Uebersicht das ganze erste Kapitel als Probe des Werkes in treuer Uebersetzung zu geben denke.

Bei der darauf versuchten Aufzählung und Unterscheidung der vornehmsten Pflanzentheile vermissen wir freilich den rechten Maassstab ihrer Würdigung. Die wichtigsten, die Geschlechtsorgane, entgingen dem Verfasser ganz; und erkannte er auch, wie schon seine Vorgänger, die Bedeutung des Samens als Pflanzenei, so blieb ihm doch das Verhältniss der Samen zur Blume —, wiewohl er den flos superus und inferus zu unterscheiden wusste, — völlig unbekannt.

Besser gelingen ihm Kategorien für die Verschiedenheit der sich entsprechenden Theile verschiedener Pflanzen, von denen er zuerst die äussern, dann im zweiten Kapitel die innern nennt, Saft Fasern Adern Fleisch Holz Rinde und Mark. Man muss sich hüten, hierbei an das zu denken, was wir mit Hülfe des Mikroskops kennen lernten, und was uns nun schon so geläufig ward, dass wir Mühe haben uns in eine frühere Vorstellungsweise zurück zu versetzen. Adern sollen unstreitig nach Analogie mit dem thierischen Körper Saftkanäle sein, und da die gefärbten sogenannten Milchsäfte bei den Pflanzen vorzugsweise ins Auge fallen, und auf dem Durchschnitt eines Blatts am reichlichsten da hervortreten, wo die stärksten Tracheenbündel liegen, so nahm Theophrastos dergleichen Tracheenbündel geradezu für Adern. Galt aber der Safterguss beim Durchschnitt als Kennzeichen der Adern, so mussten natürlich auch die grossen Harzkanäle der Nadelhölzer Adern sein.

Um zu ermitteln, was er Fasern ($ἴνες$) nannte, müssen wir auf Aristoteles zurückgehen, der bei den Thieren zweierlei Fasern unterschied. Von der einen Art spricht er ausführlicher [1]) und

---

1) *Arist.* de partib. animal. *II*, cap. 4. pag.

sagt, sie befänden sich im Blut, dessen gerinnbaren Theil sie ausmachten. Diese gehören nicht hierher. Die zweite Art stellt er an einer andern Stelle¹) zur Vergleichung neben die erste, und sagt von diesen Fasern nur, sie hielten das Mittel zwischen den (der Ernährung dienenden) Adern und den (der Bewegung dienenden) Sehnen oder Nerven —, denn beide verwechselte er noch unter gemeinschaftlichem Namen. Einige dieser Sehnen, fügt er noch hinzu, führten sogar Blutwasser (ἰχώρ). An einer dritten Stelle²) sagt er, das Fleisch verbände sich mit den Knochen durch zarte faserartige Bänder. Er fasste also schon im thierischen Körper sehr verschiedene Theile, wie es scheint vornehmlich Milchgefässe und feinere Sehnen oder Nerven, unter dem Namen Fasern der zweiten Art zusammen, indem er sich einbilden mochte, dass sie vorzugsweise aus seinen sogenannten Blutfasern entständen; was Wunder, dass ein von Haus aus so verworrener Begriff bei der Uebertragung auf den Pflanzenkörper sich noch mehr verwirrete? zusammenhängend, spaltbar, gestreckt, ohne Seiten- und ohne Endkeim, also ohne Verzweigung, beschreibt Theophrastos die **Pflanzenfasern**. Es ist wohl mehr als wahrscheinlich, dass er darunter den Bast und die Tracheenbündel der Internodien und längeren Blattstiele, in denen sich kein Milchsaft befand, verstand; aber bei manchen Pflanzen nennt er auch den Mittelnerv und die Rippen der Blätter eben so, und damit verschwindet für uns der Unterschied seiner Adern und Fasern beinahe ganz. Denn das Milchsaftführen und Anastomosiren, und das Nichtmilchsaftführen und Nichtanastomosiren fallen bekanntlich keineswegs immer zusammen. Doch ehe wir das tadeln, wollen wir uns erinnern, dass wir ungeachtet unsrer anatomischen Kenntnisse in unsern Pflanzenbeschreibungen noch immer von foliis nervosis und venosis sprechen, ächt theophrastisch, und ohne uns des Sinns dieser Ausdrücke bewusst zu sein.

Im dritten Kapitel stellt Theophrastos das auf, was wir sein

---

1) *Arist. histor. animal. III, cap. 5. pag. 515.*
2) *Arist. de partib. animal. II, cap. 9. pag. 654.*

Pflanzensystem nennen könnten, wenn er nicht ausdrücklich befürwortete, man müsse es damit nicht zu genau nehmen; den Unterschieden, die er anführe, läge zwar etwas Natürliches zum Grunde, doch durchgreifend und beständig wären sie nicht, und sollten nur zur Bequemlichkeit beim Vortrage dienen. Solche Geständnisse entwaffnen die Kritik.

Unterschieden werden zuerst **Bäume Sträuche Stauden und Kräuter**. Was hatte man Besseres, so lange die Kenntniss der Geschlechtsorgane und Keimblätter fehlte? In jeder dieser vier Abtheilungen werden ferner unterschieden die **zahmen** und die **wilden** Pflanzen. Hippon's Ausspruch, jede Pflanze sei von Natur eine wilde, und werde erst durch Pflege zahm und veredelt, wird dabei im Ganzen gebilligt, doch bald darauf bemerkt, einige Pflanzen wären der Cultur unfähig, einige bedürften durchaus der Pflege, daher es auch diesem Unterschied an einer natürlichen Grundlage nicht ganz fehle. Geringerer Werth wird darauf folgenden Unterschieden beigelegt, dem der **fruchtbaren** und **unfruchtbaren**, der **blühenden** und **blüthenlosen**, der **immergrünen** und **ihr Laub abwerfenden** Pflanzen. Das Werk war für Griechen überhaupt bestimmt, es war nach den oben gegebenen Bestimmungen ein exoterisches; denn ein abgesondertes gelehrtes Publicum, das sich mit Botanik beschäftigte, gab es noch nicht. Die Hauptaufgabe war, die zerstreut bereits vorhandenen Pflanzenkenntnisse zu sammeln und fasslich für Jedermann zu ordnen, und diese Aufgabe scheint mir glücklich gelöst.

Das vierte Kapitel handelt vom **Vorkommen**, besonders von **Land- und Wasserpflanzen**.

Das fünfte bis vierzehnte Kapitel endlich enthalten eine gedrängte **Morphologie**, durch Beispiele erläutert. Sehr ausführlich wird im sechsten und siebten Kapitel von den **Wurzeln** gehandelt, dabei auch von der gegliederten Wurzel der schilfartigen Pflanzen, von Zwiebeln und Knollen, und deren Analogie mit dem Stengel, endlich auch von der indianischen Feige und ihren sogenannten Luftwurzeln, ohne Zweifel nach Berichten der Begleiter des Alexandros, auf deren zwei, **Onesikritos** und

Aristobulos, sich Strabon¹) bei Beschreibung desselben Baums beruft. Im achten Kapitel von den Knospen²) wird auch der Adventivknospen, welche nach Verletzung der Rinde zu entstehen pflegen, und des Einflusses des lichteren oder geschlosseneren Bestandes der Wälder auf die Knospenbildung erwähnt. Im zehnten Kapitel, von den Unterschieden der Blätter, wird auch der veränderten Richtung derselben in späterer Jahrszeit gedacht. Nicht bedeutungslos scheint mir, dass dem eilften Kapitel, von den Samen und ihren Hüllen, den Früchten, das dreizehnte von den Blumen folgt, und vom Fruchtstande erst im vierzehnten und letzten gehandelt wird.

Das zweite bis fünfte Buch handeln ohne strenge Unterscheidung von den Bäumen und Sträuchen, also von den Holzpflanzen, und zwar das zweite von den zahmen und deren Pflege, das dritte von den wilden, das vierte, bis zu Ende des zwölften Kapitels von den verschiedenen, meist ausländischen Bäumen und Sträuchen, die gewissen Gegenden eigenthümlich sind; im dreizehnten und den folgenden, welche Schneider für ein besonderes Buch zu halten geneigt ist, von der Lebensdauer und den Krankheiten der Bäume; das fünfte endlich von den Eigenschaften und Unterschieden der Hölzer, und der Art sie zu behandeln. Beschreibungen vermisst man bei den meisten in diesen Büchern genannten Pflanzen, sie mochten dem

---

1) *Strabo XV*, *cap. 1. pag. 694 edit. Casauboni.*

2) Nur so können, wie ich meine, die ὄζοι bei Theophrastos übersetzt werden. Plinius übersetzte Nodi, Knoten, und ihm folgten von Theodoros Gaza ab Alle bis auf den heutigen Tag, was zu manchen Missverständnissen Anlass gab. Was die Römer sonst bei den Pflanzen Nodi nannten, und was wir Knoten nennen, waren bei Theophrastos γόνατα, Knie, ohne Rücksicht auf Biegung. Aber Andre nannten, wie Theophrastos selbst berichtet, und bekannt genug ist, auch die Zweige, also das Product der Knospen, ὄζοι; daher wir uns nicht wundern dürfen, wenn er mit diesem Wort an andern Stellen, namentlich im fünften Buch, wo er vom Nutzholz handelt, auch die gleichsam im Holz stecken gebliebenen, das heisst früh abgestorbenen und überwachsenen Zweige bezeichnet, also das, was unsre Tischler Aeste in den Brettern nennen.

Verfasser bei so bekannten Gegenständen überflüssig dünken; desto ausführlicher werden die natürlichen **Fortpflanzungs-** und künstlichen **Vermehrungsarten** behandelt. Ich hebe nur weniges aus diesen vier Büchern hervor. Buch II, Kap. 8. beschreibt umständlich das Verfahren der sogenannten **Caprification**, des Aufhängens wilder Feigen an den zahmen Bäumen, um das vorzeitige Abfallen der Früchte zu verhüten, — eine noch immer nicht gehörig untersuchte Procedur [1]). Ebendaselbst ist auch von der **künstlichen Befruchtung** der weiblichen **Palme** durch die Blüthentrauben der männlichen die Rede. Um jedoch diese Nachricht nicht zu überschätzen, vergleiche man Kap. 6, wo erst fruchttragende und unfruchtbare Palmen, und darauf von ersteren nochmals männliche und weibliche unterschieden werden. Buch III, Kap. 1 wird der vermeinten **Samenlosigkeit der Ulmen und Weiden** [2]) widersprochen, und von der oft weiten und reichlichen **Verbreitung des Samens** mancher Pflanzen durch Regengüsse und Ueberschwemmungen gesprochen. Kap. 5 werden die verschiedenen **Safttriebe** unterschieden, bei einigen Bäumen zwei, bei einigen sogar drei. Eine vermuthlich etwas verdorbene Stelle Kap. 7 scheint die erste Nachricht von **Ueberwallung** des Stumpfes der Nadelholzstämme zu geben, einem erst seit kurzem vollständig untersuchten Phänomen [3]). Buch IV. Kap. 2 kommt ein Baum aus Oberägypten vor mit **sensitiven Blättern**, und Kap. 4 die älteste Beschreibung des **Citronenbaums**, die der vielbelesene Athenäos [4]) aufzufinden wusste. Seines Fruchtknotens ward gelegentlich schon in einer früheren Stelle (I, 13) erwähnt als eines Zeichens, dass die Blume fruchtbar sei. Unter den Tang-

---

1) Man vergl. unterandern **Treviranus** in *Schlechtendals Linnäa III, (1828) S. 70. ff.*, **Sprengel** zu der betreffenden Stelle in seiner Uebersetzung des Theoprastos II, S. 80 ff.
2) Vergl. den homerischen Vers, der zu jener Meinung Anlass gegeben, oben S. 20.
3) Vergl. *Göppert, Beobachtungen über das Ueberwallen der Tannenstämme.* Bonn, 1842. 4. Seite 1, Anmerkung.
4) *Athenaei deipnosoph. III, cap. 26. pag. 327.*

arten in Kap. 6 fehlt auch die ächte Orseille nicht [1]). Von den Beschreibungen des Nelumbium speciosum und der Nymphaea Lotus in Kap. 8 rühmt Sprengel in der Anmerkung dazu, man werde schwerlich bei den Alten eine genauere Beschreibung finden als diese. Nicht weniger gelungen ist die Beschreibung der Trapa natans, von der das ganze folgende Kapitel handelt, und die der Nymphaea alba in Kap. 10.

Das sechste Buch: von den Stauden, zuerst den wilden, unter denen die dornigen und dornenlosen unterschieden werden; dann Kap. 6 bis 8 von den zahmen, worunter die Kranzpflanzen oder, wie wir sagen würden, die Zierpflanzen zu verstehen sind. Wichtig ist besonders Kap. 3 die ausführlichste Nachricht über das berühmte Silphion aus Libyen, wozu Sprengels Commentar eine werthvolle Zusammenstellung aller sonstigen Nachrichten liefert. Fast jeder Theil dieser ferulaartigen Doldenpflanze ward geschätzt und mit besonderem Namen im Handel bezeichnet, vor allem der unserer Asa foetida ähnliche Saft. Bei den Kranzpflanzen werden die wenigen krautartigen von den staudenartigen nicht getrennt, und alle nach dem Gebrauch eingetheilt in solche, deren theils wohlriechende theils geruchlose Blüthe, und solche, deren Laub man anwandte. Es kommen hier aber auch Pflanzen vor, die wir zu den Sträuchen zählen, wie gleich in Kap. 6 die Rosen, in Griechenland besonders wichtig zur Bereitung des Rosenöls. Vorzugsweise wird hier wieder, wie bei den zahmen Bäumen die Fortpflanzungsweise und sonstige Pflege betrachtet, die Beschreibungen sind dürftig oder fehlen ganz.

Es folgen im siebten und achten Buch die Kräuter, und zwar zunächst im siebten die Gemüsepflanzen nebst den ihnen ähnlichen wilden. Kap. 1 bis 5 von den eigentlichen Gemüsepflanzen und deren Cultur. Kap. 6 von denjenigen wilden Pflanzen, die den zahmen Gemüsepflanzen entsprechen. Kap. 7 von den Ackerpflanzen, die auch als Gemüse benutzt werden. Dann Kap. 8 bis 15 von den Unterschieden und Gattungen der Kräu-

---

1) *Beckmann*, Geschichte der Erfindungen *1, S. 334 ff.*

ter ohne Rücksicht auf den Gebrauch. Bei einer Pflanze, die er Anthemon nennt, bemerkt Theophrastos schon, dass sie gegen die Art anderer nicht von unten nach oben, sondern von oben nach unten zu ihre Blumen entwickelt. Ich weiss nicht, ob dieser wichtige Unterschied der Anthesis centripeta und centrifuga ausser Theophrastos von irgend einem Botaniker vor Link und Robert Brown jemals betrachtet ward.

Die Getreide, denen das achte Buch gewidmet ist, werden in zwei oder, wenn man will, drei Gattungen getheilt, in die eigentlichen Getreide oder die Halmfrüchte unserer Landleute, in die Ospria oder Hülsenfrüchte, und in einige andere, die zu jenen nicht zu gehören scheinen. Die drei ersten Kapitel handeln von ihnen allen insgemein, und die erste Hälfte des zweiten giebt über die Keimung und weitere Entwickelung der Halm- und Hülsenfrüchte so interessante Beobachtungen, dass ich mich nicht enthalten kann, sie am Schluss dieser Uebersicht nächst dem ersten Kapitel des ersten Buchs als Probe in treuer Uebersetzung zu liefern. Es sind ungefähr dieselben, auf welche Andrea Cesalpini im Jahre 1583 den wichtigsten Theil seines Pflanzensystems, des ersten, was wir besitzen, gründete.

Ueber das neunte und letzte Buch, von den eigenthümlichen Säften und Arzneikräften der Pflanzen überhaupt von den Bäumen bis zu den Kräutern herab, können wir noch rascher weggehen. Mit wenigen Ausnahmen, wie z. B. der Beschreibung des Pechbrennens im dritten Kapitel, enthält es vornehmlich fremde, oft fabelhafte Berichte der Rhizotomen, wie es scheint, über einheimische, der Reisenden oder Handelsleute über exotische Arzneipflanzen, vor allen Gifte und Specereien, auch einiges über die medicinische Benutzung solcher Pflanzen oder Pflanzenstoffe. Besonders hervorzuheben wüsste ich nichts aus dem ganzen Buche. Ich wende mich daher zu dem zweiten botanischen Werke desselben Naturforschers.

§. 20.

Des Theophrastos Werk von den Ursachen der Pflanzen.

Die auffallenderen Erscheinungen des Pflanzenlebens, besonders der natürlichen und künstlichen Vermehrung, werden, bald inniger bald lockerer verbunden, zusammengestellt, und so gut wie möglich, mitunter in ihrem wahren natürlichen Zusammenhange, öfter durch die vermeinten Wirkungen der Wärme und Kälte, Trockenheit und Feuchtigkeit erläutert. Das Willkürliche solcher Erklärungen fällt um so mehr auf, wenn wir den Verfasser selbst mehrmals klagen hören, was feucht oder trocken sei, lasse sich durch die Sinne wahrnehmen, das Kalte und Warme aber sei sehr schwer, und nur durch Verstandesschlüsse zu unterscheiden [1]. Es sei mir daher erlaubt, obgleich das Erklären eigentlich der Zweck des ganzen Werkes ist, mich vorzugsweise an die erklärten Erscheinungen zu halten und deren Erklärungen zu übergehen.

Erstes Buch. Uebersicht der verschiedenen Arten der Entstehung, Vermehrung und des Wachsthums der Pflanzen. Kap. 1. Die Pflanzen entstehen aus Samen, von selbst, oder aus Theilen der Mutterpflanze, einige nur auf eine, andre auf mehrere der genannten Arten. Die letzte Art pflegt den Pflanzen mit einfachem gradem Stamm, wie der Tanne, zu fehlen; Kap. 2, doch nicht der Palme, deren Fortpflanzung viel Eigenthümliches hat. Kap. 3. Bei anderen Bäumen erfolgt sie durch Stecklinge Ableger Wurzeln Holz Zweige. Kap. 4. Auch bei den übrigen Pflanzen ist sie nicht minder mannichfach. Bei den Pflanzen mit kopfförmiger Wurzel, das heisst den Zwiebel- und Knollengewächsen, findet sie vorzugsweise durch die Wurzeln statt; bei andern auch durch die äussersten Spitzen der Zweige. Hier werden solche genannt, von denen an andern Orten gesagt wird, sie liessen sich durch die Blumen säen, in denen

---

[1] *Theophr. de causis plantar. I*, cap. 21. sect. 4.

sich vielleicht ein durch Kleinheit unsichtbarer Same verberge. Andere Pflanzen vermehren sich, wenn man sie zerschneidet. Ausnahmsweise auch einige aus Thränen, das heisst ausschwitzendem Saft. Man bezieht diese Stelle auf die Bulbilli axillares, was auf die eine der als Beispiel genannten Pflanzen, auf die Lilie, wozu auch Lilium bulbiferum und deren Verwandte gehören, sehr gut passt; doch leider nicht auf die andere, das Hipposelinon, welches unzweifelhaft eine Doldenpflanze ist, die man für Smyrnium Olus atrum hält.

Kap. 5. Die Generatio spontanea, welche vorzüglich bei kleineren Pflanzen vorkommen soll, wird als Möglichkeit auch bei den Bäumen zugestanden; doch werden die meisten angeblichen Fälle der Art auf Verbreitung der Samen durch Regengüsse, Ueberschwemmungen, vielleicht auch durch die Luft, zurückgeführt. Bei den unfruchtbaren Pflanzen kann man diese Entstehungsweise zugeben; doch dergleichen giebt es unter den Bäumen kaum. Bei der Weide und Ulme scheint es nur so, weil ihre Samen klein sind; und so vermuthlich auch bei den Kräutern, deren Blumen man säet.

Kap. 6. Vom Pfropfen und Oculiren. Dem Pfropfreis oder Auge dient die untere Pflanze nur als Boden. Leicht lassen sich ähnliche Pflanzen auf diese Art verbinden. Man müsse edle Pflanzen auf Wildlinge bringen. Im entgegengesetzten Fall entstehe zwar in dem auf eine edle Pflanze gepfropften Wildling auch eine Veränderung, doch keine ausreichende.

Kap. 7. Die Fortpflanzung durch Samen ist die gewöhnlichste, der Same dem thierischen Ei zu vergleichen. Beide enthalten in sich die erste Nahrung. Kap. 8. Doch enstehen aus Samen schwächere Pflanzen als aus Ablegern und dergleichen, weil aus ihnen erst alles gebildet werden muss, was bei jenen zum Theil schon vorhanden ist. Kap. 9. Auch pflegen sich zahme Pflanzen aus Samen gezogen zu verschlechtern, doch hängt das von der Gegend ab; an gewissen Orten verbessern sich auch die Samenpflanzen.

Kap. 10. Der Jahrstrieb' der Pflanzen ist gleichsam eine

Buch II. Kap. 2. §. 20.

zweite Erzeugung, Schnell vor andern treiben einige Pflanzen aus Kraft, andere aus Schwäche. Nach Kleidemos sind es die warmen Pflanzen, die in der kalten, die kalten, die in der warmen Jahrszeit treiben. Spät treiben und reifen die Immergrünen. Kap. 11. Letztere Erscheinung hänge damit zusammen, dass einige Pflanzen beständig treiben blühen und Früchte reifen. Kap. 12. Ausführlich wird untersucht, ob die Wurzeln im Winter, der Stengel im Sommer treibe, wie Viele meinten, oder beide zugleich; und Kap. 13, ob die im Sommer fruchtbringenden Bäume etwa während des Winters befruchtet wären, wie die Thiere. Bei diesem Anlass auch über den zweiten oder gar dritten Trieb mancher Pflanzen im Sommer und Herbst, und über das fortdauernde Blühen einiger durch Hülfe der Cultur, wie auch Kap. 14 über das zweimalige Fruchttragen in demselben Jahr. Kap. 15. Warum die wilden Bäume früher keimen und frühere und reichlichere, doch nicht so gute Früchte tragen wie die zahmen.

Kap. 16. Gar und reif ist der Saft in den Fruchthüllen, wenn er so geworden, dass er unserer Natur zusagt. Aber von der Reife der Fruchthülle ist die der Frucht und des Samens wohl zu unterscheiden. Jene bezieht sich auf unsern Nutzen, diese auf die Erhaltung der Art, und beide stehen einander gewissermassen entgegen; denn nicht leicht kann der Nahrungssaft beiden Zwecken zugleich genügen, oder gar dreien. Denn bald macht er, dass der Baum ins Laub treibt, und die Fruchtbildung ganz zurückbleibt; bald erzeugt er reichliche und keimkräftige Samen, bald endlich edlere Fruchthüllen für unsern Gebrauch. Daher die Frage entsteht, ob nicht die zahmen Pflanzen minder natürlich seien als die wilden? Hier und an andern Orten [1]) macht Theophrastos gleichsam Versuche sich zu befreien von jener falschen Teleologie, die alles in der Natur auf den Menschen und selbst auf die thörigsten Zwecke desselben bezieht; von jener Teleologie, die Voltaire mit jener weisen Einrichtung der Nase zum Zweck des Brillentragens und tausend ähnlichen Sarkasmen

---

1) Vorzüglich *de caus. plant. IV, cap. 4.*

geisselte, unser Kant durch seine Kritik der Urtheilskraft mit tiefem Ernst aus der Wissenschaft vertrieb, und die sich doch niemals ausrotten lässt; damals gelang es noch nicht einmal den Besten, sich von dieser Fessel los zu winden. Sehr richtig sagt Theophrastos, die Natur habe ihre Principien in sich selbst, und das nenne man naturgemäss, was sich von selbst mache (τὰ αὐτόματα). Doch der Landbau, meint er, unterstütze die Natur, dass sie in der That ihre Zwecke erreiche. Sei es doch auch Naturzweck, dass vom Gleichen das Gleiche wieder erzeugt werde; und demungeachtet verschlechtere sich der zahme Baum, wenn er aus dem Samen aufwachse; die Pflanze bedürfe also der Kunst und Hülfe des Menschen zur Erreichung ihres eigenen Naturzwecks. Als ob nicht eben das, was hier beweisen soll, die Streitfrage selbst wäre! Sind denn die sogenannten veredelten Früchte wirklich eine Veredelung der Pflanze? oder vielleicht nur eine zu unserm Vergnügen verderbte Pflanzennatur, wie der Castrat, den der Papst singen lässt, eine verderbte Menschennatur? Und gleichwohl täuschte Theophrastos sich und die Nachwelt mit so offenbaren Trugschlüssen. Selbst sein hyperdialektischer Censor, Julius Cäsar Scaliger, hat zwar auch an diesem Satz, wie fast an jedem zahllose Ausstellungen zu machen; in der Hauptsache aber hebt er den Irrthum seines Auctors beifällig mit noch schneidenderen Worten hervor. Totum rei caput est, sagt er[1]), quod plantae sunt animantes immobiles; quapropter nequeunt commoda sua quaerere ac persequi, cum quibus sua commutent incommoda. Non possunt aquatum ire, non sibi laxare stipatum solum, quo suffocantur, non parare sibi tegetes, quibus foveantur, non recidere partes supervacaneas, quibus intercipitur succi pars idonea ad fructus augendos: atque haec omnia requiruntur naturae legibus (?). Quam ob rem eadem natura, quae propter hominem (?) plantas ipsas fabricata est, homini dedit rationem, dedit manum, unde et a tempore loco que plantis, et a plantis sibi suppeterent expeditae commoditates.

---

1) *Scaligeri comment. in libb. Theophr. de causis plantar. pag. 69 a. b.*

Buch II. Kap. 2. §. 20.

Nach dieser unsrer Abschweifung, der die unsers Auctors an Länge nichts nachgiebt, kehren wir zur Inhaltsanzeige zurück. Kap. 17. Das Garwerden der Fruchthülle erfolge bei einigen Pflanzen früher, bei andern später; Kap. 18, was zum Theil vom Boden abhänge. Kap. 19. Aber auch Fruchthülle und Same reiften nicht immer zugleich, denn der Reifung jener komme die Kunst zu Hülfe. Kap. 20. Einige Bäume trügen ihre Frucht an den vorjährigen, andre an den diesjährigen Zweigen, doch an jenen niemals, ohne sich wenigstens einen Stiel neu zu bilden; die Palme trüge an den Ueberresten des Vorjahrs. Auch trügen einige Bäume jährlich, andre Jahr um Jahr. Kap. 21. Die Fruchthülle sei vor der Frucht und dem Samen, wie alles, was wegen eines andern sei; denn sie sei der Frucht und des Samens wegen. Hier behauptet Theophrastos also selbst, dass das Fleisch der Fruchthülle doch einen andern Naturzweck hat als den, verspeiset zu werden. Dass Fruchthülle (pericarpium) bei ihm nur das essbare Fleisch bedeute, welches das kapselartige Kernhaus des Apfels, den nussartigen Kern der Pflaume oder die Samen der Beere einschliesst, werden die Leser längst bemerkt haben.

In diesem und dem folgenden Kapitel nimmt er endlich Gelegenheit über die Zeichen der vermeinten Wärme oder Kälte der Pflanzen zu sprechen, auf die er, nebst Feuchtigkeit und Trockenheit, fast alle Erscheinungen an der Pflanze zurückführt. Aus ihren Wirkungen, meint er, müsse man auf die Wärme schliessen. Menestor habe fünf Zeichen derselben angegeben: 1. warme Pflanzen wären fruchtbarer; 2. sie lebten vornehmlich im Wasser, so wie die kälteren Pflanzen in wärmeren Gegenden; 3. sie keimten und reiften frühzeitig; 4. sie verlören ihre Blätter nicht; 5. sie brennten gut, und fingen leicht Feuer. Diese Zeichen erkennt aber Theophrastos in Kap. 22 nicht an, sondern zeigt, dass sie einander zum Theil sogar widersprechen. Sicherer findet er folgende; Fettigkeit Schärfe Geruch. Damit begäbte Pflanzen geriethen auch leicht in Brand. Warm wäre aber auch die Linde und alle, deren Holz die Axt schnell abstumpfe; ferner die, welche genossen den Körper erwärmen; endlich die sich warm anfühlen lassen oder schmecken. Dergleichen wüchsen vorzugsweise in heissen Gegenden, wodurch Menestors zweites Zeichen widerlegt werde. Man sieht, auf wie schwanker Grundlage das ganze physiologische Gebäude errichtet war. Und doch stand es gegen tausend Jahre!

Zweites Buch. Von den Veränderungen, welche die Pflanzen (vornehmlich die Bäume) von aussen her erleiden, und zwar durch Natureinflüsse, indem die Einwirkung der Kunst auf das folgende Buch verschoben wird.

Kap. 1 bis 7 ist ein kurzer Abriss der auf den Pflanzenbau angewandten Meteorologie und Geognosie. Sie handeln vom Schnee, Regen, Wind, Luftwärme, von der Lage gegen die Himmelsgegenden, vom salzigen und süssen Wasser, und vom Boden.

Kap. 8 widerlegt gelegentlich die Meinung, als ob das Garwerden der Früchte nicht immer durch die Wärme, sondern bei einigen Pflanzen auch durch die Kälte bewirkt werde. Das geschähe nie, sondern die Früchte würden zuweilen gar oder reif, trotz der äussern Kälte, durch ihre eigene Wärme.

Kap. 9 bis 19 behandeln die Veränderungen, welche die Pflanzen in Folge atmosphärischer oder tellurischer Einwirkungen, oder welche eine Pflanze von der andern erleidet. Ich hebe folgendes hervor.

Kap. 9. Dichtstehende Bäume, auf die weder Sonne noch Wind wirkt, wachsen schlank auf, und verlieren leicht ihre Früchte vor der Reife, namentlich Feigen Palmen Mandeln. Den Granatbaum pflanzt man sogar verkehrt, damit er sich nicht zu sehr erhebt, sondern hängende Zweige bildet. Kap. 10. Vom Einfluss des im Gegentheil zu weitläuftigen Standes der Bäume.

Kap. 11. Unfruchtbare oder armfrüchtige Bäume leben länger als reichfrüchtige. Es sei unrichtig, wenn Demokritos behaupte, die Bäume mit graden Adern wüchsen und stürben schneller als die mit gekrümmten.

Kap. 13 bis 15 über Verbesserung und Verschlechterung der Früchte, besonders nach den Gegenden.

Kap. 16. Veränderung des Geruchs der Pflanzen. Veränderung einer Pflanze in eine andere. Diese, wenn sie wirklich stattfinde, sei als Verderbniss, als Ausartung zu betrachten; doch vieles der Art,· was man anzuführen pflege, gehöre gar nicht hierher.

Kap. 17. Vom Wachsthum einer Pflanze auf der andern, einem überaus schwer zu erklärenden Phänomen.

Kap. 18. Vom Nutzen oder Schaden, den eine Pflanze der andern durch ihre Nähe bringe.

Kap. 19. Von den Bewegungen der Blätter Blumen u. s. w. zu gewissen Tags- oder Jahreszeiten.

Drittes Buch. Von den Veränderungen, welche die Pflanzen durch die Cultur erleiden.

Kap. 1. Welche Pflanzen angebaut werden können, welche nicht. Kap. 2—3. Ueber Anpflanzungen und Saaten überhaupt, und der passenden Zeit zu beiden im Frühling und Herbst.

Kap. 4 bis 10. Von Baumpflanzungen überhaupt, und zwar Kap. 4 von den Gruben zum Pflanzen. Kap. 5. Wahl der Pflänzlinge. Kap. 6. Düngung, Unterlage von Steinen unter die Pflänzlinge. Wahl des jeder Baumart entsprechenden Bodens. Kap. 7. Abstand der Bäume von einander, und das Beschneiden. Kap.·8. Beschneidung der Wurzeln, und Bewässerung. Kap. 9. Düngung der Pflanzung ist nicht zu oft zu wiederholen, und Wahl der Düngerarten. Kap. 10. Auflokerung des Bodens zwischen den Stämmen, und Reinigung von Unkraut. Die Nähe der Pflanzen schadet vornehmlich dadurch, dass eine der andern durch ihre Wurzeln die Nahrung entzieht. Doch bringt man oft auch absichtlich eine Pflanze der andern nahe, z. B. man säet Gerste oder sonst eine warme Pflanze zwischen die Reben, um dem Boden die übermässige Feuchtigkeit zu entziehen.

Kap. 11—18. Von der Cultur gewisser Pflanzen ins Besondere, und zwar Kap. 11—16 des Weinstocks, Kap. 17—18 der Palme, und gegen das Ende des letzten Kapitels auch des Mandelbaums.

Kap. 19. Cultur der Kranzpflanzen und Gemüse; unterscheidet sich wenig von der der Bäume.

Kap. 20 bis 24 Cultur der Getreidearten, und zwar Kap. 20. Mischung der Bodenarten, Pflügen, Düngung. Kap. 21. Günstige Lage des Ackers, Beschaffenheit des Saatkorns, Einfluss der Witterung. Kap. 22. Krankheiten der Getreidepflanzen, Rost besonders des Weizens, der Gerste, Raupen der Hülsenfrüchte. Kap. 23. Die rechte Zeit zur Saat. Schwächung zu geiler Saaten. Wie es zugeht, dass sowohl kalte wie auch warme Länder an Frucht ergiebig sein können. Daher das Sprichwort sagt: das Jahr trägt, nicht der Acker. Kap. 24. Wahl der Saatfrüchte von gleichen oder schlechteren Aeckern, aus gleicher oder schlechterer Gegend, u. s. w. und Behandlung des Samens vor dem Aussäen.

Das vierte Buch erscheint auf den ersten Blick etwas bunten unzusammenhängenden Inhalts; näher betrachtet hängt es jedoch in sich selbst und mit den vorhergehenden Büchern recht wohl zusammen. Im zweiten Buch handelte der Verfasser, um mich seiner Worte zu bedienen, von den Ursachen vornehmlich der Bäume, und ging im dritten auf deren Cultur über. Hieran knüpfte er sogleich die Cultur der Getreidearten. Damit war aber die Lehre von der Entstehung und Vermehrung der letztern noch nicht erschöpft; was sonst noch davon zu sagen war, füllt das vierte Buch. Dasselbe entspricht also dem zweiten. Doch wie wir dort manches von Kräutern eingeflochten fanden, so auch hier einiges von Bäumen.

Kap. 1. Vergleichung der Samen der Kräuter mit denen der Bäume. Jene sind kräftiger. Bäume, aus Samen erzogen, arten aus, Kräuter nicht, oder selten, und nicht so schnell u. s. w.

Kap. 2. Von Verderbniss und Aufbewahrung der Samen.

Kap. 3. Vom schnellern oder langsameren Keimen derselben, und in wie fern ältere Samen den frischen vorzuziehen sind. Die Keimkraft der meisten dauert vier Jahr, zur Nahrung können sie viel länger dienen.

Kap. 4. Da aber einige höchst unvollkommene Samen, wie die der Weiden und Ulmen, so hohe Bäume erzeugen, so muss man vielleicht eine zwiefache Vollendung der Samen unterscheiden, die eine zum Nutzen der Menschen, die andre zur

Buch II. Kap. 2. §. 20. 175

Fortpflanzung, und der letztern muss man nach der Natur der Samen den Vorzug einräumen. Man merkt des Verfassers Verlegenheit, dass sich beim Getreide nicht auch wie beim Obst die essbare Fruchthülle vom keimfähigen Samen trennen lässt. Am meisten aber setzen ihn die männlichen Diöcisten, die er zufällig kennt, wie die männliche Cypresse, die männliche Palme, in Verlegenheit, dadurch dass sie zwar aus Samen entstehen, doch selbst keinen Samen tragen. Dergleichen kommt unter den Getreidearten nicht vor; dagegen findet sich hier, wenn es gegründet ist, was behauptet wird, die Ausartung einer Art in eine andre, bei der also der Same die Art nicht fortpflanzt. Wie das mit der Natur des Samens zu reimen sei, spinnt sich allerdings etwas verworren noch durch das ganze folgende Kap. 5 hindurch. Dürfen wir uns wundern, dass ein Schriftsteller über Dinge, die seinem Zeitalter völlig unklar sind, unklar spricht?

Kap. 6. Als einen sehr schwierigen Gegenstand betrachtet Theophrastos das doppelte Keimen gewisser Samen in zwei nach einander folgenden Jahren; wenn es wahr sei, setzt er hinzu; denn Einige leugneten es, und sagten, die Wurzeln der vorjährigen Pflanzen trieben aus, oder ein Theil der Samen bliebe ein Jahr über im Boden liegen. Aber auch darin findet er grosse Schwierigkeit.

Kap. 7 bis 11. Vergleichung der Halmfrüchte mit den Hülsenfrüchten in der Saatzeit, in der Keimung, in der zum Reifen erforderlichen Zeit, im schnellern oder langsamern Weichwerden beim Kochen, und der leichtern oder schwerern Verdaulichkeit, in der verschiedenen Zeit und Dauer des Blühens, in der grösseren oder geringern Neigung brandig zu werden oder andern Krankheiten zu erliegen. Sogar für die verschiedene Bildung des Embryos beider Pflanzengattungen, welche in der Geschichte der Pflanzen Buch VIII, Kap. 2 ausführlich beschrieben ist, werden hier die Ursachen, oder vielmehr Naturzwecke untersucht. Unmittelbar hieran schliesst sich, Kap. 12 und 13, eine Untersuchung darüber, was die Samen beim Kochen leicht oder schwer weich werden lässt. Des Sesams, der Hirse und anderer minder gewöhnlicher Feldfrüchte wird Kap. 15 nur im Vorbeigehen gedacht.

Fünftes Buch. Von dem, was den Pflanzen Unnatürliches zustösst oder durch Kunst zugefügt wird.

Etwas Unnatürliches sei es, Kap. 1 wenn die Frucht sich zu ungehöriger Zeit oder an einem ungehörigen Ort bilde; Kap. 2, wenn sich Knospen nicht an den gewöhnlichen Stellen entwickeln, oder die untern Blumen und Früchte den obern weit voraus eilen; Kap. 3, wenn sich die Farbe oder der Geschmack der Früchte von derselben Pflanze verändert, oder wenn gar dieselbe Pflanze mehrerlei Früchte zugleich trägt: Kap. 4, wenn Früchte entstehen ohne Blätter, wenn altes Holz nochmals ausschlägt, wenn hölzerne Bildsäulen Saft ausschwitzen, wenn eine Pflanze auf der andern wächst, oder wenn umgefallene Bäume sich wieder aufrichten.

Durch Kunst bewirke man: Kap. 5. Weintrauben ohne Kerne, weisse und schwarze Trauben an derselben Rebe, das Verwachsen verschiedener Bäume, und Kap. 6. mehr dergleichen.

Kap. 7. Im Gegentheil durch Versäumniss der nothwendigen Pflege wird das Ausarten einer Pflanze in die andre bewirkt.

Kap. 8 bis 10. Von den Krankheiten, und Kap. 11 bis 18 vom natürlichen oder gewaltsamen Tode der Pflanzen.

Sechstes Buch. Vom Geschmack und Geruch der Pflanzen. Unstreitig der schwächste Theil des ganzen Werks, dessen Inhalt von Kapitel zu Kapitel zu verfolgen, kaum der Mühe werth scheint. Die Theorie des Demokritos, der die Verschiedenheiten des Geruchs und Geschmacks auf verschiedene Grundformen der Bestandtheile der Körper zurückführen wollte, wird mitunter sinnreich bestritten; durch die verschiedenen mehr oder minder vollendeten Kochungen, wodurch Theophrastos dieselben Thatsachen erklären zu können glaubt, wird indess eben so wenig erklärt. Und was war überhaupt auf diesem Gebiet bei gänzlichem Mangel chemischer Einsicht zu leisten möglich?

Nur eins bemerke ich noch. Dieselben Gründe, aus denen Einige das letzte Buch der Geschichte der Pflanzen für eine ganz besondere Schrift halten, treten auch hier ein. Ja wenn der Verfasser im dritten Kapitel sogar von drei Klassen riechender und schmeckender Dinge spricht, von den Pflanzen, den Thieren, und andern Dingen, die entweder künstlich gemischt, oder von Natur verändert werden, und dann doch das ganze Buch hindurch ausschliesslich vom Geschmack und Geruch der Pflanzen handelt: so könnte man leicht auf die Vermuthung kommen, es läge uns nur noch der dritte Theil eines umfassenderen Werkes über Geschmack und Geruch überhaupt vor. Erinnern wir uns jedoch, dass nächst dem Ackerbau und der Baumzucht die Rhizotomie das vornehmste Gewerbe war, welches sich mit Pflanzen beschäftigte, so leuchtet ein, dass so wenig die Arzneipflanzen und deren Säfte in der Pflanzengeschichte, eben so wenig das, was Theophrastos deren Ursachen nennt, in diesem Werk übergangen werden konnten.

Als Probe der Behandlung gebe ich jetzt ein Paar Stücke aus der Pflanzengeschichte in treuer Uebersetzung.

§. 21.
Zwei Bruchstücke aus der Pflanzengeschichte des Theophrastos als Probe der Behandlung.

Buch I. Kap. 1. Die Unterschiede und sonstige Natur der Pflanzen sind zu entnehmen aus ihren Theilen Erleidungen Entstehungs- und Lebensweisen; denn Gewohnheiten und Handlungen wie die Thiere haben sie nicht. In Bezug auf die Entstehung Erleidungen und Lebensweisen sind die Unterschiede einleuchtender und leichter, verwickelter sind dagegen die, welche sich auf die Theile beziehen. Denn zuvörderst steht nicht einmal hinlänglich fest, was man Theil, was man nicht Theil nennen muss, sondern das hat seine Schwierigkeit. Ein Theil nämlich, da er zur besondern Natur (des Ganzen) gehört, scheint etwas Bleibendes zu sein, entweder von Haus aus, oder nachdem er entstanden, wie bei den Thieren die Theile, welche später zu kommen bestimmt sind, es sei denn, er gehe durch Krankheit Alter oder Verletzung verloren. Unter den Pflanzentheilen sind jedoch einige der Art, dass sie nur eine jährige Dauer haben, wie die Blume, das Kätzchen, das Blatt, die Frucht, kurz alles, was vor oder mit den Früchten entsteht, sogar der Keim selbst, denn stets bekommen die Bäume Nachwuchs im Laufe des Jahrs sowohl nach oben zu, wie an den Wurzeln. Daher, wenn man das alles für Theile nimmt, die Menge derselben eine unbestimmte wird und sich keineswegs gleich bleibt; nimmt man es aber nicht für Theile, so tritt der Fall ein, dass das, was die Pflanzen vollständig macht und darstellt, nicht Theile sind: denn indem sie keimen sich belauben und Frucht haben, erscheinen und sind sie alle schöner und vollständiger. Das ungefähr sind jene Schwierigkeiten. Vielleicht muss die Untersuchung aber nicht überall auf gleiche Weise geführt werden, weder was das übrige noch was die Entstehung betrifft. Denn die Embryonen sind allerdings nicht Theile der Thiere. Dass die Pflanzen um die Zeit am schönsten aussehen, ist indess kein Beweis, weil auch die Thiere, wenn sie trächtig sind, sich wohler befinden. Aber viele Thiere werfen gleichfalls jährlich Theile ab, wie der Hirsch das Geweih, die Winterschläfer die Federn, und das Haar die Vierfüssler. Unstatthaft ist das also durchaus nicht, und auch sonst ein dem Laubfall ähnliches Erleiden. Sogar dass die zur Fortpflanzung dienenden Theile verloren gehen, ist nicht unstatthaft, da auch bei den Thieren einige derselben bei der Geburt, andere bei der Reinigung, als der Natur entfremdet, abgehen. Auf ähnliche Weise scheint es sich mit der Keimung zu verhalten; denn auch die Keimung ist gewiss der vollständigen Fortpflanzung wegen. Ueberhaupt muss aber, wie gesagt, nicht alles wie bei den Thieren genommen werden; und so ist auch die Zahl unbestimmt, denn überall kann die Pflanze sprossen, weil sie überall lebendig ist. Auf solche Art ist dies aufzufassen, nicht allein für diesen Fall, sondern auch der folgenden wegen. Denn was zur Vergleichung nicht angethan ist, damit soll man sich durchaus nicht abmühen, um nicht auch den der Sache angemessenen Gesichtspunkt zu verlieren.

Die Geschichte der Pflanzen beschäftigt sich aber, um es kurz zu sagen, entweder mit den äusseren Theilen und der ganzen

Gestalt, oder mit den innern, die bei den Thieren durch Zergliederung erkannt werden. Anzugeben ist bei ihnen, welche Theile überall dieselben sind, und welche jeder Gattung besonders zukommen; ferner auch welche derselben einander entsprechen, ich meine solche, wie Blatt Wurzel Rinde. Auch das darf nicht unbeachtet bleiben, ob sich etwas durch Analogie erklären lässt, wie bei den Thieren, indem man Vergleichungen macht, versteht sich mit dem Aehnlichsten und Vollständigsten. Und überhaupt, was bei den Pflanzen vorkommt, ist mit dem zu vergleichen, was bei den Thieren vorkommt, in so fern sich nämlich eins dem andern vergleichen lässt.

Das also ist auf solche Art zu unterscheiden. Die Unterschiede der Theile aber sind, um es kurz zu fassen, etwa dreifacher Art: entweder haben die Pflanzen diese Theile, jene aber nicht, wie Blätter und Frucht, oder sie haben sie weder ähnlich noch gleich, oder drittens sie haben sie nicht auf gleiche Weise. Ihre Unähnlichkeit bestimmt sich nach der Gestalt Farbe Dichtigkeit Lockerheit Rauheit Glätte und sonstigen Eigenschaften, wie auch nach den Unterschieden der Säfte; ihre Ungleichheit nach Ueberfluss oder Mangel in Bezug auf Menge und Grösse, was alles, um es kurz zu fassen, auf Ueberfluss oder Mangel beruht; denn das Mehr oder das Weniger ist Ueberfluss und Mangel. Das nicht auf gleiche Weise endlich unterscheidet sich nach der Stellung. Dahin rechne ich unter andern, dass einige Pflanzen die Früchte oberhalb; andere unterhalb der Blätter tragen, dass unter den Bäumen diese sie am Gipfel, jene an den Seiten, einige am Stamm selbst tragen, wie der ägyptische Maulbeerbaum (Ficus Sycomorus), wie auch dass einige die Frucht unter der Erde tragen, wie die Arachidna, und was man in Aegypten Vingon nennt, ferner dass diese einen Stiel haben, jene nicht, und in Betreff der Blumen dass diese sie um die Frucht selbst haben, jene nicht. In ihnen, wie in den Blättern und Keimen sind überhaupt die Unterschiede der Stellung zu suchen. Doch unterscheiden sich auch einige durch die Anordnung der Theile. So stehen die Zweige meist wie es sich eben fügt, die der Tanne aber von allen

Seiten einander gegenüber. Auch die Knospen stehen bei einigen in gleicher Entfernung und Zahl von einander ab, wie bei den dreiknospigen. Aus diesen Dingen, aus denen sich zugleich einer jeden Pflanze ganze Gestalt ergiebt, sind die Unterschiede zu entnehmen. Indem wir nunmehr die Theile selbst aufzählen, wollen wir von jedem besonders zu handeln versuchen. Die ersten, vornehmsten und den meisten Pflanzen gemeinsamen sind folgende: die Wurzel, der Stengel, der Zweig, das Reis. In sie könnte man die Pflanzen, gleich wie die Thiere in Glieder zerlegen. Denn jeder derselben ist verschieden, und aus ihnen zusammen besteht die Pflanze.

Die Wurzel ist es, durch welche die Nahrung herbeigeführt, der Stengel, in welchen sie gebracht wird. Stengel aber nenne ich, was einfach über die Erde emporwächst; denn das kommt am häufigsten vor sowohl bei den jährigen wie bei den ausdaurenden Pflanzen. Bei den Bäumen wird er Stamm genannt. Zweige nenne ich seine Spaltungen, welche Einige auch Aeste ($όζοι$) nennen; Reis aber, was einfach daraus aufsprosst und meist jährig ist. Das sind die gewöhnlicheren Theile der Pflanze, der gewöhnlichste ist aber, wie gesagt, der Stengel. Doch haben auch ihn nicht einmal alle, z. B. einige Kräuter; andere haben ihn zwar, doch nicht ausdaurend, sondern jährig, nämlich die in den Wurzeln länger ausdaurenden.

Ueberhaupt ist die Pflanze mannigfach und unbeständig und schwer vollständig zu beschreiben. Beweis dafür ist, dass sich nichts findet, was allen zukommt, wie den Thieren Mund und Magen, sondern einige Theile sind nur der Analogie nach, andere auf andre Weise dieselben. Denn weder die Wurzel haben alle, noch den Stengel, noch den Zweig, noch das Reis, noch das Blatt, noch die Blüthe, noch die Frucht, noch auch Rinde, oder Mark, oder Fasern, oder Adern, z. B. der Pilz und die Trüffel. Gleichwohl beruht auf diesen oder dergleichen das Wesen der Pflanze. Doch kommen sie vornehmlich, wie gesagt, bei den Bäumen vor, und bei ihnen ist die Gliederung in Theile gewöhnlicher. Nach ihnen sind daher auch die andern Pflanzen mit Recht zu beurtheilen. Sie belehren uns auch

Buch II. Kap. 2. §. 21.

fast über alle anderen Formen der übrigen, denn diese unterscheiden sich durch Reichthum und Armuth an Theilen, durch Dichtigkeit und Lockerheit, Einfachheit und mehrfache Theilung derselben, und mehr dergleichen.

Aber jeder der genannten Theile ist nicht gleichartig. Ich nenne sie nicht gleichartig, weil zwar jeder Theil der Wurzel oder des Stammes aus denselben Bestandtheilen zusammengesetzt ist, doch das, was man davon nimmt, nicht wieder ein Stamm, sondern Bestandtheil genannt wird, wie bei den Gliedern der Thiere. Denn auch bei ihnen ist jeder Theil des Schienbeins oder Ellenbogens nicht gleichnamig, wie Fleisch oder Knochen, sondern namenlos; nicht minder bei allen übrigen organischen Theilen von einfacher Gestalt, denn auch deren Theilchen sind namenlos. Die der vielgestaltigen aber werden benannt, z. B. die des Fusses, der Hand, des Kopfes, als Finger, Nase, Auge. Das also sind etwa die vornehmsten Theile der Pflanzen.

Buch VIII. Kap. 2, erste Hälfte Einige keimen, indem sie die Wurzel und das Blatt an derselben Stelle, andere, indem sie je eins von beiden an je einem Ende hervortreiben. Der Weizen die Gerste das Einkorn und überhaupt die Getreidearten treiben sämmtlich an beiden Enden, so wie sie in der Aehre gewachsen sind, und zwar aus dem untern dicken Ende die Wurzel, aus dem obern den Keim; aus beiden aber, aus der Wurzel und dem Stengel entsteht ein zusammenhängendes Ganzes.

Nicht so die Bohne und die andern Hülsenfrüchte, sondern diese treiben beides, die Wurzel und den Stengel, an derselben Stelle, an der sie auch mit der Hülse zusammenhängen, und wo sie sichtbar ihre Grundlage ($\dot{\alpha}\varrho\chi\dot{\eta}\nu$) haben. Bei einigen gleicht diese Stelle der Scham, wie bei den Bohnen, der Kicher und vornehmlich der Lupine. Von hieraus geht also die Wurzel abwärts, und das Blatt und der Stengel aufwärts.

Hierin etwa unterscheiden sie sich (die Getreidearten und die Hülsenfrüchte), darin aber kommen sie überein, dass sie alle die Wurzel von da aus treiben, wo sie mit der Hülse oder der Aehre verwachsen waren, und nicht, wie bei einigen Bäumen, am ent-

Buch II. Kap. 2. §. 21.

gegengesetzten Ende, wie bei der Mandel, der Nuss, der Kastanie und ähnlichen [1]),

Bei allen (Pflanzen überhaupt) entwickelt sich die Wurzel etwas früher als der Stengel. Bei den Getreidearten geschieht es aber, dass die Wurzel sogleich nach aussen hervortritt, während der Keim anfangs im Samen selbst keimt, und dass, nachdem er zugenommen hat, der Same aus einander getrieben wird; denn auch diese zertheilen sich [2]) alle auf irgend eine Art. Die Hülsenfrüchte dagegen sind alle deutlich zweilappig und zusammengesetzt. Weil aber bei den Hülsenfrüchten Wurzel und Keim unmittelbar verbunden sind [3]), so geschieht es bei ihnen nicht (dass nämlich der Keim anfangs im Samen selbst keimt), doch eilt die Wurzel (auch hier) etwas voran.

---

1) Bei diesen Gattungen ist bekanntlich das Würzelchen im hängenden Samen zum Nabel gewandt, folglich der Embryo, ohne Rücksicht auf die Lage des Samens, umgekehrt. Bei den Gräsern und Leguminosen ist dem nicht so.

2) Ich lese nach sämmtlichen Handschriften διαμερῆ. Die gewöhnliche Lesart der Ausgaben διμερῆ ist sowohl gegen den Zusammenhang der Worte, wie auch gegen die Natur. Den Gegensatz bilden nämlich die gleich folgenden deutlich zweiklappigen Samen der Hülsenfrüchte. Und wirklich zerreisst die *Caryopsis corticata* vieler Gräser beim Keimen am obern Ende nicht in zwei, sondern in mehrere unregelmässige Lappen, wie unterandern schon David Meese *(Rudimenta plantarum tab. 1)* am keimenden Hafer, und neuerlich Tittmann *(die Keimung der Pflanzen Taf. 1)* an derselben Pflanze wie auch an der Gerste sehr richtig dargestellt haben. In geringerem Grade ist es aber bei der nackten Caryopsis, z. B. des Weizens, eben so.

3) Die Handschriften nebst der Aldina haben καθ' αὐτά, ohne Sinn. Daraus macht Schneider κατὰ τὸ αὐτὸ, und Wimmer καθ' ἓν αὐτά. Damit ist es aber nicht gethan. Um den Sinn, den sie haben wollten, zu erlangen, änderte Schneider zwar im Text nicht viel mehr, desto mehr in den Anmerkungen; und Wimmer scheuete sich nicht im Text erst das Wort σιτώδεσιν zu verwerfen, und dafür σπέρμασι τῶν δένδρων einzuschieben, deren Spuren er in jenem Wort erkennen will, dann etwas weiterhin σιτηροῖς statt χεδροποῖς zu lesen, und einen Zwischensatz, den der Codex von Urbino freilich ausgelassen, als unstatthaft zu streichen. Und wozu das alles? Um den Theophrastos nach moderner Weise von Monokotyledonen und Dikotyledonen reden zu lassen, von denen sich im ganzen Alterthum keine Spur findet. —

Buch II. Kap. 2. §. 21.

Es keimen aber die Gerste und der Weizen einblätterig, die Erbse, die Bohne und die Kicher vielblätterig [1]). Die Wurzel aber haben alle Hülsenfrüchte holzig und einfach, doch an derselben dünne Auswüchse. Die tiefste Wurzel unter ihnen hat die Kicher, doch macht sie zuweilen auch Seitenzweige. Der Weizen dagegen, die Gerste und die übrigen Getreidearten sind viel- und feinwurzelig, daher schopfartig; und vielzweigig und vielstengelig sind sie alle.

Auch darin sind sie einander beinahe entgegengesetzt, dass die Hülsenfrüchte mit Ausnahme der Bohne, indem sie einwurzelig sind, am Stengel aufwärts viele Seitenzweige haben, die vielwurzeligen Getreidearten dagegen zwar viele Keime treiben, doch ohne Seitenknospen, ausgenommen etwa eine Weizenart, die man Sitania oder Krithania nennt.

Den Winter über bleibt nun das Getreide in der Grüne, so wie sich jedoch die Jahreszeit erheitert, treibt es den Stengel aus seiner Mitte, und wird knotig. Schon am dritten, bei einigen am vierten Knoten bilden sich die Aehren, wiewohl in der Scheide

---

Mir scheint die Aenderung eines einzigen Buchstabens hinreichend, um jede Schwierigkeit zu heben, statt καθ' αὐτά lese ich καθάπτά. Denn die Versetzung der Worte τὴν μὲν ῥίζαν εὐθὺς ἔξω προωθεῖσθαι in eine frühere Zeile beruht auf Gaza's Autorität, und ward von Heinsius, Stackhouse und Schneider angenommen. Beinahe so wie ich übersetzte, erklärte schon Sprengel diese Stelle in seinem Commentar dazu, worin er seine eigene Uebersetzung berichtigte. Mit Bezug hierauf sagt Wimmer am Schluss seiner langen Anmerkung: *Aliam longe interpretationem dedit Sprengel, quem refutare supersedeo.* Ich wünschte, er hätte sich diese Mühe nicht gespart. Seine eigene ganze Argumentation beruht darauf, dass die Samen der Gräser sich nicht in Theile trennten. Das ist vom Embryo gesagt richtig, von der ganzen Caryopsis aber, die Theophrastos vor Augen hatte, unrichtig; und darauf gründen Sprengel und ich unsre Erklärung.

1) Der Ausdruck vielblätterig beweist, dass hier von Kotyledonen nicht die Rede ist, dass Theophrastos dieselben gar nicht zu den Blättern rechnete. Das Blattfederchen sah er bei den Leguminosen mehrblätterig, bei den Gräsern scheinbar einblätterig, weil die Blätter einander einwickeln und dem Auge entziehen.

nicht sichtbar, — an der ganzen Staude[1]) bilden sich aber deren mehrere, — so dass sie sich beinahe zugleich mit dem Halm oder wenig später bildet. Sichtbar wird sie indess nicht, bevor sie innerhalb der Hülle zugenommen hat, dann aber erkennt man die Trächtigkeit durch die Scheide hindurch. Gleich nach dem Schossen fängt in vier bis fünf Tagen sowohl der Weizen wie auch die Gerste an zu blühen, und blühet ungefähr eben so lange; die aber die meisten Tage angeben, sagen, dass sie in sieben Tagen abblühen.

Bei den Hülsenfrüchten aber währt das Blühen lange, am längsten bei der Erve und Kicher, doch vor allen und in der eigenthümlichsten Weise bei der Bohne; denn man sagt, sie blühe vierzig Tage lang, doch so, dass immer eine nach der andern blühe, sagen Einige, — denn sie blühe nach und nach —, Andre überhaupt. Denn die ährentragenden Pflanzen blühen auf einmal, die hülsentragenden aber, und alle Feldfrüchte unter denselben, nach und nach. Zuerst blühen die untern Blumen und, nachdem sie verblüheten, die folgenden, und so schreitet das Blühen stets nach oben zu fort. Daher Erven nicht selten abgerupft werden, nachdem sie unten schon entblättert sind, während sie oben noch völlig grünen.

§. 22.

Ausgaben und literarische Hülfsmittel zum Verständniss der botanischen Werke des Theophrastos.

Die Wichtigkeit dieses Schriftstellers für die gesammte Geschichte der Botanik gestattet mir nicht, mich hier mit einer

---

1) Ἐν τῷ ὅλῳ καλάμῳ, per totum culmum, übersetzte Gaza, und kein Erklärer fand Anstoss. Dass aber κάλαμος hier nicht der einzelne Halm, sondern die Gesammtheit der aus einem Korn entsprungenen Halme bedeute, versteht sich von selbst, da jeder Halm nur eine Aehre trägt, und Theophrastos selbst ihm die Seitentriebe abspricht. Ob die vorhandenen Worte diese Bedeutung haben können (ich suchte vergeblich nach einer Parallelstelle), ob vielleicht κωμύθῳ, oder was sonst zu lesen sei, überlasse ich den Philologen.

Buch II. Kap. 2. §. 22.

blossen Verweisung auf S. F. W. Hoffmanns bibliographisches Lexikon der gesammten Literatur der Griechen, zweite Ausgabe, Theil III (1845) Seite 522 ff., oder auf Wimmers Vorrede zu seiner Ausgabe der Pflanzengeschichte zu begnügen, wiewohl ich wenig zu sagen habe, was sich nicht an einem der genannten Orte fände.

Ich übergehe die hier schon früher erwähnten, sehr ungenügenden Nachrichten von Redactionen, welche die Werke des Theophrastos schon früh von griechischen Grammatikern erfahren zu haben scheinen.

Im Abendlande ward Theophrastos nach den Stürmen des Mittelalters erst um die Mitte des funfzehnten Jahrhunderts wieder bekannt, durch die lateinische Uebersetzung, welche der griechische Flüchtling Theodor Gaza auf Veranlassung des Papstes Nikolaus V. von den botanischen Werken des Theophrastos lieferte. Sie ist mit gründlicher Sprachkenntniss und grosser Eleganz des lateinischen Ausdrucks, doch leider nicht mit Sachkenntniss, und nur nach einem einzigen, nicht selten lücken- und fehlerhaften Manuscript, das seitdem verloren gegangen, gearbeitet. Gedruckt ward sie schon 1483 zu Treviso, und seitdem oftmals.

Vierzehn Jahr später, 1497 erschien die erste aldinische Ausgabe des griechischen Textes in Verbindung mit den aristotelischen Werken zur Thiergeschichte. Auch dieser Ausgabe liegt ein einziges seitdem verlorenes Manuscript zum Grunde, welches bald richtiger und vollständiger, bald unrichtiger und unvollständiger als das, dessen sich Theodor Gaza bediente, gewesen zu sein scheint. Nach einigen Wiederholungen dieser Ausgabe, folgte:

Theophrasti Eresii Graece et Latine opera omnia. Daniel Heinsius emendavit etc. Lugd. Batav. 1613. — 1 vol. fol. — Sie ist nach Handschriften redigirt, doch so sorglos, dass die Aldina nicht selten bessere Lesarten hat als sie. Die Uebersetzung des Gaza steht neben dem Text, nicht selten verändert, doch keineswegs dem gegebenen Text genau angepasst.

Theophrasti Eresii historiae plantarum libri decem. Graece et Latine. Cum notis tum commentariis, item rariorum plantarum

plantarum iconibus illustravit Joh. Bodaeus a Stapel. Amstelod. 1644. — 1 vol. fol. — Text und Uebersetzung der vorigen Ausgabe mit einigen Verbesserungen am Rande. Der weitläuftige Commentar beschäftigt sich vorzugsweise mit der Interpretation der von Theophrastos genannten Pflanzen, welche trotz aller Gelehrsamkeit bei der völligen Unbekanntschaft jener Zeit mit der griechischen Flora nur in wenigen Fällen das Rechte treffen konnte. Zu dem Werke von den Ursachen der Pflanzen kam der Verfasser nicht.

Theophrasti Eresii de historia plantarum libri decem Graece. Cum syllabo generum et specierum, glossario et notis. Curante Joh. Stackhouse. Oxonii, 1813. — Pars II, 1814. — 2 voll. 8. — Eine sehr bequeme Handausgabe, leider auch nur der Pflanzengeschichte. Der Text der aldinischen Ausgabe liegt zum Grunde. Philologen tadeln die oft zu willkürlichen Conjecturen, die Stackhouse freilich, von allem weiteren kritischen Apparat entblösst, nicht vermeiden konnte. Die Noten sind kurz und ohne Bedeutung, aber ein recht brauchbares Glossarium befindet sich beim zweiten Theil, und im ersten ein sowohl griechisch-lateinisches wie auch lateinisch-griechisches Verzeichniss aller im Werke vorkommenden Pflanzennamen. In diesen Erklärungen vielleicht oft geirrt zu haben, giebt der Verfasser selbst zu: sein Hauptzweck war, die Ausgabe denen brauchbar zu machen, die in Griechenland selbst weitere Forschungen anstellen möchten.

Theophrasti Eresii quae supersunt opera et excerpta librorum. Graece et Latine. Ad fidem librorum editorum et scriptorum emendavit, historiam et libros de causis plantarum conjuncta opera H. F. Linkii, excerpta solus explicare conatus est J. G. Schneider. Lipsiae, 1818—1821. — 5 voll. 8. — Es enthält Band I den griechischen Text, nach Handschriften sorgfältig verbessert; Band II die durchgängig, wo es nöthig war, berichtigte lateinische Uebersetzung des Theodor Gaza (dieser Band wird auch einzeln verkauft, und sollte keinem Botaniker, der des Griechischen unkundig ist, fehlen); Band III den Commentar zur Pflanzengeschichte; Band IV den zu den Büchern von den Ursachen der

Pflanzen; Band V verschiedene Nachträge und Berichtigungen, einen sehr wichtigen für die Bearbeitung des Textes zu spät eingegangenen kritischen Apparat, eine Abhandlung über die botanischen Werke des Theophrastos, eine ansehnliche Sammlung von Fragmenten desselben aus jüngeren Schriftstellern und einen reichen Jndex. — Die Wichtigkeit dieser Ausgabe wird schon hiernach niemand verkennen. Gleichwohl lässt sie manches zu wünschen übrig. Die vier ersten Bände waren erschienen, als der Verfasser die vollständige Collation der Handschrift von Urbino aus der Bibliothek des Vatikans erhielt, und sich überzeugte, dass diese Handschrift vollständiger und correcter als alle übrigen wäre. Dadurch wurden viele und sehr erhebliche Berichtigungen des Textes nothwendig, die den Hauptinhalt des fünften, drei Jahr später erschienenen, Bandes ausmachen, hier aber so unglücklich vertheilt, zum Theil sogar erst dem Jndex einverleibt sind, dass man, um sich von der Richtigkeit einer Stelle des Textes zu überzeugen, erst an drei bis vier verschiedenen Orten nachsuchen muss.

Theophrast's Naturgeschichte der Gewächse. Uebersetzt und erläutert von K. Sprengel. Altona 1822. — 2 Theile in 8.; der erste enthält die Uebersetzung, der zweite einen Commentar nebst Register. Die Verbesserungen der Handschrift von Urbino sind noch nicht benutzt. Die Uebersetzung oft sehr flüchtig und frei, und dabei nichts weniger als fliessend deutsch, sondern ohne Vergleichung des griechischen Textes oft gar nicht zu verstehen. Der Commentar voll ausgebreiteter Gelehrsamkeit enthält viel schätzbares; allein die Hauptsache darin, die Erläuterung der vorkommenden Pflanzennamen, darf nur mit grosser Vorsicht gebraucht werden. Es ist kaum glaublich, mit welcher Bestimmtheit Sprengel, oft auf ganz unzulängliche Indicien gestützt, die Pflanzen der Alten zu bestimmen wagt. Gleichwohl dürfen seine Verdienste auf diesem dornigen Felde nicht verkannt werden; er hat viel geleistet, und seine Leistungen würden noch verdienstlicher sein, wenn er nicht mehr hätte leisten wollen, als er vermochte.

Theophrasti Eresii opera quae supersunt omnia. Emendata

edidit cum apparatu critico Fr. Wimmer. Tom. I historiam plantarum continens. Vratislav. 1842. — 1 vol. 8. max. — Leider ist der zweite Band noch immer nicht erschienen. Die eleganteste und correcteste Ausgabe, die wir besitzen, die erste, in welcher die Handschrift von Urbino zum Grunde liegt, und nur da, wo überwiegende Gründe es erheischten, verlassen ist.

Die ohne den Text erschienenen lateinischen Commentare des Jul. Cäs. Scaliger zu beiden Hauptwerken des Theophrastos kann der Botaniker ganz unbenutzt lassen. — Dagegen führe ich noch zwei neuere Werke an, die zwar dem Titel nach nicht hierher zu gehören scheinen, sich aber vorzüglich mit Erläuterung der Pflanzen des Theophrastos durch Untersuchung derselben in ihrem Vaterlande beschäftigen. Ich meine:

J. Sibthorp, florae Graecae prodomus etc. Edid. J. E. Smith. II voll. 8. London. 1806—13. — Der erste Versuch, die Pflanzen der Griechen, besonders des Theophrastos durch die noch jetzt bei den Neugriechen lebendig gebliebenen Namen derselben wieder zu erkennen. Und C. Fraas, synopsis plantarum florae classicae, oder übersichtliche Darstellung der in den klassischen Schriften der Griechen und Römer vorkommenden Pflanzen, nach autoptischer Untersuchung im Florengebiete entworfen, und nach Synonymen geordnet. München, 1845. — 1 Band 8.

Auch diese Schriften leiden zwar hin und wieder an dem Grundfehler der meisten Arbeiten ähnlicher Art, das völlig Ungewisse für wahrscheinlich, das nur Wahrscheinliche für gewiss auszugeben; sie sind also mit Umsicht zu gebrauchen, doch bis wir eine bessere und vollständigere Flora von Griechenland von einem Botaniker, der zugleich Alterthumskenner ist, bekommen, keineswegs zu vernachlässigen.

Drittes Kapitel.
Andere Peripatetiker.
§. 23.

Phanias von Eresos.

Nächst Theophrastos ist nur noch dreier um die Botanik verdienter Peripatetiker zu gedenken, von denen sich doch etwas mehr als die blossen Namen und Titel ihrer Bücher erhalten hat, des Phanias, des Dikäarchos und des Verfassers des mit Unrecht dem Aristoteles zugeschriebenen Werkes von den Farben.

Phanias oder, wie er fast eben so oft genannt wird, Phänias der Peripatetiker, nicht zu verwechseln mit dem jüngern Phanias, dem Stoiker und Freunde des Alexandriners Posidonios, war gleich Theophrastos zu Eresos um das Jahr 360 v. Chr. geboren[1]), und ein unmittelbarer Schüler des Aristoteles. In dem Verzeichniss der Schriften des Theophrastos bei Diogenes Laërtios kommt auch ein Schreiben desselben an den Phanias vor, woraus ich folgern möchte, dass nicht beide an demselben Orte lebten. Ist der Phanias, der von den sicilianischen Tyrannen geschrieben, mit dem unsrigen, wie man kaum zweifeln kann[2]), identisch, so lässt sich vermuthen, dass er wenigstens einen Theil seines Lebens in Sicilien zugebracht habe.

Ausser philosophischen historischen und literarhistorischen Schriften wird auch sein Werk von den Pflanzen genannt, woraus sich zwar nur wenige Stellen bei Athenäos erhielten, doch genug, um uns den Verlust des Ganzen desto schmerzlicher empfinden zu lassen. Besonders den Gestalten der Früchte scheint er seine Aufmerksamkeit geschenkt zu haben. Dass aber in des Athenäos Beschreibung eines Gastmals vorzugsweise solche Stellen

---

1) *Ebert, Jo. Fr. dissertationes Siculae. I, Regimontii 1825. 8. pag. 81,* worauf ein Verzeichniss seiner Schriften folgt.
2) Vergl. *Ebert l. c. pag. 69.*

Platz fanden, in denen er die Pflanzen als Nahrungsmittel betrachtet, berechtigt uns natürlich zu keinem Schluss auf den Charakter des ganzen Werks. Zu beklagen ist noch, dass mit Ausnahme zweier die übrigen hierher gehörigen Stellen des Phanias sämmtlich in den drei ersten Büchern der Deipnosophisten vorkommen, die wir bekanntlich nicht mehr in der Gestalt, die ihnen Athenäos gegeben, sondern nur im Auszuge besitzen. Da ihrer nur wenige sind, führe ich sämmtliche auf Pflanzen bezügliche Stellen an.

Aus Buch I.

Pag. 29 F. (edit. Casaubon.). Phanias der Eresier sagt, die Mendäer besprengten die Trauben auf der Rebe mit Eselsgurkensaft, und dadurch würde der Wein weich.

Es liegt nahe zu glauben, die Mendäer hätten die Besprengung mit dem ekelhaft bittern und abführenden Saft der Momordica Elaterium Linn. in derselben Absicht vorgenommen, in der z. B. die Rheinländer die am Wege stehenden, den Näschern ausgesetzten Trauben mit Kalkwasser zu besprengen pflegen, um jenen den Appetit zu verderben. — Weich ($\mu\alpha\lambda\alpha\kappa\acute{o}\varsigma$) heisst ein milder lieblicher Wein, wie der der Mendäer soll gewesen sein. Nicht ohne Wahrscheinlichkeit vermuthet aber Casaubonus, es sei $\mu\alpha\lambda\alpha\kappa\tau\iota\kappa\acute{o}\nu$, erweichend, weichen Leib machend, zu lesen; und so hat Dalechamp übersetzt.

Pag. 31 F. Ueber die Bereitung des Anthosmias (des Blumenweins) sagt Phanias der Eresier folgendes: dem Most wird hinzugegossen auf funfzig Theile ein Theil Meerwasser, so entsteht Anthosmias. Und wiederum; Anthosmias wird kräftiger aus jungen als aus alten Weinstöcken, und bald darauf sagt er: unreife Trauben, zusammengekeltert, stellten sie weg, und es ward Anthosmias.

Da Anthosmias hier offenbar nicht ein aus wohlriechenden Kräutern bereiteter Wein ist, möchte ich darunter einen solchen verstehen, der nach unserer Ausdrucksweise viel Blume hat, bekanntlich öfter ein Vorzug der leichten als der sehr schweren Weine.

Buch I. Kap. 3. §. 23.

Aus Buch II.

Pag. 51 E. Phanias der Eresier des Aristoteles Schüler nennt die Brombeerfrucht, die, wenn sie reif ist, sehr süss und lieblich schmeckt, eine Maulbeere. Er schreibt aber also: Die Brombeer-Maulbeere hat, nachdem die maulbeerartige Kugel recht durchglüht ist, die maulbeerartigen Samen-[Hüllen] gesondert und wie verwebt, und giebt eine mürbe gutsaftige Nahrung.

Die Stelle ist verdorben, das eingeklammerte Wort fehlt ganz; doch erkennt man jedenfalls, wie Phanias die von den einzelnen Pfläumchen einzeln umschlossenen Samen oder Kerne der Brombeere richtig beobachtet hatte.

Pag. 54 F. Phanias im Werk von den Pflanzen sagt: zur Nachkost dienen, so lange sie zart sind, die Platterbse, die Bohne, die Kicher, meist aber trocken, gesotten und geröstet.

Pag. 58 E. Phanias in den Pflanzenbüchern sagt: Die Fruchtgestalt der zahmen Malve wird der Kuchen genannt, von der Achnlichkeit damit. Denn das kammartig Gezähnte ist gleichsam der Rand des Kuchens; in der Mitte der kuchenartigen Wölbung befindet sich eine nabelförmige Spitze, und was den Rand betrifft, so bildet er sich gleich den ringsum gefurchten Seeigeln.

Pag. 61 F. Phanias im ersten Buche von den Pflanzen sagt: Einige Gewächse bringen weder Blüthe, noch eine Spur des Fruchtknotens (σπερματικῆς κορυνήσεως) oder des Samens, wie der Schwamm, der Pilz, das Farnkraut, der Epheu. Derselbe sagt: das Farnkraut, welches Einige Blachnon nennen.

Pag. 64 D. Theophrastos im siebten Buch von den Pflanzen sagt: An einigen Orten sind die Zwiebeln so süss, dass sie auch roh gegessen werden, wie im taurischen Chersonesos. Dasselbe berichtet Phanias. Es giebt auch eine wollige Zwiebelart, sagt Theophrastos, die an den Küsten wächst. Sie hat aber ihre Wolle unter den äussersten Häuten, so dass sie sich in der Mitte befindet zwischen dem was essbar ist und dem Auswendigen; wie auch Phanias sagt.

Pag. 68 E. Phanias sagt: So lange sie zart sind, werden die Gurke und die Melone mit dem Fruchtstiel gegessen, ohne den

Samen; reif aber nur die Fruchthülle. Der Kürbis ist roh ungeniessbar, gekocht aber und gesotten, geniessbar.

Pag. 70 D. E. Phanias im fünften Buche von den Pflanzen nennt eine sicilianische Kaktos 1), eine dornige Pflanze, wie auch Theophrastos im sechsten Buch von den Pflanzen. (Die nun folgende Beschreibung dieser Pflanze, der Artischoke, ist nicht von Phanias, sondern von Theophrastos hist. plant. VI, cap. 4 sect. 10 entlehnt).

Aus Buch III.

Pag. 84 D. Phanias der Eresier führt uns zu der Vermuthung, ob nicht das Kitrion (der Citronenbaum) von der Kedros (der Ceder) 2) Kedrion genannt sei. Denn auch die Kedros, sagt er im fünften Buch von den Pflanzen, habe Dornen um die Blätter. Dass das aber beim Kitrion auch so sei, weiss jedermann.

Aus Buch IX.

Pag. 371 C. D. Phanias im fünften Buch von den Pflanzen schreibt also: Was aber nach der Natur des Samens selbst Seps (?) genannt wird, das hat auch der Same der Pastinake. Und im ersten Buch sagt er: Eine schirmartige Beschaffenheit der Samen hat bekommen der Anis, der Fenchel, die Pastinake, die Pimpinelle, der Schierling, der Koriander, die Skias, welche Einige Mäusetod nennen. Weil aber Nikandros (in einer zuvor citirten Stelle) des Arons erwähnt, so ist hinzuzufügen, dass auch Phanias in dem vorgedachten Buche also schreibt: Drakontion, welches Einige Aron Aronia nennen.

Das Wort σήψ, in der ersten der hier zusammen gefügten Stellen des Phanias bedeutet nach Dioskorides eine lange dünne quer gestreifte Eidechse, Lacerta Seps Linn., nach den Lexikographen, Hesychios und Suidas, auch andere Amphibien und

---

1) Das Wort kommt, wie hier, meist weiblich vor, doch bei einigen Schriftstellern auch männlich.
2) Vermuthlich eine Wachholderart, ob aber, wie Sprengel sagt, *Juniperus Lycia*, oder die schärfer beblätterte *Oxycedrus* oder eine andre, ist völlig ungewiss.

ihnen ähnliche Würmer. Das giebt hier keinen Sinn; entweder muss das Wort noch eine uns unbekannte Bedeutung gehabt haben, die besser passt, was nach dem Stammwort σήπω, ich faule, nicht wahrscheinlich ist; oder es muss da ein anderes ähnliches Wort gestanden haben, was nach der zweiten Stelle zu schliessen vermuthlich einen Kremphut, Schirm, oder sonst etwas der Gestalt der Dolde vergleichbares ausdrückte. Man könnte auf σκιάς rathen, käme dies Wort nicht in der zweiten Stelle als Pflanzenname vor, und wäre es nicht weiblich, also unvereinbar mit den Worten ὁ καλούμενος (σήψ). Könnte nicht neben ἡ σκέπη und τὸ σκέπας, Schirm, Dach, noch eine dritte männliche Form σκέψ in gleicher Bedeutung bestanden haben? Je weniger gebräuchlich es vielleicht war, desto leichter konnten sachunverständige Abschreiber ihm ein bekannteres Wort substituiren.

Die hier vorkommenden ungewöhnlichen Pflanzennamen, von denen wir sonst nichts wissen, erklären zu wollen, wäre vergebliche Mühe.

Pag. 406 C. Von Linsen Erbsen und dergleichen schreibt Phanias der Eresier in den Büchern über die Pflanzen also: die Natur jeder zahmen Hülsenfrucht wird nach dem Samen (beurtheilt?). Einige werden zum Sieden gesäet, wie die Bohne, die Erbse; denn aus ihnen wird ein breiartiges Gericht bereitet. Andere liefern einen mehligen (?) Brei, wie der Arakos. Andere (wendet man an) zum Linsengericht, wie die Linse, andere zur Fütterung vierfüssiger Thiere, wie die Ervilie für die Zugochsen, die Vogelwicke für die Schaafe.

§. 24.

Dikäarchos.

Ein anderer hervorragender Schüler des Aristoteles und Freund des Theophrastos, dem dieser eine seiner Schriften widmete, war Dikäarchos aus Messene in Sicilien. Er muss aber nach Aristoteles Tode noch längere Zeit in Griechenland oder Makedonien gelebt haben, weil er von Alexandros Nachfolgern, — man weiss nicht genau von wem, — den Auftrag erhielt und ausführte, die Höhen der Berge Griechenlands zu messen [1]). Von seinen zahlreichen philosophischen, ethisch-politischen, geographisch-historischen und physikalisch-geographischen Werken, welche von den Alten stets mit Achtung, von Cicero selbst da, wo er ihn bekämpft [2]), mit Vorliebe und Bewunderung genannt werden, erhielten sich nur drei nicht ganz unbedeutende Bruchstücke geographischen Inhalts, wohlgeeignet, die Meinung der Alten zu rechtfertigen, darunter eins: die Beschreibung des Berges Pelion, doch auch nur ein Bruchstück aus dieser Beschreibung; denn von der Höhe des Berges und der Art seiner Vermessung steht kein Wort darin; es ist eine lebendige Schilderung seiner herrlichen Vegetation. Die mannichfaltigen Waldbäume, die er trägt, die Obstbäume, die auf ihm wild wachsen sollen, werden aufgezählt. Auch Blumen werden genannt, in andern Gegenden Griechenlands ihrer Schönheit wegen zu Kränzen sorgfältig gepflegt, hier gleichfalls wild, und die vornehmsten seiner Arzneipflanzen werden mehr oder minder ausführlich beschrieben. Nur schade, dass das Ganze so kurz ist.

Man findet dies merkwürdige Document, welches öfter gedruckt ward, unterandern in Gails Sammlung der kleineren grie-

---

1) „Dikäarchos, einer der gelehrtesten Männer, mass auf Veranlassung der Könige die Höhen der Berge, unter denen er den Pelion für den höchsten erklärte, 1250 Fuss in senkrechter Höhe; woraus er folgerte, wie diese Höhe nichts sei im Vergleich mit der Abrundung (der ganzen Erdkugel)." *Plin. hist. nat. II, cap. et sect. 65.* Suidas voce Δικαίαρχος nennt eins seiner Werke: „Vermessungen der Berge im Peloponnesos."

2) „Am stärksten kämpft aber mein Liebling Dikäarchos gegen diese Unsterblichkeit." *Ciceronis quaest. tuscul. I, cap. 31.* — „Ich las die Staatsverfassung der Pellenäer, und vor mir hatte ich einen gewaltigen Haufen der Werke des Dikäarchos aufgeschichtet. Welch ein Mann! Wie viel mehr lässt sich von ihm als von Prokillos lernen! Mir ist, als hätte ich Korinth und Athen hier in Rom. Glaub mir, lies ihn, ich rathe es dir. Der Mann ist bewundernswürdig." *Cicero ad Atticum II, epist. 2.*

chischen Geographen [1]). Ich selbst lieferte vor kurzem eine deutsche Uebersetzung desselben mit botanischen Erläuterungen [2]).

§. 25.
Die fälschlich dem Aristoteles beigelegte Schrift von den Farben.

Reichhaltiger als vorstehende Fragmente zweier, wenn sich mehr von ihnen erhalten hätte, vermuthlich auch für Botanik höchst wichtiger Schriftsteller ist für unsere Zwecke die kleine Schrift eines dem Namen nach unbekannten Peripatetikers von den Farben. Die Handschriften pflegen sie dem Aristoteles beizulegen, mit dessen Werken sie daher von allen Herausgebern, auch noch von Bekker, wiederholt ward. Innere Gründe stehen dieser Annahme entgegen, und konnten den Kritikern nicht entgehen Schon ein griechisches Scholion zum Titel des Buchs in einer münchener Handschrift sagt sehr entschieden: „Du irrtest Dich, Lieber; nicht von Aristoteles, sondern von einem seiner Nachkommen ist diese Schrift." Unter den neuern Gelehrten ward diese Meinung bald die vorherrschende. Einige derselben gingen aber weiter, und glaubten den wahren Verfasser bald in Theophrastos bald in dem Peripatetiker Straton von Lampsakos zu erkennen. Zu jenen gehörte Schneider, der die Schrift unbedenklich in seine Ausgabe der Werke des Theophrastos aufnahm, den Beweis aber, dass sie dahin gehöre, gleich seinen Vorgängern schuldig blieb. Gründlicher behandelte Prantl denselben Gegenstand in seiner gehaltreichen kleinen Schrift; Aristoteles über die Farben, erläutert durch eine Uebersicht der Farbenlehre der Alten. München 1849. 8. — Voran geht ein buchstäblich ge-

---

1) *Geographi Graeci minores. Edid. Gail. Vol. II, Paris 1826. 8. pag. 140 sqq.* — Enthält den Text, eine lateinische Uebersetzung und einen Commentar von Marx, der aber den Botaniker nicht befriedigt.
2) Mein Versuch botanischer Erläuterungen zu Strabon und einem Fragment des Dikäarchos. Königsberg 1852. 8.

nauer Abdruck des griechischen Textes aus Bekkers Ausgabe des Aristoteles, doch mit Vermehrung des kritischen Apparats und mit Anmerkungen, worin der Text manche sehr erhebliche Verbesserungen erfährt. Dann wird die Farbenlehre der Alten von den mythischen Zeiten an bis auf Galenos und Olympiodoros, den Commentator des Aristoteles, sorgfältig aus einander gesetzt. Bei Aristoteles verweilt der Verfasser am längsten, und nachdem er dessen Grundzüge der Farbenlehre aus den unbestreitbar ächten Schriften entwickelt hat, vergleicht er damit das Buch von den Farben. Es ergiebt sich aus der Vergleichung, dass dieses Buch zwar zu den bessern Producten der aristotelischen Schule gehört, doch auch in manchen Punkten von der reinen Lehre des Aristoteles und eben so des Theophrastos abweicht, so wie dass diese Abweichungen nichts weniger als Fortschrittte sind.

Eine berichtigte lateinische Uebersetzung lieferte Schneider in seiner Ausgabe der Werke des Theophrastos; eine deutsche (vielleicht von Riemer?) hatte früher Göthe in seiner Farbenlehre Band II, Seite 24 ff. geliefert, woraus sie in seine Werke, Ausgabe letzter Hand Band LIII S. 30 ff. überging. Nach dieser Uebersetzung, jedoch berichtigt nach Bekkers Text und Prantls Bemerkungen dazu, lasse ich jetzt das fünfte Kapitel, welches von den Farben der Pflanzen handelt, folgen.

Ich bemerke nur noch, dass die alte barbarisch-lateinische Uebersetzung in der lateinischen Ausgabe der Werke des Aristoteles, die zu Venedig 1496 erschienen ist, aus dem Einen Buch zwei Bücher macht, das zweite mit dem fünften Kapitel beginnen lässt, und ihm die Ueberschrift giebt: Von den Pflanzen; so wie dass Titze in seiner Schrift de Aristotelis operum serie et distinctione. Lips. 1826. 8. das ganze Buch für ein Excerpt aus den ächten Büchern des Aristoteles von den Pflanzen hielt.

Des Buchs von den Farben fünftes Kapitel.

Die Haare Federn Blumen Früchte und alle Pflanzen nehmen durch Kochung jede Veränderung der Farben an, wie sich aus vielen Beispielen ergiebt. Was für Anfänge der Farben aber

Buch II. Kap. 3. §. 25.

die einzelnen Gewächse haben, was für Veränderungen mit ihnen vorgehen, und warum sie solches erleiden, darüber kann man, wenn auch einige Zweifel diese Betrachtung begleiten, folgendermassen denken.

An allen Pflanzen ist der Anfang der Farbe grün, und Knospen Blätter und Früchte sind anfangs von dieser Farbe. Dasselbe sieht man auch am Regenwasser. Hat es eine Weile gestanden, und trocknet sodann aus, so wird es von Farbe grün.

Auch mit der Theorie stimmt es überein, dass sich diese Farbe bei allen Gewächsen zuerst einstellt. Denn altes Wasser, auf welches die Sonnenstrahlen wirkten, ist anfänglich stets gelbgrün, und wird hernach allmälig schwarz; vermischt man es aber aufs neue mit dem Gelben, so wird es wieder grün. Denn das Feuchte, wie schon gesagt, das in sich selbst veraltet und austrocknet, wird schwarz, wie der Bewurf der Wasserbehälter und alles, was sich beständig unter Wasser befindet, weil die erkältete Feuchtigkeit in sich selbst austrocknet. Schöpft man es aber und bringt es in die Sonne, so wird es grün, weil sich das Gelbe mit dem Schwarzen verbindet. Fällt jedoch die Feuchtigkeit mehr ins Schwarze, so giebt es ein sehr gesättigtes Lauchgrün.

Deswegen sind auch alle älteren Knospen weit schwärzer als die neuen, diese aber gelblicher, weil sich die Feuchtigkeit in ihnen noch nicht völlig geschwärzt hat. Wenn aber bei langsamerem Wachsthum die Feuchtigkeit lange in ihnen verweilt, so wird die erkältete Feuchtigkeit nach und nach schwarz und die Farbe lauchartig, indem sie durch ein ganz reines Schwarz temperirt ist.

Diejenigen Pflanzen dagegen, in denen sich das Feuchte nicht mit den Sonnenstrahlen mischt, bleiben weiss, wenn sie nicht etwa schon veraltet und ausgetrocknet, und daher schwarz geworden sind. Daher auch an den Pflanzen alles, was sich über der Erde befindet, zuerst grün, was unter der Erde, wie Stengel und Wurzeln, weiss ist. Auch die unter der Erde befindlichen Keime sind weiss, so wie man sie jedoch von Erde entblösst, werden sie sämmtlich grün.

Auch die Früchte sind, wie gesagt, anfangs alle grün, weil die Feuchtigkeit, welche durch die Keime zu ihnen durchseiht, die Natur dieser Farbe hat, und sogleich zum Wachsthum der Früchte verbraucht wird. Nehmen die Früchte aber nicht mehr zu, weil die Feuchtigkeit der zufliessenden Nahrung bereits nicht mehr vorherrscht, sondern im Gegentheil von der Wärme verzehrt wird, so reifen alle Früchte, und indem die in ihnen befindliche Feuchtigkeit theils von der Sonnenwärme theils von der Wärme der Luft gar geworden, nehmen sie nun die jeder Pflanze zukommende Farbe an, wie wir Aehnliches beim Färben sehen; und so färben sie sich langsam, vornehmlich die Theile, welche der Sonne und der Wärme ausgesetzt sind. Deswegen verwandeln die Früchte ihre Farben mit den Jahreszeiten, wie bekannt ist. Denn was vorher grün war, nimmt, wenn es reift, die Farbe an, die seiner Natur gemäss ist. So können sie weiss schwarz braun gelb schwärzlich schattenfarbig gelbroth wein- und safranfarbig werden, und beinahe alle Farbenunterschiede annehmen.

Wenn nun überhaupt die Mannichfaltigkeit der Farben daher entsteht, dass mehrere gegenseitig Einfluss auf einander haben, so folgt daraus, dass auch bei den Farben der Pflanzen dasselbe stattfinden muss. Denn indem die Feuchtigkeit sie durchseihet und durchspült, nimmt sie die Möglichkeit aller Farben in sich auf; und wenn sie nun beim Reifen der Früchte gar geworden sind, kommen die einzelnen Farben zu stande, einige schneller, andere langsamer, wie es auch beim Purpurfärben begegnet.

Denn wenn man die Schnecke zerstösst, ihren Saft auspresst und im Kessel kocht, so ist in der Küpe zuerst keine bestimmte Farbe zu sehen; nach und nach aber trennen sich die eingeborenen Farben und mischen sich wieder, wodurch die Mannichfaltigkeit entsteht, als Schwarz Weiss Schatten- und Luftfarbe; zuletzt wird alles purpurfarbig, wenn die Farben gehörig gekocht sind, so dass wegen ihrer Mischung und Uebergang aus einer in die andre keine der einzelnen Farben mehr zu sehen ist.

Dasselbe geschieht auch mit den Früchten. Denn weil bei vielen nicht alle Farben zugleich gar werden, sondern einige früher

Buch II. Kap. 3. §. 25.

andere später zu stande kommen, so verwandelt sich eine in die andere, wie unterandern bei den Trauben und Datteln. Einige derselben werden zuerst roth, sobald aber das Schwarze in ihnen zu stande kommt, gehen sie in die Weinfarbe über. Zuletzt werden sie blau, nachdem sich das Roth mit vielem und reinem Schwarz mischte. Denn die später entstandenen Farben verändern, sobald sie vorherrschen, die ersten Farben, was zumal an schwarzen Früchten deutlich ist. Denn die meisten, welche zuerst grün aussehen, neigen sich ein wenig ins Rothe, und werden dann feuerfarb; bald aber verwandeln sie auch diese Farbe wieder und werden blau, weil sich ursprünglich ein reines Schwarz in ihnen befindet.

Offenbar zeigen auch die Reiser Ranken und Blätter dieser Pflanzen einige Röthe, weil sich eine solche Farbe häufig in ihnen befindet. Dass aber die schwarzen Früchte beide Farben in sich haben, zeigt der Saft, welcher wie weinsaft aussieht.

Der Entstehung nach ist aber die rothe Farbe früher als die schwarze, wie man an dem Pflaster unter den Dachtraufen sieht, und überall, wo an schattigen Orten mässiges Wasser fliesst. Alles verwandelt sich da zuerst aus der grünen in die rothe Farbe, und das Pflaster wird, als wenn beim Schlachten frisches Blut ausgegossen wäre [1]; denn die grüne Farbe ist hier weiter durchgekocht worden. Zuletzt aber wird es auch hier sehr schwarz und blau, gleichwie es an den Früchten geschieht.

Dass aber die Farbe der Früchte sich verwandelt, wenn die ersten Farben durch die folgenden überwältigt werden, lässt sich leicht nachweisen. Denn auch die Frucht des Granatbaums und die Blätter der Rose sind anfänglich weiss, zuletzt aber, wenn sich die Säfte in ihnen durch Kochung färbten, verändert sich die Farbe und verwandelt sich in Purpur und Hochroth.

---

1) Für kundige Leser bedarf es kaum der Bemerkung, dass der unbekannte Verfasser hier eine Infusorienbildung, vermuthlich eine Euglena, vor Augen hatte.

Manche Pflanzen haben mehrere Farben in sich, wie der Saft des Mohns und die Neige des ausgepressten Olivenöls (τῆς ἐλαίας ὁ ἀμόργης). Auch diese sind anfangs weiss wie der Granatapfel, aus dem Weissen gehen sie ins Hochrothe über, zuletzt aber, wenn das Schwarze Ueberhand nimmt, werden sie blau. Daher sich auch die oberen Blätter des Mohns röthen, weil die Kochung in ihnen sehr schnell vor sich geht, die unteren aber schwarz sind, indem diese Farbe in ihnen bereits vorwaltet, wie auch in der Frucht, die zuletzt schwarz wird. In solchen Pflanzen aber, in denen nur Eine Farbe herrscht, etwa die weisse schwarze hochrothe oder violette, behalten auch die Früchte stets die Natur derjenigen Farbe, in welche sie sich einmal aus dem Grünen verwandelt haben.

Auch findet man, dass bei einigen Blüthe und Frucht von gleicher Farbe sind, wie z. B. beim Granatbaum. Denn sowohl seine Frucht wird roth, wie auch seine Blüthe. Bei andern ist aber die Farbe beider sehr verschieden, wie beim Lorbeer und Epheu. Denn ihre Blüthe ist ganz gelb, und die Frucht des einen schwarz, des andern roth. So ist es auch mit dem Apfelbaum; auch dessen Blüthe ist weiss ins Purpurfarbige spielend, die Frucht hingegen gelb. Die Blume des Mohns ist roth, die Frucht bald schwarz bald weiss, weil die Kochung der in ihnen waltenden Säfte zu verschiedenen Zeiten erfolgt.

Dies bewährt sich auf vielerlei Weise. Denn auch einige Früchte erleiden, wie gesagt, mit der fortschreitenden Kochung vielfache Veränderungen. Auch im Geruch und Geschmack zeigt sich zwischen Blume und Frucht oft ein grosser Unterschied. Aber noch auffallender ist es bei den Blumen selbst, wenn an demselben Blatt ein Theil schwarz, ein anderer roth, oder einer weisslich, ein anderer purpurfarbig ist. Vorzüglich sieht man das an der Iris; denn wegen mannichfaltiger Kochung vereint auch diese Blume in sich die verschiedensten Farben, gleich wie die Trauben, wenn sie zu reifen beginnen. Die stärkste Kochung erleidet das Aeusserste der Blumen, daher sie, wo sie aufsitzen, weniger gefärbt sind.

Fast wird auch an einigen das Feuchte gleichsam ausgebrannt, ehe es seine eigentliche Kochung erreicht; daher die Blumen ihre Farbe behalten, die Früchte dagegen bei fortschreitender Kochung die ihrige verändern. Denn jene werden wegen der geringen Menge der Nahrung schnell gar; die Früchte aber verwandeln sich wegen ihres Ueberflusses an Feuchtigkeit während der Kochung in alle Farben, die ihrer Natur angemessen sind. Was sich auch, wie früher gesagt worden, beim Färben zeigt. Denn im Anfang, wenn die Purpurfärber die Blutbrühe ansetzen, wird sie dunkel, schwarz und luftfarbig; ist aber die Masse genug durchgearbeitet, so erscheint die Purpurfarbe glänzend und blühend.

Daher müssen sich auch die Blumen an Farbe von den Früchten sehr unterscheiden. Einige übersteigen gleichsam das Ziel, das ihnen die Natur gesetzt hat, andere bleiben dahinter zurück, jene, weil sie eine vollständige, diese, weil sie eine unvollständige Kochung erfahren. Aus diesen Ursachen scheinen sich die Blumen und Früchte in der Farbe von einander zu unterscheiden.

Die Blätter der meisten Bäume werden aber endlich gelb, weil sie wegen Abnahme der Nahrung früher welken, als sie in die ihrer Natur angemessene Farbe übergehen können; wie auch einige abfallende Früchte gelb werden, weil ihnen die Nahrung ausgeht, bevor sie gar geworden; eben so der Weizen und alle Saaten, denn auch sie werden zuletzt gelb. Das Feuchte in ihnen bewirkt die Verwandelung der Farbe, ohne dass sie wegen des schnellen Austrocknens schwarz werden. Denn mit dem Gelben verbunden wird das Schwarze, wie gesagt, grün. Wird aber das Schwarze immer schwächer, so geht die Farbe allmälig wieder ins Gelbgrüne über, und wird endlich gelb. Zwar werden die Blätter des Birnbaums und der Andrachne, auch einiger andern Pflanzen, wenn sie gar gekocht sind, roth; was aber an ihnen geschwind austrocknet, wird gelb, weil ihm die Nahrung vor dem Garwerden ausgeht.

Das sind die Ursachen, welche die Farben-Unterschiede der Pflanzen zumeist zu bewirken scheinen.

Drittes Buch.
Verfall der Botanik unter den Griechen bis zur Gründung der römischen Weltherrschaft (Augustus).

Erstes Kapitel.
Politisch-literarhistorische Einleitung.

§. 26.
Alexandrien und die Ptolemäer.

Heisst Geschichte der zusammenhängende Verlauf der Begebenheiten, so hat in der jetzt vor uns liegenden Zeit bis ins sechzehnte Jahrhundert hinab die Botanik gar keine Geschichte. Nur einzelne Nachrichten knüpfen sich wie Trümmern, die aus dem Sande hervorragen, an Namen, die ausserdem für uns alle Bedeutung verloren. Von schriftlichen Denkmälern reiner Botanik besitzen wir nach Theophrastos in griechischer Sprache kein einziges mehr; denn das einzige ursprünglich griechische, was vielleicht, vielleicht auch nicht einmal dahin zu rechnen wäre, die kleine Schrift des Nikolaos Damaskenos kennen wir nur noch in barbarisch lateinischer Uebersetzung. Auch die übrigen Künste und Wissenschaften, ausgenommen diejenigen, die gleich Wüstenpflanzen der Dürre des Lebens Trotz bieten, oder gar in dessen Verwickelungen wurzeln, sanken mit der sinkenden Sonne Athens. An Stelle dieses Brennpunktes geistiger Interessen erhob sich jetzt Alexandrien. Fast noch mehr und jedenfalls dauernder, als

Buch III. Kap. 1. §. 26.

durch Handel Reichthum und Macht, glänzte es durch seine gelehrten Anstalten, das Werk der langen Regierung einiger Könige, in denen sich griechische Feinheit mit orientalischem Prunk, seltene Regententugenden mit den schamlosesten Lastern vertrugen; und so fest waren jene Anstalten gegründet, so tief hatten sie sich eingewurzelt, dass die Stadt noch Jahrhunderte lang über ihren politischen Verfall hinaus den Ruhm der Gelehrsamkeit behauptete. Mit lebhaften Farben schildert Ammianus Marcellinus[1]), wie noch zu seiner Zeit, dass heisst auf der Schwelle des fünften Jahrhunderts, die Wissenschaften überhaupt, besonders aber Mathematik und Medicin, nirgends freudiger als in Alexandrien blüheten. Nur zu Anfang, und nur auf kurze Zeit, wetteiferte mit Alexandrien das früher kaum bemerkbare und bald wieder in Vergessenheit zurücksinkende Pergamon. Auf diese beiden Punkte, vornehmlich auf erstern, haben wir daher jetzt unser Augenmerk zu richten; und der einzige Faden, an den sich die zerstreuten Nachrichten, die wir sammeln wollen, aufreihen lassen, ist die Regentenfolge der Ptolemäer [2]).

Gleich nach Alexandros des Grossen Tode begannen bekanntlich die Kämpfe seiner Heerführer und Satrapen, der sogenannten Diadochen (Nachfolger in Amt und Würden), um die zerstückelten Glieder der ungeheuren, einzig durch des Königs Riesengeist zusammengehaltenen Monarchie. Alle Kräfte drängten und wurden gedrängt, alles Bestehende zerfiel in chaotische Verwirrung, jedes Band der Gewohnheit, der Sittlichkeit löste sich, überall herrschte Zerstörung Schwerdt Dolch und Gift; Ruhe und Sicherheit bestand nirgends mehr, ausgenommen in einer einzigen Provinz. Aegypten allein verdankte der Umsicht und Energie seines Satrapen Ptolemäos eines Sohnes des Lagos den Vorzug, siebzehn Jahr lang, zwar nicht von Kriegen, doch von feindlichen

---

1) *Ammian. Marcellin.* XXII, cap. 16. §. 17 *sqq.*

2) Schade, dass Droysens treffliche Geschichte des Hellenismus, Hamburg Band I (Alexander der Grosse) 1834, Band II (Diadochen) 1843, 8. nicht über den vierten Ptolemäer hinausreicht, und also da im Stich lässt, wo wir eines so kundigen Führers am meisten bedürften.

Einfällen und innerer Zerrüttung verschont zu bleiben; denn der vergeblich versuchte Abfall der Kyrenäer, die der ägyptischen Herrschaft unterworfen waren, so wie der lange Kampf um den Besitz Syriens Palästina's und Phönikiens, liessen Aegypten selbst in seinem Innern unberührt. Erst nach siebzehn Jahren ungestörten Besitzes, nach dem Verlust der für den Seehandel im mittelländischen Meere überaus wichtigen Insel Kypros, sah sich der Lagide von seinem gefährlichsten Feind Antigonos in Aegypten selbst bedroht. Jetzt (306 v. Chr.) hielt Antigonos seinen Widersacher beinahe schon für vernichtet; er wagte es, der erste nach Alexandros, sich den Titel König beizulegen, und bereitete einen furchtbaren Angriff auf Alexandrien vor. Aber Ptolemäos, weit entfernt sich durch den angemassten Titel einschüchtern zu lassen, erklärte sich desgleichen zum König, schlug im folgenden Jahre den Antigonos für immer entscheidend zurück, nahm darauf noch den Beinamen eines Erretters, Soter, an, durch den er von den nachfolgenden Königen Aegyptens, die alle Ptolemäos heissen, gewöhnlich unterschieden wird, und erfreute sich von da bis zu seinem Ende (283 v. Chr.) einer vollständig gesicherten Herrschaft.

Grieche von Geburt und Bildung, den Künsten des Friedens hold, freigebig und über unermessliche Reichthümer gebietend, die Aegypten als das fruchtbarste aller damals bekannten Länder, wie als Mittelpunkt des Welthandels darbot, und die zu centralisiren der Tyrann keine Mordthat scheuete, war er ganz dazu geeignet, so weit das von dem Willen eines Machthabers abhängt, wenn nicht Aegypten, so doch Alexandrien zu hellenisiren und in wissenschaftlicher Beziehung wenigstens scheinbar auf die Stufe zu erheben, von der Athen nur zu bald wieder herabsank. Mit grossem Aufwande zog er Künstler und Gelehrte aus Griechenland nach Alexandrien hinüber, baute, ohne den ägyptischen Gottesdienst zu vernachlässigen, griechische Tempel, sammelte Bücher, und bereitete so die Schöpfungen seines Sohnes, des Ptolemäos Philadelphos vor, das alexandrinische Museum und die Bibliothek des Brucheion, wobei ihm Demetrios Phalereus,

Buch III. Kap. 1. §. 26.

der Freund des Theophrastos, aus Athen nach zehnjähriger Herrschaft über diese Stadt vertrieben, und in Alexandrien gastfreundlich aufgenommen, mit Kenntniss und Geschmack zu Hülfe kam. Dass aber die grosse Bibliothek und das Museum als Stiftungen des zweiten Ptolemäers zu betrachten sind, lässt sich nach dem lange darüber geführten Streit neuerer Gelehrten jetzt nicht mehr bezweifeln. Ritschl [1]), der genaueste Forscher in dieser Sache, spricht sich darüber so aus: „So wenig ein namhafter Antheil des Ptolemäos Lagi an der ersten Sammlung der alexandrinischen Bücherschätze abzuweisen sein wird, so unzweifelhaft steht uns als der wahrhafte Begründer, eifrige Vermehrer und organisirende Erhalter der welthistorisch gewordenen Bibliothek Ptolemäos Philadelphos da. Was der Vater mit Rath und Beistand des Demetrios zusammengekauft, das durchgreifend zu ordnen, in grösserem Maassstabe nützlich zu machen, und durch eine geregelte Verwaltung sicher zu stellen, war das rechte Bedürfniss, wie die äussern Bedingungen erst mit der Stiftung des Museums durch Philadelphos gegeben. Wenn Philadelphos der Erbauer des Museums war, immerhin vielleicht in den zwei Jahren gemeinschaftlicher Regierung (s. Bernhardy [2]) Seite 368 ff. gegen Parthey [3]) Seite 36); mit dem Museum aber die eine der zwei berühmten Bibliotheken Alexandria's, die des Bruchiums, in nächster Verbindung stand (Vita Apollonii Rhodii bei Parthey S. 53): so scheint überhaupt zur Zeit des Ptolemäos Soter, mochte er auch für Zusammenbringung von Büchern noch so thätig sein, doch ein eigenes Bibliotheksgebäude noch nicht bestanden zu haben, dessen Stelle vor dem ungeheuren Anwachs der aufgekauften Vorräthe füglich durch irgend einen Raum des Königspallastes vertreten werden konnte. Die Zweideutigkeit des Ausdrucks bibliotheca hat begreiflicher Weise das Festhalten jenes Unterschiedes bei

---

1) *Ritschl, F., die alexandrinischen Bibliotheken unter den ersten Ptolemäern u. s. w. Breslau 1838. 8. Seite 14.*

2) *Bernhardy, Grundriss der griechischen Literatur. Thl. I. Halle, 1836 8.*

3) *Parthey, das alexandrinische Museum. Eine gekrönte Preisschrift. Berlin, 1838. 8.*

Alten und Neuen verhindert, und die doppelte Tradition über den ersten oder zweiten Ptolemäer als eigentlichen Gründer vorzüglich begünstigt, u. s. w."

Ptolemäos Soter, wenn wir die Zeit seiner Satrapie mitrechnen, hatte vierzig Jahr (bis 283 v. Chr.) geherrscht, sein Sohn Philadelphos herrschte, nachdem er bereits zwei Jahr lang das Regiment mit seinem Vater getheilt, noch sechs und dreissig Jahr lang (bis 247 v. Chr.), in seinen Kriegen nur gegen Syrien und Kyrene mit wechselndem Gewinn und Verlust, sonst im Ganzen glücklich, im Innern nur einmal beunruhigt durch keltische Söldlinge, die er selbst gegen Kyrene herbeigerufen, und deren er sich nicht ohne Noth wieder entledigte. Der Handel stieg auf den Gipfel seiner Blüthe, ägyptische Flotten beherrschten das Mittel- das schwarze und das rothe Meer, und gingen aus ersterem regelmässig bis nach Madera, aus letzterm bis Abyssinien Persien und Ostindien; Karavanen trafen aus dem Innern Asiens und Afrikas in Alexandrien zusammen. Die Nachrichten der Alten über die Schätze des Ptolemäos Philadelphos, die nächst dem Handel und der Kriegsbeute auch aus den Goldminen Oberägyptens flossen, und durch Bedrückungen aller Art zusammengerafft wurden, grenzen an's Unglaubliche. Schwelgerei und Grausamkeit, zumal gegen Mitglieder der eigenen Familie, waren aber damals so an der Tagsordnung, dass sie in den Augen der Zeitgenossen den Glanz seiner Regierung nicht verdunkelten. Ja der Wissenschaft soll die Erschöpfung der Gesundheit des Königs durch wollüstige Ausschweifungen sogar zu gute gekommen sein; so erzählt wenigstens Strabon[1]):

„Die Alten wussten bloss durch Vermuthung, die Spätern aus eigner Anschauung, dass der Nil durch Sommerregen anschwelle, welche Ober-Aegypten, besonders die äussersten Gebirgsgegenden begiessen, und dass, wenn der Regen aufhört, auch allmälig die Ueberschwemmung sich vermindert. Dies ward besonders denen klar, welche den arabischen Meerbusen bis zur

---

1) *Strabo XVII, cap. I. pag. 789. edit. Casauboni.*

Zimmetgegend beschifften, und denen, welche Leute auf die Elephantenjagd ausschickten, und wenn noch andere Geschäfte die Ptolemäer, Aegyptens Könige, veranlassten Männer dahin abzusenden. Denn diese kümmerten sich um solche Dinge; besonders war der mit Beinamen Philadelphos wissbegierig, und suchte wegen seiner Körperschwäche immer neue Zerstreuungen und Gegenstände des Vergnügens."

Ein einziger Aufzug, den Ptolemäos Philadelphos zur Feier der Dionysien anordnete, und dessen Beschreibung uns Athenäos[1]) im Auszuge erhalten hat, zeigt einen Reichthum, eine Pracht und Verschwendung, einen Zusammenfluss von Kunst- und Natur-Erzeugnissen, wogegen alles Aehnliche, was Europa je gesehen, oder was die märchenreiche Scheherazade zu erfinden vermocht, in nichts verschwinden. Einen Auszug aus jenem Auszuge lieferte Manso[2]), aus diesem will ich wieder nur ein kleines Bruchstück mittheilen, doch hinreichend zur Bekräftigung meiner Aussage.

Ich übergehe die Beschreibung des königlichen Speisezeltes mit Hunderten goldener Gefässe, goldener Tische auf silbernen Füssen, mit Teppichen und ausgezeichneten Thierfellen überladen, bis auf den Einen Punkt, dass ringsum zu einer Zeit, in der die Vegetation ruhte, Myrten Lorbeeren und andere Gewächse prangten, und Blumen aller Art gestreuet waren. „Denn Aegypten, setzt der Berichterstatter hinzu, erzeugt vermöge der Gunst des Klima's und der Geschicklichkeit seiner Gärtner immerfort in Ueberfluss, was anderswo nur zu gewissen Zeiten sparsam gedeihet, so dass es fast nie an Rosen Violen und jeder andern Blumenart gebricht." — Von einer Reihe von Aufzügen, allen Göttern gewidmet, hebt der Berichterstatter nur den Einen hervor, der dem Dionysos galt. Er bestand, ausser den Fussgängern und Reitern in den verschiedensten Costümen, welche grossentheils goldene und andere prachtvolle Geräthe trugen, aus acht bis zehn

---

1) *Athen.* V, *cap. 6—8, pag. 196 a—203 d.*
2) *Manso verm. Schr. II, S. 366 ff.* Vergl. *Schlosser, universalhistor. Uebersicht II, Abtheil. I. S. 170 ff.*

Hauptabtheilungen, unter denen ich nur die Beschreibung des sechsten nach Manso hier einrücke.

„Unmittelbar nach diesem Wagen folgte auf einem sechsten eine überaus reiche und mannichfaltige Vorstellung: Bacchus Rückkehr aus Indien. Ein zwölf Ellen hoher Bacchus, in Purpur gekleidet, auf dem Haupt eine goldene Epheu- und Rebenkrone, in der Hand einen goldenen Thyrsus und an den Füssen goldfarbige Sohlen, ritt einen goldgeharnischten Elephanten, auf dessen von einer goldenen Epheukrone umschlungenen Halse ein fünf Ellen hoher Satyr sass, der einen goldenen Fichtenkranz trug, und mit der Rechten ein Ziegenhorn zum Munde führte. Ihn geleiteten fünf hundert Mädchen in purpurnen Unterkleidern mit goldenen Gürteln, angeführt von hundert und zwanzig andern, geschmückt mit goldenen Fichtenkränzen, und begleitet von eben so vielen Satyrn in goldener und eherner Rüstung. Hinter diesen her kam ein endloser Zug von Thieren, fünf Haufen Esel mit goldenen und silbernen Stirnbändern und Geschirren, auf denen bekränzte Satyrn und Silenen sassen, vier und zwanzig Wagen gezogen von Elephanten, sechszig zweispännige von Böcken, zwölf dergleichen von Akoin, sieben von Gazellen, funfzehn von afrikanischen Hirschen, acht von Straussen, sieben von europäischen Hirschen, und vier von wilden Eseln. Zu jedem Wagen gehörten zwei Knaben als Fuhrmänner gekleidet und ein kleinerer mit einem leichten Schilde und einer Thyrsus-Lanze bewaffnet. Ferner erschienen in dieser Abtheilung des Aufzuges drei zweispännige Wagen mit Kamelen, die mit drei hundert Pfund Weihrauch, und zwei hundert Pfund Kokus, Kassia, Zimmet, Iris und andere Arten von Spezereien beladen waren, mehrere mit Maulthieren bespannte Wagen und auf diesen ausländische Zelte, in denen Indianerinnen in der Tracht von Gefangenen sassen, ein Schwarm mit Lanzen bewaffneter Aethiopier, die sechs hundert Elephantenzähne zwei tausend Klötze Ebenholz und sechzig Gefässe mit Gold Silber und Goldstaub trugen, zwei Jäger mit übergoldeten Jagdspiessen, die zwei tausend indische hyrkanische molossische und andere Hunde führten, hundert und funfzig Männer mit

Bäumen, an welche allerlei seltene Thiere und Vögel angebunden waren, Papageien Pfauen Perlhühner Fasanen und äthiopisches Geflügel in Käfigen, endlich- ganze Heerden von zahmen und wilden Thieren, als hundert und dreissig äthiopische, drei hundert arabische und zwanzig euböische Schaafe, sechs und zwanzig weisse indische und acht äthiopische Stiere, ein weisser Bär, vierzehn Leoparden, sechszehn Panther, vier Luchse, drei junge Panther, ein Kameloparde und ein äthiopisches Rhinoceros."

Ich wählte diese Abtheilung des Aufzuges, weil sie für den Naturforscher die wichtigste ist. Manso's Uebersetzung der Thiernamen mag ich weder verbürgen, noch wage ich sie zu berichtigen, und setze daher für Zoologen, denen diese Blätter zu Gesicht kommen könnten, die Worte hinzu, mit denen Cuvier[1]) die in jener Stelle des Athenäos vorkommenden Thiere bezeichnet: Il y avait des elephans, des cerfs blancs de l'Inde, des bubales, des autruches, des oryx attelés à des chars. On y voyait des chameaux chargés d'aromates et d'autres produits précieux de l'Orient; on y rémarquait des brebis d'Ethiopie, des panthères, des onces, des leopards, des rhinocéros, vint-quatre lions de la plus grande taille, et enfin des ours blancs. Long-temps on a été étonné de la presence de ces derniers animaux dans la fête de Ptolemée; ne connaissant que ceux des mers glaciales, on cherchait à expliquer, comment le roi d'Egypte avait pu les faire venir de ces contrées. M. Ruppel a éclairci depuis quelque temps cette difficulté; il nous a appris, qu'on trouve des ours blancs dans le Liban, et c'est sans doute de ces montagnes que venaient ceux de Ptolemée."

Wichtiger als die Menagerie, die all diese Thiere zu liefern vermochte, war die von Ptolemäos Philadelphos zu Alexandrien gegründete grösste Bibliothek des Alterthums und das damit verbundene Museum, der gemeinsame Aufenthalt zahlreicher, zum Theil ausgezeichneter Gelehrter, in den Stand gesetzt gleich unsern Akademikern ganz frei der Wissenschaft zu

---

1) *Cuvier*, histoire des sciences naturelles, publiée par *M. de Saint Agy.* Tom. *I, Paris, 1841. pag. 174 sq.*

leben, und ausgerüstet mit allen dazu erreichbaren Hülfsmitteln. Der Spottdichter Timon der Phliasier betrachtete freilich diese Anstalt auch nur als eine Art von Menagerie, indem er sang [1]):

„Nährt Aegypten, das reiche an allerlei Zunft, doch der Männer
Viel Buchkratzende, viele in Zank um was sie nicht wissen,
In des Museums Korb. —"

Doch nennt ihn Parthey wohl nicht mit Unrecht den Piron des Museums, den nur der Verdruss darüber, selbst keinen Platz an der Tafel des Ptolemäos gefunden zu haben, zu seinen Spottliedern stachelte.

Die Regierung des dritten Ptolemäers, von 247 bis 222 v. Chr. begann mit einem glorreichen Feldzuge gegen Syrien, von wo der König zahlreiche den Aegyptern einst geraubte Denkmäler und Kostbarkeiten zurück eroberte, und dafür von seinem Volk den Beinamen des Wohlthäters, Euergetes, erhielt. Was von seinen Feldzügen und Siegen in Afrika und Arabien längs der Küste des rothen Meers erzählt zu werden pflegte, beruhete auf dem einzigen Zeugniss einer pomphaften Inschrift, die in neuerer Zeit wiedergefunden und grossentheils gar nicht auf Euergetes bezüglich erkannt wurde. Doch wie dem auch sei, das Reich stand unter Euergetes in höchster Blüthe und mit ihm zugleich das Museum [2]). Aber der griechische Geist, den die beiden ersten Ptolemäer nach Alexandrien zu verpflanzen und aufs sorgfältigste zu pflegen gesucht hatten, fing schon an dem finstern

---

1) Den in der Uebersetzung leichter zu vermeidenden als wieder zu gebenden Hiatus in der Mitte beider Verse ahmte ich dem Original *(Athen. deipnos. I, p. 22 E.)* deshalb nach, weil er vielleicht schlechte Verse der Verspotteten selbst parodiren sollte.

2) Einem nicht weiter bekannten Philosophen Panarotos, der vermuthlich zum Museum gehörte, gab Ptolemäos Euergetes einen **Jahrgehalt** von zwölf Talenten *(Athen. deipnos. XII, cap. 13. pag. 552 C.)*, das ist, wenn wir hier ägyptische Talente voraussetzen dürfen, gegen **achtzehn tausend Thaler**!

Buch II. Kap. 1. §. 26.   211

starren Geiste Aegyptens zu weichen, und mit dem Tode des Euergetes begann der Verfall.

Alle nun folgende Ptolemäer schienen nur die Laster, nicht die Vorzüge ihrer Vorfahren geerbt zu haben. Schon unter dem vierten, Ptolemäos Philopator, der fast noch Kind von 222 bis 204 v. Chr. regierte, oder sich vielmehr abwechselnd durch einen Minister und eine Bulerin regieren liess, sank die Macht des Reichs. Der König liess sich von Schandthat zu Schandthat fortreissen, erbauete aber dafür dem Homeros einen eigenen Tempel. Den Beinamen Philopator, der Vaterliebende, soll er erhalten oder angenommen haben, weil der Verdacht des Vatermordes auf ihm ruhete.

Mit dem fünften, Ptolemäos Epiphanes (204 — 181 v. Chr.), begannen schon die Einmischungen Roms in die ägyptischen Angelegenheiten. Unter seinen beiden Söhnen erfolgte sogar durch römische Vermittelung eine Theilung des Königreichs; der ältere Bruder Ptolemäos (VI.) Philometor erhielt Aegypten nebst der Insel Kypros, und regierte von 181 bis 146 v. Chr.; der jüngere Ptolemäos (VII.) Physkon erhielt Kyrene, bestieg indess nach seines Bruders Tode auch den ägyptischen Thron, und regierte bis 117 v. Chr. Mit einem andern Beinamen liess er sich den Wohlthäter, Euergetes II. nennen, sein Volk aber nannte ihn Kakergetes, den Uebelthäter. Seine Grausamkeit gegen die Anhänger seines verstorbenen Bruders brachte es dahin, dass Alexandrien verödete. Um nicht mit den Seinigen zwischen leeren Gebäuden zu hausen, suchte er fremde Einwanderer herbei zu locken. Und jetzt zeigten sich in vollem Maasse die Nachtheile der engen Verbindung des Museums mit dem königlichen Hofe: die Gelehrten, die der Bruder herbei gezogen oder sonst begünstigt hatte, wurden fast alle vertrieben, und zerstreuten sich über verschiedene Städte Asiens und Europas, wo sie, in äusserster Dürftigkeit lebend, die in Aegypten erworbenen Kenntnisse ausbreiteten. In spätern Jahren suchte zwar Physkon den Wissenschaften in Alexandrien wieder aufzuhelfen, befasste sich selbst mit der

Kritik des Homeros [1] und schrieb ägyptische Denkwürdigkeiten (ὑπομνήματα) in vier und zwanzig Büchern, worin er unterandern seines Ahnherrn des Ptolemäos Philadelphos fünf berühmteste Bulerinnen, der übrigen zu geschweigen, verewigte [2]), wie auch von den seltenen Thieren der königlichen Menagerie handelte [3]). Doch der Glanz der alexandrinischen Gelehrtenschule war dahin.

Von den folgenden Ptolemäern habe ich nichts mehr zu sagen. Mit dem dreizehnten und letzten, der noch als Knabe mit seiner ältern Schwester Kleopatra vermält ward, ging das Königreich Aegypten im römischen Weltreich unter. Die grosse Bibliothek, das heisst nicht das Gebäude, sondern die Bücher selbst, die man, vermuthlich um sie nach Rom zu schleppen, daraus entfernt hatte [4]), waren kurz zuvor, als Julius Cäsar im Hafen vor Alexandrien seine eigene Flotte, um sie nicht in Feindes Hand fallen zu lassen, verbrannte, durch Zufall ein Raub der Flammen geworden.

§. 27.
Das alexandrinische Museum.

„Ein Theil des Schlosses (in Alexandrien), sagt Strabon [5]), ist auch das Museum mit einer Halle zum Lustwandeln, und einem Ort zum Sitzen, und einem grossen Gebäude, worin die am Mu-

---

1) In dem homerischen Verse *Odyss. V, v. 72.*
Ἀμφὶ δὲ λειμῶνες μαλακοὶ ἴου ἠδὲ σελίνου
wollte er σίου statt ἴου lesen, weil die Viole nicht gleichzeitig mit dem Eppich blühe. *Athen. deipnos. II, cap. 19 pag. 61 C.*
2) *Athen. deipnos. XIII, cap. 5 pag. 576 F.*
3) *Ibid XIV, cap. 20 pag. 654 B.* In seiner Geschichte der Botanik I. S. 98 gedenkt auch Sprengel der Denkwürdigkeiten des Ptolemäos Physkon; in seiner Geschichte der Medicin von der ersten bis zur letzten Auflage macht er daraus ein grosses Werk über die Naturgeschichte der Thiere, was endlich Rosenbaum in seinen Anmerkungen zur vierten Auflage I, S. 505 berichtigte.
4) Eine sehr wahrscheinliche Hypothese von Parthey S. 31—34 zur Vereinigung der anscheinend sich widersprechenden alten Nachrichten.
5) *Strab. XVII, cap. 1, pag. 793 edit. Casauboni.*

seum angestellten Gelehrten speisen.. Dieser Verein hat Besoldung vom Staat und einen Priester, der dem Museum vorsteht, damals von den Königen, jetzt vom Kaiser angestellt." — Hiernach scheint die ganze Anstalt einen hierarchischen Charakter zu verrathen, und da es anderweit bekannt ist, dass sich die späteren Ptolemäer mehr und mehr ägyptischen Sitten, ägyptischem Cultus zuneigten, so mag sie vielleicht allmälig einen solchen angenommen haben. In frühern Zeiten zeigt sich jedoch nicht die leiseste Spur davon. Wir kennen jetzt durch Ritschl genau die Reihenfolge der sechs ersten am Museum angestellten Bibliothekare, Zenodotos, Kallimachos, Eratosthenes, Apollonios, Aristophanes, Aristarchos, welche die Regierungsperiode der vier ersten Ptolemäer von beinahe einem Jahrhundert ausfüllen; und nicht eines einzigen priesterlichen Obervorstehers der ganzen Anstalt geschieht in dieser langen Zeit, und noch weit darüber hinaus, Erwähnung.. „Vielleicht, sagt Parthey [1]), war das Amt des ἱερεύς (des Priesters) mehr ein Ehrenposten, der minder bedeutenden Männern übertragen wurde." Vielleicht, wage ich hinzuzusetzen, bestand es unter den frühern Königen noch gar nicht. Jedenfalls war die grosse, mit dem Museum so genau verbundene Bibliothek keine Tempelbibliothek und vielleicht, wie Parthey [2]) sagt, „eben darum im Alterthum von einer besondern Bedeutung."

Um so enger musste die Verbindung mit dem königlichen Hofe sein, schon wegen der Lage der Gebäude dicht am Pallast, noch mehr wegen der Theilnahme besonders der frühern und einiger der spätern Könige an den Arbeiten der Bewohner des Museums. Letztre mussten nothwendig Hofleute sein oder werden, was nicht ohne Einfluss auf ihre Arbeiten bleiben konnte; und schwer mag es dem sonst so milden Euklides angekommen sein, dem Ptolemäos Soter, der von ihm ohne Anstrengung Geometrie erlernen wollte, zu antworten: „Zur Geometrie führt keine königliche Strasse." Liegt vielleicht in dieser Antwort ein Schlüssel zu

---

1) *Parthey* a. a. O. S. 57.
2) *Daselbst* S. 88.

der merkwürdigen Thatsache, dass, während Poesie Geschichte und vollends Philosophie ungeachtet der Pflege, die man ihnen angedeihen liess, in Alexandrien immer tiefer sanken, die sogenannten exacten Wissenschaften und alle diejenigen, woran die Könige weniger Theil nehmen konnten oder mochten, also auch die Anatomie, glänzende Fortschritte machten? Warum aber die Naturgeschichte, und zwar nicht allein, wie wir später sehen werden, die Botanik, sondern eben so die Zoologie von den alexandrinischen Gelehrten **fast gänzlich vernachlässigt** wurde, da es doch letzterer weder an Material noch an Begünstigung gefehlt zu haben scheint (fanden wir doch Ptolemäos Physkon gewissermassen sogar unter den zoologischen Schriftstellern), ist mir räthselhaft. So lange das Märchen Glauben fand, welches auch Sprengel [1]), wiewohl nach Schneiders Vorgange schon sehr beschränkt, noch aufnahm, die **Bibliothek des Aristoteles und Theophrastos**, und damit zugleich sämmtliche Werke dieser beiden Männer, wären von den Erben des letztern in einem Keller versteckt, bis endlich Apellikon die halb vermoderten Rollen für eine hohe Summe gekauft und die unleserlich gewordenen Stellen willkürlich ergänzt hätte, worauf die ganze Bibliothek durch Sulla als Siegesbeute nach Rom geschleppt wäre; hier aber wären die Werke des Aristoteles und Theophrastos einem Grammatiker **Tyrannion** in die Hände gefallen, und erst durch ihn in nachlässig gefertigten Abschriften zur Oeffentlichkeit gelangt; — so lange dieses auf Strabon's [2]) Auctorität gegründete, doch kritiklos aufgefasste und ausgeschmückte Märchen unbedingten Glauben fand, schien der Grund, warum die Alexandriner den von jenen beiden grossen Vorgängern gebahnten Pfad naturwissenschaftlicher Forschung nicht verfolgten, auf der Hand zu liegen. Nachdem jedoch Stahr [3])

---

1) *Sprengel, Gesch. der Bot. I, S. 55 f.*
2) *Strabo XIII, cap. 1 pag. 608 et 609 edit. Casauboni.*
3) *Stahr, Aristotelia II, S. 1—166.* Kürzer, und doch noch gründlicher behandelt **Brandis** (*Handb. d. Gesch. der griech. röm. Philos. II, Abth. II, S. 66 ff.*) denselben Gegenstand, und gelangt, bis auf kleinere für uns unerhebliche Abweichungen, zu demselben Resultat.

nachgewiesen hat, dass sich jene Erzählung nur auf die Autographa der aristotelischen und theophrastischen Schriften beziehen lässt, und dass Abschriften davon schon zur Zeit des Ptolemäos Philadelphos in Alexandrien nicht fehlen konnten, fällt jede Entschuldigung weg, die man aus der Unbekanntschaft mit ihren Vorgängern hernahm, und der wahre Grund der Thatsache lässt sich nur noch theils in der eigenthümlichen Richtung der Alexandriner auf Philologie, theils in ihrer Vorliebe für das Wunderbare, worauf ich später zurückkommen werde, erkennen.

Ursprünglicher Hauptzweck des Museums war nämlich Kritik der Texte des Homeros und anderer alter Dichter und Prosaisten, die man in verschiedenen oft abweichenden Abschnitten besass. Eine neue Wissenschaft, die Philologie blühete auf, zunächst in grammatischer, dann auch in höherer Kritik, und leistete für einen grossen Theil der alten Literatur ausserordentliches. Allein in der Naturgeschichte genügt es nicht, Handschriften mit Handschriften zu vergleichen, da kam es auf den Umgang mit der Natur selbst an; und diesem war jene philologische Richtung, wie auch das üppige Hofleben in Alexandrien nicht günstig. Von den Herophileern, einer medicinischen Secte in Alexandrien, sagt Plinius[1]) gradezu: „In diesen Schulen zu sitzen und Vorträge anzuhören war' angenehmer, als durch Einöden gehen, und Tag für Tag neue Pflanzen suchen." Und wie wir schon sahen, zu Schaugeprängen dienten kostbare Pflanzenproducte des Auslandes, merkwürdige Thiere; über ihre Herbeischaffung und Benutzung zu wissenschaftlichen Zwecken schweigen die Nachrichten.

Doch wollen wir nicht vergessen, wie viel wir sonst den Männern des alexandrinischen Museums schuldig sind, was sie für Mathematik Astronomie Geographie und Anatomie gethan, dass wir ohne sie jetzt vielleicht weder unsern Theophrastos und Aristoteles, noch sonst einen jener Alten besässen, deren glückliches Wiederauffinden uns aus der Barbarei des Mittelalters erlöste, und der Geistesentwickelung der neuen Zeit die Richtung gab. Die

---

1) *Sprengel, Gesch. d. Bot. I, S. 55 f.*

wunderbar herrliche Zeit des ersten jugendlich geistigen Aufschwungs war vorüber, was davon sich retten, was sich neu gestalten liess, das rettete, das gestaltete Alexandrien.

§. 28.
Die Attaler in Pergamon.

Ragte Alexandrien als Sammelplatz gelehrter Bildung zumal unter den frühern Ptolemäern weit über die gesammte Mitwelt empor, behauptete es selbst noch unter den späteren durch seine literarischen Schätze ein unbestreitbares Uebergewicht, so dass fast jeder Gelehrte, und besonders fast jeder Arzt, dem die Mittel dazu nicht fehlten, wenigstens eine Zeit lang in Alexandrien verweilte: so dürfen wir uns doch die übrige Welt, Trotz äusserer Kriege und innerer Unruhen, keineswegs ganz in Barbarei versunken vorstellen. Im Gegentheil, durch die grossartige Völkermischung unter Alexandros und seinen Nachfolgern hatte sich griechische Sprache Sitte Geistesbildung und Geschmack über einen grossen Theil der Erde verbreitet. Was die Wissenschaft an Tiefe verlor, das gewann sie in doppeltem, in logischem wie in geographischem Sinn des Worts, an Umfang. In Griechenland selbst war Wissenschaftlichkeit viel zu tief eingewurzelt, um nicht noch immer neue, wenn gleich gegen sonst kümmerliche, Triebe zu machen. Ja einige Gelehrsamkeit fing schon an, überall bei den höheren Ständen zu den Bedürfnissen des Lebens zu zählen. Besonders waren es aber, nächst den Ptolemäern, die Beherrscher des kleinen, doch durch Handel und Kunstfleiss blühenden Pergamon an der Küste des schwarzen Meers in Kleinasien, die sich durch Pflege der Kunst und Wissenschaft hervorthaten.

Schon der Kastrat Philetäros, der mit dem ihm anvertraueten Schatz des Lysimachos sein pergamenisches Reich gründete, so wie sein Neffe und seit 263 v. Chr. sein Nachfolger Eumenes I., wiewohl in steten Kriegen zur Befestigung seiner Herrschaft begriffen, werden als Förderer der Wissenschaft gerühmt. Des letztern Nachfolger Attalos I., der vier und zwanzig

Jahr lang von 241 bis 197 v. Chr. als Zeitgenosse des Ptolemäos Euergetes und Philopator regierte, zog nicht nur viele, zum Theil bedeutende Gelehrte nach Pergamon, sondern war sogar selbst Schriftsteller. Die schöne Fichte, von der eine Gegend seines Reichs unweit Adramyttion den Namen führte, hatte er nach Strabon[1]) also beschrieben: der Umfang sei vier und zwanzig Fuss, die Höhe von der Wurzel an ungefähr sieben und sechzig Fuss; dann theile sich der Baum in drei gleich weit abstehende Aeste, die sich wieder zu einem Gipfel vereinigten, der alsdann die ganze Höhe von zwei Plethren und funfzehn Ellen (230 Fuss) vollende[2]).

Sein Sohn und Nachfolger Eumenes II., der von 197 bis 159 v. Chr., also fast ganz gleichzeitig mit Ptolemäos Epiphanes regierte, gilt als der eigentliche Schöpfer der pergamenischen Bibliothek, der bedeutendsten im Alterthum nach der alexandrinischen. Unter seiner Regierung war es, dass ein Ptolemäer (also sicher Epiphanes), eifersüchtig auf das Wachsthum jener Bibliothek, die Ausfuhr der Papyros-Blätter, des damals fast allgemein üblichen Schreibmaterials, aus Aegypten verbot, und dadurch Anlass gab zur Erfindung oder mindestens Verbesserung eines weit

---

1) *Strab. XIII, cap. 1 pag. 603 ed. Casaub.*
2) *Wegener (de aula Attalica literarum artiumque fautrice. Harniae, 1834. 8. pag. 36 nota 3)* sagt: „*Videtur etiam Plinius librum aliquem ejusdem Attali de fascinatione novisse. Lib. XXVIII, cap. 2 pag. 685 Dalech. Scilicet Attalus non inferiorem Ptolemaeo Evergetae se gerere voluit, qui ὑπομνημάτων viginti quatuor libros composuerat. Cfr. Athen. XIV, pag. 654 et plur. aliis locis.*" — Die Stelle des Plinius, — „*Attalus affirmat, scorpione viso si quis dicat Duo, cohiberi nec vibrace ictus,*" möchte ich auf Attalos III., mit Beinamen Philometor beziehen, den wir später als Schriftsteller werden kennen lernen. Verfasser der ὑπομνήματα war aber entschieden nicht Ptolemäos Euergetes I., des Attalos I. Zeitgenosse, sondern Euergetes II., sonst Kakergetes oder Physkon genannt, der erst funfzig Jahr nach dieses Attalos Tode zur Regierung kam. Athenäos nennt ihn zwar immer schlechthin Euergetes, und aus der von Wegener angeführten Stelle ergiebt sich freilich nicht mit Sicherheit, welcher gemeint sei, wohl aber aus *II, pag. 28 pag. 71 B.*, wo er ein Schüler des Aristarchos genannt wird, u. m. a.

dauerhafteren Schreibmaterials, des noch jetzt nach Pergamon benannten Pergaments [1]).

Der ihm folgende Attalos II. Philadelphos scheint sich mehr mit der Kunst als Literatur beschäftigt zu haben. Der nun folgende und letzte König von Pergamon, Attalos III. Philometor, der bei seinem Tode 133 v. Chr. sein Reich den Römern vermachte, war ein so unbegreiflich schlechter Regent, dass Schlosser [2]) annimmt, er müsse wahnsinnig gewesen sein. Als Finsterling unter den Naturforschern und Schriftsteller über den Landbau werden wir ihn noch näher kennen lernen.

Bevor wir nun die einzelnen Schriftsteller des alexandrinischen Zeitalters mustern, wollen wir noch einen nicht unerheblichen Irrthum aufzuklären versuchen, der sich aus der Geschichte der Medicin auch in die der Botanik einschlich.

§. 29.
Die Pharmakeutik im Sinn der Alexandriner.

Zu den wenigen Wissenschaften, die in Alexandrien oder überhaupt im alexandrinischen Zeitalter grosse Fortschritte machten, dürfen wir, wie schon bemerkt ward, die Botanik nicht zählen. Im Gegentheil als selbstständige Wissenschaft hörte sie bei den Alten mit Theophrastos und seinen Zeitgenossen beinahe ganz auf; fast nur als Dienerin der Arzneimittellehre bestand sie fort,

---

1) Auch ein Museum nach Art des alexandrinischen glaubte Küster, der Herausgeber des Suidas (*tom II, pag. 578*, oder *edit. Bernh. II, 1, pag. 890 not.*) zur Erklärung einer dunklen Stelle seines Schriftstellers in Pergamon voraussetzen zu dürfen. Diese Hypothese, der es an jeder Begründung fehlt, ward gleichwohl von Nachfolgern begierig ergriffen, ausgeschmückt und als Thatsache behandelt; ja Sprengel ging in den beiden ersten Auflagen seiner Geschichte der Medicin (S. 373 der ersten, 559 der zweiten, die ich nach Wegener citire) so weit, das alexandrinische Museum „vielleicht nach dem Muster des pergamenischen angelegt" zu nennen; bis endlich Wegener (*de aula Attalica, pag. 87 sqq.*) die völlige Haltlosigkeit jener Hypothese nachwies. Worauf denn auch aus der dritten Ausgabe des sprengelschen Werks jene Worte verschwanden.

2) *Schlosser, universalhistorische Uebersicht, Theil II, Abtheil. 2. Seite 342.*

die wir daher von jetzt ab nicht mehr ausser Acht lassen dürfen. Wenn aber Haller, Sprengel, und vor und nach ihnen viele Andere, die ich nicht nenne, sich einbildeten, schon früh durch Herophilos und Erasistratos, zwei grosse alexandrinische Aerzte und Stifter zweier medicinischer Schulen unter der Regierung der beiden ersten-Ptolemäer, hätte sich die Arzneimittellehre unter dem Namen der Pharmakeutik von der Chirurgie und eigentlichen Medicin oder sogenannten Diätetik in der Art getrentn, dass der eigentliche Arzt oder Diätetiker sich eben so wenig um die Kenntniss der Arzneimittel bekümmert, wie der Pharmakeut Kranke behandelt hätte: so war das ein Irrthum, hervorgegangen aus Missverständniss einer, wie ich hinzusetzen darf, nicht ganz unverdorben auf uns gekommenen Stelle des Celsus, die leider in dieser irrigen Auffassung maassgebend geworden ist für viele spätere Bearbeitungen der Geschichte der Medicin. Die Sache ist zu wichtig, um sie kurz abzufertigen.

Celsus sagt in der Vorrede zu seiner Medicin, nachdem er die beiden Aerzte Herophilos und Erasistratos angeführt; ,,Um diese Zeit spaltete sich die Medicin in drei Theile, von denen einer durch die gesammte Lebensweise (victu), der zweite durch Arzneimittel, der dritte durch die Hand heilte. Den ersten nennen die Griechen den diätetischen, den zweiten den pharmakeutischen, den dritten den chirurgischen." — Nachdem er hierauf die Diätetiker nochmals in Rationalisten und Empiriker unterschieden, handelt er in den vier ersten Büchern von den verschiedenen innern Krankheiten und der einer jeden zuträglichen Diät mit Einschluss äusserer Mittel dagegen, als Einreibungen u. d. gl.; im fünften und sechsten von den Arzneimitteln und ihrer Anwendung, so dass er zuerst die Arzneimittel für sich nach ihren Wirkungen classificirt, sodann die Krankheiten nochmals durchgeht mit Angabe der gegen sie anzuwendenden Mittel; endlich im siebten und achten von den chirurgischen Krankheiten (Wunden u. s. w.) und deren chirurgischer Behandlung. Offenbar verband er also mit den Worten Diätetik und Pharmakeutik ganz andere Begriffe als wir; und um darüber nicht dem mindesten Zweifel Raum zu lassen, beginnt er sein fünftes Buch mit folgenden Worten: „Ich habe von denjenigen körperlichen Uebeln gehandelt, denen am besten die ganze Lebensart begegnet; jetzt gehe ich zu dem Theil der Medicin über, der mehr mit Arzneimitteln kämpft." — „Vor allem muss man das wissen, dass alle Theile der Medicin so verwebt sind, dass sie sich gar nicht ganz trennen lassen. Auch der Theil, der durch die Lebensart einwirkt, wendet mitunter ein Arzneimittel an; der, welcher vorzugsweise mit Arzneimitteln kämpft, muss auch die Lebensart zu Hülfe nehmen, die bei allen körperlichen Uebeln von grossem Nutzen ist, u. s. w."

Weil aber bald nach Celsus die sogenannte Diätetik verdrängt von der sogenannten Pharmakeutik (beide im Sinne der Griechen genommen) mehr und mehr in den Hintergrund trat, wie schon das Werk des Scribonius Largus über die zusammengesetzten Arzneimittel zeigt, das doch kaum funfzig Jahr jünger als das des Celsus ist; weil sich endlich die ganze Medicin nach und nach in ein Register von Arzneimitteln und eins von Krankheiten, die auf einander Bezug nahmen, auflöste: so dürfen wir uns nicht wundern, dass bessere spätere Aerzte, die sich jenen alten Diätetikern anschlossen, den Begriff der Pharmakeutik auf das beschränkten, was wir jetzt Arzneimittellehre nennen, und was wir wenigstens zur Hälfte streng genommen nur als Hülfswissenschaft der eigentlichen Medicin betrachten können, indem die Naturgeschichte der rohen Arzneistoffe mit der Medicin unmittelbar nichts zu schaffen hat.

Zum Theil scheint jedoch die Schuld des Missverständnisses, als hätten schon Celsus und die frühern Griechen in Alexandrien das Wort Pharmakeutik in der modernen Bedeutung gebraucht, entweder auf Celsus selbst oder, was ich lieber glauben möchte, auf seine Abschreiber zu fallen. Wir lesen nämlich in allen unsern Ausgaben des Celsus in der Vorrede zum ersten Buch da, wo er von der Eintheilung der Medicin in Diätetik Pharmakeutik und Chirurgie auf die Behandlung des ersten der drei Theile übergeht: „Quoniam autem ex tribus medicinae partibus ut difficillima sic etiam clarissima est ea, quae morbis medetur, ante omnia de hac dicendum est." Es ist sonnenklar, dass hier stehen sollte, quae morbis victu medetur. Denn nur dadurch wäre der diätetische Theil der Medicin, der nun behandelt werden soll, der früheren Unterscheidung gemäss bezeichnet. Wäre dagegen die Diätetik, wie es in jenen Worten liegt, der Theil der Medicin, welches überhaupt von den Krankheiten handelt: so könnte man freilich die folgende Pharmakeutik nur noch als Arzneimittellehre gelten lassen. Es ist auffallend, dass dieser handgreifliche Fehler des Textes, gleichviel ob Celsus selbst oder seine Abschreiber das ganz unerlässliche Wort aus Versehen ausgelassen, noch keinen Verbesserer gefunden hat.

Aus diesen beiden Gründen, der Verderbniss jener Stelle bei Celsus, und dem unglückseligen Gange, den die Geschichte der Medicin bald nach Beginn unsrer Zeitrechnung genommen, sind sowohl Haller wie Sprengel zu entschuldigen, wenn sie sich von dem tief eingewurzelten Vorurtheil, als hätte Pharmakeutik schon bei den alexandrinischen Aerzten nur Arzneimittellehre bedeutet, nicht los machen konnten.

Haller[1] drückt sich darüber so aus: „Um die Zeit des Herophilos und Erasistratos theilte sich die Medicin in drei Disciplinen, und von der Diätetik oder Kur der innern Krankheiten trennten sich die Chirurgie und Pharmakie. Der Botanik war diese Theilung günstig, indem die Pharmakopolen ihren Geist mit ungetheilter Aufmerksamkeit weit schärfer auf die Kenntniss der Pflanzen richteten, wie an denen, die ich jetzt nennen werde, erhellt. Ich werde zeigen, dass die Pharmakopolen auch Rhizotomen genannt wurden. Das aber schadete der Medicin, dass die vorzüglichsten Aerzte die Pflanzenkunde vernachlässigten, und von Quacksalbern bereitete Arzneien anwandten. In sofern nützte auch das, als die Pflanzenkunde dadurch unter das Volk kam."

Hier sehen wir, wie aus der ersten schon genugsam erörterten Verwechselung die zweite folgt, die der Pharmakeuten, das heisst der Aerzte, welche vorzugsweise mit Medicamenten kämpf-

---
1) *Haller biblioth. botan. I, pag. 52 sq.*

ten, mit den Pharmakopolen, den Arzneiverkäufern. Dass sich letztere von den Rhizotomen, den Wurzelsammlern, wenig unterschieden, bedurfte keines Beweises. Das aber hätte bewiesen werden müssen, dass die vorzüglichsten Aerzte die Pflanzenkunde vernachlässigt uud sich der Pharmakopolen bedient hätten. Zur Bestätigung dieser Angaben bezieht sich Haller nur auf folgende Worte, womit Plinius [1]) die Beschreibung des zu seiner Zeit üblichen Verfahrens bei Bereitung verschiedener Kupferpräparate beschliesst: „Und von dem allen wissen die Aerzte offen gesagt nichts, wenige kennen nur die Namen. So wenig bekümmern sie sich um die Bereitung der Arzneien, die sonst der Medicin allein angehörte. Jetzt, so oft sie an ihre Notizbücher gerathen, und etwas daraus zusammensetzen, das heisst auf Gefahr der Unglücklichen versuchen wollen, vertrauen sie ganz dem betrüglich fälschenden Quacksalber u. s. w." — So vermischt Haller römische Zustände aus der Zeit des Plinius mit alexandrinischen aus der Zeit des Erasistratos, die doch um volle drei Jahrhunderte und räumlich um mehr als die Breite des Mittelmeers aus einander liegen. Mit grösserem Schein des Rechts hätte er sich auf die oben Seite 215 angeführten Worte des Plinius berufen können; indess beziehen sie sich nur auf die Eine Secte der Mediciner, die Herophileer, und berechtigen uns zu keinem Urtheil über die gesammte Medicin.

Sprenge's [2]) Worte sind: „Da zugleich, wie Celsus versichert, die Medicin in der alexandrinischen Schule so bearbeitet wurde, dass man die gelehrte Arzneikunde von der Chirurgie und von der Kenntniss und Zubereitung der Arzneimittel völlig trennte, weil die gelehrten Müssiggänger zu hochmüthig oder zu träge waren, um sich diesen in ihren Augen niedern Künsten zu ergeben: so wachte die alte Rhizotomie wieder auf, die mit der Pharmakopolie verbunden von einzelnen Männern bearbeitet wurde." — Also in der Hauptsache alles wie bei Haller, ohne die

---

1) *Plin. hist. nat. XXXIV*, cap. 11 sect. 25.
2) *Sprengel*, Gesch. der Bot. I, S. 100.

Einmischung des Plinius, dafür aber mit dem ganz unhistorischen Zusatz, die Rhizotomie hätte eine Zeit lang geschlafen, und wäre erst in Alexandrien wieder erwacht. In gleichem Sinne der Hauptsache nach spricht sich Sprengel in seiner Geschichte der Medicin aus, und hier ist es, wo endlich Rosenbaum in einer Anmerkung zu der von ihm besorgten vierten Auflage jenes Buchs [1]) Gelegenheit nahm, das Missverständniss des Celsus mit kurzen Worten aufzuklären, ohne des eigentlichen Anlasses, der Auslassung des Wortes victu zu gedenken. Mir schien, je weniger sich von den alexandrinischen Botanikern rühmen lässt, desto nöthiger einen ganz ungegründeten Vorwurf von ihnen abzuwehren.

§. 30.
Zur Charakteristik der naturwissenschaftlichen Literatur des Zeitalters.

Haller zählt in seiner Bibliothek der Botanik von Theophrastos bis auf das Zeitalter des Augustus gegen hundert und vierzig griechische Schriftsteller, grösstentheils Aerzte, die über Pflanzen sollen geschrieben haben. Wir werden noch einige, die er übergangen hinzufügen müssen. Dagegen übergehen wir die grosse Menge derjenigen, die nur von zusammengesetzten Arzneimitteln handelten, so wie die praktischen Aerzte Geschichtschreiber und Andere, die nur gelegentlich einiger Pflanzen erwähnten, ohne sich weiter, so viel uns bekannt ist, über sie auszulassen. Einige

---

1) *Sprengel, Gesch. der Med. I, 1846 S. 541 Anmerk.* *) Hier sagt Rosenbaum nur: „Sprengel ist hier durchaus im Irrthum, wenn er die φαρμακευτικὴ pars für Rhizotomie oder gar Apothekerkunst erklärt. Denn es ist, wie Celsus *lib. V, praef.* selbst sagt: *ea medicinae pars, que magis medicamentis pugnat.* Ebenso *Galen XV, pag. 425:* καὶ τρίτη γε ἐκ᾽ αὐτοῖς μοῖρα τῆς ἰατρικῆς ἐστιν ἡ φαρμακευτικὴ, διὰ φαρμάκων καὶ αὐτὴ δηλονότι περαινομένη. — Im Begriff drucken zu lassen, bemerke ich, was mir bisher entgangen war, dass schon Friedländer in seinen eleganten *Vorlesungen über die Geschichte der Heilkunde. Leipzig 1839. S. 133 f.* das Sachverhältniss eben so richtig wie Rosenbaum aufgefasst hatte.

schliessen wir hier aus, weil sie offenbar wie Diokles Karystios in eine frühere, oder wie Pamphilos in eine spätere Zeit gehörten. Sinkt dadurch obige Zahl beträchtlich herab, so bleibt sie doch gegen das Gewicht der einzelnen Namen noch immer unverhältnissmässig stark. Erhalten hat sich nur Nikolaos Damaskenos in kläglichstem Zustande, Nikandros Kolophonios zum Theil und einige Geographen und Georgiker, die auch wohl beiläufig einiger Pflanzen gedenken in mehr oder minder erheblichen Bruchstücken. Doch grade, je weniger wir von den meisten Schriftstellern dieser Zeit über Botanik wissen, desto sorgfältiger muss alles, was wir von ihnen wissen, zusammengestellt werden, um ein so viel wie möglich befriedigendes Gesammtbild zu geben.

Auf einige charakteristische Züge der Literatur des Zeitalters überhaupt, besonders der naturwissenschaftlichen, mache ich im Voraus aufmerksam.

Dazu gehört vor allem die vorherrschende Neigung zu grammatischer Behandlung der Gegenstände, selbst der naturwissenschaftlichen. Astronomie und Geographie erwuchsen freilich erst im alexandrinischen Zeitalter, dazu konnte die Grammatik nicht mitwirken; der Anatomie eröffnete sich mit der Erlaubniss, menschliche Leichname zu zergliedern, eine ganz neue Bahn, der die Grammatiker gleichfalls fern blieben; die Mathematik bediente sich von jeher einer ganz eigenthümlichen Sprache, die nur der Eingeweihete versteht, auch damit befassten sich die Grammatiker nicht; sämmtlicher übrigen Wissenschaften aber mitsammt der Poesie bemächtigten sie sich. In der eigentlichen Medicin fing man schon an Commentare über den Hippokrates, Erklärungen der bei ihm vorkommenden ungewöhnlichen Ausdrücke zu schreiben, und Untersuchungen über die Aechtheit seiner einzelnen Bücher anzustellen.

Zu letztern hatte man leider bei allen älteren Schriftstellern Grund genug. Wie leicht sich bei der Vervielfältigung durch Abschriften Fehler einschleichen, ist bekannt. Ganz besonders suchte man daher für die grossen Bibliotheken in Alexandrien Pergamon u. s. w. alte Handschriften oder gar Autographa zu bekommen, und bezahlte sie mit unerhörten Preisen. Das erregte die Speculation, man fing an zu fälschen und schlechtes eigenes oder fremdes Machwerk unter beliebten Namen um schweres Geld zu verkaufen. Dergleichen Betrügereien zu entdecken, das Aechte vom Falschen zu sondern, war eine Hauptaufgabe der Mitglieder des alexandrinischen Museums; für jeden bedeutenderen Schriftsteller der Vorzeit, wie für Hippokrates, Aristoteles, Theophrastos u. s. w., arbeitete man einen Kanon, ein Verzeichniss seiner für ächt erkannten Schriften, den endlich die Grammatiker Aristophanes und Aristarchos, Bibliothekare an der Bibliothek des Brucheion und Ptolemäos Epiphanes, für die gesammte klassische Literatur abschlossen. Offenbar mussten dergleichen Forschungen, wie verdienstlich sie an sich sein mochten, in den Naturwissenschaften die Sachkenner von eigener Naturforschung ablenken und die Grammatiker, sich auch ohne Sachkenntniss mit einer Art naturwissenschaftlicher Literatur zu befassen, ermuthigen.

Ein anderer hervorstechender Zug der naturwissenschaftlichen Literatur des Zeitalters ist das Haschen nach dem Ausserordentlichen, Wunderbaren, Zauberhaften, was die Macht des Menschen über die Natur und seine Mitmenschen zu steigern versprach. Schon bei Aristoteles und Theophrastos fanden wir die teleologische Beziehung der Naturdinge auf den Menschen vorwaltender als billig, doch mit der reinen Lust am Begreifen auch des Alltäglichsten in der Natur noch so innig verschlungen, dass die Wissenschaft in ihrem jugendkräftigen Emporstreben dadurch nicht merklich gehemmt ward. Je mehr aber jener ächt wissenschaftliche Trieb sich abschwächte, desto anspruchsvoller trat das selbstsüchtige Verlangen hervor. Nur das in der Natur, was durch seine Seltenheit oder die Merkwürdigkeit seiner Wirkung überraschte, Staunen erregte, fand man noch der Betrachtung werth, ohne nach den Ursachen seines Daseins oder seines Einflusses zu fragen. Daher die zahlreichen Werke über Naturmerkwürdigkeiten, παράδοξα, θαυμάσια, ἰδιοφυῆ, und wie sie weiter genannt wurden. Aber auch dem sinnlichen Genuss wie der Leidenschaft sollte die Natur fröhnen, und durch zauberhafte Mittel ein erhöhetes Zeugungsvermögen Reichthum Ansehen Macht Einsicht Weissagung oder die Mittel Andern ins Geheim zu schaden, gewähren. Physisch, natürlich, nannte man dergleichen angebliche Wirkungen, die wir übernatürliche nennen würden; so heissen z. B. physische Heilmittel nicht die gewöhnlichen, sondern die zauberhaften, die Besprechungen, Amulete u. dergl., und auch darüber gab es eine reiche Literatur. An sie schloss sich die Literatur über Gifte und Gegengifte, in der sich besonders Könige auszeichneten, die leichter als Andere Gelegenheit fanden mit Giften und Gegengiften, sei es an Verbrechern, Widersachern, gefährlichen oder sonst missliebigen Personen, zu experimentiren.

Hier lag wieder ein Grund zu Fälschungen. Weil der Prophet bei den Seinigen am wenigsten gilt, suchte man den widersinnigen Erzeugnissen des Aberglaubens oder der Speculation auf den Aberglauben durch vorgesetzte alt-ehrwürdige Namen Eingang zu verschaffen, und wählte natürlich am liebsten die Namen solcher Männer, die ohnehin schon im Ruf geheimer Weisheit standen, wie Demokritos, Pythagoras, Orpheus, Osthanes, oder gar Hermes Trismegistos. Und Schriften dieser Art bilden wieder einen starken Zweig der Literatur, der, je länger, desto mehr anwuchs und sich selbst an Absurdität und Frechheit zu überbieten suchte. Grade hiervon hat sich ziemlich viel erhalten, und seine verlockende umnebelnde Kraft zu unserer Beschämung bis auf den heutigen Tag bewahrt.

Belege zu vorstehenden Bemerkungen werden uns die einzelnen Schriftsteller, die wir jetzt durchgehen wollen, in Menge darbieten. Wer deren mehrere für die letzte Bemerkung wünscht, lese Lobeck's schon öfter genannten Aglaophamos, der der Hydra antiken Aberglaubens und modern frömmelnder Liebäugelei mit demselben zwar manche Wunde geschlagen, ihr manchen Kopf zertreten hat, doch nicht den letzten.

Wir lassen jetzt die Schriftsteller folgen, welche, sei es als Aerzte Naturforscher Magiker oder als Giftmischer über Heil- und Nahrungsmittel, dann die, welche über den Landbau geschrieben, darauf die Geographen, und setzen den einzigen wirklich botanischen Schriftsteller Nikolaos Damaskenos, da er an der äussersten Grenze des Zeitalters steht, auch an's Ende der ganzen Reihe. Doch wollen wir uns für jetzt nur mit den Griechen beschäftigen. Was sich von Spuren erwachender Pflanzenkunde bei den Römern bis zum Abschluss dieser Periode zeigt, wiewohl sich auch darin griechischer Einfluss nicht verkennen lässt, versparen wir für das folgende Buch.

Zweites Kapitel.
Griechische Schriftsteller über Heil- und Nahrungsmittel.
§. 31.
Verlorene vor Nikandros.

Ich ordne sie, so weit es mir möglich ist, nach der Zeitfolge, will aber nicht verhehlen, dass die Bestimmung derselben bei den meisten ausserordentlich schwankt. Diejenigen, deren Zeit ganz unbekannt ist, und nicht einmal mit voller Sicherheit in diese Periode gebracht werden können, machen den Schluss.

Diagoras lebte vor Erasistratos, von dem ich gleich nach ihm sprechen werde; denn dieser berief sich auf jenen [1]), und bezeugt, er hätte den Gebrauch des Mohnsaftes bei Ohren- und Augenleiden verworfen. Aus früherer Zeit wird seiner nicht gedacht, daher er vermuthlich auch nicht bis in die vorige Periode hinaufreicht. Denn der Diagoras Melios, der schon bei Aristophanes vorkommt, und der nach Suidas (der zwei verschiedene Artikel über ihn enthält) um das Jahr 466 v. Chr. blühete, war Philosoph und Liederdichter; der unsrige unzweifelhaft Arzt, wie Plinius [2]) mehrmals ausdrücklich bezeugt. Harduin [3]) versichert,

---
1) *Bei Dioskorides IV, cap.* 65.
2) *Plin. in auctor. catal. ad. libb. XII, XIII, XX, XXI, XXXVI.*
3) *Harduin in indic. auctor.* in seiner Ausgabe des Plinius, *Edit. II, tom 1, pag.* 57.

ohne seine Quelle zu nennen, er hätte de rebus hortensibus, seu περὶ φυτῶν, vom Gartenbau, oder über die Pflanzen geschrieben; Haller[1]) lässt ihn, wiewohl mit grösserer Wahrscheinlichkeit, doch auch ohne ein bestimmtes Zeugniss über die Kräfte der Pflanzen geschrieben haben. Sprengel gedenkt seiner gar nicht. Bei den Alten finde ich keine Angabe über seine Schriften. Aus Plinius[2]) wissen wir nur noch von ihm, wie das Opium bereitet wird, und dass er und Erasistratos dasselbe als ein tödtliches Gift aus dem Heilmittelvorrath ganz verbannen wollten. Ein langes Recept von ihm bewahrte uns Aëtios auf. Nach Fabricius[3]), dem ich all diese Angaben verdanke, erwähnt seiner auch Serapion; wo, konnte ich nicht ermitteln.

Diphilos Siphnios lebte unter dem König Lysimachos, einem der Nachfolger des Alexandros[4]), also vor 281, in welchem Jahr derselbe durch Seleukos Nikator umkam. Er hatte über das, was Kranken und was Gesunden zuträglich ist (περὶ τῶν προσφερομένων τοῖς νοσοῦσι καὶ τοῖς ὑγιαίνουσι) geschrieben[5]), und Athenäos führt vieles aus diesem Werke an[6]), doch ausser den Namen gemeiner Nahrungspflanzen nichts Botanisches.

Philotimos war nebst seinem Zeitgenossen Herophilos[7]), zu dem ich gleich kommen werde, ein Schüler des Praxagoras[8]), eines der berühmtesten älteren Aerzte, der kurz nach Hippokratos lebte. Aus seinem Werk über die Speisen (περὶ τροφῆς) citirt Athenäos[9]) unterandern das dreizehnte Buch. Ein andres Werk,

---

1) *Haller* bibl. bot. *I, pag.* 45.
2) *Plin. XX, cap. 18 sect. 76,* wo er zweimal vorkommt.
3) *Fabric. l. c. XIII, pag. 139.*
4) *Athen. deipnos. II, cap. 11 pag. 51 A.*
5) *Ibid. III, cap. 7 pag. 82 F.* u. a. m. O.
6) *Haller,* bibl. bot. *I, pag. 39, II, pag. 622,* und *Sprengel, Gesch. d. Bot. I, S. 102 f.* liefern den Hauptinhalt dieser Stellen.
7) *Galen tom. XVIII A. pag. 7 edit Kühn.*
8) *Ibid. tom. VI, pag. 511.*
9) *Athen. deipnos. II, cap. 13 pag. 58 F* und öfter.

wenn nicht bloss ein anderer Titel desselben Werks, war sein Koch (ὀψαρτυτικός), den gleichfalls Athenäos [1]) citirt. Botanisches finde ich unter dem Wenigen, was sich daraus erhalten hat, nicht [2]).

Erasistratos aus Julis auf der Insel Keos [3]), nach Sextos Empirikos [4]), der hier sehr umständlich berichtet, ein Schüler des Metrodores, des dritten Gemals der Tochter des Aristoteles, welche aber von Plinius [5]) irrthümlich, wie es scheint, die Mutter des Erasistratos genannt wird; nach Andern [6]) ein Schüler des Chrysippos Knidios, zu dessen Schülern Metrodoros selbst gehört. Plinius [7]) setzt ihn ungefähr um das Jahr 450 nach Roms Erbauung, also um 304 v. Chr., doch wohl, wie sich gleich ergeben wird, etwas zu früh; Eusebios [8]) dagegen in das 3te Jahr der 130sten Olympiade, das heisst 258 v. Chr., vielleicht etwas zu spät. Sicher war er kurz vor des Lysimachos Tode, also vor 281, Leibarzt des Seleukos Nikator, Königs von Syrien, und lebte später in Alexandrien; beweisen lässt sich daraus also nicht, dass des Eusebios Angabe unrichtig sein müsse, wie Rosenbaum [9]) behauptet. Wie höchst bedeutend Erasistratos als Anatom und Haupt einer besondern medicinischen Secte ist, so würde er hier doch kaum zu nennen sein, wenn nicht Haller [10]) behauptete, „er müsse

---

1) *Athen.* VII, cap. 17 pag. 308 F.
2) Vergl. *Haller* bibl. bot. I, pag. 41.
3) *Strabo* X, cap. 4 pag 486 edit. Casauboni.
4) *Sext. Emp.* advers. grammat. I, cap. 12 sect. 258.
5) *Plin.* hist. nat. XXIX, cap. 1 sect. 3.
6) *Plinius* XXIX, cap. 1 sect. 3, *Galen.* vol. XI, pag. 171. Vorsichtiger sagt Diogenes Laërtios VII, cap. 7 sect. 186, „Erasistratos bekenne selbst, sehr viel von Chrysippos Knidios gelernt zu haben." Dazu braucht er nicht sein unmittelbarer Schüler zu sein.
7) *Plin.* XIV, cap. 7 sect. 9.
8) Ἐρασίστρατος διαφανὸς ἰατρὸς ἐγνωρίζετο. *Euseb. Pamphil.* chronicor. lib. II, in Scriptorum veterum nova collectio e Vaticanis codicibus edita ab *Angelo Majo.* Tom. VIII, Romae, 1833. 4.; pag. 356.
9) Rosenbaum bei Sprengel a. a. O. S. 522 Anmerk. 13.
10) *Haller* bibl. bot. I, pag. 52.

auch von den Pflanzen geschrieben haben. Aus den von ihm gleich darnach angeführten Aeusserungen des Erasistratos über den Kerbel und andre essbare Pflanzen ergiebt sich nichts weniger als das; sie scheinen vielmehr seinem von Athenäos [1]) unter dem Titel der Koch, (ὀψαρτυτικὸς) angeführten Schrift entlehnt zu sein, die niemand, der nicht Botanik von βοτανή in der Bedeutung Futter ableitet, zu den botanischen rechnen wird. Von all seinen sonstigen Schriften, die Fabricius [2]) mit grosser Genauigkeit aufzählte und nachwies, lässt sich höchstens eine hierher ziehen, die den Titel führt von den tödtlichen [3]) oder nach einer andern Angabe von den starken und tödtlichen Mitteln [4]). Sie ging aber, wie alles von ihm, sehr früh verloren.

Herophilos aus Chalkedon, als Arzt und Anatom nicht minder berühmt als der vorige, und gleich ihm Gründer einer besondern Secte der Mediciner, lebte auch gleichzeitig mit ihm in Alexandrien, und war vielleicht etwas früher als jener dahin gekommen. Man hat viel gestritten, wer unter beiden der ältere sei [5]); es kommt wenig darauf an, da der Unterschied doch nur wenige Jahre betragen kann. Bis in die Regierungszeit des Ptolemäos Philadelphos, die von 283 bis 247 währte, scheinen beide gelebt zu haben. Wie viel er auf die Wirkung der Pflanzen als Arzneimittel gehalten, bezeugt Plinius an zwei verschiedenen Stellen [6]). In der ersten sagt er: „die Meisten sehe ich in der Meinung stehen, es gäbe nichts, was sich nicht durch die Kraft der Pflanzen bewirken liesse, allein die Kräfte der meisten wären unbekannt. Zu ihnen gehört auch der berühmte Arzt Herophilus,

---

1) *Athen.* *VII, cap. 21 pag. 324 A, und XII, cap. 3 pag. 516 C.*
2) *Fabric. bibl. graec. XIII, pag. 151* Vergl. Rosenbaum bei Sprengel a. a. O. S. 538 Anmerk. 78.
3) *Schol. ad Nicandri alexipharm. vers. 65.*
4) *Pseudo-Dioscoridis theriaca cap. 18 in Dioscor. opera edid. Sprengel II, pag. 74.*
5) Ausführlich erörtert sind die für jede der beiden Meinungen geltend gemachten Zeugnisse von Kühn in seinen *Opuscul. academ. II, pag. 302 sqq.*
6) *Plin. XXV, cap. 2 sect. 5, und XXVI, cap. 2 sect. 6.*

von dem man den Ausspruch erzählt, vielleicht nützten einige Pflanzen sogar dadurch, dass man darauf träte." Eine Arzneimittellehre wird von ihm nicht angeführt, wohl aber eine Diätetik, von der Haller [1]) meinte, sie wäre vielleicht in der Handschrift, die unter dem Titel Hierophili philosophi liber de facultatibus alimentorum zu Wien und Paris noch aufbewahrt wird, enthalten. Selbst Rosenbaum [2]) theilte diese Hoffnung noch. Jetzt ist jene Handschrift zweimal abgedruckt [3]), und enthält nichts, als eine sehr kurze Anweisung, wie man sich in jedem Monat des römischen Kalenders zu verhalten habe, offenbar aus sehr später Zeit und ohne alles Interesse für uns.

„Apollonios in dem Werk über die Pflanzen" citirt der Scholiast zum Nikandros [4]). Das wäre also endlich ein botanisches Werk. Und was erfahren wir daraus? dass der Verfasser darin des Polyknemon's erwähnte. Auch wissen wir nicht, welcher Appollonios, — und es gab dieses Namens Legion, — hier gemeint ist, wenn wir nicht voraussetzen, was allerdings wahrscheinlich ist, es sei derselbe, der an einer andern Stelle von demselben Scholiasten [5]), aber ohne den Titel seines Buchs, Apollonios Memphites genannt wird. Gesagt wird von diesem, er nenne die Chalbane Kneoron. Das könnte auch ein Grammatiker sagen. Diesen Apollonios kennen wir jedoch durch Galenos [6]) als einen Arzt und Erasistrateer. Setzen wir nun abermals voraus, dass er derselbe ist, den Galenos ein anderes mal [7]) auch als Erasistrateer und Schüler des Straton bezeichnet, ohne seines Geburtsortes

---

1) *Haller bibl. bot. I, pag. 48.*
2) *Rosenbaum zu Sprengels Gesch. der Medicin I, S. 519 Anmerk. 5.*
3) In den *Notices et extraits des manuscrits de la bibliotheque du Roi, Tom. XI, pag. 192 sqq.* durch Boissonade, und von Ideler in seiner Sammlung *Physici et medici graeci minores I, pag. 409 sqq.*
4) *Schol. ad Nicandri theriac. vers. 559:* Ἀπολλώνιος ἐν τῷ περὶ βοτανῶν
5) *Idem ad vers. 52.*
6) *Galen. XIV, pag. 700 edit. Kühn.*
7) *Ibid. VIII, pag. 459:* Ἀπολλώνιος ὁ ἀπὸ Στράτωνος. Die lateinische Uebersetzung hat unrichtig filius Stratonis.

Memphis zu gedenken: so lässt sich sein Zeitalter einigermassen ermitteln; denn der hier gemeinte Straton kann nur der Berytier sein, der jüngere Zeitgenosse und eifrige Verehrer des Erasistratos [1]). Demnach wäre Apollonios Memphites ungefähr um 250 v. Chr. zu setzen, ist aber wohl zu unterscheiden von Apollonios Mys, auf den wir bald kommen werden.

Mantias ist mit sechs andern Aerzten des Alterthums, mit Chiron, Machaon, Pamphylos, Xenokrates, Nigros und Heraklides, im Kreise sitzend dargestellt auf einem Blatt der berühmten wiener Handschrift des Dioskorides, die um fünfhundert unserer Zeitrechnung verfertigt sein soll [2]). Sein Ruhm lebte also um diese Zeit noch. Um so auffallender ist, dass ausser Galenos kein alter Schriftsteller seiner erwähnt. Dieser nennt ihn einen Herophileer und den ersten, der viele gute Zusammensetzungen von Arzneimitteln hinterliess [3]). Er rühmt an ihm, dass er in treuer Anhänglichkeit an die Lehre des Herophilos verharrete, während sein Schüler Heraklides Tarentinos zur Secte der Empiriker übergetreten sei [4]). In der Einleitung zu seinem sechsten Buch über die einfachen Arzneimittel [5]), worin er seine Vorgänger in diesem Fach mustert, und über alle den Dioskorides erhebt, empfiehlt Galenos doch, nächst diesem auch den Heraklides Tarentinos den Krateuos und den Mantias zu lesen. „Letztere, setzt er hinzu, hätten aber nicht wie jener den ganzen Arzneivorrath in einem einigen Werke zusammengefasst, sondern Verschiedenes geschrieben, z. B. Mantias über Abführungen, Arzneitränke, Klystire und örtlichen Mittel. Uns lassen diese Titel zweifelhaft, ob die Bücher wirklich von einfachen Arzneien, das heisst vorzugsweise von Pflanzen handelten, und wenn auch, ob sie mehr als die Namen und medicinischen Wirkungen derselben enthielten.

---

1) *Galen. vol. XI, pag. 197; Diog. Laërt. V, cap. 3 sect. 61.*
2) *Lambec. comment. de biblioth. Vindobon. lib. II, ad pag. 525.*
3) *Galen. vol. XIII, pag. 462 edit. Kühn.*
4) *Idem vol. XII, pag. 989.*
5) *Idem vol. XI, pag. 795.* Die Titel heissen: περὶ καθαρτικῆς ἢ προποτισμῶν ἢ κλυσμῶν — ἢ τῶν κατὰ τόπους.

Dioskorides, der sich auch auf Beschreibungen der Pflanzen einliess, nennt den Mantias unter seinen Vorgängern nicht. Eben so ungewiss ist sein Zeitalter. Sprengel stellt ihn in der Chronologischen Uebersicht am Schluss des ersten Bandes seiner Geschichte der Medicin zum Jahr 276 v. Chr., ohne im Buche selbst Gründe dafür zu entwickeln. Ihm scheint Kühn [1]) diesmal fast nur nachzuschreiben, wenn er den Mantias genau um dieselbe Zeit, in der 126sten und den folgenden Olympiaden berühmt sein lässt. Denn auch er giebt keinen Grund seines Ausspruchs an, und tadelt Sprengel gleich darauf, dass er in seiner chronologischen Uebersicht den Heraklides Tarentinos ausgelassen. Er bemerkte nicht, welchen guten Grund Sprengel dazu hatte, dass derselbe nämlich (warum, wird sich später zeigen), den Apollonios Mys zum Jahr 146 v. Chr. stellen zu müssen glaubte, also 130 Jahr später, obgleich, wie er selbst sehr richtig angiebt, Mantias der Lehrer [2]), Apollonios Mys der Mitschüler [3]) des Heraklides Tarentinos war! Mir scheint weder Mantias so alt, noch Apollonios Mys so jung zu sein. Ueber diesen nachher; was aber jenen betrifft, so ward die empirische Secte, von der er sich standhaft fern hielt, die also zu seiner Zeit schon einen gewissen Glanz haben musste, gestiftet durch des Herophilos Schüler Philinos Koos [4]), dessen Blüthezeit Sprengel [5]), — wir erfahren wieder nicht warum, — in die 123ste Olympiade (288—285 v. Chr.) setzt; wahrscheinlich etwas zu früh, da Erasistratos, des Herophilos Zeitgenosse erst gegen 281 nach Alexandrien gekommen zu sein scheint, und nach Eusebios gar erst um 258 daselbst geblüht haben soll. Setzen wir demgemäss die Blüthezeit des Philinos

---

1) *Kühn opuscula academica II, pag. 152.*
2) *Sprengel, Gesch. d. Med. I. S. 544.*
3) *Daselbst S. 547.*
4) *Galen. vol. XIV, pag. 683:* „Der empirischen Secte stand Philinos Koos vor, der sie zuerst von der logischen trennte, Veranlassung dazu nehmend von Herophilos, dessen Zuhörer er war."
5) *Sprengel a. a. O. S. 570 Anmerk. 31.* Zum Beweise citirt er die eben angeführte Stelle des Galenos, worin nichts auf die genannte Olympiade führt.

muthmasslich bis 250 herab, so kann die des Mantias leicht erst um 225 oder noch später fallen, unzweifelhaft nach der des Apollonios Memphites.

Die drei folgenden, den Zenon, den Andreas und den Apollonios mit Beinamen Mys, bezeichnet Celsus[1]), bei dem die Reihenfolge eine chronologische Bedeutung zu haben pflegt, als ältere Herophileer, und rühmt, sie hätten viel über die Wirkung der Arzneimittel hinterlassen. Den letzten kennen wir bereits als Schüler des Mantias, das Zeitalter des zweiten wird sich noch etwas näher bestimmen lassen, über den ersten genügen hier wenige Worte.

Den Zenon nennt auch Diogenes Laërtios[2]) einen herophileischen Arzt, aufzufassen geschickt, zu schreiben träge. Was er für Arzneimittellehre gethan, scheint in Erfindung brauchbarer Zusammensetzungen zu bestehen, also nicht hierher zu gehören[3]).

Länger müssen wir bei Andreas verweilen, der vor Andern hier eine Stelle verdient, und dessen Geschichte, ungeachtet der trefflichen Materialien, die Fabricius[4]) dazu gesammelt, noch sehr im Argen liegt. Er muss hoch berühmt gewesen sein, oder es muss in seinem Zeitalter keinen zweiten seines Namens gegeben haben, mit dem er verwechselt werden konnte. Denn die Meisten, — und er wird von Vielen sehr oft citirt, — nennen ihn stets ohne weiteren Zusatz Andreas. Nur einmal nennt Galenos[5]) einen offenbar jüngern Andreas den Sohn des Chrysareus, und erst bei Spätern, bei Aëtios und Nikolaos Myrepsos, tritt noch ein dritter Andreas Comes auf, der uns nicht weiter kümmert. Wenn nun Cassios Jatrosophista[6]) einen Andreas Karystios citirt, so kann ich zwar nicht beweisen, dass

---

1) *Cels. de medicina V, praefat.*
2) *Diog. Laërt. VII, cap. 30. sect. 35.*
3) Vergl. über ihn *Fabric. bibl. graec. XIII, pag 454* und *Sprengel a. a. O. S. 544* und *S. 342 Anmerk. 92.*
4) *Fabric. l. c. pag. 57 sqq.*
5) *Galen. vol. XIX, pag. 105.*
6) *Cass. Jatros. problem. 58, fol. 47 pag. aversa edit. Gesner.*

der berühmte Herophileer Andreas ein Karystier war, sehe aber auch keinen Grund daran zu zweifeln. Und wenn der Grammatiker Eratosthenes[1]) den Arzt Andreas, der seine Schriften geplündert hatte, spottweise einen Bibliägisthos nannte, anspielend auf Aegisthos, den Bulen der Klytämnestra, so sehe ich wieder keinen Grund, denselben für verschieden von dem unsrigen zu halten, der sich, wie wir gleich finden werden, auch mit historisch-grammatischen Aufgaben beschäftigte. Dies vorausgesetzt, stelle ich den Herophileer Andreas, bis ich eines bessern belehrt werde, muthmasslich in die Zeit des Eratosthenes, das heisst nach 247, dem Jahr der Berufung desselben nach Alexandrien, und vor 194, dessen Todesjahr. Dieser Zeitbestimmung nach ist es endlich sehr wahrscheinlich, dass unser Andreas derselbe war, der als Leibarzt des Ptolemäos Philopator im Jahre 217 v. Chr. in der Schlacht bei Rhaphia umkam[2]).

Man hat Anstoss genommen an den verschiedenen Urtheilen Verschiedener über ihn. Dioskorides, der sich um fremde Meinungen wenig bekümmert, citirt ihn nicht nur an verschiedenen Stellen[3]), sondern bezeichnet ihn und den Krateuas in seiner Vorrede als diejenigen, welche für die genauesten Schriftsteller über Arzneimittellehre galten. Er findet nichts an ihren Werken auszusetzen, als dass sie einige nützliche Wurzeln und Kräuter ohne Kennzeichen liessen, also botanisch nicht so vollständig waren, wie sein eigenes Werk, das wir noch besitzen, werden sollte. Mit Recht dürfen wir daraus folgern, dass des Andreas Werk in gleicher Art, wie das des Dioskorides selbst, botanisch war, das heisst die Arzneipflanzen beschrieb und ihre Wirkungen hinzufügte.

Ganz anders lautet des Galenos[4]) Urtheil: „Unter den alten Aerzten ist keiner, der nicht die Kunst (d. h. die Medicin) in der Kenntniss der Arzneimittel mehr oder weniger um etwas berei-

---
1) *Etymologicum magnum* sub voce βιβλιαίγισθος.
2) *Polyb.* V, *cap.* 81.
3) *Dioscor. vol. I, pag.* 2, *474, 530, 557, edit. Sprengelii.*
4) *Galen. opp. ed. Kühn XI, p. 795 sqq.*

chert hätte, und zwar ohne Aberglauben und Aufschneiderei (ἄνευ γοητείας τε καὶ ἀλαζονείας), welche Andreas später einführte." Und gleich darauf, nachdem er andere Schriftsteller über Arzneimittellehre empfohlen: „Aber des Andreas und ähnlicher Aufschneider ist rathsam sich zu enthalten." Wie reimt sich das? Hatte Galenos einen andern Andreas als Dioskorides im Sinn? Das nimmt Sprengel [1]) als völlig gewiss an, und bezieht die angeführten Stellen auf Andreas den Sohn des Chrysareus, der ein einziges mal in den hippokratischen Glossen des Galenos als Schriftsteller über die Nomenclatur der Arzneimittel genannt wird. Rosenbaum dagegen, der den Andreas Karystios, und eben so den Andreas Bibliägisthos von dem gleichnamigen Herophileer unterscheiden möchte, und überhaupt zu dergleichen Trennungen nur zu geneigt ist, bemüht sich in diesem Fall umgekehrt, die Identität des Chrysariden mit dem Herophileer wahrscheinlich zu machen [2]). Keinem der beiden kann ich vollständig beitreten. Mit Sprengel halte ich den Sohn des Chrysareus für einen weit jüngeren unbedeutenden Schriftsteller. Ganz unstatthaft war es aber, alles, was von irgend einem nicht näher bezeichneten Andreas gesagt wird, ohne bestimmte Gründe, also willkürlich zum Theil dem Herophileer, zum Theil dem Chrysariden zuzuschreiben; und darin verdiente Sprengel gewiss Rosenbaums Rüge. „Dass dieser Andreas (der Chrysaride), sagt Rosenbaum, jünger sein sollte als der Karystier oder Herophileer, lässt sich aus der Glosse selbst nicht nachweisen." Ich will versuchen, es aus ihr wenigstens wahrscheinlich zu machen, und rücke zu dem Zweck die Glosse selbst hier ein [3]).

„Indikon. Die, welche über die Nomenclatur der Arznei-

---
1) *Sprengel* Gesch. d. Med. (4. Aufl.) S. 594 f. und II: (3. Aug.) S. 194.
2) *Rosenbaums* Anmerk. 28 zu Sprengel a. a. O. S. 550. Vorsichtiger äussert sich derselbe auf der folgenden Seite gegen das Ende der Anmerk. 30.
3) *Galeni* opp. ed. Kühn XIX, pag. 105. Wegen der Orthographie des Namens Menestheus vergleiche man die Ausgabe von Franzius bei seinem Erotianos.

mittel geschrieben haben, als Menestheus (nach einer andern Lesart Menetheus) und Andreas der Sohn des Chrysareus (ich lese χρυσάρεως) und Xenokrates und Dioskurides der Alexandriner, nennen das Indikon Zingiberi, dadurch getäuscht, dass es Einige für die Wurzel des Pfeffers halten. Aber Dioskurides der Anazarbeer hat das Zingiberi und den Pfeffer deutlich unterschieden und erläutert. Der jüngere Dioskurides nun, der Glossograph, sagt, es sei eine Pflanze aus Indien, ähnlich der des Pfeffers, deren Frucht, weil sie der Myrte gleiche, Myrtidanon genannt werde."

Noscitur ex socio, qui non cognoscitur exse, sagt das Sprichwort. 1. Menestheus oder Menetheus kommt überhaupt nur noch einmal vor, und zwar in derselben Schrift des Galenos im Artikel Bukeras. Hier wird Menetheus „in den Nomenclaturen der Arzneimittel" citirt. Je älter ein Schriftsteller, desto öfter pflegt er citirt zu werden; ein nur von Galenos citirter Schriftsteller ist, wenn andere Gründe nicht überwiegen, mit grosser Wahrscheinlichkeit für nicht viel älter zu halten als er selbst. 2. Den Xenokrates werden wir später kennen lernen; von ihm sagt Plinius im Jahre 78 n. Chr., er habe ganz kürzlich (nuperrime) geschrieben [2]). 3. Ueber den Alexandriner Dioskurides kann man verschiedener Meinung sein: Man kann ihn für den Dioskorides Phakas halten, der nach Suidas zur Zeit Kleopatra's in Alexandrien lebte; und dieser Meinung ist Rosenbaum. Man kann ihn aber auch für identisch halten mit dem in derselben Glosse vorkommenden jüngern Dioskurides; und diese Meinung werde ich, wenn ich zu dem jüngern Dioskurides komme, der am Ende des ersten oder zu Anfang des zweiten Jahrhunderts unserer Zeitrechnung lebte, als die wahrscheinlichere nachweisen. Galenos stellt also seinen Chrysariden Andreas zwischen lauter entschieden oder doch wahrscheinlich sehr junge

---

1) *Galeni opp. ed. Kühn XIX, pag.*

2) Auf Rosenbaums merkwürdigen Missgriff bei der Zeitbestimmung dieses Schriftstellers werde ich bei ihm selbst zurückkommen.

Schriftsteller: folglich, so schliesse ich, war dieser Andreas höchst wahrscheinlich selbst ein junger Schriftsteller, und zwar vermuthlich unter den jungen nicht einmal der älteste, denn er steht nicht einmal an ihrer Spitze. Ich füge noch eins hinzu. Der berühmte Herophileer Andreas, dessen Vater sonst niemand nennt, wäre durch die Angabe desselben von Galenos sehr unpassend bezeichnet; ein jüngerer Andreas musste aber durch einen solchen Zusatz von dem Herophileer unterschieden werden.

Doch der eigentliche Knoten, der uns zu dieser Abschweifung veranlasste, löst sich nicht so, wie Sprengel meinte, durch die Unterscheidung des Chrysariden und des Herophileer Andreas; der Andreas, den Dioskorides lobt, Galenos tadelt, war ohne Zweifel derselbe, der Herophileer. Versuchen wir eine andere Lösung. Angenommen, Dioskorides hätte die genaue Kenntniss und sorgfältige Unterscheidung der einfachen Arzneimittel; Galenos dagegen die medicinischen Angaben über dieselben seinem Urtheil zum Grunde gelegt: so könnten die entgegengesetzten Urtheile beider Kritiker gleichberechtigt sein. Vermuthlich war jedoch das des Galenos zugleich nichts weniger als unbefangen. Beinahe so oft er ihn citirt, — und er citirt ihn sehr oft, — blickt eine gewisse Erbitterung gegen Andreas durch; einmal [1]) stellt er ihn sogar ohne jeden bestimmten Anlass, bloss beispielsweise, dem Hippokrates gegenüber, um zu zeigen, dass die Kritik auch den Charakter und die sittliche Bildung eines Schriftstellers nicht unbeachtet lassen dürfe. Den Hippokrates nennt er höchst erfahren und eifrigst die Wahrheit zu erforschen; den Andreas dagegen roh, anmassend und fern von der Würde des Hippokrates.

Den Grund dieser auffallenden Erbitterung erblickt Fabricius [2]) mit vieler Wahrscheinlichkeit darin, dass Galenos den Hippokrates beinahe vergötterte, Andreas in einer seiner Schriften: **über die**

---

1) *Galenus de subfiguratione empirica cap. 10 ad finem. fol. 33 D.* der dritten und eben so der achten lateinischen Ausgabe der *Opera apud Juntas*, in der Abtheilung der *Libri isagogici.* Der griechische Text ist noch ungedruckt.
2) *Fabric. bibl. graec. XIII, pag. 58.*

medicinische Genealogie¹) (vermuthlich älteste Geschichte der Medicin) ihn beschuldigte, das Tempelarchiv zu Knidos in Brand gesteckt zu haben. Sprengel²) schreibt zwar diese Beschuldigung wieder einem gewissen Andreas zu, und Rosenbaum steht diesmal auf seiner Seite. Es ist jedoch eine gar zu abgenutzte Hermeneutik, so oft verschiedene Nachrichten über dieselbe Person zu dem Bilde, das wir uns von ihr machten, nicht passen wollen, beliebig mehrere Personen desselben Namens zu erfinden; so hier neben dem Herophileer einen Karystier, einen Bibliägistheus, einen gewissen Andreas, wozu in so fern auch noch der allerdings verschiedene Chrysaride kommt, als man auch ihm einiges aufbürdete, was man dem lieben Herophileer abzunehmen wünschte.

Unter des Andreas Schriften kommt bei Athenäos auch eine vor: über die Dinge, die man fälschlich für wahr hält³). Schon der Titel des Buchs, noch mehr, was Athenäos daraus berichtet, scheint den Verfasser von der galenischen Anklage des Aberglaubens zu reinigen. Er behauptete darin, „es sei falsch, dass die Muräne aus dem Meer in die Sümpfe ginge, um sich mit der Natter zu paaren; denn die Natter, welche dürre Einöden liebe, wohne nicht in Sümpfen⁴).“ Aber wenige Zeilen vorher lässt Athenäos den Andreas in einer andern Schrift über giftige Thiere⁵) sagen, „unter den Muränen tödte diejenige durch ihren Biss, welche, von der Natter erzeugt, kleiner, rundlich und gefleckt sei.“ Der Widerspruch bezog sich also nur auf die Scene der fabelhaften Begattung, nicht auf diese selbst. Einigen Anlass zu schlimmer Nachrede scheint er also doch gegeben zu haben, wiewohl er ein ausgezeichneter Pflanzenkenner sein konnte.

---

1) *Vita Hippocratis Sorano adscripta*, in *Hippocratis opp. edit. Kühnii vol. III, pag. 851.*
2) *Sprengel, Gesch. d. Med. I, S. 331.*
3) Περὶ τῶν ψευδῶς πεπιστευμένων, *Athen. VII, cap. 18. pag. 312 E.*
4) Dasselbe mit etwas andern Worten lässt der Scholiast des Nikandros *theriac. vers. 823* ihn sagen, ohne die Schrift zu nennen, worin es vorkam.
5) Περὶ δακέτων, *ibidem D.*

Sein Hauptwerk über Arzneimittellehre, welches Dioskorides Galenos und Andere vor Augen hatten, war aber vermuthlich dasjenige, welches der Scholiast des Nikandros [1]) unter dem Titel Narthex citirt. Dieser Name bezeichnet zunächst die Ferula, eine dem Bacchos geheiligte Doldenpflanze, dann auch was daraus gemacht wurde, z. B. Thyrsosstäbe, vorzüglich Salbenbüchsen und überhaupt Büchsen in Form des hohlen Stengels der Ferula. Andreas war nicht der Einzige, der seine Arzneimittellehre mit diesem Namen belegte. Was uns der Scholiast daraus mittheilt, ist folgendes: „Skolopendreios ist eine Pflanze; ihr Blatt gleicht der Skolopendra, dem Thier, ist zusammenziehend, und hilft denen, die von giftigen Thieren gebissen sind." Also eine signatura rei, wie es Johann Baptista Porta [2]) nennt, ein Wahrzeichen der innern Heilkraft in der äussern Gestalt; — wieder eine Bestätigung des Galenos, wiewohl so ganz im Geiste des Zeitalters, dass Galenos deshalb den ersten Stein zu erheben kaum berechtigt war.

Nach Haller und Fabricius soll er auch über die Pflanzen geschrieben haben. Beide berufen sich auf das Zeugniss des Kirchenvaters Epiphanios (gestorben 403 J. nach Christus) [3]). Da von dieser Stelle öfter die Rede sein wird, setze ich sie ganz hierher. „Nikandros, der Geschichtschreiber der giftigen und kriechenden Thiere, machte uns mit ihren Naturen bekannt, Andere mit dem Reiche der Wurzeln und Kräuter, wie Dioskurides, der sie alle beherrscht, Pamphilos und der König Mithridates, Kallisthenes und Philon, Jolaos der Bithynier und Heraklides der Tarentiner, Krateuas der Rhizotom, Andreas und Bassos der Julier, Nikeratos und Petronios, Niger und Diodotos und verschiedene Andere." Namen verschiedenster Zeiten verschiedenster Färbung und Würdigkeit rednerisch zusammengehäuft bedeuten über-

---

1) *Schol. ad Nicandr. theriac. vers.* 684.
2) *Portae, Jo. Bapt., phytognomonica. Neapol. 1589 fol.* und öfter.
3) *Epiphan. Cyprii 1c haeresib. I, p. m. 3 edit. Coloniensis*, nach Kühn *opuscul. academ. II, pag. 156*, wo die Stelle abgedruckt ist. Ich übersetze nach den hier vorgeschlagenen und gerechtfertigten Verbesserungen des Textes.

Buch III. Kap. 2. §. 31.

haupt nicht viel, am wenigsten, wenn der Redner nichts von der Sache versteht; Epiphanios aber ahnet nicht einmal, dass es ausser der Arzneimittellehre noch eine andere Naturgeschichte der Pflanzen giebt, Dioskorides ist ihm das Vorbild aller Botaniker, und wer je von einigen Pflanzen gesprochen, gehört zu seinen Nachfolgern in der Wissenschaft. Auf dieses Zeugniss ist also nichts zu bauen.

Auch in der Versammlung griechischer Aerzte im wiener Codex des Dioskorides, wovon bei Mantias[1]) die Rede war, finden wir das Bild des Andreas, und Lambecius[2]) versichert, in der Bibliothek des Michael Kantakuzenos zu Konstantinopel hätte sich eine Handschrift befunden unter der Aufschrift: Ἰατροσόφιον (sic!) Ἀνδρέου τοῦ Θαυμαστοῦ περὶ ὕλης ἰατρικῆς κατὰ ἀλφάβητον στοιχεία, d. h. Aerztliche Weisheit Andreas des Bewundernswürdigen über den Arzneischatz nach dem Alphabet. Die Handschrift ist verschollen, wird aber im glücklichsten Fall schwerlich mehr enthalten haben als Auszüge aus dem Narthex. Denn nach dem Alphabet ordnete auch Galenos seine Heilmittel und berief sich deshalb nur auf den Vorgang des Pamphilos, den er noch tiefer herabsetzte als den Andreas, und zwar in derselben Vorrede, in der er diesen so schlimm empfahl. Dieser muss also wohl einer andern Ordnung gefolgt sein.

Apollonios mit Beinamen Mys (die Maus), der dritte Schriftsteller über Arzneimittellehre, dessen Celsus gedenkt, ist weniger bekannt, und es gab so viele Schriftsteller, auch Aerzte, Namens Apollonios (den Apollonios Memphites lernten wir bereits kennen), dass ich bei ihm Rosenbaums Vorsicht, nichts auf ihn zu beziehen, was nicht den Beinamen Mys an der Stirn trägt, vollkommen anerkenne[3]). „Aus Erythrä (in Ionien) sagt Stra-

---
1) Vergl. oben S. 232.
2) *Lambec. comment. de biblioth. Vindob. lib. II, pag. 557.*
3) Ganz anderer Meinung ist Ulco Cats Bussemaker in seiner *Dissertatio philologico-medica inauguralis, exhibens librum XLIV collectaneorum medicinalium Oribasii, etc. Groningae 1835. 8.* In seinem Commentar zu jenem Buch des Aribasios pag. 91. sqq. unterscheidet er zwar vierzehn verschiedene

bon ¹) war die Sibylla, ein gottbegeistertes prophetisches Weib des Alterthums. Zu Alexandros Zeit gab es auch eine solche Prophetin Namens Athenaïs, aus derselben Stadt; und eben daher war zu unsrer Zeit ($\kappa\alpha\vartheta$' $\dot\eta\mu\tilde\alpha\varsigma$) Heraklides der herophileische Arzt, der Mitschüler ($\sigma\nu\sigma\chi o\lambda\alpha\sigma\tau\dot\eta\varsigma$) des Apollonios Mys." Aus diesem Zeugniss ergiebt sich klar, dass Apollonios Mys und Heraklides der Herophileer nahezu gleichen Alters waren, und letztern kennen wir als Schüler des Mantias, der, wie wir sahen, wahrscheinlich gegen 225 J. v. Chr. blühete. Bald darauf, nämlich 217 J. v. Chr., scheint Andreas, den Celsus ihm voranstellt, gestorben zu sein; schwerlich werden wir daher weit von der Wahrheit abirren, wenn wir die Blüthe des Apollonios Mys gegen 200 v. Chr. annehmen. Dem widerspricht nichts als, wenn man sich buchstäblich an das einzelne Wort lehnen will, Strabons „Zu unsrer Zeit." Dies war es unstreitig, was Sprengel verleitete, den Apollonios Mys in seiner chronologischen Uebersicht bis zum Jahr 140 herabzurücken, und dessen Zeitgenossen, den Heraklides Tarentinos, der als Schüler des Mantias nun einmal nicht so tief herabgesetzt werden konnte, ganz auszulassen. Doch was sind zweihundert Jahr gegen die unermessliche Zeit bis zu der fabelhaften Sibylle! Denn gegen die Zeit dieser macht das Zu unserer Zeit den Gegensatz, die Athenaïs ist nur eingeschaltet. Durfte Cicero sagen: „Neulich, das ist vor hundert Jahren," so konnte Strabon in solchem Zusammenhange den Apollonios Mys wohl einen Mann seiner Zeit nennen. Er hatte ein weitläuftiges Werk

---

Schriftsteller Namens Apollonios, doch hält er nicht nur unsern Apollonios Mys für identisch mit dem Apollonios Biblas, Ap. Antiochenos, Ap. Pergamenos, Ap. Herophileos und Ap. Empirikos, sondern legt demselben auch Schriften bei, namentlich die Euporista, die zwar öfter von Galenos und Oribasios unter dem Namen eines Apollonios, doch stets ohne Beinamen, citirt werden. — Auf den Apollonios Empirikos und Ap. Biblas werde ich sogleich bei Gelegenheit des Heraklides Tarentinos kommen, und zeigen, dass es zwei Personen waren. Den Apollonios Pergamenos werden wir später als Schriftsteller über den Landbau kennen lernen.

1) *Strab. XIV, cap. 1. pag. 645. edit. Casaub.*

über die Secte der Herophileer und eine Prophylaxis tödtlicher Gifte geschrieben; beides gehört nicht hierher, und ausserdem wüsste ich von diesem Apollonios keine Schrift mit Sicherheit anzugeben, wiewohl ich die Möglichkeit zugebe, dass die von Galenos wie von Oribasios einem nicht näher bezeichneten Apollonios zugeschriebenen Euporista auch von dem unsrigen sein können.

Jolas Bithynos und Heraklides Tarentinos werden von Dioskorides[1]) zusammen genannt. Sie hatten in der Kürze über Arzneimittel gehandelt, „das Botanische gänzlich übergehend." Deshalb kann ich nicht beistimmen, wenn Reinesius[2]) meint, Stephanos in seinem Städte-Lexikon (unter Ἄκη) hätte den öfter von ihm citirten Claudius Julius, den Ethnographen, dessen erstes Buch über Phönikien er hier ausdrücklich nennt, mit dem Rhizotomen Jolas Bithynos verwechselt. Stephanos theilt mit, was jener Schriftsteller über die Kolokasia gesagt, und das ist in der That nicht ohne botanischen Werth, folglich dem Jolas nicht zuzutrauen[3]). Wir wollen demnach bei beiden vorgenannten nicht lange verweilen. Nur wegen der Zeitrechnung bemerke ich noch einiges, was den Heraklides betrifft. Zenon hatte über gewisse Abbreviaturen in den Handschriften des Hippokrates geschrieben. Gegen ihn trat Apollonios der Empiriker auf. Zenon vertheidigte sich, war also jünger als Philinos Koos, der Stifter der empirischen Schule. Nach seinem Tode erklärte sich ein anderer Apollonios Biblas gegen ihn; und nun mischte sich auch Heraklides Tarentinos, der also noch jünger ist, und einige Zeit nach Zenon gelebt haben muss, in diese literarische Fehde[4]). Dass er ein Schüler des

---

1) *Dioscor. lib. I, praefat. vol. I, pag. 2. edit. Sprengel.*
2) *Reinesii var. lect. pag. 163.* Die hier citirte Stelle des *Salmasius Exercit. Plin. fol. 973* finde ich in der Ausgabe von 1689 pag. 684 b. B.—D.
3) Vergl. noch *Fabric. bibl. graec. XIII, pag. 301; Haller bibl. bot. pag. 43; Sprengel Gesch. d. Bot. I, pag. 110.*
4) *Galen. vol. XVII, A. pag. 617 sqq.* Sowohl diese Stelle wie auch kurz zuvor eine andere *pag. 600 sqq.* scheinen mir für die Chronologie der ältern

Mantias und Mitschüler des Apollonios Mys genannt wird, kam bereits vor.

§. 32.

Nikandros Kolophonios[1]).

So kommen wir denn endlich zu dem einzigen unter den zahlreichen Schriftstellern des alexandrinischen Zeitalters über Arzneimittellehre, von dessen Werken genug auf uns gekommen ist, um uns ein eigenes Urtheil über seine Leistungen zu bilden, was sich als Maassstab an andere Werke der Art, die wir nicht mehr besitzen, und die das Alterthum denen des Nikandros entweder voran oder gleich oder nachstellt, legen können.

Im letzten Verse seiner Theriaka nennt Nikandros sich selbst den, „welchen das schneeige Städtchen Klaros ernährte." Dieser an sich unbedeutende, aber durch den Tempel des Apollon Klarios berühmte Ort lag dicht bei Kolophon in Ionien, und nicht selten wird Nikandros schon bei den Alten der Kolophonier genannt. Verwerflich scheint demnach die Nachricht, die sein ungenannter griechischer Biograph[2]) aus einem Werke des Dionysios Phaselites geschöpft haben will, Nikandros wäre von Geburt ein Aetoler. Unzuverlässig ist auch die Nachricht, welche derselbe Biograph einem andern Werke desselben Grammatikers entlehnte, Nikandros wäre erblicher Priester des

---

Geschichte der Medicin noch nicht erschöpfend benutzt zu sein. — Ueber Heraklides Tarentinos sind zu vergleichen: *Fabr. bibl. graec. XIII, pag. 177; Haller bibl. bot. I, pag. 50; Sprengel Gesch. d. Medic. I, S. 585* und *Gesch. d. Bot. I, S. 110*, wo ihn aber Sprengel mit dem Tarentinos der Geoponika vermischt, auf den ich später kommen werde.

1) Zu vergleichen sind über ihn im Allgemeinen *Fabricii biblioth. graec. II, pag. 618*, in der zweiten Ausgabe von *Harles IV, pag. 344; Haller biblioth. botan. I, pag. 54; Sprengel Geschichte der Botanik I, S. 105*, wo eine Erklärung aller von Nikandros genannter Pflanzen gewagt ist, und *Desselben Geschichte der Medicin I, (4. Aufl.) S. 591* nebst den Anmerkungen dazu von Rosenbaum.

2) *Nicandri theriaca, edit. Schneider, pag. 3.*

Apollon Klarios gewesen, nicht allein wegen des Widerspruchs unter diesen beiderlei Nachrichten, sondern auch weil letztere, wie Schneider[1]) gezeigt, sehr leicht aus einer falschen Lesart bei Nikandros selbst entsprungen sein kann, wodurch die Worte seiner Alexipharmaka: „Sitzend am Klarischen Dreifuss des Apollon," die sich auf die Söhne der Kreusa beziehen, Bezug auf ihn selbst bekommen.

Ueber seine Zeit besitzen wir von seinem ungenannten Biographen, von Suidas, und von zwei Biographen des Dichter Aratos, vier verschiedene indirecte Angaben, die schwer zu vereinigen sind, und zum Theil mit sich selbst im Widerspruch stehen. Schneider[2]), Clinton[3]) und Ritschl[4]) versuchten daraus festere Bestimmungen abzuleiten, und kamen zu verschiedenen Resultaten. Am glaubwürdigsten scheinen folgende Angaben: seine Geburt falle in die Regierungszeit Ptolemäos V. und Attalos I., und eins seiner Gedichte habe er Attalos III. zugeeignet. Da nun Ptolemäos Epiphanes (regierte 204—181 v. Chr.) und Attalos I. (regierte 241—197) nur sieben Jahre lang von 204 bis 197 zugleich regierten, so scheint in diese Zeit des Nikandros Geburt zu fallen. Attalos III. regierte von 138 bis 133; in diese Zeit fällt daher wahrscheinlich seine spätere Blüthe und vielleicht auch sein Tod.

Kolophon stand unter pergamenischer Botmässigkeit. Hieraus und aus der Dedication eines Gedichts an Attalos folgert Wegener[5]) etwas rasch, er scheine meist am pergamenischen Hofe gelebt zu haben. Ob er jemals in Alexandrien war, ist völlig unbekannt, wiewohl Neuere ihn nicht selten für einen Alexandriner ausgaben, und ein Grammatiker des zwölften Jahrhunderts, Isaak Tzetzes, ihn zu dem sogenannten Siebengestirn alexandrinischer Dichter zählt, dem fast jeder, der davon spricht, andere Namen

---
1) *Nicandri alexipharm.*, edit. *Schneider, pag. 83.*
2) *Ejusdem theriaca edid. Schneider praefat. pag. XII.*
3) *Clinton fasti Hellenici, from the CXXIV*th *Olympiad to the death of Augustus.* Oxford, 1830, 4. ad annum 182.
4) *Ritschl, die alexandrinischen Bibliotheken unter den ersten Ptolemäern, S. 87.*
5) *Wegener de aula Attalica I, pag. 160 et 167 sqq.*

zurechnet. Sein Biograph lässt ihn lange Zeit in Aetolien zubringen aus keinem andern Grunde, wie es scheint, als weil er ein Werk über Aetolien hinterliess, worin er die Flüsse Ortschaften nebst andern Eigenthümlichkeiten, auch die Pflanzen des Landes, beschrieben haben soll. In dem Verzeichniss seiner verlorenen Werke bei Fabricius kommen aber viele Werke ähnlicher Art vor, zuerst die Aetolika, dann Böotika Thebaika Kolophonika Oetaika Sikelika. Er muss also entweder, wovon wir aber nichts weiter hören, viele Reisen gemacht, oder gleich andern Grammatikern die Kunst verstanden haben, ohne Sachkenntniss, worüber ihm gerade einfiel, zu schreiben. Ja es gab eine Sage, die ihn, der auch ein Gedicht über den Landbau geschrieben, zum Zeitgenossen des Aratos, des Sängers der Sternbilder machte, und beiden Dichtern ihre Aufgaben von Antigonos Gonatas, dem Könige von Makedonien stellen liess, dem Aratos die astronomische, eben weil er von Astronomie, dem Nikandros die landwirthschaftliche, weil er von der Landwirthschaft nichts verstand; und es scheint, als hätte schon Cicero[1]) diese Sage vor Augen gehabt, als er dem Crassus die Worte in den Mund legte: „Wenn es fest steht unter den Gelehrten, dass Aratus ohne philosophische Kenntniss in schmuckreichen trefflichen Versen vom Himmel und den Gestirnen gesprochen; wenn über den Landbau der vom Landleben weit entfernte Nikander Kolophonius, vermöge einer gewissen poetischen, nicht bäurischen Anlage vorzüglich geschrieben: warum sollte nicht der Redner beredt über Dinge sprechen können, die er sich nur zu bestimmten Zwecken auf eine Zeit lang merkte?" Diese mit dem Zeitalter der beiden Dichter ganz unvereinbare Sage erklärt einer der Biographen des Aratos dadurch, dass es zur Zeit des Antigonos wirklich einen Nikandros aus Kolophon gegeben, der aber Mathematiker gewesen sei. Doch schon dass sie entstehen konnte, wirft ein eigenthümliches Licht auf die beiden Dichter.

Von seinen Werken erhielten sich vollständig nur zwei

---

1) *Cicero de oratore I, cap. 16.*

Lehrgedichte in Hexametern, die Alexipharmaka, Heilmittel gegen Gifte, und die Theriaka, von giftigen Thieren. Beide hat Schneider ¹) nach einander herausgegeben.

In dem ersten der beiden Gedichte von 630 Versen werden 21 Gifte, darunter 2 mineralische, 8 thierische, 11 pflanzliche aufgeführt. Die dagegen empfohlenen Mittel gehören fast alle zum Pflanzenreich. Die Schilderung der Zufälle nach der Vergiftung ist meist lebendig und naturgetreu; die Pflanzen aber, sowohl die giftigen wie die giftwidrigen, werden nur genannt, höchstens zuweilen mit einem geographischen oder mythologischen Zusatz. Ein eigentlich botanischer Inhalt fehlt also diesem Gedicht ganz. — Etwas gehaltreicher für den Botaniker wie auch für den Zoologen sind die aus 958 Versen bestehenden Theriaka. Nach vorausgeschickter Angabe einiger Mittel zur Verscheuchung giftiger Thiere und Vorsichtsmaassregeln beim Uebernachten unter freiem Himmel folgt die oft recht naturgetreue, seltener fabelhafte Beschreibung der gewöhnlichsten und gefährlichsten jener Thiere. Mit Vers 493 beginnt die Aufzählung der Mittel gegen Verletzungen durch dieselben, ohne Beziehung bestimmter Mittel auf die Verletzung durch bestimmte Thiere. Wiederum fast lauter Pflanzenmittel, unter denen die meisten wieder nur genannt, nur wenige mehr oder minder genau bezeichnet werden. Drei Pflanzen, die Chironswurzel, die Aristolochia und das Trisphyllon, werden für sich allein gegen alle thierischen Gifte ohne Unterschied gepriesen; ihnen folgen zusammengesetzte Mittel, und den Schluss

---

1) *Nicandri Alexipharmaca, seu de venenis in potu cibove homini datis eorumque remediis carmen. Cum scholiis graecis et Eutecnii sophistae paraphrasi graeca. Ex libris scriptis emendavit animadversionibusque et paraphrasi latina illustravit Jo. Gottlob Schneider Saxo. Halae, 1792, 8.* — *Nicandri Colophonii Theriaca, idest de bestiarum venenis eorumque remediis carmen. Cum scholiis graecis auctioribus, Eutecnii metaphrasi graeca, editoris latina, et carminum perditarum fragmentis, ad librorum scriptorum fidem recensuit emendavit et brevi annotatione illustravit Jo. Gottlob Schneider Saxo. Lipsiae, 1814, 8.* — Letzterem Werke sind Nachträge und Verbesserungen zu ersterem vorgedruckt, und ein Register über beide Gedichte und die in den Scholien citirten Schriftsteller hinzugefügt.

macht ein gegen Krankheiten aller Art überaus wirksames, aus sechs und zwanzig meist vegetabilischen Substanzen zusammengesetztes Universalmittel. — In beiden Gedichten zusammen zähle ich 125 Pflanzen, von denen nur wenige, ich sage nicht beschrieben, doch durch einige Zusätze unterschieden sind. Als Probe der ausführlicheren Behandlung einiger liefere ich folgende drei Stellen [1]) bemerke aber, dass sich kaum noch eine vierte in gleicher Ausführlichkeit finden dürfte.

Nun vor allen gespähet nach Cheirons heilsamer Wurzel,
Vom Kentauren benannt, dem Kroniden, weil sie dereinstmals
Cheiron fand, durchwandelnd des Pelion schneeigen Rücken.
Ringsum amarakosähnlich ergiesst sich das wallende Haupthaar,
Doch goldfarbig erglänzet die Blüth', und am Boden erstreckt sich
Nicht in's Tiefe die Wurzel, gehegt von der Schlucht Pelethronos.

Ferner Aristolocheia, die schattige, lern unterscheiden,
Laub wie der Epheu tragend und hochaufklimmendes Geisblatt,
Kermesfarbig erröthender Blüthe, beschwerlichen ringsum
Weit sich zerstreuenden Duftes; die Frucht wirst gleich du der Feldbirn
Zwischen der rundlichen Art und der länglichen finden im Mittel,
Aber die Wurzel beträchtlich verdickt an der weiblichen Pflanze,
Doch an der männlichen lang, eine Elle gesenkt in den Boden,
Endlich an Farbe vergleichbar dem dunklen orikischen Buxbaum.

Auch Trisphyllon erweiset sich hülfreich gegen die Giftbrut,
Sei's auf buschigen Höhen, in schroff abstürzender Bergschlucht;
Das bald auch Minyanthes und bald Tripetélon genannt wird,
Lotosähnlichen Haares, an Duft mit der Raute vergleichbar,
Aber sobald sich die Blüthe mit buntem Gefieder erschlossen
Gleich Asphaltes dann streng riechet es. — —

Ich bemerke, dass das nach dem Kentauros Cheiron benannte Kentaurion nach Fraas [2]) vielleicht unser Hypericum Olympicum, die männliche und weibliche Aristolocheia unsere Aristolochia rotunda und longa, das Trisphyllon unsere Psoralea bituminosa bedeutet. Diese Vermuthungen stützen sich auf Vergleichung des

---

1) *Theriaka, Vers 500—505, 509—516, 520—525.*
2) *Fraas, synopsis florae classicae, S. 139.*

Nikandros mit Theophrastos und Dioskorides. Denn jenen benutzte Nikandros häufig, von diesem ward er benutzt. Manche seiner Pflanzen lassen sich daher durch solche Vergleichungen mit ziemlicher Wahrscheinlichkeit errathen, mit Sicherheit bestimmen nicht eine einzige.

Aus seinem dritten grössern Gedicht **über den Landbau** erhielt uns Athenäos ein Fragment von 72 zusammenhängenden Hexametern, bei Schneider das zweite. Es lehrt den Anbau der Kranzpflanzen, mit dunklen mythologischen Anspielungen so reichlich durchwebt, und der Text so verdorben, dass ich es nicht zu übersetzen wage. Sein botanischer Gehalt ist auch ungeachtet der zahlreichen Pflanzennamen, die es enthält, sehr gering; noch geringer der der übrigen kleineren Fragmente, die man, wäre nicht gesagt woher sie stammen, und beschriebe nicht Athenäos, der sie mittheilt, ein Gastmal, für Ueberreste eines Kochbuchs halten könnte. Nur auf eins derselben, bei Schneider das neunte, mache ich noch aufmerksam. Es versucht wenigstens die **essbaren und giftigen Pilze** nach ihren Standorten zu unterscheiden, ist aber sehr zerrissen; Athenäos selbst konnte in seiner Handschrift die Verse nicht vollständig mehr lesen.

Sein **Schlangenlied, Ophiaka**, war vermuthlich in elegischem Versmaass geschrieben; denn noch besitzen wir einige wahrscheinlich dazu gehörige Distichen. Was seine **Heteroioumena**, seine **Verwandelungen** enthielten, ob nur Mythologie, oder auch magische Kunststückchen, oder was sonst, bleibt, da wir nur drei Verse davon kennen, ungewiss. Auch die Sikelia, die Böotika und Thebaika waren, wie die Fragmente zeigen, Gedichte, wahrscheinlich also auch die Aetolika, worin, wie sein Biograph sagt, auch die **Pflanzen des Landes** beschrieben waren. Doch davon blieb uns kein Buchstab übrig.

Sehr bezeichnend nennt ihn nach dem allen Suidas einen Dichter Grammatiker und Arzt. Lebhafte Naturschilderung, mit anmuthigen Bildern durchflochten, und ein eleganter Versbau sind ihm nicht abzusprechen; den Arzt verräth schon die Wahl mancher Stoffe; überall aber blickt der Grammatiker hervor, und von

Forschung nach dem Zusammenhange der Dinge, nach ihren Ursachen, zeigt sich fast keine Spur. Sogar **Glossä**, über **Sprachen**, hatte er geschrieben, wer weiss, ob nicht auch dies rein grammatische Werk gleich allen andern in Versen?

§. 33.
Verlorene griechische Schriftsteller über Heil- und Nahrungsmittel, von Nikandros bis auf Augustus.

Zu Anfang des fünf und zwanzigsten Buchs seiner Naturgeschichte, worin der Ruhm der Arzneipflanzen besprochen wird (ipsa, quae nunc dicetur, herbarum claritas, medicinae tantum gignente eas tellure), sagt Plinius, nachdem er der geringen Leistungen der Römer in der Heilmittellehre gedacht [1]): „Ausser diesen haben die an ihrem Ort genannten griechischen Schriftsteller der Medicin darüber gehandelt; unter ihnen Cratevas, Dionysius, Metrodorus, in der gefälligsten Weise, worin sich jedoch fast nur die Schwierigkeit der Sache zu erkennen giebt. Denn sie malten Bilder der Pflanzen, und schrieben ihre Wirkungen darunter. Allein die Zeichnung ist trügerisch, und bei so zahlreichen Farben, zumal im Wetteifer mit der Natur, verdirbt vieles die ungleiche Geschicklichkeit der Maler. Ausserdem sagt es wenig, einzelne Zustände der Pflanzen zu malen, da sich nach den vier Jahrszeiten ihr Ansehen verändert." Und Plinius hat in der Hauptsache recht; so lange man Zeichnungen nicht mechanisch zu vervielfältigen verstand, konnten sie der Botanik wenig nützen. Noch jetzt kennen wir Sammlungen vorzüglicher Originalgemälde von Pflanzen, z. B. die des königlichen Gartens zu Kew bei London; für die Wissenschaft sind sie ein todter Schatz. Gleichwohl bleibt es immer der Beachtung werth, dass man so früh auch auf diesem Wege die Wissenschaft zu fördern versuchte.

Krateuas wird von griechischen Schriftstellern nicht selten auch Krateias oder Krateas, und demgemäss von den römi-

---

1) *Plin. hist. natur. XXV, cap. 2, sect. 4.*

schen bald Cratevas, bald Cratejas genannt; der Scholiast des Theokritos versichert sogar, er werde von Einigen Kratides genannt, und nennt ihn selbst bald darauf Kratidas¹).

In einem der untergeschobenen Briefe des Hippokrates²) verlangt derselbe von Krateuas, dem Enkel eines angeblich eben so berühmten Krateuas, vorzüglich kräftige Pflanzen zur Behandlung des angeblich wahnsinnig gewordenen Demokritos von Abdera. Der ganze ziemlich lange Brief gleicht der Stilübung eines Schülers. Gleichwohl schloss Lambecius³) daraus, Krateuas hätte fünfhundert Jahr vor unsrer Zeitrechnung gelebt, und sogar Fabricius⁴) stimmte ihm bei, indem er das, was offenbar sein späteres Zeitalter verräth, auf einen zweiten jüngern Krateuas bezog, von dem die Alten nichts wissen. Erst Haller⁵), gestützt auf Plinius⁶) Zeugniss, dass Krateuas dem Mithridates zu Ehren eine Pflanze Mithridatea genannt habe, stellte ihn wieder in die Zeit dieses Königs, welcher von 120 bis 63 v. Chr. regierte.

Von seinem Leben wissen wir nichts. Dioskorides stellt ihn in der Vorrede seines Werks mit Andreas zusammen, und nennt diesen den Arzt, jenen den Rhizotomen, vermuthlich nur, weil sein Werk den Titel ῥιζοτομικά führte. Er rühmt beider Genauigkeit in der Heilmittellehre, gleich nachdem er an Jolas Bithynos und Heraklides Tarentinos die gänzliche Vernachlässigung des Botanischen getadelt. Dieser Vorwurf traf also jene beiden nicht. Gleichwohl setzt er hinzu, sie hätten viele sehr wirksame Wurzeln und einige Kräuter ohne Kennzeichen gelassen (ἀπαρασημειώτους εἴασαν), also, wenn ich recht verstehe, nicht alle gehörig beschrieben. Hätten sie gar keine Beschreibungen geliefert, so hätte er sie von den beiden vorgenannten nicht

---
1) *Schol. ad Theocrit. II, v. 48. V, v. 92 et 94.* Das wäre der Sohn des Krates, also vielleicht nicht ohne Grund.
2) *Hippocratis opera, edit. Kühn, III, pag. 790.*
3) *Lambecii comment. de biblioth. Vindob. II, pag. 552.*
4) *Fabric. biblioth. graec. XIII, pag. 129.*
5) *Haller biblioth. botan. I, pag. 57.*
6) *Plin. XXV, cap. 6. sect. 26.*
7) *Schol. ad Nicandri theriac. vers. 681.*

so, wie er that, unterscheiden können. Von Abbildungen sagt er gar nichts; waren vielleicht nicht alle Exemplare des Krateuas damit versehen? Aber häufig citirt er, sonst mit Citaten so sparsam, ihn bei verschiedenen Pflanzen und wie oft er ihn stillschweigend benutzt haben mag, lässt sich nur vermuthen. Eben so Plinius, der ihn gleichfalls häufig citirt und noch häufiger benutzt zu haben scheint ¹), und Andere. Da es wohl der Mühe werth wäre, die Fragmente des Krateuas einmal zu sammeln und besonders zu bearbeiten, setze ich die Citate bei den Alten, die ich auffinden konnte, hierher. Dioscoridis (nach Sprengels Ausgabe) pag. 2, 43, 271, 298, 313, 326, 346, 373, 531, 569, 606; Plin. hist. nat. XIX, sect. 50, XX, 26, XXII, 33, XXIV, 102, XXIV, 4 und 26; Galen. (nach Kühns Ausgabe) vol. XI, pag. 795, 797, XIV, 7, XV, 134, XIX, 64 und 69; Schol. ad Nicandri theriac. vers. 529, 617, 656, 681, 856, 859, 860; Schol. ad Theocrit. idyll. II, vers. 48, V, 92 und 94, vorausgesetzt, dass Kratidas hier den Krateuas bedeutet, was die vorherige Stelle zu beweisen scheint. Die Stelle bei Oribasios (medicae artis principes. Excudebat Stephanus) XI, pag. 416 ist aus Dioskorides pag. 569 genommen. Dass auch Epiphanios ihn nenne, ward schon oben bei Andreas erwähnt.

Dazu kommt noch eine lange Reihe von Stellen, welche ein neuerer Schriftsteller, Luigi (Aloysius) Anguillara in seinem leider wenig bekannten Büchelchen über die einfachen Arzneimittel unmittelbar aus einer Handschrift, welche Fragmente des Krateuas enthielt, abdrucken liess ²). Vom Asarum handelnd, erzählt er, es

---

1) Man hat oft behauptet, Plinius, der so viel citirt, nur nicht den Dioskorides, hätte denselben gleichwohl nicht selten wörtlich copirt *(Sprengel Gesch. d. Med. II, S. 82)*. Viel wahrscheinlicher, ja ich darf sagen gewiss ist, wie sich später ergeben wird, dass beide aus gemeinsamen Quellen, und zwar vieles aus Krateuas, schöpften.

2) Das Buch erschien unter dem Titel: *Semplici dell' eccellente M. Luigi Anguillara, liquali in più pareri à diversi nobili huomini scritti appaiono, et nuovamente da M. Giovanni Marinello mandati in luce. In Vinegia appresso Valgrisi, 1561. 8minor* (nicht 12.), mit zwei Abbildungen. Eine frühere Aus-

Buch III. Kap. 2. §. 33.

wären ihm einige Fragmente griechischer Schriftsteller in die Hände gefallen; daraus wolle er, was Krateuas vom Asarum geschrieben, mittheilen. Und an einer der folgenden Stellen heisst es: „wie man ersehen kann aus den wenigen Fragmenten des Krateuas, die ich besitze (che io mi ho)." Das ist alles, was er selbst über sein Manuscript mittheilt. Genauer unterrichtet scheint Sprengel[1]) zu sein, indem er sagt: „Sein (des Krateuas) Werk τὰ ῥιζοτομούμενα (richtiger τὰ ῥιζοτομικά), wovon die Handschrift auf der Marcus-Bibliothek in Venedig von Anguillara benutzt, von Weigel abgeschrieben und mir gefällig in einzelnen Proben mitgetheilt worden, enthält bloss Namen der Pflanzen und Angaben ihres Nutzens." Dagegen, wie bestimmt auch die Angaben lauten, liess sich manches erinnern. Woher wusste denn Sprengel, dass Anguillara die Handschrift der Marcus-Bibliothek benutzt hätte? Er selbst sagt nichts davon, und andere Quellen werden nicht nachgewiesen. Und enthielt die weigelsche Abschrift wirklich bloss Namen der Pflanzen und Angabe ihres Nutzens, so konnte sie schon deshalb nicht von Anguillara's Handschrift genommen sein; denn darin kamen beschreibende Züge vor, die er selbst uns mittheilt. Nur daran konnte niemand zweifeln, dass sich in der Marcus-Bibliothek eine angebliche Handschrift des Krateuas befände, und dass Weigel Abschrift davon genommen. Doch nicht

---

gabe in 4. und ohne die Abbildungen, aber doch von demselben Jahr und Verleger, geben an Seguier und Haller. Sprengel verdankte sein Exemplar dieses äusserst seltenen Buchs seinem Freunde Ciro Pollini (*Gesch. d. Bot. I, S. 293*), ich das meinige meinem Freunde Professor Dr. di Visiani in Padua. Luigi ist die gewöhnliche Abkürzung von Aloysius, wiewohl es auch für Ludewig vorkommt. Aber Anguillara wird von lateinischen Schriftstellern seiner Zeit, z. B. von Konrad Gesner, beiden Bauhins u. a. stets Aloysius genannt, in einem italiänischen Schreiben seines grossen Widersachers Mattioli (bei *Tiraboschi tom. VII, parte II, pag. 12 edit. Romanae*) Aluigi, in Aldrovandi's Antwort Luisi.

1) *Sprengel Gesch. d. Botanik I, S. 104*, und ebenso *Gesch. d. Medicin, 4te Aufl. S. 593*. In der *1sten Aufl. S. 424* hiess es, die Handschrift würde zu Rom in der kantakuzenischen Bibliothek aufbewahrt. Ich wüsste nicht, dass dieselbe je von Konstantinopel nach Rom gelangt wäre.

einmal das ist richtig. Mein verehrter Freund di Visiani in Padua, den ich um nähere Auskunft über jene Handschrift bat, antwortete mir: „Pour vous satisfaire à légard du codex du Cratevas, que Mr. Sprengel assure exister dans la bibliothèque de Venise, je me suis porté tout exprès en cette ville; mais hélas! j'en ai remporté la conviction, que ce codex n'y a jamais existé. Surquoi je crois fermement, que le voyageur, qui a rapporté célà à Mr. Sprengel, s'est trompé sur le nom de la ville; car on m'a dit à Venise, que le seul codex qui existe du Cratevas, est à Vienne dans la bibliothèque Imperiale. Vous pouvez constater célà aisement." — Auf die wiener Handschrift werde ich sogleich zurückkommen, nachdem wir nur noch einen Augenblick bei Anguillara verweilten. Bei ihm kommt Krateuas vor Seite 26, 27*, 92 drei mal, 93, 94, 107*, 114 zwei mal, 122*, 124, 125 zwei mal**, 128, 133, 141*, 145*, 149*, 170, 171 zwei mal*, 174, 177*, 189, 190, 193, 196*, 206, 222*, 225, 234, 249, 252*, 263, 273, 289*. Der Stern hinter der Seitenzahl bedeutet, dass daselbst Worte des Krateuas im griechischen Original vorkommen; die übrigen Stellen sind zum Theil aus den vorhin von mir citirten Stellen der Alten entlehnt. In vielen jener Stellen stimmt Krateuas mit Dioskorides wörtlich überein; in einigen, — das ist das merkwürdigste, — in denen er von ihm abweicht, stimmt er dagegen mit Plinius überein, so dass man deutlich erkennt, wie er von beiden benutzt worden.

Dass sich auf der kaiserlichen Bibliothek zu Wien ein Werk „des gelehrten Arztes Krateuas des Rhizotomen über den Arzneivorrath" (ἰατροσόφου Κρατεύου τοῦ ῥιζοτόμου περὶ ὕλης ἰατρικῆς) befinde, und sogar in zwei Handschriften, das war aus dem grossen Werke des Lambecius [1]) über jene Bibliothek und den Anmerkungen, welche Kollar der zweiten Ausgabe jenes Werks hinzugefügt, längst allgemein bekannt. Die eine Handschrift besteht aus

---

1) *Lambecii commentarii de bibliotheca Caesarea Vindobonensi, II, pag. 556 et 593.*

2) *Eorundem editio altera, opera et studio Kollarii, II, pag. 120—125 nota B.*

Buch III. Kap. 2. §. 33.

Glossen am Rande des berühmten alten constantinopolitanischen Codex des Dioskorides, beschränkt sich aber, wie Kollar bemerkt, nur auf wenige der vordern Blätter jenes alphabetisch geordneten Codex. Die andere hält man für eine Copie jener ersten von flüchtiger Hand in ziemlich neuer Zeit. So berichtete wenigstens Kollar, und stimmte die Hoffnung, die man nach Lambecius pomphafter Ankündigung dieses Schatzes gefasst hatte, sehr herab. Noch tiefer musste sie durch Sprengels Urtheil über die weigel'sche Abschrift sinken, — denn dass diese von der wiener Bibliothek genommen sei, wird wohl niemand mehr bezweifeln, und ich werde es gleich noch stricter beweisen. Am ungünstigsten aber spricht sich Kühn [1]) über jene Fragmente aus, indem er erklärt, er fürchte sehr, dass sie dem Krateuas untergeschoben seien.

Um mir zwischen so verschiedenen Urtheilen wo möglich ein eigenes zu bilden, bat ich meinen Freund Dr. Fenzl in Wien um eine Probeabschrift. Durch seine gütige Vermittlung erhielt ich alsbald ein Facsimile der beiden ersten Artikel des jüngern Codex, Achillios und Anemone. Bis auf einige werthlose Varianten, und was ich sonst noch bemerken werde, stimmen sie mit den beiden gleichnamigen Artikeln des Dioskorides buchstäblich überein. Die bei diesem vorkommenden Synonyme, und die darauf folgenden Beschreibungen fehlen; gleich nach den Namen folgen die Wirkungen. Am Schluss des Artikels Anemone fehlt auch alles, was Dioskorides über die Verwechselung dieser Pflanze mit andern sagt, und wenn dieser bei der Wirkung von zweierlei Anemonen spricht, so ist bei Krateuas nur von einer die Rede. Dagegen hat der Artikel Achillios am Ende noch folgenden Zusatz: ὅλη δὲ κοπεῖσα μετὰ ἀξουγγίας παλαιᾶς, τὰ παλαιὰ τῶν ἑλκῶν καὶ δυσέντουλωτα (sic.! lege δυσεπούλωτα) θεραπεύει· ξηρὰ δὲ κοπεῖσα καὶ μετὰ μέλιτι μιγεῖσα εστὶν ἀνακαθαρτική. Und schon das latinisirende ἀξούγγια scheint das spätere Alter des Zusatzes zu verrathen. Diese zwei Artikel entsprechen also dem, was Sprengel über die weigelschen Proben sagt, und stehen

---

1) *Kühn opuscul. academ. II, pag. 106.*

Kühns Meinung nicht entgegen. Dürfen wir aber darauf schon ein Verdammungsurtheil des ganzen Codex gründen? und sollten Sprengel und Kühn wohl mehr als die ersten Artikel vor sich gehabt haben? Kämen nicht wenigstens öftere Abweichungen von Dioskorides vor, wozu hätte man sie ihm an den Rand geschrieben? Und wären sie sämmtlich so unbedeutend wie die beiden ersten, was hätte Weigeln, dem man doch ein competentes Urtheil zugestehen wird, veranlasst sie abzuschreiben und bekannt machen zu wollen? Und wie ernstlich das seine Absicht war, und woher seine Abschrift stammte, darüber fand ich endlich nach vielem Suchen ein paar unumstössliche Beweise. In einem Schreiben aus Wien an Baldinger [1]) spricht er weitläuftig über die Pflanzenabbildungen der wiener Handschrift des Dioskorides, und schliesst mit den Worten: „Die zum Theil wichtigen Varianten und die noch ungedruckten Kapitel beider Handschriften (des sogenannten neapolitanischen und constantinopolitanischen), so wie die im const. Codex befindlichen Fragmente des $Κρατεύας$ $ῥιζοτόμος$, kommen in meine künftig erscheinenden Anecdota bibliothecae Vindobonensis. Weigel." Das liess Baldinger im Jahr 1793 drucken. Drei Jahr darauf 1796 machte Sprengel [2]) selbst die ausführliche Ankündigung jener Anecdota seines Freundes Weigel bekannt, und darin steht unter nr. 3: „$Κρατεύου$ $του$ $ῥιζοτόμου$ $σωζόμενα$, aus dem alten Codex des Dioskorides in der wiener Bibliothek abgeschrieben." Es war also ein Gedächtnissfehler, dass Sprengel 21 Jahr später aus der wiener eine venetianer Handschrift machte, und — eine Vision, dass das die Handschrift sei, von der Anguillara spricht! Suspendiren wir nach dem allen lieber das Endurtheil, bis die Fragmente, die nur vier Quartblätter füllen sollen, endlich einmal gedruckt, oder wenigstens von einem Philologen, der zugleich Botaniker ist, untersucht sein werden.

Dionysios, nach Plinius der zweite Schriftsteller über

---

1) In *Baldinger's medicin. und physischem Journal*, *Stück XXXII 1793, Seite 8 ff.*

2) *Sprengels Beiträge zur Gesch. der Medicin, Stück III, 1796, S. 265 ff.*

Buch III. Kap. 2. §. 33.

Arzneimittel, welcher **Pflanzenabbildungen** lieferte, sonst durch nichts näher bezeichnet, als dass er nach Krateuas, vor Metrodoros genannt wird, ist bis auf dies wenige für uns ein bedeutungsloser Name. Fabricius unterscheidet über hundert von den Alten erwähnte Personen desselben Namens; woraus sollten wir abnehmen, ob der des Plinius noch sonst vorkommt oder nicht? Denn seiner Abbildungen thut kein Anderer Meldung. Die einzige Spur, die uns weiter führt, doch auch täuschen kann, ist, dass Stephanos Byzantios in seinem Wörterbuch alter Städte unter dem Artikel Ityke in Libyen (Utica der Römer) das erste Buch der **Rhizotomika** [1]) des dort geborenen **Dionysios Itykäos** anführt, vielleicht desselben, den wir als georgischen Schriftsteller unter dem Namen **Cassius Dionysius Uticensis** später werden kennen lernen, vielleicht auch nicht.

Bei **Metrodoros** tappen wir ebenso im Dunkeln, auch sein Name wiederholt sich zu oft, um ohne nähere Bezeichnung eine bestimmte Person erkennen zu lassen. Unzweifelhaft ist er wohl derselbe, dessen ἐπιτομή τῶν ῥιζοτομουμένων Plinius an einer andern Stelle [2]) anführt, obgleich Harduin [3]) diese Stelle auf den bekannten Philosophen **Metrodoros Chios**, einen Schüler des Demokritos und Lehrer des Anaxarchos und Hippokrates, bezog. Alles übrige schwankt. Haller [4]) hält ihn für denselben, den Galenos [5]) einen ausschliesslichen Verehrer des **Asklepiades** nennt, des bithynischen Arztes, der um die Zeit, da Mithridates Eupator eine Gesandtschaft nach Rom schickte (89 v. Chr.), dort eine neue

---

1) Auch beim *Schol. ad Nicandri theriaca. vers. 520* stand sonst Διονύσιος ἐν τοῖς ῥιζοτομικοῖς. Schneider hat aber nach seinen Handschriften ἐν τοῖς Διονυσιακοῖς drucken lassen. Siehe in seiner Ausgabe *pag. 86, 197 und 452.*
2) *Plin. hist. nat. XX, cap. 20 sect. 81.*
3) *Harduini index auctorum* in seiner Ausgabe des Plinius *(edit. II.) I; pag. 62.*
4) *Haller bibl. bot. I, pag. 59.*
5) *Galen. de simpl. medic. I, cap. 29 et 35, edit. Kühn. vol. XI, pag. 432 et 442.*

medicinische Schule gründete ¹) und dessen Freund zu sein Crassus (starb 91 v. Chr.) sich rühmte ²). Sein Anhänger Metrodoros kann also füglich alt genug sein, um von Plinius citirt zu werden; auffallend ist nur, dass Galenos ihn grade da, wo er die Schriftsteller über Arzneimittel durchgeht, in der Vorrede seines sechsten Buchs über einfache Arzneimittel, nicht citirt. Wie aber der sonst so genaue Fabricius ³) ihn zugleich für jenen Schüler des Sabinos und Anhänger des Hippokrates, der bei Galenos ⁴) einigemal vorkommt, halten konnte, begreife ich nicht. Denn abgesehen davon, dass die Schüler des Asclepiades Bithynos nicht die besten Hippokratiker waren, so reichte dieser, ein Mitschüler des Stratonikos, eines der Lehrer des Galenos selbst ⁵), schwerlich bis zu Plinius Zeiten hinauf.

Ausser den drei von Plinius genannten Pflanzenmalern kennt Sprengel ⁶), verleitet durch Lambecius ⁷), noch einen vierten, den Pamphilos, einen Alexandriner und Schüler des Aristarchos. Dieser Grammatiker lebte etwa von 224 bis 138 v. Chr. Auf den damit verwechselten angeblichen Pflanzenmaler werde ich später zurückkommen und zeigen, dass er weder Pflanzen abbildete, noch des Aristarchos Schüler war, sondern vermuthlich erst am Ende des ersten Jahrhunderts unserer Zeitrechnung ein Werk über Arzneipflanzen mit vielen abergläubischen Zusätzen compilirte.

Schliesslich gedenke ich hier noch des alexandrinischen Grammatikers Tryphon, des Ammonios Sohn, der nach Suidas,

---

1) *Plin. hist. nat. VII, cap. 37 sect. 37.*
2) *Cicer. de oratore I, cap. 14.*
3) *Fabric. biblioth. graec. XIII, pag. 337.*
4) *Galen. col. XVII A., pag. 508 edit. Kühn.*
5) *Ibidem vol. V, pag. 119.* Galenos war 131 n. Chr. geboren, in seinem 17. Lebensjahr, also 148 n. Chr., widmete er sich der Medicin. Angenommen sein Lehrer Stratonikos wäre damals bereits 60, dessen Mitschüler Metrodoros 80 Jahr alt gewesen, also 68 n. Chr. geboren, so war er immer noch 45 Jahr jünger als Plinius.
6) *Sprengel Geschichte der Botanik I, Seite 111.*
7) *Lambecii commentarii de bibliotheca Caesarea Vindobonensi II, pag. 528 sqq.*

welcher ihm eine lange Reihe grammatischer Schriften zuschreibt, theils vor theils unter Augustus lebte; nicht zu verwechseln mit dem Chirurgus Tryphon dem Vater, der nicht lange vor Celsus zu Rom lebte [1]; noch mit einem andern Arzt gleiches Namens, dem Lehrer des Scribonius Largus [2]), vielleicht des vorigen Sohn [3]). Dem unsrigen wird ausser den grammatischen auch ein Werk über die Thiere und eine Geschichte der Pflanzen zugeschrieben, aus welcher sich bei Athenäos [4]) noch ein Paar Stellen erhielten. In der Einen leitet er den griechischen Namen des Feigenbaums συκῆ von dem des Titanen Sykeas ab, dem zur Erquickung seine Mutter die Erde, als er von Zeus verfolgt ward, den Feigenbaum entstehen liess. In den beiden andern ist von allerlei Brodsorten und deren verschiedenen Benennungen die Rede. War es etwa eine Geschichte der Pflanzennamen, welche der Grammatiker Geschichte der Pflanzen nannte [5])? — Von diesem Tryphon nicht verschieden und nur aus einem Gedächtnissfehler oder einer jetzt ausgemerzten Glosse im Text des Suidas hervorgegangen zu sein scheint Hallers [6]) Tryphiodorus Alexandrinus, dessen φυτικά Athenäos im ersten Buch anführen soll, aber nirgends anführt. Ueberhaupt finde ich, ausser dem auf der Schwelle des Mittelalters stehenden Tryphiodoros Aegyptios bei Suidas, dem Sänger der Zerstörung Troja's und der Odyssee ohne den Buchstaben S, keinen Schriftsteller dieses Namens.

---

1) *Celsi medicin. VII, praefat.*
2) *Scribon. Larg. composit. medicinal. cap. 44 sect. 175.*
3) Vergl. *Kissel, A. Cornelius Celsus, Seite 71 f.*
4) *Athenaei deipnos. III, cap. 5 pag. 78 A.* Τρύφων ἐν δευτέρῳ φυτῶν ἱστορίας. Ohne Zweifel dasselbe Werk citirt er an zwei andern Stellen *cap. 26 pag. 109* und *cap. 30 pag. 114* unter der Bezeichnung φυτικά.
5) In der That citirt Athenäos IV, *cap. 23 pag. 174 C.* und an andern Orten von ihm auch ein Werk von den Benennungen, περὶ ὀνομασιῶν, was freilich von dem Pflanzenwerk unterschieden wird.
6) *Haller bibl. bot. I, pag. 46.*

§. 34.
Verlorene griechische Schriftsteller über Heil- oder Nahrungsmittel von unbestimmtem Alter.

Noch sind einige Schriftsteller zu nennen, die theils unzweifelhaft theils wahrscheinlich zu den vorgenannten gehören, ihnen aber nicht eingereihet werden konnten wegen unsrer Unkenntniss ihrer Zeit. Einige andre füge ich hinzu, die vielleicht viel später lebten als Augustus, weil sie von meinen Vorgängern unter die ältern gestellt wurden, und doch irgendwo genannt werden müssen. Ich beschränke mich aber auf diejenigen, deren Werke entweder wirklich einigen botanischen Gehalt gehabt zu haben scheinen, oder denen meine Vorgänger ohne Grund einen solchen zuschrieben. Denn auch Irrthümer, zumal bedeutender Männer, zu berichtigen, ist des Geschichtschreibers Pflicht.

Mnesitheos der Athenäer, ein ausgezeichneter Arzt der dogmatischen Secte [1]), war älter als Varro (geboren 116, gestorben um 27 v. Chr.), der einige Worte von ihm in eine seiner menippischen Satiren aufnahm [2]); näher lässt sich sein Zeitalter nicht bestimmen. In seinem Werk über die Nahrungsmittel (περὶ ἐδεστῶν nach Athenäos, περὶ ἐδεσμάτων nach Galenos) scheint er bei den Pflanzen von physiologisch-morphologischen Principien ausgegangen zu sein, und neben der blossen Erfahrung auch dem Gedanken sein Recht eingeräumt zu haben, ein Verfahren, was schon an sich Anerkennung verdient, zumal in jener geistesdürren Zeit. Galenos stellt ihn in seinem eigenen Werke über die Kräfte der Nahrungsmittel [3]) dem Diokles gegenüber, der nur die Erfahrung gelten liess, wogegen jener behauptete, schon in der Verschiedenheit der Pflanzenorgane, welche die Nahrungsmittel lieferten, läge ein Fingerzeig ihrer verschiedenen Beschaffen-

---
1) Vergl. *Sprengel Gesch. d. Med. I*, S. 478, mit Rosenbaums Anmerkungen.
2) Bei *Gellius, noct. att. XIII, cap. 30.*
3) *Galen. opera edid. Kühn vol. VI, pag. 457.*

heit; von anderer Natur wären Wurzeln, von anderer Stengel, und wieder von je anderer Blätter Früchte] Samen. Wie er sich über die Wurzeln ausgesprochen, lesen wir noch mit seinen eigenen Worten bei Galenos[1]. „Zuerst nun, sagt er, sind alle Wurzeln schwer verdaulich und turbulent; ich meine dergleichen wie Rettich Knoblauch Zwiebeln Rüben und mehr der Art; denn alle Pflanzen, deren Wurzel, und was sonst unter der Erde wächst, genossen wird, gehören zur Klasse der schwer verdaulichen. Denn durch die Wurzeln wird allen Theilen die Nahrung zugeführt, dieselbe sammelt daher viel Feuchtigkeit in sich, und enthält sie meist wenig gekocht. Sie kann nicht vollständig gekocht sein, denn das Gekochte stellt sich als das Vollendete dar, die Feuchtigkeit der Wurzel soll aber die vollständige Kochung erst anderswo erhalten, nachdem sie in die Pflanzentheile, welche alle von der Wurzel ernährt werden, überging; nothwendig müssen also in ihr ungekochte Feuchtigkeiten sein, der oben erst stattfindenden Kochung gewärtig. Daraus erklärt sich, warum die Wurzeln die meiste Feuchtigkeit ungekocht enthalten, und unserm Körper eine feuchte und turbulente Nahrung darbieten müssen." — Galenos tadelt diese Schlussfolge als mit der Erfahrung im Widerspruch stehend; in unsern Tagen wird gewiss niemand ihre Vertheidigung übernehmen; als erster Versuch einer wissenschaftlich begründeten Signatura rerum, wie sie sich trotz aller Abirrungen dem denkenden Naturforscher immer aufs neue aufdrängt, und mit der Zeit sicher einmal durchdringen wird, verdient sie gewiss unsere volle Aufmerksamkeit.

Hikesios. Unter ihm stand „zur Zeit unserer Väter", wie Strabon[2] sich ausdrückt, die medicinische Schule der Erasistrateer zu Smyrna. Und so schrieb Strabon zwischen den Jahren 18 und 25 n. Chr., vermuthlich in sehr hohem Alter. Es ist also wohl möglich, dass Hikesios, wie Sprengel[3] vermuthet, zu den

---
1) *Galen. opera edit. Kühn vol. VI, pag. 645.*
2) *Strab. XII, cap. 8, vol. III, pag. 77 edit. stereotyp.*
3) *Sprengel Gesch. d. Bot. I, S. 112.*

durch Ptolemäos Physkon aus Alexandrien vertriebenen Gelehrten gehörte, und die medicinische Schule zu Smyrna stiftete: in Strabons Worten, — und andere Zeugnisse fehlen, — liegt aber nicht einmal das letztere, viel weniger das erstere. Vielleicht war er nur der berühmteste, vielleicht gar der letzte unter mehrern Vorstehern jener Schule. Grosses Ansehen erwarb sich sein Werk über die Nahrungsmittel (περὶ ὕλης, nicht über den Arzneivorrath, wie Sprengel in der Geschichte der Botanik übersetzt, als stünde da περὶ ὕλης ἰατρικῆς). Was sich daraus vornehmlich bei Athenäos und einigen Andern erhalten, sind meist Urtheile über die grössere oder geringere Nahrhaftigkeit, die leichtere oder schwerere Verdaulichkeit verschiedener Fische, auch einiges über die Anwendbarkeit wohlriechender Pflanzen zu Salben und dergleichen; eigentlich Botanisches fand ich nicht darunter. Sein angebliches Werk über die Pflanzen existirte nur in Sprengels Geschichte der Medicin, bis Rosenbaum es auch da vernichtete [1]).

Für die nächstfolgenden Schriftsteller finde ich kein zuverlässiges früheres Zeugniss ihres Alters, als dass sie von Plinius citirt werden, der bekanntlich bis zum Jahr 79 n. Chr. lebte. Sie können also schon dem folgenden Zeitraum angehören, und stehen vermuthlich nahe an der Grenze beider.

Mikton hatte nach Plinius [2]) Rhizotomumena geschrieben, und darin gegen Schlangen nichts so sehr empfohlen wie Hippomarathron. Ein leider sehr verdorbenes Scholion zum Nikandros [3]) nennt sein Werk Rhizotomikon, und lässt ihn gleich wie den Krateuas drei Arten des Tithymallos, das heisst unserer Euphorbia, unterscheiden. Die erste, die männliche, werde auch Kobion

---

1) *Sprengel*, Gesch. d. Med. I, S. 563, wo auch in Rosenbaums Anmerkungen die Stellen der Alten, in denen Hikesios vorkommt, gesammelt sind.
2) *Plin.* XX, cap. 23 sect. 96.
3) *Schol. ad Nicandri theriac. vers. 617*. Der Vers nennt den Kytisos und den milchreichen Tithymallos; das Scholion, wie es in Schneiders Ausgabe steht, scheint sich ganz auf den Kytisos zu beziehen, gehört aber seinem Inhalt nach zur grösseren Hälfte offenbar zum Tithymallos.

Buch III. Kap. 2. §. 34.

genannt, und sei strauchartig, mit rothen Zweigen; die zweite heisse Myrtites (die myrtenartige) oder Karyites (die nussartige); die dritte (ich supplire dies Wort nach Dioskorides) wachse am Meere, und werde auch Thymalis genannt. Untersuchen wir aber, wie das ganze Scholion ursprünglich gelautet zu haben scheint, so bleibt für Mikton nur übrig, er habe von der Thymalis gesagt, sie bestehe aus drei Arten, und die genauere Unterscheidung derselben fällt dem Krateuas allein zu [1]). Auch der Name Mikton schwankt, zwar nicht beim Scholiasten des Nikandros, desto mehr aber in der angeführten Stelle des Plinius und seinem Schriftstellerverzeichniss im ersten Buch. Verschiedene Handschriften und ältere Ausgaben lesen Miction (woraus Salmasius [2]) Mikkion machte), Myccon, Mycon und an einer andern Stelle [3]), die Harduin hierher ziehen zu müssen glaubt, sogar Picton. Ja an einer dritten Stelle [4]) nennt Plinius einen Marcion Smyrnäus, der von den einfachen Wirkungen (de simplicibus effectibus) geschrieben. Auch aus diesem glaubt Harduin [5]) einen Micton Smyrnäus machen zu müssen. Das findet Fabricius [6])

---

1) Schneider, der das Scholion buchstäblich nach der göttinger Handschrift abdrucken liess, und *pag. 200* die Lesart der älteren Ausgaben liefert, sucht nur Einzelnes zu verbessern, und will für die Richtigkeit des Ganzen nicht einstehen. Mir scheint die völlige Wiederherstellung aus den beiderlei Lesarten und den Parallelstellen des Plinius *(XVIII, cap. 16 sect. 43)* und Dioskorides *(IV, cap. 162)* nicht schwierig. Ich lese das ganze, so weit es hierher gehört, so: Ἀμφίλοχος (nach Plinius) ἐν τῷ περὶ κνίσου φυτόν φησιν ὡς ἔλιμον εἶναι τοῖς θρέμμασιν, ὅτι πλῆθος γάλακτος ποιεῖ. ὁ δὲ Μίκτων ἐν τῷ ῥιζοτομικῷ περὶ θυμαλίδος φησὶ τρία εἶναι εἴδη. Κρατεύας δὲ καλεῖσθαι τὸ μὲν πρῶτον ἄρσεν, ὑπὸ τινῶν δὲ κώβιον. εἶναι δὲ θαμνίσκον ἔχοντα ῥάβδους ἐρυθράς. τὸ δὲ δεύτερον μυρτίτην καλεῖσθαι ἢ καρυτίην. — τὸ δὲ τρίτον — (diese Worte sind nach Dioskorides nothwendig einzuschalten) φύεσθαι μὲν παρὰ θαλάσσῃ, καλεῖσθαι, δὲ ὑπὸ τινῶν θυμαλίδα.

2) *Salmas. de homonymis hyles iatricae, prolegomen. pag. 11* unten.
3) *Plin. hist. nat. XXIX, cap. 6 sect. 39.*
4) *Ejusdem XXVIII, cap. 4 sect. 7.*
5) In seiner Folioausgabe des *Plinius I, pag. 62.* In den Text wagte er die Conjectur doch nicht aufzunehmen.
6) *Fabric. bibl. graec. XIII, pag. 338.*

bedenklich, trägt aber gar kein Bedenken, den Micon, von welchem Celsus[1]) zwei sogenannte Malagmata anführt, mit dem Micton des Plinius zu indentificiren. Mit welchem Recht, darüber belehrt er uns selbst, wenn er bald darauf[2]) von Nikon, dem Verfasser eines Werks über Gefrässigkeit, welches Cicero[3]) mit Vergnügen las, spricht und hinzufügt: „Diesen oder einen andern dieses Namens citirt Cornelius Celsus lib. V, cap. 18, wiewohl Einige hier Micon lesen."

Eben so wenig wissen wir von Dalion dem Herbarier, der den Anis gegen verschiedene Krankheiten empfahl, wie uns Plinius[4]) sagt. Sollte er wirklich derselbe sein, der gleichfalls nach Plinius[5]) den Nil zuerst bis weit über Meroe hinaufgefahren? Harduin[6]) vermuthet es, Fabricius[7]) setzt es als gewiss voraus, ich finde das Gegentheil mehr als wahrscheinlich. Denn wozu das eine mal die Bezeichnung Herbarius, das andere mal nicht, wenn nicht eben zwei Männer desselben Namens unterschieden werden sollten? Warum dieser Zusatz da, wo er sich fast von selbst verstand, da nicht, wo er prägnanter erschienen wäre? Eher möchte ich vermuthen, der Damon, der gleichfalls bei Plinius[8]) von einem Wundervolke in Aethiopien erzählt, wäre eins mit dem Reisenden Dalion. Und das vorausgesetzt, könnte der abermals bei Plinius[9]) vorkommende Damion, der Wunden mit Zwiebeln heilte, wohl der Herbarier Dalion sein. Doch auch mit diesen Vermuthungen kommen wir um nichts weiter.

---

1) *Celsi de medicina* V, *cap. 18.*
2) *Fabric. bibl. graec. XIII, pag. 350.*
3) *Ciceronis ad diversos VII, epist. 20.*
4) *Plin. hist. nat. XX, cap. 17 sect. 73.*
5) *Ejusdem VI, cap. 29 sect. 25.*
6) *Harduin l. c. pag. 57.*
7) *Fabric. l. c. pag. 134.*
8) *Ejusdem VII, cap. 2 sect. 2 §. 17 edit. Sillig.*
9) *Ejusdem XX, cap. 9 sect. 40.* Bei Plinius Valerianus, bei dem dieselbe Stelle *III, cap. 20* vorkommt, steht Damon.

Solon Smyrnäos nenne ich nur, weil er nach Sprengel[1]) und Haller[2]) über Pflanzenkunde, nach diesem auch über Diätetik geschrieben haben soll. Galenos[3]) auf den sich Haller für letztre Angabe beruft, nennt ihn zwar einen Diätetiker, das heisst aber bekanntlich[4]) einen Arzt der diätetischen Secte, nicht einen Schriftsteller über das, was wir Diätetik nennen; und dass er über Pflanzenkunde geschrieben, dafür fehlt jedes Zeugniss. Was Galenos von ihm mittheilt, ist ein Recept gegen Ohrenleiden. Bei Plinius kommt er zweimal[5]) vor; nach diesem meinte er, das Atriplex käme in Italien schwer fort, und das Bulapathum hälfe gegen Dysenterie. Sonst wissen wir nichts von ihm. Und woher wissen denn Sprengel und Haller so viel mehr? Vermuthlich jener von diesem, dieser von Harduin, der in seinem Schriftstellerverzeichniss des Plinius[6]) sagt, Solon hätte de re medica et de herbaria geschrieben, und würde von Galenos als diactarius citirt. Es ist nicht das einzige mal, dass Haller aus so trüber Quelle schöpfte; einen schlimmern Fall der Art werden wir gleich finden.

Aristomachos der Athener, nicht zu verwechseln mit dem Solenser, der acht und funfzig Jahre lang nichts that als Bienen pflegen[7]), spendete dem Kytisos, das heisst unserer Medicago arborea, ein überschwängliches Lob, rühmte ihre Ergiebigkeit Nahrhaftigkeit Zuträglichkeit für Schaafe Schweine Hühner Bienen, auch für Ammen, denen es an Milch fehlt, und verbreitete sich dann über den Anbau dieser Pflanze. Auch lehrte er den Rettich für den Winter entblättern und behäufeln, und mehr dergleichen. So berichtet Plinius[8]), und das alles deutet so unver-

---
1) *Sprengel Gesch. d. Bot. I, S. 103.* In der Geschichte der Medicin ist er übergangen.
2) *Haller bibl. bot. I, pag. 43.*
3) *Galen. vol. XII, pag. 630 edit. Kühn.*
4) Vergl. oben §. 29.
5) *Plin. XX, cap. 20 sect. 83, und cap. 21 sect. 86.*
6) In der Folioausgabe des Plinius *vol. I, pag. 66.*
7) *Plin. XI, cap. 9 sect. 9.*
8) *Ejusdem XIII, cap. 24 sect. 47. XIX, cap. 5 sect. 26.*

kennbar auf den Landwirth, dass nur ein der Botanik völlig Unkundiger wie Harduin zu entschuldigen ist, wenn er sagt[1]: „de plantis scripsisse videtur," anstatt de cutura plantarum. Aber was sollen wir von dem Botaniker und Literator Haller sagen, der unstreitig jene Worte, — denn es giebt keine andre Grundlage, — folgendermassen amplificirte[2]: „in libro περὶ φυτῶν (Plin. lib. XIII, cap. 17) cytisum laudavit (Plin. lib. XIII, cap. 47)." Hier ist nicht bloss der Titel erdichtet, sondern, was noch schlimmer, hinter ein Citat versteckt, was kein blosser Irrthum sein kann, da weder bei Plinius noch sonst wo eine Schrift des Aristomachos genannt wird.

Bei den jetzt folgenden Schriftstellern verlässt uns auch Plinius als Gewährsmann ihres Alters; sie können sowohl nach wie vor Augustus gelebt haben, und stehen hier nur, weil sie doch irgendwo stehen müssen.

Zu ihnen gehört Pharnakes der Rhizotom, von dem sich nur ein langes Recept unter dem Namen des bewundernswürdigen Lebermittels bei Galenos[3] erhalten hat.

Eumachos der Korkyräer und Amerias der Makedonier schrieben jeder ein Rhizotomikon, kommen aber gar erst bei Athenäos vor, jener nur einmal[4] mit ein paar Synonymen der Narcisse, dieser im Ganzen dreizehn mal, darunter einmal[5] als Verfasser des Rhizotomikon, worin er die Lychnis aus dem Badewasser entstehen liess, dessen sich Aphrodite nach der Umarmung des Hephästos bediente, zweimal als Glossograph[6]), und auch an allen übrigen Stellen[7] stets nur zur Erläuterung unge-

---

1) *Harduin l. c. pag. 54.*
2) *Haller bibl. bot. I, pag. 46.*
3) *Galen. vol. XIII, pag. 204 edit. Kühn.*
4) *Athen. XV, cap. 8 pag. 681 E.*
5) *Ibid. pag. 681 F.*
6) *Ibid. IV, cap. 23 pag. 176 C und E.*
7) *Ibid. II, cap. 12 pag. 52 D, III, cap. 14 pag. 76 F, cap. 30 pag. 114 C und E, VI, cap. 19 pag. 267 C, IV, cap. 2 pag. 369 A, X, cap. 7 pag. 425 C, IX, cap. 10 pag. 485 D, XV, cap. 17 pag. 699 E, cap. 20 pag. 701 A.*

wöhnlicher Synonyme von Pflanzen Thieren Lebensmitteln heiligen Geräthschaften und andern Dingen. Beide scheinen also die Rhizotomie nicht als Botaniker oder Aerzte, sondern als Grammatiker behandelt zu haben.

Anakreon sagte in seinem Werk περὶ ῥιζοτομικῶν, das Hipposelinon würde von Einigen auch Smyrneion und Kopseion genannt, wie der Scholiast zum Nikandros [1]) aus ganz ungewisser Zeit angiebt.

Zum Schluss dieses Verzeichnisses noch eine Stelle aus Hallers botanischer Bibliothek [2]), die vollständig also lautet: „**Agatharchides hat von der Natur und den Kräften der Pflanzen, vorzüglich vom Helleborus geschrieben**, nicht nach dem besten Zeugniss der Briefe, die den Catanéern zugeschrieben werden." — Kein Citat machte mir jemals mehr Mühe als dieses; alles eigene Suchen, alle Nachfragen bei Historikern Philologen und Bibliologen blieben fruchtlos, bis mich endlich ein glücklicher Zufall zurechtwies. Haller spricht von den dem Diodoros Sikeliotes untergeschobenen Briefen, welche Pietro Carrera in seiner Memorie historiche della città di Catania, 1639, italiänisch, und Fabricius in seiner Bibliotheca graeca vol. XIV, pag. 227—270 lateinisch abdrucken liess. Darin [3]) erzählt der unbekannte, jedenfalls sehr junge Verfasser folgende Anekdote: „**Agatharchides** schreibt in seinem kleinen Aufsatz **von der Natur der Pflanzen und ihren Kräften**, da wo er vom Helleborus handelt: als die Kataneer den Arthemios zu ihrem Feldherrn erwählt hatten, einen Mann von kleiner Statur und hässlichem Gesicht, doch geziert mit trefflichen Eigenschaften, tapfer und im Kriegswesen erfahren: wäre ihnen diese Wahl als eine verfehlte zum Vorwurf gemacht von Agathokles, einem ehrsüchtigen Manne, der selbst nach jener Würde und der Regierung gestrebt hätte. Zum Zei-

---

1) *Schol. ad Nicandri theriac. vers. 596.*
2) *Haller bibl. bot. I, pag. 44.*
3) Bei *Fabricius l. c. pag. 269.*

chen dessen hätte er dem Senat der Kataneer eine Hand voll Schöllkraut übersandt, ohne etwas Schriftliches hinzuzufügen. Zur Antwort hätte ihm der Senat sofort nichts als ein Bündel Nieswurz zurückgesandt." Bekanntlich sollte das Schöllkraut die Blindheit, die Nieswurz den Wahnsinn heilen. – Haben wir nun auch keinen Grund an der genannten Schrift des Agatharchides zu zweifeln, so bleibt doch ganz ungewiss, wer er war, und wann er lebte. Der Knidier desselben Namens, von dem ich später sprechen werde, und von dem auch Haller an einem andern Orte spricht, war es sicher nicht. In dem langen Verzeichniss seiner Schriften bei Photios [1]) kommt nichts vor, was in diesem den Arzt oder Botaniker verriethe. Vielleicht ist es der Samier Agatharchides, dessen viertes Buch von den Steinen der Verfasser des dem Plutarchos zugeschriebenen Buches von den Flüssen citirt [2]). Aber auch dessen Alter kennen wir nicht, wenn nicht gar, wie Fabricius [3]) vermuthet, Agathyrsides Samios zu lesen ist.

Andere medicinische pharmakologische und diätetische Schriftsteller, welche Haller unter die Botaniker aufnahm, übergehe ich ganz, da sich weder mit Grund vermuthen lässt, noch jemals die Vermuthung ausgesprochen ward, dass sie ihre Gegenstände als Botaniker behandelt hätten, und lasse sogleich eine andere Reihe von Schriftstellern folgen.

---

1) *Photii bibliothec. cod. 213 pag. 547 edit. Hoeschelii.*
2) *Pseudo-Plutarch. de fluminibus, cap. de Maeandro, vol. II, pag. 1153 edit. Paris. 1624.*
3) *Fabric. bibl. graec. II, pag. 208.*

Drittes Kapitel.

Die Magiker des alexandrinischen Zeitalters unter altgriechischen Namen.

§. 35.

Pseudo-Orpheus.

Unverkennbar, wiewohl vielleicht noch nicht genug beachtet, ist zur Zeit der Ptolemäer, neben dem freudigen Aufschwunge der sogenannten exacten Wissenschaften, das plötzliche Emporwuchern des Aberglaubens aus den niedern Schichten der Gesellschaft, denen es freilich nie daran fehlte, in die höheren, und von da aus in die Literatur. Verwechselt man nur den Aberglauben nicht mit jener kindlichen Freude am Sagenhaften, die uns aus Herodotos anlacht, oder mit jenem Mysticismus einer unergründlichen Gedankentiefe, die wir an Platon bewundern: so wüsste ich aus der schönern Periode der griechischen Literatur ausser Demokritos keinen nur einigermassen bedeutenden Schriftsteller zu nennen, den wir jenes Fehlers zeihen dürften. Alt ehrwürdigen Namen begegnen wir zwar Schritt vor Schritt in der Literatur der Magie, was sich aber von den Büchern mit solcherlei Namen an der Stirn noch erhielt, oder mit reflectirtem Licht einigermassen beleuchten lässt, kann ohne Ausnahme seine Unächtheit und späte Geburt nicht verleugnen. Ja manche erscheinen grade um so jünger, je älter ihr angeblicher Verfasser war. Nur das, unsere Bücher bis zu Adam oder den Präadamiten zurück zu datiren, blieb uns Christen vorbehalten. Wolle man mich daher nicht ohne Prüfung eines gewaltigen Anachronismus beschuldigen, wenn ich erst jetzt, im alexandrinischen Zeitalter, auf Orpheus und Andere zu sprechen komme, mit denen meine Vorgänger ihre Werke eröffneten.

Nach Plinius [1]) war Orpheus der erste, qui de herbis cu-

---

1) *Plinius XXV, cap. 2 sect. 5.*

riosius aliqua prodidit, — ein unübersetzbarer Ausdruck, der
den Begriff der Sorgfalt oder Gründlichkeit mit dem des Vor-
witzes im Urtheil und Handeln so genau zusammenschliesst, als
wäre beides unzertrennlich. Dass es im Grunde nur höflicherer
Ausdruck für abergläubisch sein sollte, geht aus allem hervor,
was Plinius sonst über Orpheus berichtet. Dieses orphische Buch,
sei es über die Pflanzen, oder mochte es nur unterandern auch
einiges die Pflanzen betreffende enthalten, war aber nicht etwa
eine Sage, die Plinius nacherzählt: er hatte es selbst gelesen und
nahm es auf in das Verzeichniss derjenigen Schriften, die er für
das acht und zwanzigste Buch seiner Naturgeschichte benutzt hatte.
Den wunderlichen Titel hatten uns die Abschreiber verdorben,
Reinesius[1]), dem man nicht glaubte, und neuerlich mit schlagenden Gründen Lobeck[2]) stellten ihn wieder her: er hiess ἰδιοφυῆ,
was ich durch Sondernaturen ausdrücken möchte, Dinge von
ganz besonderer, sonderbarer Natur.

Und wie alt war das Buch? So alt gewiss nicht, wie jener
Orpheus der Sage, der lange vor Homeros, vor dem trojanischen
Kriege die Argonauten auf ihrer Wunderfahrt begleitete, von dem
aber Aristoteles[3]) curiosius urtheilte, er hätte wohl nie gelebt.
Zwar zogen schon zu Platons Zeit sogenannte Telesten, eine
Art Missionsprediger, mit angeblich musäischen und orphischen
Büchern umher, um in geheimer Weihe schwere Verbrechen zu
sühnen[4]), versteht sich für schweres Geld; vielleicht waren es dieselben Bücher, die man später theils dem Onomakritos, theils
dem Zopyros und Prodikos, theils den Pythagoreern Kerkops und Brontinos zuschrieb[5]), vielleicht auch nicht, sondern blos ihre Embryonen in dem Sinn, wie man etwa das Volks-
buch von Faust der spätern Dichtung dieses Namens gegenüber

---

1) *Reinesii variar. lection. lib. II. cap. 1 pag. 126.*
2) *Lobeck Aglaophamus I pag. 748.*
3) Nach *Cicero de natura deor. I, cap. 38.*
4) Vergl. *Lobeck l. c. pag. 642 sqq.*
5) *Clement. Alexandr. stromat. I, cap. 21 §. 131 pag. 144 edit. Sylburg.*

stellen mag: genug die Sondernaturen waren zuverlässig noch nicht darunter. Theophrastos [1]), der ausführlich auch von den Zauberpflanzen des Homeros, Musäos, Hesiodos spricht, der das mit orphischen Geheimnissen eng verflochtene Thrakien reich nennt an merkwürdigen besonders kräftigen Arzneipflanzen, und wenigstens bei einer derselben ziemlich lange verweilt, — des Orpheus gedenkt er nicht ein einziges mal. Eben so wenig kennt Aristoteles die orphischen Sondernaturen, obgleich dieselben, wie sich bald zeigen wird, vornehmlich Thierwunder enthalten zu haben scheinen. Ein irgend bedeutendes Buch naturwissenschaftlichen Inhalts aber, das weder Aristoteles noch Theophrastos, der Erbe seiner Bibliothek, kennen, war zu ihrer Zeit in Athen, in ganz Griechenland sicher noch nicht bekannt; es muss jünger sein als sie.

Das, wovon wir sprechen, muss aber auch älter sein als der Epigrammatist Archelaos, wie ich sogleich zeigen werde; und dessen Zeitalter lässt sich so ziemlich ermitteln.

Dass auch dieser Sondernaturen ($\mathit{\imath\delta\iota o\varphi \nu\tilde{\eta}}$) geschrieben, bezeugen Athenäos [2]), der ihn einen Chersonesiten nennt, und der Scholiast des Nikandros [3]). Nach Diogenes Laërtios [4]) waren sie in Versen verfasst ($\dot{o}$ $\tau\dot{a}$ $\mathit{\imath\delta\iota o\varphi \nu\tilde{\eta}}$ $\pi o\iota\eta\sigma a\varsigma$), und zwar in Epigrammen; auf eins derselben bezieht sich Varro [5]), und Antigonos Karystios [6]) erhielt uns noch einige davon. Er nennt den Verfasser etwas wegwerfend einen gewissen Archelaos, einen Aegyptier, einen derer, welche dem Ptolemäos Sonderbarkeiten ($\pi a\varrho\acute{a}\delta o\xi a$) in Epigrammen erzählten; und ein andermal citirt er ein Epigramm von ihm aus seinem Werke von den Wunderdingen ($\pi\varepsilon\varrho\grave{\iota}$ $\vartheta a\upsilon\mu a\sigma\acute{\iota}\omega\nu$). Harduin [7]) unterscheidet

---

1) *Theophrast. hist. plant. IX, cap. 15 und 19.*
2) *Athen. IX, cap. 18 pag. 409 C.*
3) *Schol. ad Nicandr. theriac. vers. 823.*
4) *Diog. Laërt. II, cap. 4 sect. 17.*
5) *Varro de re rustic. III, cap. 16 sect. 4.*
6) *Antigon. Caryst. histor. mirabil. cap. 23 und 96.*
7) *Harduini index auctorum etc. ad Plin. hist. nat. lib. I, pag. 54.*

daher den **Chersonesiten** und Verfasser der Sondernaturen von dem **Aegyptier** und Verfasser der Epigramme über die Wunderdinge. Schwerlich mit Recht; denn Antigonos kannte seinen Archelaos offenbar nur oberflächlich, es waren ihm nur ein Paar seiner Epigramme in die Hände gefallen; die Abweichungen in Titel und Vaterland sind also sehr begreiflich, ohne dass man zwei Personen anzunehmen braucht; die Hauptsache aber, der Inhalt ihrer Arbeiten, lässt uns an ihrer Identität kaum zweifeln. Und nun folgt bei Plinius im Verzeichniss der zum acht und zwanzigsten Buch benutzten Schriftsteller unmittelbar auf „**Orpheus**, der die **Sondernaturen**, **Archelaus**, der desgleichen geschrieben;" und in jenem Buche selbst [1]) heisst es zwei mal [2]) kurz nach einander: „**Orpheus** und **Archelaus** sagen." Was er sie sagen lässt, athmet ganz den Geist der Epigramme bei Antigonos. Das alles zusammengenommen leidet es keinen Zweifel, dass Archelaos der Chersonesite in Aegypten zur Kurzweil seines königlichen Herrn kein eigenes Werk schrieb, sondern die angeblich orphischen Sondernaturen ganz oder theilweise in Epigramme umformte, also — **später lebte als sein Vorbild.**

Wäre nun **Antigonos Karystios** wirklich, wie man seit Vossius anzunehmen pflegte, des Ptolemäos Philadelphos Zeitgenosse, der kaum drei Jahr nach des **Theophrastos Tode**, also, wie wir sahen, vor dem falschen Orpheus, den Thron bestieg, so würde uns der Zeitraum für unsern Pseudo-Orpheus fast zu eng. Dagegen erhoben sich aber neuerlich zwei gewichtige Stimmen. Clinton [3]) fand bei Antigonos selbst Bezugnahmen, die auf die Regierungsperiode des **dritten** Ptolemäers hinweisen, und setzte ihn demnach bis zum Jahr 225 v. Chr. herab; Lobeck [4]) sogar

---

1) *Plin. XXVIII, cap. 4 sect. 6* und *10*.

2) *Lobeck l. c. pag. 750* sagt sogar: „Ut Plinius docet, multis locis utrumque conjungens"; doch konnte ich ausser den beiden Stellen, die Lobeck selbst citirt, keine dritte finden.

3) *Clinton fasti Hellenici from the 124* th *Olymp. to the death of Augustus* (*1830*); *ad annum 225*.

4) *Lobeck l. c. (1829) pag. 749*.

mit überwiegender Wahrscheinlichkeit bis in die Periode des **siebten** Ptolemäers, das heisst zwischen 146 bis 117 J. v. Chr., indem er zeigte, wie die Stelle bei Eusebios, woraus man auf das Alter des Antigonos geschlossen, missverstanden wäre. Zugleich machte er darauf aufmerksam, dass **einer der Ptolemäer selbst Sondernaturen hinterlassen**, aus denen ein Biograph des Aratos noch vier Verse erhalten, und erklärte sowohl diesen, wie auch jenen Ptolemäer, dem zu Gefallen Archelaos seine Sondernaturen dichtete, unbedenklich gleichfalls für den **siebten**. Dagegen erlaube ich mir indess zu erinnern, dass wenn, wie auch mir sehr wahrscheinlich ist, Antigonos unter Ptolemäos VII Physkon lebte, Archelaos unter einem der frühern Ptolemäer gelebt zu haben scheint, weil sich jener über diesen keineswegs wie über einen Zeitgenossen, sondern vielmehr wie über einen längst verschollenen Mann, von dem nur noch ein paar Epigramme übrig geblieben, ausspricht.

Zu demselben Resultat komme ich noch auf einem andern Wege. Nachdem der Scholiast des Nikandros[1] aus den Sondernaturen des Archelaos ein Histörchen mitgetheilt, fährt er fort: „doch **Andreas** sagt, das sei falsch u. s. w." **Andreas** schrieb also **nach** Archelaos, und ward, wie ich früher zeigte[2], wahrscheinlich in der Schlacht bei Rhaphia im Jahr 214 v. Chr. ermordet. Ist das richtig, so lässt sich Archelaos spätestens in die Zeit des vierten, wahrscheinlicher in die des **dritten Ptolemäers** setzen; und dann scheint es **dieser** König zu sein, der vielleicht wetteifernd mit Archelaos, selbst **Sondernaturen**, vermuthlich auch **orphische**, in Disticha umschrieb. Die vier von ihm noch übrigen Verse[3] enthalten freilich nur das Lob des Aratos, scheinen aber auch nur den Eingang der Epigramme gebildet zu haben.

---

1) *Schol. ad Nicandr. theriac. vers. 823.*
2) Seite 235.
3) In der *Vita Arati*, in *Petavii uranologion, Lutet. Paris. 1630 fol.*, pag. 270.

So bleibt denn für das Auftauchen der **orphischen** Sondernaturen nur die Regierungsperiode des **zweiten Ptolemäos Philadelphos** übrig, die Zeit, worin die Bibliomanie jener Fürsten in frischer Blüthe stand, den Preis seltener und alter Handschriften zu unmässiger Höhe steigerte, und, von grammatischer Kritik noch wenig begleitet, der Fälschung Thür und Thor öffnete; die Zeit des Zusammentreffens attischer Ueberfeinerung, die für sich schon so leicht aus Unglauben in Aberglauben umschlägt, mit Aegyptens alt geheimnissvollem Tempeldienst und mit des Hofes orientalischer Genusssucht: grade die rechte Zeit, der rechte Boden für das neue Giftkraut.

Erhalten hat sich wenig von den orphischen und archelaischen Sondernaturen, die Pflanzen Betreffendes gar nichts, ihren Geist zu verrathen mehr als genug. — „Pfeile, ohne die Erde zu berühren aus dem Körper gezogen, und unter das Bette gelegt, erweckten Liebe, sagen Orpheus und Archelaos; sogar Epilepsie heilte der Genuss von Fleisch wilder Thiere, erlegt mit derselben Waffe, womit ein Mensch umgebracht worden.[1]" — Mehr der Art, hoffe ich, erlassen mir meine Leser. Auch ein Gedicht über **Giftmischerei** verfasst zu haben, beschuldigt Galenos den **Orpheus.** „Die Zubereitung zusammengesetzter Gifte zu lehren, sagt er[2]), scheint mir unrecht, wiewohl Viele Vorschriften dazu gegeben haben, wie **Orpheus** der Theologe und der neuere **Bolos Mendesios** (so lese ich mit Reinesius statt Horos Mendesios) und **Heliodoros Athenäos** der tragische Dichter und **Aratos** und einige Andere." Er rühmt die schönen Verse, während er den Inhalt streng tadelt. Unter **Aratos** können wir nur den berühmten Sänger der Sternbilder verstehen, der etwa 270 v. Chr. am Hofe des Antigonos Gonatas blühete; jeder andere musste von diesem durch einen Zusatz unterschieden werden. Den **Bolos Mendesios** werden wir bald näher kennen lernen; er

---

[1] *Plin. XXVIII, cap. 4 sect. 6.*
[2] *Galeni opp. ed. Kühn XIV, pag. 144.*
[3] *Stobaei florileg. serm. 242.*

scheint unter Ptolemäos VII. Physkon oder einem seiner nächsten Vorgänger gelebt zu haben. Der Tragiker Heliodoros kommt nicht weiter vor [1]); doch erhielt uns Stobäos sechzehn Hexameter aus den italiänischen Sehenswürdigkeiten [2]) eines nicht näher bezeichneten Heliodoros, die mit den sieben Hexametern jenes Tragikers bei Galenos in der Sprache übereinstimmen, und medicinischen Inhalts sind. Vorausgesetzt, sie hätten denselben Verfasser, so könnte derselbe nicht jünger sein als Cicero († 64 v. Chr); denn sie enthalten die Beschreibung des Gebrauchs und der Wirksamkeit einer Heilquelle am Mons Gaurus, die nach Plinius [3]) erst kurz nach Cicero's Tode entsprungen sein soll. Nur die Stellung vor Aratos, welche Galenos seinem Heliodoros giebt, begünstigt unsere Voraussetzung nicht. Doch wie dem sei, und zugegeben, dass unter den Gedichten der drei von Galenos Genannten das angeblich orphische das älteste war, so könnte es demungeachtet füglich erst zur Zeit des zweiten Ptolemäos Philadelphos, also gleichzeitig mit den angeblich orphischen Sondernaturen, entstanden sein.

§. 36.

Pseudo-Pythagoras.

Schriebe ich Geschichte der Magie, so hätte ich nach Plinius [4]) hier noch eine lange Reihe von Magikern anzuführen, bis ich

---

1) Galenos citirt seine Ἀπολυτικὰ πρὸς Νικόμαχον, und theilt einige Verse daraus mit, worin der Dichter schwört, die Verfertigung der Gifte nicht aus böser Absicht zu lehren, sondern seine Hände rein zum Himmel zu erheben. Fabricius (bibl. graec. XIII, pag. 175) scheint das aus Missverständniss auf körperliche Reinlichkeit zu beziehen. Er lässt den Heliodoros aber auch Antidota geschrieben haben. Davon sagt Galenos kein Wort. Mir scheinen Ἀπολυτικὰ Mittel zu bedeuten, wodurch man sein Leben endigen und sich von allem Uebel erlösen konnte: also zum schmerzlosen Selbstmorde.

2) Ex Heliodori spectaculis Italicis, heisst der Titel in der gesnerschen Ausgabe. Es war also nicht, wie Choulant (Handb. d. Bücherk. d. ält. Med. S. 68) sagt, „ein Gedicht über Heilung von Krankheiten oder über Heilmittel."

3) Plin. hist. nat. XXXI, cap. 2 sect. 3.

4) Plinius XXX, cap. 1 sect. 2.

zu Pythagoras käme. Ueber die (magischen) Wirkungen der Pflanzen nennt Plinius[1]) ihn den nächsten bedeutenden Schriftsteller nach Orpheus, und fügt hinzu, er habe Entdeckung und Anfang derselben dem Apollo, Aesculapius und überhaupt den unsterblichen Göttern zugeschrieben. — Nach ihm[2]) machten Coracesta und Callicia, zwei Pflanzen, die Plinius weder bei Andern, noch sonst etwas über sie bei Pythagoros selbst fand, das Wasser gefrieren. Der in Wasser gekochte Saft der Minyas, auch Corysidia genannt, heilte den Biss der Schlangen augenblicklich; wer aber sonst damit besprengt wurde, oder das davon überströmende Kraut mit dem Fuss berührte, war unrettbar des Todes, vermöge der ganz unerhörten Natur des Giftes, ausgenommen gegen andere Gifte. — Eine andere Pflanze hiess Aproxis, deren Wurzel aus der Ferne Feuer fing gleich der Naphtha; befielen aber Krankheiten während der Blüthe der Aproxis den Körper, so meldeten sich dieselben auch nach der Genesung aufs neue, so oft die Pflanze wieder blühete. Eine ähnliche Bewandtniss hatte es mit dem Korn, dem Schierling und der Viole. — „Ich weiss wohl, fügt Plinius hinzu, dass dies sein Buch von Einigen dem Arzt Cleemporus zugeschrieben wird; dem Pythagoras vindicirt es aber die allgemeine Meinung und die Alterthümlichkeit. Und selbst das giebt einem Buche Gewicht, wenn ein Anderer das Werk seiner Arbeit würdig jenes Mannes erachtete. Doch wer wird das dem Cleemporus, der andre Werke unter seinem eigenen Namen herausgab, zutrauen?"

Ausserdem ist uns von Cleemporos nur der Ausspruch bekannt, den ebenfalls Plinius[3]) aufbewahrte, der weisse Sonchus sei zwar ein gesundes Nahrungsmittel, der schwarze aber verursache Krankheiten; und selbst das scheint Plinius nicht einmal aus der Quelle geschöpft zu haben, denn in seinem Quellenverzeichniss fehlt Cleemporos. Uns genügt, dass schon damals

---

1) *Plin. XXV, cap. 2 sect. 5.*
2) *Ibidem XIV, cap. 17 sect. 99—101.*
3) *Ibidem XXII, cap. 22 sect. 44.*

die Aechtheit der vermeinten pythagoreischen Schrift bezweifelt ward. Ich füge hinzu, dass nach ausdrücklicher Versicherung Vieler, deren Zeugnisse Brandis ¹) sammelte und durch indirecte Beweise verstärkte, Pythagoras gar nichts Schriftliches hinterlassen hat. Freilich möchten wir wissen, wann und wo diese Fälschung stattgefunden? ob Unteritalien oder Sicilien auch so eine Werkstätte pseudonymer Bücher wie Alexandrien war? Dass wenigstens Zaubereien zur Zeit des Ptolemäos Philadelphos auch in Syrakus bekannt genug waren, zeigt schon des Theokritos zweite Idylle, die Zauberin. Dunkeler ist aber keine Gegend der alten Literargeschichte als die des Pythagoras, die auch Lobeck ²) nur mit leiser Hand zu berühren wagte.

§. 37.

Pseudo-Demokritos oder Bolos Mendesios.

Auf Pythagoras lässt Plinius ³), als Schriftsteller über die (Zauber-) Kräfte der Pflanzen, den Demokritos folgen. Schon zweimal ⁴) hatte ich von diesem zu sprechen Veranlassung, bei den Geoponikern und bei den Philosophen vor Aristoteles. Ich zeigte, dass die ihm zugeschriebenen agronomischen Fragmente der Geoponika unächt sind; jetzt handelt es sich, dasselbe von drei anderen Werken darzuthun, die sämmtlich magischen Inhalts sind: den Handfesten (so glaube ich die χειρόκμητα übersetzen zu müssen), dem Buch von der Kraft und Natur des Chamäleons, und dem über Sympathien und Antipathien.

Den griechischen Titel des ersten Werks, Cheirokmeta, erläuterte uns Vitruvius ⁵). Der Verfasser untersiegelte darin, was er selbst probat erfunden. Eigentlich bedeutet χειρόκμητον alls mit der Hand Verfertigte, wer aber keinen Siegelring führte, drückte

---

1) *Brandis* Handb. d. Gesch. d. griech. römisch. Philos. I, S. 434.
2) *Lobeck*, Aglaophamus (II), pag. 892 sqq.
3) *Plin.* XXV, cap. 2 sect. 5.
4) Seite 16 und 70.
5) *Vitruv.* de architect. IX praefat. Die Ausgabe von Rode liest χειροτόνητον.

die Hand selbst oder wenigstens den Daumen in das weiche Wachs. Dann hiess die Schrift mit dem Siegel in gleichem Sinn bei spätern Lateinern ein Manifest, deutsch eine Handfeste, auch wohl Daumenfeste. Handfesten enthielt also das Buch, urkundliche Bürgschaften für die Richtigkeit des Inhalts, wie noch jetzt unsere Quacksalber ihre Sudeleien mit dergleichen Handfesten zu versehen pflegen.

Vitruvius scheint es weniger gelesen und geprüft als bewundert zu haben; Plinius hatte es gelesen und giebt Auszüge sowohl aus diesem [1]) wie aus dem folgenden Werk. Er missbilligt sie höchlich, gesteht [2]), sie gingen so weit über Treue und Glauben hinaus, dass, wer des Mannes sonstige Werke billige, diese ihm abspräche. „Doch umsonst! fügt er hinzu. Es steht fest, dass er vornehmlich den Seelen diesen Geschmack (an der Magie) eingeflösst u. s. w." Und wodurch war das festgestellt? Eben nur durch den Glauben an die Aechtheit der Schriften, auf deren Beurtheilung es ankam. Denn Columella, dessen wenig früheres Werk über den Landbau Plinius recht gut kannte, hatte bereits gesagt, die fälschlich unter des Demokritos Namen gehenden Fabeln (commenta), im Griechischen χειρόκμητα genannt, gehörten einem Aegyptier von Geburt, dem Bolus Mendesius. Der Betrug war also bereits aufgeklärt, und klärte sich wie wir sehen werden, später immer mehr auf; nur nicht für Plinius, der, wie oft er auch gegen den Aberglauben eifert, doch so oft und lange bei allem, was danach schmeckt, verweilt, dass er damit unwillkürlich seinen eigenen Geschmack daran verräth.

Das zweite angeblich demokriteische Werk, über Kraft und Natur des Chamäleon (so nennt es Gellius [4]), benutzte Plinius [5])

---

1) *Plin. XXIV, cap. 16 sect. 102.*
2) *Plin. XXX, cap. 1 sect. 2.*
3) *Columell. de re rust. VII, cap. 5 sect. 17.*
4) *Gellii noct. attic. X, cap. 12.*
5) *Plin. XXVIII, cap. 8 sect. 29.*

Buch III. Kap. 3. §. 37.

gleichfalls, macht sich darüber lustig, dass der Verfasser dies Thier eines eigenen Buches werth geachtet, und in demselben eine Probe griechischer Aufschneiderei gegeben habe, und wird doch nicht müde Auszüge daraus zu machen. Gellius lässt ihn hart an, weil er ein solches Machwerk nicht als unächt erkannt, sagt uns aber nicht, wer der Verfasser war. Des Bolos Handfesten gleicht es wie ein Ei dem andern.

Aus dem dritten Werk, über Antipathien, wie der abgekürzte Titel bei Columella [1]) lautet, erzählt uns dieser auch ein des Bolos würdiges Histörchen, nennt jedoch als Verfasser dieses Werks noch den Demokritos. Dagegen nennt Suidas [2]) ein Werk über Sympathien und Antipathien unter denen des Bolos Mendesios, und lässt nur zwei Werke als ächt demokriteische gelten, den grossen Diakosmos und das von der Natur der Welt (womit der kleine Diakosmos gemeint zu sein scheint). Auch in dem langen, gewiss viel Unächtes enthaltenden Verzeichniss demokriteischer Schriften bei Diogenes Laërtios [3]) fehlen die drei genannten Werke sämmtlich.

Und wer ist dieser Bolos Mendesios, der die gelehrte Welt als verkappter Demokritos lange Zeit täuschte, und nachdem seine Fälschungen entdeckt waren, das seltene Glück hatte, bei der Nachwelt unter eigenem Namen grossen Ruhm zu erwerben? Er spielt in der Literargeschichte eine sehr mysteriöse Rolle. Neuerlich beschäftigten sich Viele mit ihm; so, dass die Sache damit erlegt wäre, noch niemand.

Aber auch nur die Stellen der Alten, worin er vorkommt, zu sammeln, hatte besondere Schwierigkeit; nicht leicht ward ein Name in den Handschriften und ältern Ausgaben öfter und vielfacher entstellt als dieser. Bei Columella [4]), der ihn zuerst nennt, stand einmal Dolus, das andere mal Volus; beim Scholiasten

---

1) *Columell. de re rust.* XI, *cap. 3 sect. 64.*
2) *Suidas voce* Δημόκριτος, *vol. I, pars 1 pag. 2258 edit. Bernhardy.*
3) *Diog. Laërt.* IX, *cap. 13 sect. 46—49*
4) *Columell. de re rustic.* VII, *cap. 5 sect. 17 und* XI, *cap. 3 sect. 53.*

des Nikandros [1]) Kolos, bei Theophylaktos Simokatta [2]) Kolos und des Vulkanius Ausgabe liess den Namen ganz aus; bei Stephanos Byzantios [3]) Belos, und bei Galenos [4]) hat selbst noch die neueste Ausgabe gar Oros [5]), woraus bei seinem Abschreiber Aëtios [6]) Horos geworden sein mag. Nur bei Suidas [7]) schützte die alphabetische Ordnung den Namen Bolos ($Βῶλος$) vor Entstellung.

Dagegen bereitete uns Suidas eine andere Schwierigkeit: er machte aus dem einen Bolos zwei. Die beiden Artikel seines Wörterbuchs lauten so:

„Bolos der Demokriteer, der Philosoph. (Sein Werk:) Geschichte und Kunst der Medicin; enthält physische (d. h. übernatürliche, magische) Heilungen durch gewisse Heilmittel der Natur."

„Bolos der Mendesier, der Pythagoreer. (Seine Werke sind:) über den Nutzen historischer Lectüre; über Wunderdinge ($περὶ θαυμασίων$); physische (d. h. wieder magische) Heilkräfte, sie handeln [8]) von Sympathien und Antipathien der Steine (oder:

---

1) *Schol. ad Nicandri theriac. vers. 764.*
2) *Theophyl. Simocatt. dialog. pag. 27 edit Boissonade, et not. pag. 215.*
3) *Stephan. Byzant. sub voce* $ἄψυνθος$.
4) *Galen. oper. ed. Kühn vol. XIV, pag. 144.*
5) Auch den Namen Eubolus oder nach anderer Lesart Creobolus bei *Varro I, cap. 1 sect. 9* wollte *Reinesius Var. lect. pag. 122* und nach ihm *Fabricius Bibl. graec. I, pag. 498* in Bolus verwandeln. Allein hier steht der Name im alphabetischen Verzeichniss der agronomischen Schriftsteller von unbekannter Herkunft. In demselben Verzeichniss bei *Columella I, cap. 1 sect. 11* schwankt die Lesart zwischen Eubulus und Cleobulus. Beides wäre also zu ändern, die alphabetische Folge würde zerstört, und wenigstens Columella wusste recht gut, dass Bolus ein Mendesier war.
6) *Aëtii tetrabibl. IV, sermo III, cap. 23.*
7) *Suidas edit. Bernhardy I, pars 1, pag. 103 Orat. 1031.*
8) Küster schlägt vor, $ἔχει δὲ$ in $ἔτι δὲ$ zu verwandeln und $περὶ$ vor $λίθων$ einzuschalten. Dann würden aus einem Werke drei: „physische Heilkräfte; ferner aber von den Antipathien und Sympathien; von den Steinen, u. s. w." Letzteres hat viel für sich, allein das ferner

von den Steinen) nach dem Alphabet; von den Vorzeichen an der Sonne, dem Monde, dem Bären, der Leuchte (es ist unklar, welches Meteor damit gemeint sei) und dem Regenbogen."

Es mochte aber hinreichen, den Suidas, der seine Nachrichten überall zusammenstoppelte, irre zu führen, wenn er denselben Bolos hier als Demokriteer, dort als Pythagoreer bezeichnet fand, und das war leicht möglich. Von Demokritos hatte Bolos sich ja, wenn nicht die Weisheit, doch den Namen angeeignet, und pythagorisch hiess damals alles Geheimnissvolle, Wunderbare, Zauberhafte. In Angabe der Büchertitel waren die Alten bekanntlich so ungenau, dass das dem Demokriteer beigelegte Buch leicht auch unter den dem Pythagoreer zugeschriebenen stecken könnte. Wie sie ganz eines Geistes waren, lehrt der Augenschein.

Sein Zeitalter zu bestimmen, hielt man sich zumeist an des Stephanos Worte: „Absynthion ist auch eine Pflanzenart, von der Bolos der Mendesier, so wie Theophrastos im neunten Buch von den Pflanzen, sagt, die Schaafe im Pontos, welche Absynthion frässen, hätten keine Galle." Man zog daraus aber gradezu entgegengesetzte Folgerungen. Bolos, sagte man, ward also schon von Theophrastos benutzt, und war älter als Dieser. Umgekehrt, sagte Reinesius, Bolos hat den Theophrastos benutzt, und ist jünger als dieser. Zweideutig sind die Worte freilich, doch neigt sich die Wahrscheinlichkeit stark auf des Reinesius Seite. Um nun auch eine untere Grenzlinie zu ziehen, behauptete Reinesius ferner, unter dem Namen Eubolus bei Varro wäre Bolus zu verstehen, folglich wäre derselbe älter als Varro. Hierin können wir aber nicht beistimmen, wie ich so eben erst in der Anmerkung zu den übrigen falschen Namen des Bolus nachwies. Wir wollen sehen, wie weit wir ohne Varro kommen.

Der älteste Schriftsteller, der den Bolos bestimmt anführt, ist Columella. Sein im Griechischen Cheirokmeta genanntes Werk,

---

aber sinkt. Wie, wenn ἔχει δὲ aus ἐχιδίου entstanden wäre? und φυσικὰ aus φύσιν καὶ? Dann hiesse es „Natur und Heilkräfte der Natter," und wäre vielleicht eine Verwechselung mit dem Buch vom Chamäleon.

sagt derselbe, würde fälschlich dem Demokritos zugeschrieben. Dies führt uns bis auf Vitruvius zurück, der des Demokritos Cheirokmeta, also, ohne es zu wissen, den Bolos citirt; und Vitruvius schrieb zwischen den Jahren 15 und 18 v. Chr. [1]). — Noch einen, obgleich nicht so sichern Schritt weiter rückwärts führt uns Plinius. Nachdem er erklärt hat, es stehe fest, dass Demokritos der Verfasser der Cheirokmeta sei, und zur Probe das unsinnigste Zeug daraus erzählt hat von allerlei Zauberpflanzen, fährt er fort[2]): „Diesen (Zauberpflanzen) fügte Apollodorus, der Anhänger jenes, die Aeschynomene..., Cratevas die Oenotheris hinzu." Vorausgesetzt nun, dass sich dieser, ich weiss nicht welcher, Apollodoros auf die Cheirokmeta, Krateuas auf Apollodoros bezogen, wie es den Anschein hat, dass wir hier also eine chronologische Folge haben: so dürfen wir den Bolos füglich bis zu Ptolemäos VII. Physkon zurücksetzen, ohne jedoch behaupten zu wollen, dass er nicht schon unter einem der früheren Ptolemäer gelebt haben könnte. Sehr weit stand er demnach vermuthlich nicht hinter dem falschen Orpheus und falschen Pythagoras zurück in der Zeit, und seine Vaterstadt Mendes lag nicht fern von Alexandrien. Immer dieselbe Komödie auf demselben Theater!

Noch verdient bemerkt zu werden das umgekehrte Verhältniss, worin sein Ruf und die Würde der Wissenschaft in verschiedenen Zeiten zu einander standen. Cicero, der in den Büchern von der Weissagung und vom Geschick Gelegenheit genug hatte, des neuen Magikers zu gedenken, kennt oder achtet ihn noch nicht der Erwähnung werth. Kurz vor Christi Geburt, bei Vitruvius hören wir zuerst von ihm, doch noch unter dem angenommenen Namen des Demokritos. Kurz nach Christi Geburt, bei Columella, tritt sein eigener Name ans Licht, nebst einem Zauber gegen eine Krankheit der Schaafe und einem wunderlichen Mittel Gurken gegen die Kälte abzuhärten. Man soll sie in das Mark abgeschnittener Doldenpflanzen oder Brombeerstauden setzen. Das

---

1) Siehe *Hirt* in *Wolf und Buttmanns Archiv d. Alterth. Wissensch. I, S.* 229.
2) *Plin. XXIV, cap. 17 sect. 102.*

Buch von den Sympathien hält jedoch Columella noch für ächt demokritisch, und entlehnt daraus einen Zauber gegen Kohlraupen, alles, wie es scheint, scherzhafter Weise. Nun folgt Plinius mit Tadel und Verachtung, und gleichwohl langen Auszügen aus den Cheirokmetis und der Monographie des Chamäleon, deren Aechtheit er kritiklos in Schutz nimmt. Nur ein paar Züge aus ersterm Buch zur Probe: Aglaopholis, auf arabischen Marmorfelsen vorkommend, werde von den Magikern zum Citiren der Götter gebraucht [1]); Achämenis, eine indische Pflanze von Bernsteinfarbe ohne Blatt, wer am Tage von ihrer Wurzel mit Wein trinke, bekenne Nachts unter Foltern und Göttererscheinungen jede Schuld; Arianis, eine feuerfarbene Pflanze aus Ariana, gesammelt, wenn die Sonne im Löwen steht, entzünde durch blosses Berühren in Oel getränktes Holz, u. s. w. Bei jeder Pflanze ständen auch noch die Namen, womit die Magiker sie nennten. Indess brauche ich kaum zu bemerken, dass auch die andern Namen völlig unbekannt sind, natürlich damit der Gläubige, so oft ihn Ein Versuch täuschte, zu neuen Forschungen Raum behielt. Strenger beurtheilt bald darauf Gellius den ihm dem Namen nach noch unbekannten Monographen des Chamäleons. Erst anderthalb hundert Jahr n. Chr., bei Galenos, tritt der Zauberer entschieden mit offenem Visier auf. Aber nochmals erfährt er bittern Tadel wegen seiner Giftmischerei. Von nun an verstummen Spott und Tadel, der Mann kommt allmälig zu Ehren. Stephanos Byzantios, etwa 500 J. n. Chr., muss ihn sehr hoch gestellt haben, sonst hätte er ihn in seinem compendiösen Wörterbuch der Städte gewiss nicht als botanische Auctorität neben Theophrastos citirt. Theophylaktos Simokatta im siebten Jahrhundert nennt ihn in einem Athem mit andern ihm ehrwürdigen Männern, denen er sich nicht gleich zu stellen wage, in folgender Ordnung: Demokritos, Aristoteles, die Platoniker, Jamblichos, Proklos, Galenos, Plotinos, Sotion, Alexandros (ohne Zweifel Aphrodisiakos), Theophrastos, Bolos, Aelianos, Plutarchos, Ambro, Imbrasios, Damas-

---

1) *Buch VIII, §. 51* werde ich auf diese Pflanze zurückkommen.

kios und Hierokles, des Timagenes Sohn, — wahrlich eine merkwürdige Versammlung! Im zehnten Jahrhundert ehrte ihn Suidas durch zwei Artikel seines Wörterbuchs, dem so viele bessere Namen fehlen; und Eudokia wiederholte sie. Der Scholiast des Nikandros endlich, aus ungewisser später Zeit, erzählt aus seinen Sympathien und Antipathien die oft vorkommende Geschichte von der Persea, die, aus Persien nach Aegypten versetzt, aufgehört hätte giftig zu sein, und süsse Früchte trüge; wobei jedoch der Giftmischer einfliessen liess, was kein Anderer weiss oder verräth, die Perser hätten den Baum aus Malice nach Aegypten verpflanzt, ohne dass der Scholiast daran Anstoss findet [1]).

Viertes Kapitel.

Die gekrönten Giftmischer.

§. 38.

Attalos, König von Pergamon.

Einen finstern Ruhm in der Geschichte der Wissenschaft erwarben sich gegen das Ende des alexandrinischen Zeitalters die beiden Könige Attalos III. Philopator von Pergamon und Mithridates VI. Eupator von Pontos.

Theil zu nehmen an Kunst Poesie und Wissenschaft, die Träger derselben nicht allein durch anspornende Belohnungen, Sicherung eines sorgenfreien Unterhalts, Gewährung grossartiger

---

1) Sollte die ganze Geschichte von Bolos ausgegangen sein? Ohne der maliciösen Absicht der Verpflanzung zu gedenken, erzählt sie zuerst (nach Bolos beim Scholiasten) Dioskorides, dann Galenos; von diesen ging sie zu den Arabern über. Vergl. die gelehrte Abhandlung darüber von Sylvestre de Sacy in seiner französischen Uebersetzung des *Abd-Allatif pag. 47—72*, und deren kurze Kritik von Schneider im Index zu seiner Ausgabe des Theophrastos sub voce περσέα, der aber eine Metakritik noch fehlt.

Hülfsmittel zu fördern, wie Alexandros der Grosse dazu das Beispiel gegeben; sondern ihn überbietend sich selbst persönlich an ihren Bestrebungen zu betheiligen, und der Wollust gröberen Genuss durch den feineren attischer Geistesbildung zu erhöhen, ward unter Königen und Machthabern erst Mode, dann Gewohnheit, endlich Bedürfniss. Die lockendsten Aussichten und Verheissungen boten ihnen die Naturwissenschaften dar. Mit Erstaunen betrachtete man von je her die furchtbar schnell zerstörende Wirkung der Gifte. Die Physiologie stammelte noch. Warum sollte es nicht eben so schnell das Zerstörte wiederherstellende Gegengifte geben? Bei den Dichtern existirten sie längst. Warum nicht ein Universalmittel gegen alle Krankheiten und Gebrechen? Warum nicht gegen Alter und Tod? Und je leichtsinniger man an den Höfen die Kraft der Jugend vergeudete, desto ernsthafter sann man auf Mittel sie wiederzugewinnen, und trotz jeder Ausschweifung zu verewigen. Galt aber der Könige Leben wie billig für das Kostbarste, so war die Entdeckung der Lebenstinctur, wenn sie gelang, gewiss eines Königs glorreichste That.

Attalos, der letzte seines Namens, war der erste, der sich um diesen Ruhm bewarb. Er regierte von 138 bis 133 v. Chr. Justinus [1] schildert ihn mit wenigen Worten so: „Um diese Zeit besudelte König Attalus das von seinem Oheim blühend empfangene Reich durch Ermordung seiner Freunde, Züchtigung seiner Verwandten unter dem Vorwande bald seine alte Mutter, bald seine Verlobte Berenice wäre heimtückisch von ihnen umgebracht. Nach diesem Ausbruch tyrannischer Wuth legt er Trauerkleider an, lässt wie ein Büssender Bart und Haupthaar wachsen, geht nicht aus, zeigt sich nicht dem Volke, feiert bei sich kein fröhlicheres Gastmal, noch verräth sonst etwas den gesunden Mann, ganz so, als zahlte er Strafe den Manen der Ermordeten. Dann, ohne Rücksicht auf die Reichsverwaltung, grub er Gärten, säete Kräuter, mischte Unschädliches und Schädliches, und sandte das alles mit Gift getränkt als Zeichen besonderer

---

[1] *Justin. histor.* XXXVI, *cap. 4.*

Gunst seinen Freunden. Von dieser Liebhaberei wandte er sich zur Plastik und ergötzte sich daran in Wachs zu modelliren, in Erz zu giessen und zu schmieden. Darauf beschloss er seiner Mutter ein Denkmal zu errichten; bei welchem Unternehmen er sich durch Sonnenbrand eine Krankheit zuzog, und am siebten Tage starb. Durch sein Testament ward das römische Volk zu seinem Erben eingesetzt." — Von seinem botanischen Treiben erzählt Plutarchos [1]): „Er bauete giftige Gewächse eigenhändig, nicht bloss Bilsen und Nieswurz, auch Schierling, Sturmhut und Doryknion (vielleicht ein Colvolvulus) in den königlichen Gärten säend und pflanzend, und ein Studium daraus machend, ihre Säfte und Früchte zu kennen und rechtzeitig zu sammeln." — Ernst muss es dem Könige freilich mit seinen Studien gewesen sein, er hinterliess sogar ein eigenes Werk über den Landbau, das Varro empfahl, Columella und Plinius [2]) benutzten; von seinen Arzneimischungen bewahrte Galenos [3]) nicht nur mehrere auf, sondern rühmte auch wiederholt seinen Eifer in der Erforschung der Kräfte der Arzneien, obgleich er wenig darüber geschrieben zu haben scheine [4]). Dass er aber wie Mithridates an Verbrechern mit Giften experimentirt habe, geht aus der einzigen Stelle des Galenos [5]), die es beweisen sollte, — Andere schweigen gänzlich darüber, — nicht bestimmt genug hervor, als dass ich ihm auch diesen Frevel noch aufbürden möchte. Sie lautet: „Dieser Mithridates beeiferte sich, wie bei uns (Galenos war aus Pergamon) Attalos, über fast alle einfachen Arzneimittel Erfahrungen zu sammeln, in wiefern

---

1) *Plutarch. vita Demetrii, in operum edit. Paris. 1624 tom. 1, pag. 897 F.* Eine neuere Ausgabe ist mir nicht zur Hand.

2) *Varro de re rustic. I, cap. 1 sect. 8. — Columella de re rustic. I, cap. 1 sect. 8. — Plin. hist. nat. XVIII, cap. 3 sect. 5.* Auf die Schwierigkeiten, die man in diesen Stellen gefunden, komme ich im Kapitel über die Georgiker dieses Zeitraums zurück.

3) *Galen. XIII, pag. 416 edit. Kühn.*

4) *Ibidem XII, pag. 251.*

5) *Ibidem XIV, pag. 2.*

Buch III. Kap. 4. §. 39.

sie den Giften entgegen wirkten, indem er ihre Wirkungen an Verbrechern, die zum Tode verurtheilt waren, erprobte."

§. 39.
Mithridates, König von Pontos.

Bei Mithridates ist es nach vielen übereinstimmenden Zeugnissen nur zu gewiss, dass er auf die so eben beschriebene Weise experimentirte. Ob das, wie man anzunehmen pflegt, wissenschaftliche Studien waren? Ob der König überhaupt jemals dergleichen gemacht hat? Man rühmt auch seine Sprachkenntniss, und mit Recht, auch sie verrathen den hoch begabten Geist, nur nicht grade den wissenschaftlichen. Hatte er doch täglich Wichtigstes mit Männern aller Zunge zu verhandeln. Wo hätte er auch Zeit und Sammlung finden sollen zu wissenschaftlichen Bestrebungen bei seinem von früh an bewegten Leben, bei der Regierung eines ausgedehnten, aus widerstrebenden Elementen gewaltsam zusammengekneteten Reichs, bei dem dreissigjährigen Kampf mit Roms unendlicher Ueberlegenheit? Die Hauptstelle bei Plinius[1]), aus der man den Mithridates ganz anders auffassen zu müssen glaubte, rücke ich hier ein. Plinius spricht von den vielgepriesenen Arzneikräften der Pflanzen, welche die Römer, den Cato und Valgius ausgenommen, mehr als billig vernachlässigt hätten; dann fährt er fort: „Vorher hatte darüber bei uns, so viel ich fand, nur Lenäus, der Freigelassene Pompejus des Grossen geschrieben, zu dessen Zeit diese Wissenschaft meines Wissens zuerst zu uns gelangte. Denn Mithridates, der grösste König seiner Zeit, welchen Pompejus bekämpfte, wird nicht bloss der Sage nach, sondern erwiesenermassen für besorgter um sein Leben, wie irgend jemand zuvor, gehalten. Ihm allein kam es in den Sinn, täglich nach dem Gebrauch eines Gegengiftes Gift zu nehmen, um es durch die Gewöhnung daran unschädlich zu machen. Er zuerst erfand allerlei Gegengifte, von denen eins (der Mithridat) noch jetzt seinen Namen trägt. Für seine Erfindung hält man es, den Gegen-

---

1) *Plin. hist. nat.* XXV, *cap.* 2 *sect.* 3.

giften das Blut der pontischen Ente beizumischen, weil diese sich von Giften ernährt. Von dem berühmten Arzt Asklepiades giebt es an ihn gerichtete Bücher, die ihm derselbe auf sein Verlangen zu seinem Gebrauch aus Rom sandte. Gewiss ist, dass er allein unter allen Sterblichen zwei und zwanzig Sprachen redete, und dass er in den sechs und funfzig Jahren seiner Regierung niemals auch nur einen Einzigen aus den ihm unterworfenen Völkern als Dolmetsch berief. Dieser Mann nun, bei seiner sonstigen Geistesgrösse vorzugsweise der Medicin beflissen, und von allen seinen Unterthanen, die einen grossen Theil der Erde einnahmen, Einzelnes erforschend, hinterliess einen Schrank voll dieser Untersuchungen, nebst Proben (der Arzneimittel) und deren Wirkungen, in seinem geheimen Archiv. Nachdem sich aber Pompejus der ganzen königlichen Beute bemächtigt hatte, befahl er seinem Freigelassenen, dem Grammatiker Lenäus, jene Schriften in unsere Sprache zu übersetzen; und so kam sein Sieg dem Leben (der Bürger) sowohl wie dem Staat zu statten." — Mit diesem hochtrabenden Bericht wollen wir vergleichen, was Plutarchos im Leben des Pompejus[1]) über dieselben Papiere sagt: „In der Burg Künon bemächtigte sich Pompejus auch der geheimen Schriften des Mithridates, und las sie nicht ungern, da sie viel Aufschluss über seinen Charakter gaben. Es waren Gedenkblätter (ὑπομνή-ματα), aus denen sich ergab, dass er ausser vielen Andern auch seinen Sohn Ariarathes durch Gift aus dem Wege geräumt hatte, auch den Sardianer Alkäos, weil er ihn beim Wettrennen übertroffen hatte. Auch waren da niedergeschrieben Auslegungen von Traumbildern, die er selbst und die einige seiner Gemalinnen gesehen hatten. Ferner leichtfertige Briefe der Monime an ihn, und von ihm an sie u. s. w." — Das also waren die Papiere, deren Uebersetzung Plinius als das erste Werk über die Heilkräfte der Pflanzen in lateinischer Sprache pries! Es mochten sich darunter Recepte zu Giften und Gegengiften, Bemerkungen über ihre Wirkung auf diesen und jenen, vielleicht auch einige Kennzeichen

---

1) *Plutarch. vol. I, pag. 643 A, edit. Paris. 1624 fol.*

giftiger Pflanzen finden; in der Wissenschaft, meine ich, konnte ihnen kein anderer Rang zukommen, als den Tagebüchern jedes andern Giftmischers. Was sich davon aus des Lenäos Uebersetzung erhalten, werde ich bei der Geschichte der Römer, bei der ich nochmals von Lenäos sprechen muss, angeben.

Die Literargeschichte jener Zeit darf Männer wie diesen Mithridates, den halb wahnsinnigen Attalos und die zuvor genannten elenden Magiker nicht übergehen. Nicht allein wirkliches Verdienst abzuwägen und an sich und in seinen Wirkungen anzuerkennen, auch was jemals dafür galt, anzumerken, die wechselnden Richtungen der öffentlichen Meinung zu verfolgen, und selbst hemmender Momente zu gedenken, ist ihr Beruf.

Fünftes Kapitel.
Die griechischen Georgiker des alexandrinischen Zeitalters.

§. 40.
Statistik derselben.

Aus einer finstern, doch reichbevölkerten treten wir jetzt in eine hellere, aber einsamere Gegend. Erhalten hat sich von den zahlreichen hierher gehörigen Schriftstellern keiner, und sogar der Nachrichten über sie sind wenige. Vergebens sucht man nach Auszügen aus ihren Werken in der Sammlung, die Kassianos Bassos in den Jahren 912 bis 919 n. Chr. unter dem Titel Geoponika anfertigte, indem er fast jedem Bruchstück den Namen des wahren oder vermeinten Verfassers hinzufügte. Abgesehen von älteren berühmten Namen, wie z. B. dem des Zoroaster, des Demokritos [1]), unter denen unbekannte Schriftsteller einer ungewissen Zeit ihre Sudeleien zu Markt brachten, finde ich in den Geoponiken nur vier höchstens fünf Namen, die sicher in die Zeit, bei der wir stehen, gehören: den Aratos, den bekannten

---
1) Vergl. S. 16, 70, 277.

Sänger der Sternbilder und Wetterzeichen, der uns nichts angeht, den griechischen Uebersetzer des Karthagers Magon, **Kassios Dionysios Itykäos (Uticensis)**, und den Epitomator desselben, **Diophanes Bithynos**, so wie den numidischen König **Juba**, der unter Augustus lebte; dazu noch einen, den **Paxamos**, der auf der Grenze beider Zeitalter vielleicht noch, vielleicht kaum mehr hierher zu rechnen ist.

Häufig benutzten die Römer, Varro, Columella und Plinius, ihre griechischen Vorbilder, und lieferten uns lange Verzeichnisse derselben[1]); was sie jedem besonders verdanken, gaben sie selten an. Gleichwohl sind ihre Namenlisten für uns nicht ganz unfruchtbar, und wenigstens Ein merkwürdiges Resultat ergiebt sich aus deren Vergleichung. Varro verfasste seine Liste noch innerhalb des Zeitraums, mit dem wir uns beschäftigen, er starb schon im Jahre 27 v. Chr. Etwa achtzig Jahr später unter Nero schrieb Columella. Plinius kam um im Jahre 79 n. Chr., schrieb also etwa zwanzig bis dreissig Jahr nach Columella Jeder Nachfolger, sollte man glauben, müsste des Vorgängers Liste bereichern; im Gegentheil, jede folgende Liste wird ärmer, wenigstens bei genauerer Prüfung, denn auf den ersten Blick zeigt die des Plinius freilich viel neue Namen. Ich lasse die des Varro vollständig abdrucken, bezeichne aber die sechs Abtheilungen, in die sie zerfällt, mit römischen, die einzelnen Schriftsteller mit deutschen Zahlen, die Varro selbst nicht hat. Von des Columella und Plinius Listen genügt es die Abweichungen anzumerken.

„Derer, sagt Varro[2]), die Verschiedenes griechisch geschrieben haben, der dieses, der jenes, sind über funfzig. Die bei denen du dich nöthigenfalls Raths erholen kannst, sind:

I. (Könige).

1. Hieron der Sikuler und 2. Attalus Philometor;

---

1) Ein langes mit einigen Bemerkungen ausgestattetes Verzeichniss der griechischen und lateinischen Georgiker von **Fulvius Ursinus** befindet sich abgedruckt in *Fabricii bibliotheca Latina, aucta diligentia Ernesti* 1, pag. 312 – 314.
2) *Varro de re rust.* 1, cap. 1 sect. 7—10,

Buch III. Kap. 5. §. 40. 291

II. von den Physikern:
3. Demokritus der Physiker,
4. Xenophon der Sokratiker,
5. Aristoteles und
6. Theophrastus die Peripatetiker,
7. Archytas der Pythagoreer;

III. ferner (eigentliche Georgiker von bekannter Herkunft):
8. Amphilochus Atheniensis,
9. Anaxipolis Thasius,
10. Apollodorus Lemnius,
11. Aristophanes Mallotes,
12. Antigonus Cymäus,
13. Agathokles Chius,
14. Apollonius Pergamenus,
15. Aristandrus Atheniensis,
16. Bacchius Milesius,
17. Bion Soleus,
18. Charesteus und
19. Chareas Athenienser,
20. Diodorus Prienäus,
21. Dion Colophonius,
22. Diophanes Nicäensis,
23. Epigenes Rhodius,
24. Evagon Thasius,
25. Euphronius der Athener und
26. der Amphipolites,
27. Hegesias Maronites,
28. Menander der Prienäer und
29. der Herakleotes,
30. Nicesius Maronites,
31. Pythion Rhodius,

IV. Von den übrigen weiss ich nicht, welches ihr Vaterland war. Es sind:
32. Androtion,
33. Aeschrion,
34. Aristomenes,
35. Athenagoras,
36. Crates,
37. Dadis,
38. Dionysius,
39. Euphiton,
40. Euphorion,
41. Eubolus,
42. Lysimachus,
43. Mnaseas,
44. Menestratus,
45. Pleuthiphanes,
46. Persis,
47. Theophilus.

Alle diese haben in Prosa geschrieben.

V. Einige dasselbe auch in Versen, als:
48. Hesiodus Ascräus,
49. Menekrates Ephesius,

VI. Diese übertrifft an Ansehen, der in punischer Sprache geschrieben,
50. Mago der Carthaginienser, weil er das Zerstreute in acht und zwanzig Büchern sammelte, welche

51. Cassius Dionysius Uticensis in zwanzig Büchern übersetzte, und dem Prätor Sextilius in griechischer Sprache übersandte. Er nahm in diese Bände nicht wenig aus den griechischen Werken der vorgenannten auf, und verkürzte das Werk des Mago um acht Bücher. Diese hat

52. Diophanes in Bithynien zweckmässig auf sechs Bücher zurückgebracht, und dem Könige Dejotarus übersandt."

Dieser Liste des Varro setzt Columella[1]), wie es nach der gewöhnlichen Lesart scheint, einen einzigen Namen hinzu, den des Sicilianers „Epicharmus, Schülers des Hieron;" die Stelle ist aber offenbar verdorben, so dass sich daraus mit Sicherheit nichts entnehmen lässt, und es wäre leicht möglich, dass Columella nicht Epicharmus, sondern Archelaus geschrieben hätte, den wir in des Plinius Liste finden werden[2]). Statt Nr. 18,

---

1) *Columell. de re rustic. I, cap. 1 sect. 7—11.*
2) Die Stelle lautet bei *Columella de re rust. I, cap. 1 sect. 8.*: *Siculi quoque non mediocri cura negotium istud prosecuti sunt Hieron et Epicharmus discipulus Philometor et Attalus.* Absichtlich, um keiner Erklärung vorzugreifen, liess ich jede Interpunction weg. Statt *Philometor et Attalus* ist ohne Zweifel zu lesen oder zu verstehen *et Attalus Philometor;* denn unmöglich lässt sich hier an den Ptolemäos Philometor denken, weil Varro und Plinius den Attalus Philometor nennen, nicht den Ptolemäus, und offenbar einer des andern Liste vor Augen hatte. Aber wer ist Epicharmus des Hieron Schüler? Der alte Dichter, Hieron des ersten Zeitgenosse? Schon Schneider in seinem Commentar zu dieser Stelle zweifelt, ob er mit Recht des Königs Schüler genannt werden könne. Man hat *Hieron Epicharmi discipulus* zu lesen vorgeschlagen, aber auch das liesse sich schwer vertheidigen. Wir kennen kein solches Verhältniss zwischen dem Dichter und dem Könige. Dazu fehlte uns dann ein zweiter Sicilianer, den der Pluralis *Siculi* zu verlangen scheint. Rechtfertigt der verzweifelte Zustand der Stelle eine kühne Vermuthung, so möchte ich so lesen: *Siculi reges quoque n. m. c. n. i. p. s. Hieron et Archelaus et Philometor Attalus.* Denn auch Varro und Plinius zeichnen die Könige in ihren Listen aus, und als hätte er diese Stelle ausgeschrieben, sagt Plinius *XVIII, cap. 3 sect. 5: Siquidem et reges fecere, Hiero, Philometor Attalus, Archelaus.* Auch in seiner Liste lässt Plinius den König Archelaus auf den König Attalus Philometor folgen. Vom König Ptolemäus Philometor ist keine Rede, eben so wenig von einem Epicharmus. Das Wort *discipulus* geht

Buch III. Kap. 5. §. 40.

Charesteus Atheniensis lesen wir bei Columella „Chrestus Sohn des Euphron, nicht wie Viele meinen der aus Amphipolis, der gleichfalls für einen guten Landmann gehalten wird, sondern der auf attischem Boden geboren." Bei Nr. 22 ist an die Stelle des ausgelassenen Diophanes Nicäensis der Bithynier und Epitomator des Magon eingeschoben, und eben so bei Plinius. Hier berichtigten die Nachfolger vielleicht ihren gelehrten Vorgänger. Denn die bekannteste unter den vielen Städten namens Nikäa (Stephanos Byzantinos unterscheidet deren acht „und einige andere") lag in Bithynien. Aus Nr. 41. Eubolus macht Columella, wenn die Lesart richtig ist, Cleobulus (woraus Reinesius Bolus machen wollte, was der alphabetischen Anordnung widerspricht). Nr. 43 Mnaseas ist aus der Reihe der Schriftsteller unbekannter in die bekannter Herkunft versetzt und als Milesier aufgeführt. Endlich ganz ausgelassen sind die Nummern

10. Apollonius Lemnius,   29. Menander Herakleotes.
11. Aristophanes Mallotes,   30. Nicesius Maronites,
17. Bion Soleus,   31. Pythion Rhodius,

und 49 der Dichter Menekrates.

Bei des Plinius Liste müssen wir die Folge der Namen wieder ins Auge fassen. Sie zerfällt nur in fünf Abtheilungen. Die erste umfasst die Philosophen und Könige nebst dem Dichter Hesiodus. Der andere Dichter Menekrates fehlt auch hier, und

---

bei Columella unmittelbar vorher, und kann daher beim Abschreiben leicht an unrechter Stelle wiederholt sein. War das entscheidende Wort *reges* einmal beim Abschreiben ausgefallen, so konnte *sicuti* leicht in *Siculi* übergehen, und dann musste aus dem Kappadokier Archelaos freilich ein zweiter Sicilianer gemacht werden. Der Name Hieron erinnerte an Epicharmus, so erklärt sich alles, und nichts hindert uns mehr, den Namen Hieron mit Harduin und Bayle auf den zweiten dieses Namens zu beziehen, von dem sich weit eher als von dem ersten vermuthen lässt, dass er in seinem hohen Alter noch Schriftsteller geworden sei. Nur etwas Verwegenheit gehört dazu, so gewaltsamen Aenderungen, was sich auch dafür sagen lässt, recht zu vertrauen. Auch darf ich den *Epicharmus Siculus, qui pecudum medicinas diligentissime conscripsit*, bei Columella *VII, cap. 3 sect. 6* nicht verschweigen.
1) *Plin. hist. nat. I, elench. libri XVIII.*

zu den Königen kommt **Archelaus** hinzu. Sonst alles wie bei Varro. Die **zweite** Abtheilung entspricht der dritten bei Varro. Nr. 11 Aristophanes Mallotes erscheint hier als **Milesius**. Ausgelassen sind Nr. 22 Diophanes Nicäensis, der vielleicht von dem später folgenden Epitomator des Magon nicht verschieden ist, und die sechs Nummern 26 bis 31. In der **dritten** Abtheilung, der vierten bei Varro entsprechend, finden wir nur die drei Namen Nr. 32 33 und 42, die dreizehn übrigen fehlen. Die **vierte** Abtheilung entspricht bei Varro der sechsten und letzten, mit der sie ganz übereinstimmt. Nun folgt bei Plinius aber noch eine fünfte Abtheilung, die bei Varro wie bei Columella gänzlich fehlt, und ohne alle erkennbare Ordnung folgende Namen enthält:

a. Thales,
b. Eudoxus,
c. Philippus,
d, Calippus,
e. Dositheus,
f. Parmeniscus,
g. Meton,
h. Criton,
i. Oenopides,
k. Zeno.
l. Eutecmon,
m. Harpalus,
n. Hecatäus,
o. Anaximander,
p. Sosigenes,
q. Hipparchus,
r, Aratus,
s. Zoroaster,
t. Archibius.

Ausgelassen sind also, wenn wir den zweifelhaften Diophanes bei Varro nicht mitrechnen, im Ganzen 20, und hinzugekommen gleichfalls 20 Nummern, von denen höchstens eine, König Archelaus, vielleicht schon bei Columella vorkam, und nur **durch die Schuld der Abschreiber** unkenntlich ward.

Auffallen muss es indess sogleich, dass von **allen neu hinzugekommenen** nur der einzige König Archelaus **gehörigen Orts** eingeschaltet, die übrigen sämmtlich am Ende nachgetragen sind. Warum stehen z. B. die Philosophen Thales Zeno Anaximander nicht neben den übrigen Philosophen; die sogar jünger sind als jene? Warum Aratus als Dichter nicht neben Hesiodus? Der Grund ist leicht zu finden. Gehen wir diese Schriftsteller einzeln durch, so finden wir darunter vierzehn Mathematiker Astronomen

Buch III. Kap. 5. §. 40. 295

und Meteorologen, und nur fünf, die wir theils gar nicht, theils nicht als solche kennen. Ohne Zweifel dürfen wir demnach die ganze Reihe für Astronomen in weiterem Sinne halten, die hier nur deshalb stehen, weil sich damals auch der gebildete Landwirth bei jedem Geschäft noch weit strenger an den Auf- und Niedergang gewisser Gestirne und allerlei meteorologische Vorzeichen band, wie sich der unwissende heutige Bauer an die Heiligentage seines Kalenders bindet.

Beschränken wir uns nun auf die eigentlichen Georgiker, so fanden wir deren bei Varro 45 oder, wenn Diophanes Nicäensis und Bithynius zusammenfallen, 44. Bei Columella kommt vielleicht einer, vielleicht der König Archelaus hinzu; dagegen gehen ab 7, bleiben 38. Bei Plinius kommt, wenn sich Archelaos schon bei Columella fand, kein einziger hinzu, es gehen ab 19 und bleiben 19. Wer Plinius kennt, kann ihm nicht zutrauen, er hätte sie nur vernachlässigt, hätte sich weniger als Varro oder gar Columella um seine Vorgänger gekümmert. Die er nicht nennt, müssen verloren gegangen, und durch niemand wieder ersetzt sein, in der Zeit eines einzigen Jahrhunderts.

Die Thatsache des Verfalls dieser Literatur bei den Griechen liegt also klar zu Tage, und tritt noch greller hervor im Gegensatz gegen den gleichzeitigen Aufschwung derselben bei den Römern. Ihre Ursachen sind nicht so klar. Hier nur ein paar Bemerkungen darüber.

In so hohen Ehren wie zu Rom stand der Landwirth in Griechenland niemals, am wenigsten in der spätern alexandrinischen Zeit tiefster Sittenverderbniss. Schriftstellerei war in dieser Zeit fast ausschliesslich Sache der Grammatiker; sie allein schrieben ungestraft ohne Sachkenntniss über alles, der Sachkenner ohne grammatische Bildung mit seltenen Ausnahmen nicht einmal über das, worin er Meister war. Die früheren griechischen Georgiker hatten, wie Varro erzählt, der eine dies, der andere jenes geschrieben, und den Titeln nach kennen wir noch jetzt Monographien der Art, z. B. die des Amphilochos Athenäos über unsere Medicago sativa und arborea¹), die des Moschion über den Rettich²), derer über den Weinbau, die Bienenzucht und andere Zweige der Landwirthschaft nicht zu gedenken. In Magons acht und zwanzig Büchern lernte man ein eben so gründliches als umfassendes Werk kennen, wohl geeignet andere minder umfassende oder von Grammatikern zusammengestoppelte zu verdrängen. Doch ihm und seinen Bearbeitern gebührt wohl ein eigener Paragraph.

§. 41.
Magon der Karthager und seine Bearbeiter.

Den Vater der Landwirthschaft (patrem rusticationis) nennt ihn Columella ³) und achtet ihn der höchsten Verehrung werth. Seine merkwürdigen acht und zwanzig Bücher, setzt er hinzu, wären durch Senatsbeschluss ins Lateinische übersetzt. Nach Plinius ⁴) haben auch Könige über den Landbau geschrieben, auch Feldherren, Xenophon und der Karthager Mago, den der römische Senat so hoch in Ehren hielt, dass er nach der Einnahme von Karthago, während er die dortigen Bibliotheken den kleinen afrikanischen Königen schenkte, die acht und zwanzig Bücher dieses allein ins Lateinische übersetzen zu lassen beschloss, obgleich bereits M. Cato über den Gegenstand geschrieben hatte. Das Geschäft des Uebersetzens ward Kennern der punischen Sprache, unter denen D. Silanus' aus einer der angesehensten Familien Alle übertraf, aufgetragen. Was Varro am Ende seiner Schriftstellerliste über Magon und seine Bearbeiter sagt, kennen wir schon. Es ist nur noch eine Stelle bei Columella⁵) übrig, die ich, da sie zweideutig ist, vollständig geben muss. Der Verfasser kommt gegen das Ende seines Werks auf die weniger

---

1) *Plin. hist. nat. XVIII, cap. 16 sect. 43.*
2) *Idem XIX, cap. 5 sect. 26 in fine.*
3) *Columella de re rust. I, cap. 1 sect. 13.*
4) *Plin. XVIII, cap. 3 sect. 5.*
5) *Columella XII, cap. 4 sect. 2.*

bedeutenden Geschäfte der ländlichen Haushaltung, und sagt, auch darüber hätten sich die punischen griechischen und römischen Schriftsteller ausgelassen. „Denn auch **Mago der Karthager,** fährt er fort, und **Hamilkar,** denen nicht unberühmte griechische Schriffsteller, **Mnaseas** und **Paxamus,** dann auch die unsrigen gefolgt zu sein scheinen, **nachdem sie Musse von Kriegen hatten,** hielten es nicht unter ihrer Würde, dem Unterhalt der Menschen gleichsam Tribut zu entrichten, wie **M. Ambivius** und **Mänas Licinius,** dann auch **C. Mantius,** die sich bestrebten, des Müllers des Kochs des Kellners Verrichtungen durch Vorschriften zu regeln."

Das sind sie alle die Grundlagen, auf denen **Heeren** ein so schimmerndes Gebäude errichtete, dass es mir ordentlich leid thut daran zu rühren; denn ich weiss nicht, ob es die Berührung verträgt. In der vierten und letzten Ausgabe seiner **Ideen über die Politik den Verkehr und den Handel der vornehmsten Völker der alten Welt**[1]) widmete er dem Magon eine eigene Beilage, worin er die Bruchstücke seines georgischen Werks nebst allen Zeugnissen über ihn zusammenstellte, und sich über seine Person und Familie also aussprach:

„Die Namen **Mago** und **Hamilkar** waren sehr gewöhnlich bei den Karthagern. Welcher Mago und Hamilkar zu verstehen sei, wird uns nicht gesagt; nur so viel erfahren wir, dass beide berühmte Feldherren waren, und die Musse, welche ihnen die Waffen liessen, dem Landbau widmeten. Dass bei **diesem** Hamilkar nicht an den Vater des Hannibal zu denken sei, wird jeder leicht zugeben, der sich erinnert, dass dieser sein Leben meist ausser seinem Vaterlande zubrachte. Ich glaube nicht zu irren, wenn ich unter **Mago den Feldherrn verstehe, der zuerst Karthago's Herrschaft gründete** (Justin. XIX, 2); Cyrus Zeitgenossen; den Stammvater des Hauses, das über ein Jahrhundert an der Spitze der Republik stand, und dessen Genealogie die Tabelle bei der nächsten Beilage giebt. **Hamilkar ist dann**

---

1) In *Heeren's historischen Werken*, *Theil XIII*, *1825*, *S. 527 bis 544.*

sein Sohn, derselbe, der im Jahr 480 in der Schlacht gegen Gelon in Sicilien fiel. Will man die hochwahrscheinliche Vermuthung gelten lassen, dass dessen Söhne Hanno und Himilkon die Entdecker und Kolonienstifter an den Küsten von Afrika und Europa sind, die jeder das Andenken davon in ihrem Periplus erhalten hatten, so fällt ein Lichtstrahl in die glänzendste Periode der karthagischen Geschichte; und das Gedeihen eines Staats erklärt sich, an dessen Spitze ein Heldenhaus stand, das ihm durch drei Generationen Häupter gab, die als Feldherren Schriftsteller und Entdecker glänzten, und, nach der Sitte wahrhaft grosser Männer darum nicht weniger der Natur getreu, sobald das Vaterland es ihnen vergönnte, wieder zu ihrer Pflugschaar zurückkehrten."

So weit Heeren. Die Gründe, die ihn zu dieser Hypothese bestimmten, sprach er nicht aus. Denn daraus, dass der Schriftsteller Hamilkar, dessen Columella neben Magon erwähnt, nicht Hannibals Vater sein kann, folgerte er selbst schwerlich, dass es Magons Sohn sein müsse. Nicht ganz ohne Einfluss auf seine Meinung war vielleicht seine Auffassung der schon angeführten Stelle des Columella, die ich deshalb zweideutig nannte, weil Heeren sie im Auszuge so übersetzte: „denn Mago der Karthager und Hamilkar hielten es nicht unter ihrer Würde, wenn sie Musse von Kriegen hatten, dadurch gleichsam dem menschlichen Leben ihren Tribut zu bringen." Hier sind die Worte: nachdem (nicht wenn) sie Musse von Kriegen hatten", mit auf die Karthager bezogen, und ich leugne nicht, dass das grammatisch statthaft sei; weit ungezwungener beziehen sie sich indess auf die Römer, nachdem die punischen Kriege beendigt waren. Es ist also nicht einmal sicher, ob Hamilkar der Schriftsteller auch Heerführer war; nur von Magon sagt es Plinius.

Doch wir wollen weiter sehen. Der Magon, den Heeren den Grossen nennt, und dem er das georgische Werk zuschreibt, lebte nach Heerens eigener Zeitbestimmung ungefähr um 550 bis 500 v. Chr., denn seine Söhne waren Zeitgenossen des Dareios

Hystaspis, der von 521 bis 485 v. Chr. regierte. Und Heeren selbst sagt[1]) gewiss sehr richtig: „man wird dann nicht zweifeln, dass es eine karthagische Literatur gab, die von den Ersten der Nation gepflegt ward, und zwar nicht etwa bloss eine poetische, sondern eine prosaische. Ein Werk von dem Umfange wie das des Mago kann weder das erste noch das einzige sein". Mit vollem Recht müssten wir demnach die Anfänge der karthagischen Literatur mindestens noch hundert Jahr zurück verlegen, in die Zeit des Solon und seiner Vorfahren. Und von einer solchen Literatur sollten die Griechen ganz und gar nichts melden? nicht einmal Aristoteles, der die Trefflichkeit der karthagischen Staatsverfassung pries und entwickelte? Standen doch Griechen und Karthager seit langer Zeit in Sicilien in der vielfachsten Berührung. Von Ptolemäos Philadelphos wissen wir[2]), dass er nicht allein griechische Bücher sammelte, sondern auch chaldäische ägyptische römische ins Griechische übersetzen liess; ja was noch mehr, „dass Demetrios den Philadelphos darauf aufmerksam machte, wie bei den Aethiopen Indern Persern Elamiten Babyloniern Assyriern Chaldäern Römern Phönikern Syrern Griechen, so wie in Jerusalem und Judäa noch werthvolle Schriften befindlich seien u. s. w." Hätten die Karthager auch hier neben den Phönikern ausgelassen werden können, wenn Werke wie das des Magon schon damals bei ihnen existirten? Es ist wahr, die älteste Schilderung der Umgegend von Karthago, die wir besitzen[3]), zeigt uns schon Gärten an Gärten, Pflanzungen und Wiesen, mit Kanälen durchschnitten, mit prachtvollen Landhäusern übersäet; aber diese Schilderung bezieht sich doch erst auf die Expedition des Agathokles, auf das Jahr 310 v. Chr. Dazu kommt Magon's eigener Ausspruch bei Columella[4]): „Wer

---

1) *Heeren histor. Werke XIII*, S. 113 Anmerkung.
2) Siehe *Ritschl die alexandrinischen Bibliotheken*, S. 34, 35. Vergl. *Wegener de aula Attalica* pag. 80, 81.
3) *Diodor. Sicul.*, bei *Heeren* a. a. O. Seite 111.
4) *Colum. I, cap. 1 sect. 18*.

ein Landgut kaufte, verkaufte sein Haus (in der Stadt), auf dass er sich nicht mehr um den städtischen als den ländlichen Herd bekümmere. Wem die städtische Wohnung mehr am Herzen liegt, der braucht kein Landgut." Das sollte der Mann sagen, der nach Justinus [1]) zuerst durch Einführung militärischer Disciplin Karthago's Macht gründete, und die Kräfte des Staats nicht minder durch Kriegskunst wie durch eigene Tapferkeit befestigte? Dieser verkaufte sicher nicht sein Haus in der Stadt, zog sich gewiss nicht von öffentlichen Geschäften zurück, um Schaafheerden zu organisiren. Aus dem Ausdruck „Vater der Landwirthschaft," dessen sich Columella bedient, lässt sich dem Zusammenhange nach nichts folgern, als dass Magon älter war als M. Portius Cato Censorius; denn nur von Römern ist an dieser Stelle die Rede, denen Magon gegenüber gestellt wird. Kurz ich sehe nichts, was Heeren veranlassen konnte, seine Vermuthung eine hochwahrscheinliche zu nennen, desto mehr, was sie unwahrscheinlich macht. Müsste der Georgiker Magon durchaus ein bekannter Heerführer sein, so riethe ich weit eher auf den, der nach verunglücktem Feldzuge in Sicilien sich selbst 341 v. Chr. entleibte. Am wahrscheinlichsten ist mir aber irgend ein uns unbekannter Feldherr des Namens lange nach Ptolemäos Philadelphos, also nach 247, und kurz vor Karthago's Fall 146 und Cato's Tod 149 v. Chr. Von Hamilkar wissen wir nicht einmal, ob er Feldherr war, und sein Name war bei den Karthagern eben so häufig wie der des Magon.

Ich komme zu den griechischen Uebersetzungen oder vielmehr Ueberarbeitungen des Magon; — denn über die lateinische Uebersetzung desselben, die der römische Senat angeordnet und unter mehreren Andern auch dem Decimus Silanus aufgetragen hatte, werde ich erst im folgenden Buch, Kapitel 1 §. 3 ausführlicher handeln.

Dieser merkwürdige Beschluss des um Literatur sonst wenig bekümmerten römischen Senats, der, wie wir finden werden, ver-

---

1) *Justin.* XIX, *cap. 1.*

Buch III. Kap. 5. §. 41.

muthlich doch keine brauchbare lateinische Uebersetzung hervorzurufen vermocht hatte, gab dagegen dem Kassios Dionysios Itykäos wahrscheinlich den äussern Anlass zu der seinigen in griechischer Sprache. Ityke oder, wie es die Römer nennen, Utica lag so nahe bei Karthago, dass man von den Mauern dieser jene Stadt erblickte; ein dort geborener und erzogener Grieche eignete sich daher vor Andern zum Uebersetzer des Karthagers, Sprache und örtliche Verhältnisse waren ihm gewiss genau bekannt.

Wann Dionysios lebte, wird uns nicht gesagt; allein ein Cajus Sextilius war nach Pighius [1]) im Jahr 665 nach Roms Erbauung unter dem Consulat des L. Cornelius Sulla und Q. Pompejus Rufus (das ist nach Zumpt [2]) das Jahr 666 n. R. E. oder 88 v. Chr.) Prätor der Provinz Afrika; und schon Pighius selbst fügt hinzu; „an diesen Prätor sandte vielleicht Dionysius die von ihm ins Griechische übersetzten Bücher des Magon." Schneider [3]) erinnert, ohne des genannten zu gedenken, an zwei andere Sextilier, an den Prätor Urbanus Sextilius, der vor 674 n. R. E., das ist 80 v. Chr. in die Gefangenschaft der Seeräuber fiel, und an den davon verschiedenen Quästor Urbanus Publius Sextilius. Nach Pighius [4]) verwaltete dieser Publius Sextilius Publii Filius sein Amt unter dem Consulat des D. Junius Silanus und L. Licinius Murena, das ist im Jahr 62 v. Chr.; und jener, gleichfalls mit dem Vornamen Publius, also vielleicht des vorigen Vater, war unter dem Consulat des Cn. Aufidius Orestes und P. Cornelius Lentulus, also erst im Jahr 71 v. Chr., Prätor, als er den Seeräubern in die Hände fiel. [5])

---

1) *Pighii annales Romanorum tom. III, pag. 232.*
2) *Zumpt. annales veterum regnorum et populorum, inprimis Romanorum. Edit. II, pag. 666.*
3) *Voce Sextilius*, im *Index rerum* zu seiner Ausgabe der *Scriptores rei rusticae.*
4) *Pighius l. c. pag. 333.*
5) *Ibid. pag. 257*, wo es heisst: *P. Sextilius, qui postea praetor anno DCXXCII a piratis est captus.*

Und dieser Zeitbestimmung scheint auch Drumann[1]) sich zuzuneigen, da er der Gefangennehmung des Sextilius erst nach der verunglückten Expedition des M. Antonius gegen die Seeräuber, also nach 74 v. Chr., gedenkt. Welchen dieser drei Sextilier Varro bezeichnen wollte, lässt sich nun zwar mit voller Sicherheit nicht entscheiden; indess spricht die grössere Wahrscheinlichkeit, wie schon Pighius eingesehen, für den ersten und ältesten.

Denn nach Dionysios, der sein Werk dem Prätor Sextilius sandte, lässt Varro den Diophanes Bithynos dasselbe nochmals überarbeiten und abkürzen; und dieser kann nicht wohl später als etwa 80 bis 70 v. Chr. geschrieben haben. Er widmete seine Arbeit dem König Dejotarus, der um 50 v. Chr., als Cicero in Kilikien weilte, schon so alt war, dass er von mehreren Männern aufs Pferd gehoben werden musste.

Jetzt haben wir also, ausser der ersten **lateinischen** Uebersetzung des Mago, die unverkürzt geblieben sein mag, schon **zwei** mehr und mehr abgekürzte **griechiche** Bearbeitungen desselben. Und nun spielt das Stück bei Suidas weiter, der also berichtet: „**Asinius Pollio der Trallianer**, Sophist und Philosoph, lehrte zu Rom unter Pompejus dem Grossen, und übernahm die Schule des Timagenes. Er schrieb einen **Auszug der Georgika des Diophanes** in zwei Büchern, u. s. w." Wie sein Name zeigt, war der **Trallianer** ein Freigelassener des Asinius Pollio. Der erste Asinius, der den Beinamen Pollio führte, war geboren im Jahr 75 v. Chr., konnte also vor dem Jahre 57 niemand frei lassen; und ins Jahr 48 fällt bekanntlich die pharsalische Schlacht, die Pompejus den Grossen vernichtete. Zwischen diesen Jahren haben wir demnach die Thätigkeit des Trallianus zu suchen.

Das ist das erste recht augenfällige Beispiel des **Excerpirens Interpolirens Castrirens**, dem wir begegnen. In

---

1) *Drumann Geschichte Roms IV*, Seite 400.
2) *Cicero pro Dejotaro, cap. 10.*
3) *Suidas sub voce Πωλίων.*

Magon's Werk knetet Dionysios allerlei griechische Brocken ein, und zieht gleichwohl die acht und zwanzig Bücher des Karthagers bis auf zwanzig zusammen; Diophanes verkürzt sie bis auf sechs, Trallianus bis auf zwei Bücher; was mag darin von Magon übrig geblieben sein?

Ueber den wissenschaftlichen, besonders botanischen Gehalt der Bücher des Magon und seiner Bearbeiter lässt sich nach den wenigen Stellen, die sich daraus erhielten, nicht urtheilen, noch weniger entscheiden, was davon wirklich ihm angehört, was seine Bearbeiter, Gott weiss woher genommen, hinzuthaten. Die Stellen, die dem Magon selbst zugeschrieben werden oder über ihn Nachricht geben, sammelte Heeren am öfter angeführten Ort. Das wenige darunter, was sich auf Pflanzen bezieht, wollen wir kurz durchgehen.

Einige Vorschriften, die Cultur des Weinstockes betreffend, bei Columella (III, cap. 12 sect. 5, cap. 15 sect. 4 und 5, IV, cap. 10 sect. 1, V, cap. 5 sect. 4) eben so die des Oelbaums, bei demselben (de arboribus cap. 17 sect. 1) und Plinius (XVII, cap. 12 sect. 19, cap. 18 sect. 30), die der Bäume, welche man aus Samen zieht, bei demselben (XVII, cap. 10 sect. 11), und die man durch Stecklinge zieht, bei demselben (cap. 11 sect. 16), sind meist ökonomisch zweckmässig, doch natur-wissenschaftlich unbedeutend. Interessanter für den Botaniker wäre eine Reihe von Angaben bei Plinius (XXI, cap. 17 sect. 68, und 18 sect. 69) über verschiedene schilf- oder binsenartige Pflanzen, deren Stengel man bei Karthago, vermuthlich zu allerlei Geflechten, sorgsam zu erndten pflegte, wenn sie mehr enthielte als die Namen, die Zeit wann, und die Art wie sie zu sammeln sind. Die Worte lauten: „Albucus (d. i. Asphodelus ramosus) besitzt einen ellenhohen, weitläuftigen, reinen und glatten Schaft. Darüber schreibt Mago vor, man solle ihn zu Ende März und Anfang April, wenn er geblühet, sein Samen aber noch nicht angeschwollen ist, ab-

---

1) Bei *Heeren a. a. O. S. 536* ist diese Stelle sehr verkürzt, und der Name Albucus verdruckt.

mähen, die Schäfte spalten und am vierten Tage in die Sonne legen; nachdem sie so getrocknet, Bündel davon machen. Derselbe sagt, was wir unter den Sumpfpflanzen Pfeilkraut nennen (quam inter ulvas sagittam appelamus), werde von den Griechen Pistana genannt. Diese müsse von Mitte Mai bis Anfang October entrindet und bei gelinder Sonne getrocknet werden. Derselbe schreibt vor, den zweiten Schwerdtel (gladiolum alterum), den man Cypiron (κύπειρον?) nennt, und auch den im Sumpf wachsenden den ganzen Juli über an der Wurzel zu schneiden, am dritten Tage an der Sonne zu trocknen, bis er weiss wird, täglich vor Sonnenuntergang aber unter Dach zu bringen, weil der Nachtthau den geschnittenen Sumpfpflanzen schade. Aehnliche Vorschriften giebt er über die Binse, die er Mariscon nennt, zum Flechten von Matten; sie solle im Juni bis Mitte Juli genommen, und so getrocknet werden, wie wir bei der Ulva an seinem Ort gesagt haben. Eine andere Binsenart unterscheidet er, die am Meere wächst und von den Griechen, wie ich finde, Oxyschönus genannt wird (Juncus acutus)." Das nun Folgende über den Unterschied der Juncusarten scheint nicht mehr aus Magon genommen zu sein. Zum Verständniss des Vorstehenden muss man wissen, dass die nordafrikanischen Nomaden (die Numidier) ihre Zelte aus Asphodelosstengeln flochten; daher ein Stamm jener Nomaden von Diodoros Sikeliotes [1]) und Polybios [2]) sogar die Asphodeloden genannt werden.

Aus Dionysios griechischer Uebersetzung habe ich nichts Botanisches anzuführen. Ich bemerke nur, dass Columella öfter Mago und Dionysius citirt, und dass die Stellen, zu denen Plinius einfach den Namen Dionysius anführt, sämmtlich zweifelhaft sind, da er mehrere Schriftsteller des Namens benutzt, darunter auch den Rhizotomen Dionysius, von dessen Pflanzenabbildungen schon die Rede war.

Diophanes lehrte nach Varro (I, cap. 9 sect. 7), die Güte

---

1) *Diodor. Sic. XX, cap. 57.*
2) *Polyb. XIV, cap. 1.*

Buch III. Kap. 5. §. 42.

des Bodens lasse sich theils nach seiner eigenen Beschaffenheit, theils nach dem, was darauf wild wächst, beurtheilen. Ziemlich viel und manches Bessere von ihm, besonders über die Weinzucht, hat sich in den Geoponiken erhalten, doch auch manches Fabelhafte, wie z. B. das ganze Kapitel vom Pfropfen und Oculiren der verschiedenartigsten Bäume auf einander (X, cap. 76). Verständiger sind seine Vorschriften über Birnbaumzucht (X, cap. 23). Eigentlich Botanisches ist kaum darunter, und nichts der Auszeichnung werth.

Von Trallianus endlich hat sich nichts erhalten.

§. 42.
Andere Georgiker.

Bei den übrigen Georgikern des Varro kann ich mich kürzer fassen, die meisten sogar, weil sich mit einiger Sicherheit gar nichts von ihnen sagen lässt, ganz übergehen. Ich ordne sie, wie Varro selbst alphabetisch, und schalte nur den Archelaos und Paxamos, die er nicht nennt, ein. Ueber Androtion, den schon Theophrastos kennt, sprach ich jedoch bereits im ersten Buch, und der Georgika des Königs Attalos und der Monographien des Amphilochos und Moschion erwähnte ich auch bereits.

Archelaos ist unstreitig der König von Kappadokien, den Antonius im Jahr 36 v. Chr. einsetzte, und der im 53. Jahr seiner Regierung, im Jahr 17 n. Chr., von Tiberius nach Rom gelockt, dort seinen Tod fand. Varro († 27 v. Chr.) kannte ihn noch nicht, ob Columella ihn kannte, ist, wie wir sahen, zweifelhaft; Plinius nennt ihn unter den Georgikern bloss den König, aber bei Gelegenheit des indischen Bernsteins nennt er ihn bestimmter den kappadokischen König [1]). Erhalten hat sich sonst nichts von ihm.

Aristandros Athenäos erzählte nach Plinius [2]) unter andern, dass sich zu Laodikea bei des Xerxes Ankunft eine Platane in

---

1) *Plin.* XXXVII, *cap.* 3 *sect.* 11 zu Ende.
2) *Ibid.* XVII, *cap.* 25 *sect.* 38.

einen Oelbaum verwandelt habe; und von derlei Wunderzeichen strotzten seine Bücher. Sein Zeitalter ist unbekannt.

Aristophanos Mallotes nach Varro und Columella, oder Milesios nach Plinius. Harduin[1]) hält dieses für das Richtige, und will den Varro und Columella nach seinem Plinius berichtigen; Reinesius[2]) jenes, wonach er den Plinius berichtigen will. Gründe für seine Meinung giebt keiner von beiden an, und ich finde gleichfalls keine. Auch wann er lebte, wissen wir nicht; und von seinem Werk blieb uns nichts übrig. Nur ein komisches Versehen, dessen sich Harduin schuldig machte, bemerke ich gelegentlich, da dergleichen so oft bei ihm vorkommt. Er verwechselte das verloren gegangene Lustspiel des Dichters Aristóphanes unter dem Titel Γεωργοί, „die Landleute," welches ein Scholiast citirt, mit dem georgischen Werk unsres Aristophanes.

Bion Soleus oder Solensis (aus Soloi in Kilikien) wird von Diogenes Laërtios[3]) auch als Verfasser eines Werks über Aethiopien genannt. Das ist alles, was wir von ihm wissen.

Epigenes Rhodios. Von ihm wüsste ich nichts zu sagen, als dass Harduin nach seiner Art wieder zu viel von ihm zu wissen glaubt. Es gab auch einen Astrologen Epigenes, den Plinius, Seneca und Censorinus öfter anführen. Mit ihm verwechselt Harduin den unsrigen, ungeachtet dass Censorinus jenen einmal[4]) ausdrücklich den Byzantiner nennt.

Hieron, König von Syrakus. Schneider[5]) bezieht das Citat desselben auf Hieron I., den Zeitgenossen des Dichters Epicharmos, dessen Siege in den olympischen und pythischen Spielen Pindaros feierte, und der von 478 bis 467 v. Chr. regierte; wie es scheint, aus keinem andern Grunde, als weil in unsern Ausgaben des Columella neben dem Namen des Hieron der des Epicharmos steht, und Schneider dabei an den Dichter dachte.

---

1) Im *Elenchus scriptorum* seiner Ausgabe des Plinius.
2) *Reinesii variae lectiones*, pag. 163.
3) *Diog. Laërt.* IV, cap. 7 sect. 58.
4) *Censorinus de die natali* cap. 7 zu Ende.
5) *Scriptores rei rusticae*, edid. Schneider II, pars II, pag. 27.

Ich habe bereits gesagt, aus welchen Gründen ich vermuthe, dass Archelaus statt Epicharmus zu lesen sei; wäre das aber auch nicht, so sehe ich nicht ein, warum unter der grossen Zahl uns nur dem Namen nach bekannter Georgiker nicht auch ein nicht weiter bekannter Epicharmos aus Sicilien sein könnte, ein Zeitgenosse Hierons II. Zur Zeit Hierons I. war es noch nicht Sitte, dass Könige schriftstellerten, und grade von diesem Könige möchte ich am wenigsten vermuthen, dass er sie eingeführt hätte. Hieron II. regierte von 270 bis 216 v. Chr.; von ihm lässt sich eher erwarten, dass er sich in seinem hohen Alter, er erreichte das neunzigste Jahr, — mit schriftstellerischen Arbeiten die Zeit kürzte, ihm hatten schon vier Ptolemäer das Beispiel einer solchen Liebhaberei gegeben. Das war, wie ich gern anerkenne, schon Harduins Meinung. Doch ganz ohne Missgriff geht es bei ihm auch hier nicht ab. Er beruft sich auf Valerius Maximus[1]), der viel Rühmliches von diesem Hieron II. sage. Allein Valerius Maximus fertigt ihn mit ein Paar Worten ab, und das Rühmliche, was nun folgt, erzählt er nicht von Hieron, sondern von dem Numiderkönige Masinissa, den er mit jenem vergleicht, wie schon Bayle in seinem Wörterbuch rügte.

Mnaseas Milesios war nach Columella[2]) kein unberühmter Schriftsteller, und gehörte zu denen, die auch über geringere Gegenstände des Haushalts, über Mühle Küche und Keller zu sprechen nicht unter ihrer Würde achteten. Harduin wirft ihn zusammen mit dem Geographen Mnaseas Patreus oder Patareus, den wir aus Athenäos kennen, und den ohne Zusatz seiner Vaterstadt auch Plinius citirt, doch in der Liste der Georgiker übergeht, zum sichern Zeichen, dass der Patreer und der Milesier zwei verschiedene waren.

Paxamos wird schon von Columella[3]) mit Mnaseas gemeinschaftlich als Schriftsteller über Mühle Küche und Keller citirt.

---

1) *Valer. Maxim. VIII*, cap. *13 extern. nr. 1.*
2) *Columella XII*, cap. *4 sect 2.*
3) *Colum. de re rust. l. c.*

Der Koch der Deipnosophisten bei Athenäos [1]), als er sich des auf die Tafel kommenden an der einen Seite gebratenen, an der andern gesottenen, ganz gefüllten und scheinbar doch nicht aufgeschnittenen Schweins, als seines Meisterstücks rühmt, nennt den Paxamos seinen Schriftsteller. Dalechamp meint, weil er sein Landsmann, ich denke, weil er sein Kunstgenosse war. Denn Julius Pollux [2]) zählt ihn zu den Schriftstellern über die Kochkunst, von denen er ein langes Verzeichniss giebt; und nach Suidas [3]) schrieb er: von der Kochkunst in alphabetischer Ordnung, Böotika zwei Bücher, Dodekatechnon (ein obscönes Buch), von der Färberei zwei Bücher, von der Landwirthschaft zwei Bücher. Dass ihm Julius Pollux unter den sieben vornehmsten Schriftstellern über die Kochkunst (die übrigen hatten sie vielleicht nur beiläufig besprochen) die vorletzte Stelle giebt; dass ihn Varro noch nicht gekannt zu haben scheint; dass der Sammler der Geoponika, der fast nur jüngere Schriftsteller benutzte, ihn noch vor Augen hatte, und Auszüge aus ihm lieferte, die wir gleich näher betrachten wollen: das alles deutet auf eine Zeit ganz kurz vor Columella, auf die unterste Grenze der Zeit, mit der wir uns beschäftigen. Haller [4]) hält zwar den Paxamos der Geoponika für einen weit jüngeren Schriftsteller, weil er den Nestor citire [5]), von dem ich in meinem siebten Buch zu sprechen gedenke. Indess hat Niclas in seinen Anmerkungen zu Needham's Prolegomena vor seiner Ausgabe der Geoponika [6]) gezeigt, dass die Schriftsteller, die fast vor jedem Kapitel der Geoponika genannt werden, keineswegs immer als Verfasser der ganzen Kapitel zu betrachten sind. Und so citirt auch Paxamos nicht den Nestor, sondern dieser spricht nur gegen das Ende des Kapitels, zu dessen Anfang jener sprach.

---

1) *Athen.* IX, cap. 19 pag. 376 d.
2) *Jul. Pollucis* onomastic. VI, cap. 10 segment. 70.
3) *Suidas* sub voce Πάξαμος.
4) *Haller* bibl. botan. I, pag. 137.
5) *Geoponic,* XII, cap. 17 (nicht 16, wie bei Haller steht).
6) *Geoponic.* edid. Niclas I, pag. XLII.

Die Geoponika enthalten überhaupt 23 zum Theil längere Kapitel von Paxamos, vielleicht nicht alle aus den Georgiken, denn einige (z. B. XVIII, c. 21) duften stark nach der Küche. In einem (X, c. 34) citirt er selbst das dritte Buch seines andern georgischen Werks, ich weiss nicht welches. Genannt werden manche sonst nicht bekannte Pflanzen, doch nicht beschrieben. Reich ist es an Mitteln gegen Krankheiten der Culturpflanzen und Hausthiere, und spricht auch von den Heilkräften einiger Culturpflanzen, wie des Kohls (XII, c. 17), der Kaukalis (d. i. Pimpinella Saxifraga; XII, c. 32), des Portulaks (XII, c. 40). Alles aber ist roheste, mit Aberglauben verbrämte Empirie, wie z. B. wenn er räth, einen Wolfsschwanz an die Krippe der Kühe zu hängen, damit sie keine Knochen verschlucken (XVII, c. 13), oder gefangene Ameisen zu verbrennen, damit die ungefangenen von selbst abziehen, was ihm die Erfahrung bestätigt hatte! (XIII, cap. 10), Von philosophischem Geist älterer Georgiker keine Spur. Die Hauptstellen sind folgende. Alle anzuführen ist um so weniger nöthig, je leichter sie sich im Index auctorum der Ausgabe der Geoponika von Niclas auffinden lassen.

II, cap. 4. „Wasseranzeigen. Wo der Keuschbaum wild wächst, oder die Konyza (Erigeron viscosus), oder Othlis [1]), oder Schilf, oder Kolymbatos [2]), oder das sogenannte Dreiblatt [3]), oder Potamogeiton [4]), oder Binsen; da soll man graben u. s. w." Die andern Vorzeichen übergehe ich, da sie rein physikalisch sind.

---

[1]) Ὄθλεις (plural.). Unbekannter Name. Ist vielleicht ὄρχεις zu lesen, und unsre *Orchis palustris* zu verstehen?

[2]) Κολύμβατος. Gleichfalls unbekannt. Wörtlich: „die tauchende Brombeere." Vielleicht der niederliegende, wurzelnde *Rubus tomentosus*, sonst χαμαίβατος.

[3]) Τρίφυλλος, ist gewöhnlich *Psoralea bituminosa*. Sollte hier nicht die in Griechenland keineswegs fehlende *Menyanthes trifoliata* zu verstehen sein? wie schon Sprengel vermuthete (*Gesch. d. Bot. I*, S. 63).

[4]) Sicher nicht unser *Potamogeton natans*, der nicht wächst, wo man nach Wasser erst graben muss. Vielleicht *Equisetum Telmateja*. Vergl. Fraas *synopsis plantarum florae classicae*, Seite 271.

II, cap. 43. „Welche Früchte durch gewisse Pflanzen Schaden leiden. Die Orobanche [1]) umwindet und tödtet die Bohnen. Das Unkraut, das man Lolch [2]) nennt, tödtet den Weizen; dem Brod beigemengt, verdüstert es. Der Gerste schadet die Aegilops, der Linse die sogenannte Pelekinos [3])."

V, cap. 29. „Vom zweiten Ablauben des Weins.... Die Reben aber, woran die Trauben wegen der Feuchtigkeit des Bodens und der Dichtheit des Laubes faulen, muss man dreissig Tage vor der Lese von den seitlichen Blättern reinigen, damit der Wind die Trauben abkühlt. Aber am Wipfel müssen die Blätter bleiben, damit sie gegen den Brand der Sonne von oben her schützen. Treten aber im Herbst häufige Regen ein, so dass sich die schwellenden Beeren sehr vergrössern, so sind auch die Wipfelblätter abzunehmen, damit der Wein nicht sauer werde u. s. w."
— Wie man sieht, ein ganz verständiges Verfahren, doch ohne Bewusstsein der Gründe desselben.

X, cap. 62. „Vom Pfropfen der Mandeln. Die Mandeln werden gegen Ende des Herbstes, nicht auf die höchsten, sondern auf die von der Mitte des Stamms ausgehenden Zweige gepfropft."

X, cap. 84. Universalkur der Bäume. Jeder Baumart ist zwar eine besondere Kurart angemessen. Indess will ich auch die, welche sich für alle Bäume passt, nicht übergehen, sondern bekannt machen. Wenn du also willst, dass alle Bäume gesund und wohlgenährt bleiben sollen, so wässere die umgrabenen Wurzeln und zugleich den Stamm mit altem menschlichen oder thierischen Harn; und wenn es an Regen fehlt, auch mit Wasser. Dasselbe bewirken Weintrebern mit einer gleichen Portion Wasser an jeden der Bäume gegossen. Einige bestreichen beim Pflanzen

---

1) Bei Theophrastos, der dasselbe sagt, hält Sprengel in s. Uebersetzung desselben *II*, *S. 325* die Orobanche für *Cuscuta epilinum*, *Fraas* a. a. O. S. 53 für *Lathyrus Aphaca*.

2) *Αἶρα*, übersetzt durch *Lolium* bei Dioskorides *II, cap. 122*.

3) *Fraas* a. a. O. S. 53 und 57 schwankt, ob er dieselbe Pflanze bei Theophrastos für *Biserrula Pelecinus* oder *Securigera Coronilla* halten soll.

die Wurzeln mit Ochsengalle; und die so gepflanzten Bäume nehmen keinen Schaden. Einige bestreichen die Stämme mit dem Saft der sogenannten Polypremnos ¹), und erhalten sie unbeschädigt, und erndten reichliche Frucht."

Sechstes Kapitel.
Die Geographen des alexandrinischen Zeitalters.

§. 43.

Agatharchides Knidios.

Ueber drei Geographen werde ich in diesem Kapitel sprechen, da wir den vierten, der sich hierher ziehen liesse, den Dikäarchos bereits kennen, über Agatharchides, Strabon und Juba. Sie alle fassten ihre Aufgabe so, dass in ihren Beschreibungen der Länder auch die der merkwürdigeren Naturproducte Platz fand.

Agatharchides war nach Photios ²) von Geburt ein Knidier, seiner Bildung nach ein Grammatiker, seiner äussern Stellung nach Schreiber und Vorleser des alexandrinischen Philosophen Heraklides Lembos. Strabon ³), der ihn zu den berühmten Männern aus Knidos zählt, nennt ihn den Peripatetiker und Historiker. Dodwell, dessen Dissertation über das Zeitalter des Agatharchides ⁴) mir nicht zugänglich ist, soll ihn um das Jahr 104 v. Chr. setzen, ich weiss nicht, aus welchen Gründen. Ich möchte ihn etwas

---

1) Da diese Pflanze sonst nirgends vorkommt, und Paxamos selbst sie nicht einmal gekannt zu haben scheint, so war es mehr als verwegen, dass Dalechamp in seiner *Historia plantarum generalis, Lugdun., 1587, 1, pag. 554* sie als diejenige zu bestimmen wagte, die jetzt *Valerianella olitoria* heisst.
2) *Photii biblioth. cod. 213 pag. 545 sq. edit. Hoeschelii.*
3) *Strabo XIV, cap. 2. pag. 656. edit. Casaub.*
4) Im ersten Bande der *Geographiae veteris scriptores Graeci minores (edid. Hudson).*

höher hinaufrücken; denn Heraklides Lembos lebte nach Suidas [1]) unter Ptolemäos VI. Philometor, der von 181 bis 146 v. Chr. regierte. Seine zu Photios Zeit noch vorhandenen zehn Bücher asiatischer, und vierzig Bücher europäischer Dinge (ich weiss nicht, ob Geschichte oder, wie Heyne [2]) meint, Geographie) gingen verloren. Aus seinen fünf Büchern vom rothen Meer besitzen wir noch die Auszüge des Photios, mit denen das, was Diodoros der Sikelier [3]) der sie benutzte, von denselben Gegenden erzählt, oft wörtlich übereinstimmt, wiewohl es mit Fabeln, die bei Photios fehlen, durchwebt ist. Mehr scheint Agatharchides nicht geschrieben zu haben, denn nach Photios bekannte er sich selbst am Schluss des letzt genannten Werkes nur zu jenem, und versicherte, hinfort nicht mehr schreiben zu wollen. Gleichwohl nennt Photios, ohne sie gesehen zu haben, noch mehrere Schriften, die man zu seiner Zeit dem Agatharchides beilegte.

Seine Beschreibung des rothen Meers schöpfte Agatharchides, wie er selbst andeutet, vornehmlich aus den Berichten der Kaufleute und Jäger, welche auf Anlass der ägyptischen Könige das rothe Meer befuhren. Jene verfolgten die Küsten bis zu den Aduliten im Süden Arabiens, welche ihrerseits bis nach Indien handelten. Diese betrieben an der afrikanischen Küste jene grossen Elephantenjagden im Auftrage der Könige, die wir uns als wahre Entdeckungs-Expeditionen bis tief ins Innere des Landes, ja als Kriegszüge gegen Menschen und Thiere zugleich vorzustellen haben. Schlechte Zeugen waren das nicht, und sind auch einige der Nachrichten des Agatharchides unverkennbar fabelhaft, so bestätigten doch neuere Reisende in jenen Gegenden viele derselben, die man vordem gleichfalls zu den Fabeln rechnete. Im Alterthum stand er durchaus im Rufe der Glaubwürdigkeit, und nicht allein Diodoros der Sikelier, der es freilich mit seinen Quellen nicht gar genau nimmt, sondern auch der gewissenhafte streng

---

1) *Suidas voce* Ἡρακλείδης Ὀξυρυγχίτης, *I, pars 2 pag. 879 edit. Bernhardy.*
2) *Heyne de fontibus historiarum Diodori Siculi*, vor der Zweibrücker Ausgabe des *Diodoros I, pag. LXIII, not. 4.*
3) *Diodor. Sicul. III, cap. 12—37.*

Buch II. Kap. 6. §. 44. 313

kritische Strabon schöpften ihre Nachrichten von der Umgebung des rothen Meers fast ganz und oft wörtlich aus ihm.

Für den Botaniker sind besonders seine Nachrichten über die Gewürze und Räucherwerke des glücklichen Arabiens und des Gewürzlandes (jetzt des Landes der Somaulis) und über die essbaren Pflanzen um Meroë bemerkenswerth; ich wiederhole sie jedoch hier nicht, da ich vor kurzem erst Gelegenheit hatte, diesen Gegenstand ausführlicher, als hier gestattet wäre, in einer besondern kleinen Schrift [1]) zu behandeln.

Eine neuere besondere Ausgabe der ziemlich umfang- und sehr gehaltreichen Ueberreste des Agatharchides fehlt noch. Text lateinische Uebersetzung und Commentar nebst Dodwells schon genannter Dissertation nahm Hudson in den ersten Band seiner gleichfalls schon genannten Sammlung der kleinern griechischen Geographen von 1698 auf. Diese Ausgabe findet man gewöhnlich citirt; nur schade, dass sie so selten ist. In Gails neuerer Sammlung der kleinern Geographen fehlt Agatharchides. In der Ausgabe des Photios von Höschel [2]), deren ich mich bediente, füllt der Text nebst einer lateinischen Uebersetzung des Agatharchides pag. 1321 bis 1380. Die neueste und beste Ausgabe des Photios von Bekker enthält ausser dem Text nur einen kritischen Apparat.

§. 44.
Strabon.

Noch gehaltreicher, auch an botanischen Mittheilungen ist Strabon, dessen Geographie sich in grosser Ausführlichkeit über die ganze damals bekannte Erde erstreckt [4]). Er war zu Amasea

---

1) *Meyer botanische Erläuterungen zu Strabon und einem Fragment des Dikäarchos. Königsberg. 1852. 8.* — Alles botanisch Bemerkenswerthe des Agatharchides findet sich darin bei den Parallelstellen Strabons.

2) *Photii myriobiblon sive bibliotheca etc. Graece edid. David Hoeschelius, Latine reddidit et scholiis auxit Andr. Schottus. Bothomagi. 1653. fol.*

3) *Photii bibliotheca. Ex recens. Imm. Bekkeri. Berol. 1821. 2 voll. 4.*

4) Die folgenden kurzen biographischen Angaben entlehnte ich von Groskurd, dem gründlichen Kenner und Uebersetzer Strabons und stren-

im Pontos vermuthlich im Jahr 66 v. Chr. geboren, aus einer vornehmen ohne Zweifel begüterten Familie halb griechischer halb kleinasiatischer Abkunft. Grammatik und Rhetorik studirte er anfangs bei dem Peripatetiker Tyrannio in Amisos, dann bei Aristodemos in Nysa. Von dort wandte er sich nach Seleukia, um bei Xenarchos aristotelische Philosophie zu studiren. Gleichwohl ergiebt sich aus zahlreichen Stellen seines Werks, dass er sich nicht zu den Peripatetikern sondern zu den Stoikern rechnete. Grosse Reisen vollendeten seine Bildung. Er selbst rühmt sich von Armenien aus westlich bis nach Hetrurien, Sardinien gegenüber, und vom schwarzen Meer aus südlich bis nach Ober-Aegypten gekommen zu sein. An öffentlichen Geschäften scheint er sich nicht betheiligt, sondern sein Leben ganz der Wissenschaft gewidmet zu haben. Nach einem historischen Werk von drei und vierzig Büchern, welches wir nicht mehr besitzen, und welches schon Suidas[1]) nicht mehr kannte, der nur von seiner Geographie in 17 Büchern spricht, schrieb er seine bis auf wenige Lücken noch vorhandene Geographie in siebzehn Büchern, und beendigte sie vermuthlich kurz vor seinem im Jahr 24 n. Chr. oder im 90. seines Alters erfolgten Tode[2]).

Zu den Gegenständen, welche der Geograph behandeln soll,

---

gen Kritiker der Arbeiten seiner Vorgänger, wiewohl auch seine Arbeit im Einzelnen der Kritik manche Blössen giebt. So sagt er, der ähnliche Verstösse Anderer so scharf rügt, unterandern §. 4: „In *Buch XII, Seite 576* meldet Strabon, dass die Stadt Kyzikus noch frei und selbstständig sei. Da nun Kyzikus im Jahr 778, 25 J. nach Chr. ihre Freiheit verlor und den Römern unterthänig wurde *(Tacit. annal. IV, c. 36)*, so war Strabon in jenem Jahre bereits verstorben." Folgt das? Konnte Strabon, nachdem er jene Worte geschrieben, nicht noch sehr alt werden? Doch ich sagte das nur, weil der alte Rector gegen ähnliche Missgriffe Anderer so streng ist. In der Sache hat er aus andern Gründen recht.

1) *Suidas sub voce Στράβων*. Derselbe Artikel wiederholt sich bei ihm unter dem offenbar verdorbenen Namen Στράτων.

2) Die Gründe dieser Zeitbestimmung werde ich in einer Anmerkung zum folgenden §. erörtern.

Buch III. Kap. 6. §. 44.

rechnet Strabon selbst[1]) auch die Erzeugnisse der Erde wie des Meers an Thieren und Pflanzen und andern nützlichen oder schädlichen Dingen. Dieser Aufgabe, meint Groskurd[2]), hätte Strabon nicht, wie er sollte, genügt. Mir scheint dagegen der botanische Gehalt seiner Geographie höchst bedeutend, nur von den Neuern nicht genug beachtet. Ich überzeugte mich, nachdem ich ihn mit Rücksicht auf seine botanischen Nachrichten gelesen, dass dieselben eine besondere Zusammenstellung, gründliche Erörterung und Vergleichung mit den Beobachtungen der Neuern verdienten, dass aber hier in der Geschichte der Botanik der Raum dazu fehle. Ich liess ein besonderes Büchlein darüber[3]) erscheinen, von dessen Einzelnheiten ich hier nichts wiederhole. Im Allgemeinen geht daraus hervor, dass die Nachrichten über die vegetabilischen Erzeugnisse verschiedener Länder bei Strabon nicht wie bei vielen neuern Compendienschreibern einen stehenden Artikel bilden, der überall gleichen Zuschnitt und ungefähr gleiche Breite hat; sondern dass sie bald reicher bald dürftiger sind, zuweilen ganz ausfallen, je nachdem seine Quellen ihm mehr oder weniger oder gar nichts darboten; dass sie aber auch nicht selten, ganz im Sinn unserer neueren Pflanzengeographie, Vegetationsgrenzen bedeutender Culturpflanzen und Waldbäume bezeichnen, und das Aufhören derselben jenseits dieser Grenzen besonders hervorheben. Aehnliches konnte ich früher von Theophrastos rühmen. Nach diesen beiden bis auf die neuere Zeit, in welcher sich die Pflanzengeographie zu einem besondern kräftig treibenden Zweige der Wissenschaft ausbildete, wüsste ich niemand, der die Vegetation von dieser Seite der Betrachtung werth gefunden hätte. Freilich war **Strabon selbst offenbar kein Pflanzenkenner**; das zeigt unterandern schon seine Vergleichung zweier iberischer Bäume, die er nicht gesehen, mit einem ägyptischen Baum und einem kappadokischen Strauch, die er gesehen, aber so gänzlich unge-

---

1) *Strab. I, cap. 1 §. 8 pag. 8 edit. Casaub.*
2) *Strabons Erdbeschr. übers. von Groskurd Band I, pag. XXXVIII.*
3) *Versuch botanischer Erläuterungen zu Strabon und einem Fragment des Dikäarchos. Königsberg. 1852. 8.*

nügend bezeichnet, dass sich kaum entfernt muthmassen lässt, was er gesehen hat [1]): unbestreitbar bleibt ihm aber das Verdienst, die Bedeutung der Pflanzenkunde für allgemeine Erdkunde in ihrer ganzen Wichtigkeit erkannt und, so viel in seinen Kräften lag, geltend gemacht zu haben. Und wie anders als Andere er seine Quellen zu benutzen verstand, das zeigt aufs klarste seine Beschreibung des rothen Meers [2]) im Vergleich mit der, welche uns der Sikelier Diodoros [3]) hinterlassen, und beider mit der des Agatharchides, die ihnen als Quelle diente, und die wir zum Glück noch besitzen.

Unter den Ausgaben Strabons stelle ich die zweite des Casaubonus [4]) voran, nicht weil sie jetzt, nachdem der Text so vielfache Verbesserungen erfahren, noch zu empfehlen wäre, sondern weil es Sitte geworden nach der Seitenzahl derselben, die sich am Rande aller späteren Ausgaben ausser der von Tauchnitz notirt findet, zu citiren. Den besten Text lieferte bis jetzt der in Paris lebende Neugrieche Koraïs [5]) (nur wenn er französisch schreibt, nennt er sich Coray). Aber selbst Titel Einleitung und Commentar sind griechisch geschrieben. Ein Abdruck dieses Textes, leider ohne die Seitenzahl des Casaubonus, ist die Stereotypausgabe bei Tauchnitz [6]). Die neueste von Kramer [7]) kenne ich nicht. Meines Wissens ist sie noch nicht beendigt. Unter den deutschen Ueber-

---

1) *Strab. III, cap. 5 §. 13 pag. 575 edit. Casaub.*

2) *Ibid. XVI, cap. 4.*

3) *Diodor. Sicul. bibliothec. historic. III, cap. 11 sqq.*

4) *Strabonis rerum geographicarum libri XVII. Isaacus Casaubonus recensuit etc. Lutet. Paris. 1620 fol.* — Text lateinische Uebersetzung Commentar und Register.

5) Στραβωνος γεωγραφικων βιβλια ιζ, ἐκδιδ. Κοραη. Παρισ.] *Tom. I—IV, 1815—1819. 8.*

6) *Strabonis rerum geogr. libri XVII. Edit. stereotypa. Lipsiae, sumtibus Tauchnitzii. 1819. 3 tomi. 12.*

7) *Strabonis geographica. Recensuit, commentario critico instruxit G. Kramer. Berol. vol. I, 1844. II, 1847. 8.*

setzungen ist die von Penzel[1]) ihrer willkürlichen Auslassungen und Zusätze wegen nur mit Vorsicht zu gebrauchen, doch mit Anmerkungen versehen, die manche brauchbare Nachweisung enthalten, und deren Verfasser Forbiger sein soll. Besser ist die von Kärcher[2]), besonders vom achten Bändchen (von Buch XII) an, von wo ab der Verfasser die gleich zu nennende Uebersetzung benutzen konnte, die später zu erscheinen begann, aber rascher beendet ward. Nicht so lesbar, aber pedantisch genau und mit schätzbaren Nachweisungen kritischen Anmerkungen und sehr ausführlichen Registern versehen, ist die von Groskurd[3]), Pflanzenkunde fehlte jedoch allen bisher genannten Commentatoren und Uebersetzern. Ob das auch von den französischen Uebersetzern[4]) gilt, weiss ich nicht, da ich ihre Arbeit leider nicht kenne.

§. 45.

Juba II., König von Mauritanien.

Von seinen zahlreichen und mannichfachen Schriften blieb uns keine übrig. Wie viel wir daran verloren, bezeugen Plinius und Andere, die sie fleissig benutzten und den königlichen Verfasser stets mit Achtung nennen. Die zerstreuten Nachrichten über sein Leben und seine Schriften sammelte und ordnete der französische Akademiker Sevin[5]); doch finde ich die vornehmsten

---

1) Des *Strabo allgemeine Erdbeschreibung.* A. J. Penzel hat sie übersetzt u. s. w. *Lemgo 1775—1777. IV Bände 8.*
2) *Strabo's Geographie.* Uebers. von *K. Kärcher.* Stuttgart. 1829—1836. *XII Bändchen. 12.*
3) *Strabon's Erdbeschreibung.* Verdeutscht von *C. G. Groskurd.* Berlin und Stettin. *IV Theile. 1831—1834. gr. 8.*
4) *Géographie de Strabon, traduite en Français. Paris. V tom. 1815—1819. gr. 4.* — Ward auf Napoleons Befehl von du Theil, Koraïs und Gosselin bearbeitet. Wird sehr geschätzt, kostet aber 12 Napoleond'or!
5) *Sevin recherches sur la vie et les ouvrages de Juba le jeune, roi de Mauritanie;* — in den *Mémoires de l'Academie des inscriptions et belles lettres.* Tom. IV, 1723 pag. 457 sqq.

chronologischen Bestimmungen, die Sevin giebt, schon bei Bayle [1]), den er nicht nennt, und dieser, gewissenhafter als jener, beruft sich bei einigen derselben auf Norisii cenotaphia Pisana, die mir nicht zu Gebot stehen.

Juba I. von Mauritanien verlor 46 v. Chr. in der Schlacht bei Thapsus sein Leben. Seinen damals noch unmündigen Sohn gleiches Namens führte Cäsar zu Rom im Triumph auf. Beide, Appianos [2]) und Plutarchos [3]), welche die Thatsache erzählen, nennen den Gefangenen einen noch zarten Knaben, ohne sein Alter genauer zu bezeichnen. Jünger als Strabon, der schon um 66 v. Chr. geboren ward, war er also jedenfalls; gleichwohl überlebte ihn jener und benutzte wahrscheinlich seine Schriften. Wie seine Erziehung zu Rom gewesen, lässt sich aus seinen späteren schriftstellerischen Leistungen abnehmen. Ganz besonders erwarb er sich dort die Gunst des Augustus, für den er in dem Kampfe mit Antonius, welcher 31 v. Chr. mit der Schlacht bei Actium endigte, die Waffen trug, und durch den er einige Jahre darauf, 25 v. Chr. wenigstens in einen Theil seines väterlichen Reichs als König wieder eingesetzt [4]), und mit Selene, der Tochter des Antonius und der Kleopatra, vermält ward [5]). Unter Roms mächtigem Schutz regierte er lange und glücklich. Sevin sah eine Münze aus dem 45. Jahr seiner Regierung, also dem Jahr 20 n. Chr., und Tacitus [6]) spricht von ihm beim Jahr

---

1) *Bayle dictionnaire historique et critique.* Article *Juba.*
2) *Appian. bell. civil. II, cap. 101.*
3) *Plutarch. vita Caesaris pag. 733 E. edit. Paris. 1624 fol.*
4) *Dio Cassius LI, cap. 15, LIII, cap. 26.*
5) *Sueton. vita Caligulae cap. 26.* Dion Cassios nennt auch sie Kleopatra.
6) *Tacit. annal. IV, cap. 5,* und darauf *cap. 23* und *26.* Diese treffende Bemerkung finde ich bei Bayle. Sevin gedenkt nur der letzten Stellen, nicht der ersten, wodurch das Ganze an Beweiskraft verliert. Strabon gegen das Ende seines Werks (*XVII, cap. 3 § 7, 9* und *12 pag. 828, 829* und *831*) nennt Juba II., einen unlängst Verstorbenen und den Ptolemäos seinen Sohn und Nachfolger. Aus dieser Nachricht folgt, dass Strabon sein Werk nicht vor dem Jahr 23 n. Chr., dem 89. seines Lebens beendigt haben kann, und wahrscheinlich erst im folgenden, wenn nicht noch etwas später gestorben

23 n. Chr. noch wie von einem Lebenden, im darauf folgenden von seinem Sohn und Nachfolger Ptolemäos. Weit können wir demnach nicht fehlen, wenn wir seine Geburt um 50 v. Chr., seinen Tod in das Jahr 23 oder 24 n. Chr. setzen.

Obgleich in Rom gebildet, in Afrika geboren, schrieb er doch die meisten seiner Werke, wo nicht alle, in griechischer Sprache, ja einige derselben, Rom's Alterthümer und ein anderes Werk unter dem Titel die Aehnlichkeiten, wie Sevin sehr wahrscheinlich zu machen wusste, zu dem Zweck die Griechen mit den römischen Einrichtungen vertrauter zu machen und zu versöhnen. Sie selbst zählten ihn auch zu den Ihrigen[1]), und im ptolemäischen Gymnasion zu Athen stand seine Bildsäule[2]). Sollte daraus nicht folgen, dass er einen Theil seiner Jugend in Griechenland selbst zugebracht habe? Bestimmte Nachrichten darüber fehlen, doch steht auch keine damit im Widerspruch.

Die Gegenstände seiner Werke waren, wie schon die Titel zeigen, von höchster Mannichfaltigkeit, eine Geschichte des Theaters, der Malerei, der Maler, über die Verderbniss der Sprache, über Versbau (doch scheint dies Werk lateinisch geschrieben, und vielleicht von einem spätern Grammatiker verfasst zu sein), römische Alterthümer und damit vielleicht zusammenhängend ein Werk unter dem Titel Aehnlichkeiten (vielleicht eine Parallele römischer und griechischer Dinge), assyrische Alterthümer nach Berosos, dazu, was uns näher berührt, eine Geschichte und, wie wir nicht zweifeln können, zugleich Naturgeschichte Arabiens,

---

ist. Dasselbe folgert Groskurd in der Einleitung zu seiner Uebersetzung des Strabon, setzt jedoch Juba's Tod, ich weiss nicht warum, ins Jahr 21 n. Chr. Grade umgekehrt verfährt Clinton (*fasti Hellenici from the 124. Olympiad to the death of Augustus, pag. 203*), und verirrt sich noch etwas weiter. Er zeigt, dass Strabon im J. 17 n. Chr. sein Werk noch nicht beendigt hatte, und folgert daraus, dass Juba in diesem Jahr gestorben sei.

[1]) *Plutarchos* (vita Caesaris, pag. 733 E. edit. Paris.) nennt ihn einen der gelehrtesten unter den Griechen, und sagt an einer andern Stelle (*vita Marcelli, pag. 317 A.*): „Wir folgen dem Livius, dem Cäsar, dem Cornelius Nepos, und unter den Griechen dem König Juba."

[2]) *Pausan. I, cap. 17 sect. 2.*

ein Werk über Libyen, eine kurze Monographie der Pflanze Euphorbia, und endlich ein Werk unter dem Titel die Physiologen.

Aus der arabischen Geschichte erhielt sich bei Plinius noch ziemlich viel. Juba schrieb dies Werk in mehreren Büchern für Cajus Cäsar, des Augustus Adoptivsohn, der sich zu einem Feldzuge in Arabien vorbereitete, und entflammt war von des Wunderlandes Ruf [1]). Er selbst kannte Arabien nicht, und welche Vorgänger er benutzte, wissen wir nicht. Von den Nachrichten des Agatharchides und Artemidoros weichen die seinigen oft sehr ab. Standen ihm, dem Kenner semitischer Sprachen, vielleicht den Griechen ganz unbekannte Quellen offen? etwa phönikische Reiseberichte aus der Bibliothek seines Grossvaters Hiempsal, auf die wir gleich zurückkommen werden? Daraus würde sich vieles erklären, Entstehung und ganze Beschaffenheit der Schrift. Aus griechischen Quellen konnte der, dem sie bestimmt war, unmittelbar schöpfen, aus phönikischen nicht. Ueber Afrika zeigt sich Juba wohl unterrichtet und keineswegs leichtgläubig; über Arabien berichtet er die wunderlichsten Sachen, vielleicht nur um ihre Prüfung herbeizuführen. Ich übergehe das rein Geographische Zoologische und Mineralogische, und stelle nur die sehr zerstreuten botanischen Angaben zusammen.

Von der Insel Tylos im persischen Meerbusen erzählt Plinius [2]) von Baumwollbäumen (arbores gossypinae), und fügt hinzu: „Juba berichtet, die Wolle umgebe den Strauch (circa fruticem esse; sollte es nicht heissen circa fructum?), und die Gewebe überträfen die indischen. Die arabischen Bäume aber, aus denen man Gewänder mache, würden Cynae genannt, an Blättern der Palme ähnlich." Vielleicht ist auch das folgende von Juba entlehnt: „Auf den Inseln Tylos blühet auch ein anderer Baum wie eine weisse Viole, doch viermal so gross und geruchlos. Auch ist da noch ein ähnlicher Baum mit rosenrother Blüthe, die sich,

---

1) *Plin. hist. nat. XII*, cap. 14. sect. 31.
2) *Ibid. XII*, cap. 10, 11 sect. 21, 22.

des Nachts geschlossen, mit Sonnenaufgang entfaltet, und um Mittag ganz offen steht."

Ueber den Weihrauchbaum sagt Plinius [1]), seine Gestalt werde von Verschiedenen verschieden beschrieben. „König Juba in den Büchern, die er an den von Arabiens Ruf entflammten Cajus Cäsar, den Sohn des Augustus schrieb, versichert, er besitze einen verworrenen Stamm, mit Zweigen wie die Esche, namentlich die pontische: er ergiesse einen Saft nach Art des Mandelbaums. Solche Bäume fänden sich in Carmania (Kerman) und angepflanzt durch die Sorgfalt der regierenden Ptolemäer in Aegypten."

Dem Myrrhenbaum giebt Plinius [2]) Blätter wie dem Oelbaum, nach Juba wie dem wilden Oelbaum, nach Andern wie dem Wachholder u. s. w.

„In Arabien sollen die Palmen schwach süss sein, wiewohl Juba diejenige, welche von den nomadisirenden Arabern Dablan genannt wird, allen übrigen an Geschmack vorzieht [3])."

„Juba erzählt, um die Inseln der Troglodyten werde ein Strauch im Meere das Haar der Isis genannt, ähnlich einer Koralline, ohne Blätter. Abgeschnitten werde er schwarz und hart; wenn er falle, so breche er. Ein anderer, Charitoblepharon genannt, sei wirksam zum Liebeszauber; die Weiber machten Arm- und Halsbänder davon. Er merke es, wenn man ihn haschen wolle, werde dann hornartig hart, und mache die Schärfe des Eisens stumpf. Sei er überlistet, so verwandele er sich in Stein [4])."

Nachdem Plinius [5]) vom Erdbeerbaum (unedo, auch arbutus genannt) gesprochen, setzt er hinzu: „Nach Juba erreicht der Baum in Arabien die Höhe von funzig Ellen."

---

1) *Plin. XII, cap. 14 sect. 31.*
2) *Ibid. XII, cap. 15 sect. 34.*
3) *Ibid. XIII, cap. 4 sect. 7.*
4) *Ibid. XIII, cap. 25 sect. 52.* Eine Parallelstelle aus Agatharchides und den muthmasslichen Ursprung der Fabel sehe man in meinen botanischen Erläuterungen zu Strabon Seite 107.
5) *Ibid. XV, cap. 24 sect. 28.*

Zu Anfang seines 25. Buches handelt Plinius ausführlich von fabelhaften Zauberkräften, welche Dichter und Mystiker gewissen Pflanzen zuschrieben, und führt beiläufig an[1]): „Auch Juba berichtet, in Arabien sei ein Mensch durch eine Pflanze ins Leben zurückgerufen."

Es ist auffallend, wie oft sich Plinius gegen den Verdacht des Aberglaubens und der Leichtgläubigkeit verwahrt, und doch bei jeder Gelegenheit nach dem Wunderbaren hascht. Das mag der Grund sein, warum er uns aus des Königs Werk über Libyen so kärgliche Mittheilungen macht. In diesem Werk war Juba ohne Frage besser unterrichtet; vieles, was Andern bis auf den heutigen Tag unzugänglich und unerforschlich blieb, lag offen vor ihm, erschien aber grade deshalb alltäglicher und den Wundersüchtigen der Aufbewahrung nicht werth. Nicht einmal des Werkes Titel wäre auf uns gekommen, hätte nicht im 3. Buch desselben ein tragischer Mythos aus Libyens Urgeschichte einen fleissigen Sammler solcher Sagen[2]) angesprochen, und wäre nicht eine Stelle des Werks einem Grammatiker[3]) der das Alter des Worts Zitrone ($\varkappa i\tau\varrho\iota o\nu$) nachweisen wollte, zu statten gekommen. Auch hier handelt es sich um einen Mythos, um der Hesperiden goldene Aepfel, die Juba für Zitronen erklärte. Dass aber die Quellen des Nil im westlichen Afrika zu finden wären, dass nämlich der sogenannte Nigir das Krokodil und andere Thiere des Nil ernährte, dass dieser Strom auf seinem Laufe gegen Osten mitten in Afrika grosse Seeen bilde, wo das Land wüst wäre, sich mehrmals unter die Erde verberge, und wo es wieder fruchtbar würde, mehrmals wieder hervorbräche, bis er sich endlich bei Meroë mit einem andern Strom zum Nil Aegyptens verbände: das dem Juba nachzuberichten, eben da es Wirklichkeit sein sollte, und doch an's Fabelhafte streifte, konnte auch Plinius[4]) sich nicht versagen. Gewiss entlehnte er, auch ohne ihn zu nennen, dem

---
1) *Plin. XXV*, cap. 2 sect. 4.
2) *Plutarch. parallel. minor.*, in Opp. II, pag. 311. edit. Paris.
3) *Athenaei III*, cap. 7 pag. 83 B.
4) *Plin. V*, cap. 9 sect. 10.

Könige noch manches in seiner geographischen Beschreibung des innern und des westlichen Afrika's, doch nichts Naturgeschichtliches, ausgenommen bei den Inseln des atlantischen Oceans, wobei er sich abermals auf ihn beruft, und auch uns näher berührende Mittheilungen macht. Ich lasse ihn selbst reden [1]), doch mit Uebergehung dessen, was uns nicht angeht.

„Juba hat über die glücklichen (die canarischen) Inseln folgendes erforscht.... Die erste derselben würde Ombrion genannt, schiene unbewohnt zu sein, hätte auf den Bergen Sumpf, Bäume ähnlich der Ferula, aus denen man Wasser presse, aus den schwarzen bitteres, aus den helleren zum Getränk wohlschmeckendes .... Die nächste nach Nivaria (Teneriffa) hiesse Canaria, von der Menge ausserordentlich grosser Hunde, von denen dem Juba zwei gebracht wären. Auf ihr zeigten sich Spuren von Wohnungen. Während aber alle reich wären an Aepfeln und Vögeln jeder Art, so hätte diese auch Ueberfluss an Palmenhainen, welche Caryoten (eine Sorte grosser Datteln) trügen. Auch viel Honig gäbe es dort, auch die Papyrusstaude, und in den Flüssen fänden sich Welse (siluros), die aber durch die (vom Meer) ausgeworfenen, (am Strande) faulenden Thiere vielen Schaden litten."

Der kleinen Schrift über die Euphorbia und deren Saft das Euphorbion, gedenkt ausser Plinius [2]) auch Galenos [3]); und selbst Dioskorides [4]), aller Citate Feind, erklärt es wenigstens für anerkannt, dass das Euphorbion erst unter des Juba Regierung in Libyen entdeckt sei. Vor Augen hatte jedoch dieser die Schrift vermuthlich nicht, da wir das bei Plinius wohl voraussetzen dürfen, und beider Beschreibung der Pflanze sehr abweicht. Letzterem zufolge soll der König selbst die Pflanze auf dem Atlas entdeckt und nach seinem Leibarzt Euphorbos, dem Bruder des Musa, der den Kaiser Augustus in einer gefährlichen Krankheit das Leben rettete, benannt haben.

---
1) *Plin. VI, cap. 32 sect. 37.*
2) *Ibid. XXV, cap. 7 sect. 38.*
3) *Galen. opp. XIII, pag. 271 edit. Kühn.*
4) *Dioscorid. III, cap. 86.*

Endlich citirt noch der Grammatiker Fulgentius[1]) aus dem Anfange des 6. Jahrhunderts des Juba **Physiologi** mit folgenden Worten: „Concha etiam marina fingitur portari, quod hujus generis animal toto corpore simul aperto in coitu misceatur, **sicut Juba in Physiologis refert**." Und auf diese Schrift möchte Niclas die Stelle der Geoponika[2]) beziehen, worin es heisst: „Juba der König von Libyen sagt, man müsse die Bienen in hölzernen Kasten halten." Vorausgesetzt, dass er, wie Sevin meint, in dieser Schrift die Natur und Eigenschaften verschiedener Thiere untersucht hätte, könnte auch Plinius[3]) manches daraus entlehnt haben. Erstreckte sie sich auch vermuthlich nicht auf das Pflanzenreich, so bezeugt sie wenigstens wie die vorige des Königs Neigung zur Naturwissenschaft überhaupt.

Siebtes Kapitel.

Nikolaos Damaskenos, der einzige phytophysiologische Schriftsteller des Zeitalters.

§. 46.

Geschichte seiner Schrift.

Fast alle Ausgaben des Aristoteles bis auf die neueste herab enthalten zwei ihm zugeschriebene Bücher **von den Pflanzen**, obgleich schon Julius Cäsar Scaliger in seinem weitläuftigen Commentar dazu[4]) mit schlagenden Gründen und beissendem Witz ihre Unächtheit erwies. Ganz in seinem Sinn sagt auch Spren-

---

1) *Fulgent. mythologic. II.*
2) *Geopon. XV, cap. 2 sect. 21,* und dazu die Note von Niclas.
3) Unterandern *Plin. VIII, cap. 3 sect. 4* und *cap. 5 sect. 5* vom Elephanten; *VIII, cap. 30 sect. 46* von der Crotula, dem vermeinten Bastard der Hyäne und der Löwin; *X, cap. 44 sect. 61* von den Vögeln des Diomedes.
4) *Julii Caesaris Scaligeri in libros de plantis Aristoteli inscriptos commentarii, abstrusiore tum Graecorum tum Latinorum doctrina, quod et index ad calcem additus demonstrat, referti. Lugduni 1566. folio.*

Buch III. Kap. 7. §. 46.

gel¹) von ihnen: „Sie können unmöglich den grossen Philosophen zum Verfasser haben, da der gänzliche Mangel an Plan und Ordnung, die ungemein schlechte Schreibart, die Menge wirklicher Abgeschmacktheiten und Widersprüche nur zu deutlich einen sehr späten Schriftsteller, wahrscheinlich aus der Zeit des sinkenden morgenländischen Kaiserthums verrathen."

Nur Eins übersah man: dass die Vorrede den vermeinten griechischen Text ganz offen als eine Rückübersetzung aus dem Lateinischen ankündigt. Diese Schrift des Stagiriten, sagt der griechische Uebersetzer, sei im Original verloren gegangen, wäre aber aus dem Griechischen in die Sprache der Italer, aus dieser in die der Araber, ferner in die der Italer, und aus ihr von ihm wieder ins Griechische übersetzt. Das hielt man für blosse Erfindung des unbekannten Verfassers. Glücklicher Weise gelang mir aber, nicht allein die volle Wahrheit jener Aussage bis auf ein kleines Versehen, was sich darin eingeschlichen hat, nachzuweisen, sondern auch den wirklichen Verfasser des griechischen Originals zu ermitteln. Wo die Sprache der Italer zum ersten mal genannt wird, muss ohne Zweifel die der Judäer gelesen, und darunter das Syrische verstanden werden. Alles übrige ist richtig. Ausführlich habe ich darüber in der Vorrede zu meiner Ausgabe der lateinischen Uebersetzung des Nikolaos Damaskenos von den Pflanzen ²) gehandelt. Jetzt kann ich mich kürzer fassen, und werde nur bei ein paar Punkten, die noch der Berichtigung bedürfen, verweilen.

Bekannt, wiewohl auch unbeachtet geblieben, war eine alte barbarisch-lateinische Uebersetzung der beiden Bücher von den Pflanzen, sehr verschieden von der, welche man gewöhnlich in den lateinischen Ausgaben des Aristoteles findet, und welche eine neue Rückübersetzung aus der griechischen Rückübersetzung ist. Dieselbe war sogar schon gedruckt in einer seltenen lateinischen Ausgabe des Aristoteles, die 1496 zu Venedig per Gregorium de Gre-

---

1) *Sprengel Geschichte der Botanik I, S. 46.*
2) *Nicolai Damasceni de plantis libri duo Aristoteli vulgo adscripti. Ex Isaaci Ben Honain versione Arabica Latine vertit Alfredus. Ad codd. mscr. fidem, addito apparatu critico recensuit E. H. F. Meyer. Lipsiae 1841. 8.*

goriis in fol. erschienen ¹), und existirt ausserdem in zahlreichen Handschriften, woraus Jourdain ²) eine Probe mittheilte. Schon daraus liess sich abnehmen, es müsse diejenige sein, welche der griechischen Rückübersetzung zum Grunde lag. Den alten Abdruck, der jetzt vor mir liegt, zu erhalten, gelang mir damals nicht. Dafür erhielt ich durch die gütige Vermittelung meiner verehrten Freunde, Professor Meissner in Basel und Bibliothekar Schönemann in Wolfenbüttel drei Handschriften, aus denen ich einen neuen Abdruck besorgte; und nun kann sich jeder, der die griechische mit dieser lateinischen Uebersetzung vergleicht, leicht überzeugen, dass jene aus dieser geflossen sei ³). Von dem Verfasser der griechischen wissen wir nur durch Hermolaus Barbarus ⁴), dass er Maximus hiess; vermuthlich war es der bekannte Maximus Planudes, der um 1350 blühete. Den der lateinischen, der sich Alfredus nennt, und seine Schrift dem Rogerus Herefordensis zueignet, hielt Jourdain für den bekannten Alfredus Anglicus. Das ist jedoch ein Irrthum. Rogerus Herefordensis blühete um 1170, Alfredus Anglicus etwa hundert Jahr später, und schon zwanzig bis dreissig Jahr zuvor hatte Vincentius Belluacensis die Uebersetzung benutzt. Es muss ein anderer Alfredus sein. In zwei von Jourdain benutzten Handschriften wird er Alfredus de Sarchel genannt. Mein zweiter sehr freundlicher Recensent im hamburger Correspondenten ⁵), Herr Petersen, belehrt mich nach einer ihm von dem gelehrten Lappenberg gemachten Mittheilung, dass Sarchel oder Sarcell in der Normandie lag. Er

---

1) Vollständig findet man den sehr weitläuftigen Titel in *Hoffmann's bibliogr. Lexikon I, S. 298.*
2) *Jourdain Gesch. d. aristotelischen Schriften im Mittelalter, übers. von Stahr; Anhang Nr. XXX.*
3) Mein sonst so gütiger Recensent in den Gelehrten Anzeigen der K. baierschen Akademie von 1841 nr. 172 und 173, Herr Thomas, vermisst den Beweis dafür. Schon Jourdain hatte ihn gegeben, und er liegt zu offen, um der Wiederholung zu bedürfen.
4) *Hermolai Barbari in Dioscoridem corollar. I, cap. 28.*
5) *Staats- und gelehrte Zeitung des hamburgischen unpartheiischen Correspondenten, 1841 nr. 90.*

war also ein Normann, hatte sich aber, wie Jourdain aus Roger Bacon schöpfte, der mir leider fehlt, in Spanien aufgehalten, damals dem Hauptsitz arabischer Literatur.

Die arabische Uebersetzung, woraus Alfredus die seinige gemacht zu haben selbst versichert, besitzen wir nicht mehr. Bei Abd-Allatif in seinem Bericht über Aegypten [1]) fand ich indess glücklicher Weise zwei Stellen eines nicht näher bezeichneten Nikolaos, die mit zwei Stellen unseres lateinischen Pseudo-Aristoteles so genau übereinstimmen, dass sich an der Identität der Schrift, welche Abd-Allatif vor sich hatte, und derjenigen, woraus Alfredus übersetzte, nicht zweifeln lässt.

Diese Spur bei den Arabern weiter verfolgend, fand ich, dass sie zwar hie und da von den aristotelischen Büchern von den Pflanzen sprechen, doch so unbestimmt, dass es zweifelhaft bleibt, ob sie dieselben in einer arabischen Uebersetzung besassen oder nicht. Ja nach der Art, wie sich Abd-Allatif darüber ausdrückt, erscheint es sogar unwahrscheinlich. Um so bestimmter sprechen sich Hadschi-Chalfa, die noch ungedruckte Arabische Bibliothek der Philosophen, woraus ich die betreffenden Stellen der gütigen Mittheilung des berühmten Orientalisten Herrn Flügel verdanke, und Abul-Farag, auf den mich gleichfalls Flügel aufmerksam zu machen die Güte hatte, über den Nikolaos aus, den wir bei Abd-Allatif kennen lernten. Er soll nach Ibn-Bothlân, auf dessen Aussage sich Abul-Farag und die arabische Bibliothek gemeinschaftlich beziehen, geboren sein zu Laodikeia, und soll nach der arabischen Bibliothek eine Summe der aristotelischen Philosophie, nach Abul-Farag, diese und auch ein Buch von den Pflanzen verfasst haben. Nach Hadschi-Chalfa war letzteres ein Commentar zum Aristoteles, den Ischak Ben Honain übersetzte, Thabet Ben Qorra berichtigte. Abul-Farag sagt nur von des Nicolaos Summe aristotelischer Philosophie, davon besässen die Araber eine syrische Uebersetzung durch

---

1) *Abd-Allatif relation de l'Egypte, traduite par Sylv. de Sacy, pag. 17 et 22.*

Honain Ibn Ischak. Bekanntlich lebte Honain der Sohn des Ischak 809 bis 877 n. Chr., und war als Uebersetzer griechischer Schriftsteller ins Syrische berühmt, und sein Sohn Ischak Ben Honain setzte diese Arbeiten fort [1]). Ob nun, wie es den Anschein hat, das Buch des Nikolaos von den Pflanzen nur einen Theil seiner Summe aristotelischer Philosophie ausmachte, oder für sich bestand, mag dahin gestellt bleiben; genug, wir lernten den Nikolaos als den griechischen Verfasser beider kennen, so wie eine Uebersetzung seiner Werke ins Arabische, doch vermuthlich, wie das bei den meisten Uebersetzungen aus dem Griechischen der Fall war, erst ins Syrische, und daraus ins Arabische übertragen, was mit der muthmasslichen Angabe des griechischen Rückübersetzers übereinstimmt. Es bleibt nur noch die Frage, wer der Verfasser des griechischen Originals war.

Einen Nikolaos Laodikenos kennt die griechische Literatur nicht, der Gedanke an den bekannten Nikolaos Damaskenos lag nahe, und fand seine Bestätigung durch Ibn Raschid (Averroes), der den Nikolaos, den Peripatetiker, und seine Abkürzung aristotelischer Bücher sehr häufig citirt, und ihn an Einer Stelle ausdrücklich den Damaskener nennt [2]). Diesen dürfen wir demnach unbedenklich für den wahren Verfasser der zwei Bücher von den Pflanzen erklären.

§: 47.
Sein Leben[3]) und seine zwei Bücher von den Pflanzen.

Weder sein Geburts- noch Todesjahr lassen sich genau bestimmen, wiewohl sich ein beträchtlicher Theil seiner Selbstbiographie erhielt. Gebürtig war er aus Damaskos in Kölesyrien,

---

1) *D'Herbelot orientalische Bibliothek II, S. 745 der deutschen Uebersetzung.*

2) Herr Thomas in der angeführten Recension möchte lieber den Nikolaos Laodikenos von dem Damaskener unterscheiden. Er scheint meinen Beweis für die Identität beider aus Averroes übersehen zu haben.

3) Ausführlicher erzählt findet man dasselbe in *Fabric. biblioth. graeca, edid. Harles, III, pag. 500 sqq.*

wenige Meilen von Laodicea Scabiosa entfernt. Ob er sich hier aber jemals aufgehalten, und deshalb von Ibn Bothlân der Laodikener genannt ward, oder ob dieser die beiden Städte nur verwechselte, wissen wir nicht. Von vornehmer Herkunft, genoss er einer trefflichen Erziehung, und zeichnete sich bald aus als Dichter Philosoph Historiker und Staatsmann. Im Jahre 5 v. Chr. sandte ihn Herodes der Grosse, bei dem er in hoher Gunst stand, in Staatsgeschäften nach Rom, wo er sich auch bei Augustus in solche Gunst zu setzen wusste, dass der Kaiser eine delicate Dattelart, die er von ihm erhalten hatte, ihm zu Ehren nach seinem Namen benannte.

Von seinen historischen Werken erhielt sich einiges, von seinen poetischen und philosophischen nichts. Seine Summe aristotelischer Philosophie und seine Bücher von den Pflanzen werden von den Griechen und Römern nicht einmal genannt. Sehr begreiflich. Den Arabern, die nur einzelne Werke des Aristoteles in Uebersetzungen besassen, kam ein Werk über die gesammte aristotelische Philosophie zu statten; die Griechen, die aus der Quelle schöpfen konnten, verschmäheten das Röhrenwasser. Denn dass Nikolaos Damaskenos weder als Denker noch als Beobachter hervorragt, geht aus der lateinischen Uebersetzung seiner Pflanzenbücher nur zu deutlich hervor, und gänzlich getäuscht sah ich mich in der Hoffnung, er hätte vielleicht des Aristoteles Theorie der Pflanzen noch vor Augen gehabt und excerpirt. Bis auf ein Geringes sind die beiden Bücher von den Pflanzen aus denen des Theophrastos und einzelnen Stellen des Aristoteles, die wir noch besitzen, zusammengeflickt, und aufgestutzt mit allerlei Stellen älterer Philosophen. Auf solche Weise versuchte er, wie wir nicht zweifeln können, die durch den frühen Untergang der aristotelischen Theorie der Pflanzen entstandene Lücke, so gut er konnte, auf eigene Hand auszufüllen. So schlecht, wie es Scaliger und Sprengel fanden, ist das Werk indess nicht. Es ist durchaus nicht planlos, wenn auch der Plan nicht tadellos ist, und nicht immer streng beobachtet wird. Viele der von Scaliger gerügten Abgeschmacktheiten und Widersprüche fallen lediglich dem griechischen

Uebersetzer zur Last, der den lateinischen nicht verstand. Wie wenig dieser den arabischen verstanden, geht schon aus der Menge arabischer Worte, die er unübersetzt in seinen Text aufnahm, hervor; und wie oft der Araber oder Syrer das griechische Original missverstanden haben mag, lässt sich denken. Demungeachtet bleibt das Werk auch trotz seiner Mängel, auch in der Entstellung, in der wir es nur noch besitzen, ein Monument einzig in seiner Art. In den fast anderthalb tausend Jahren von Theophrastos bis auf Albert den Grossen, der es seinem unschätzbaren Pflanzenwerk zum Grunde legte, ist es das einzige über Physiologie der Pflanze. Erst stoischer Rigorismus, später christlich theologischer Glaubenseifer, verdrängten den Geist peripatetischer Forschung. Ueber die Gründe und den Zusammenhang der Dinge nachzudenken, galt für einen Luxus des Verstandes, ja für Gottlosigkeit. Dieser trostlosen Richtung, wenn auch mit unzulänglicher Kraft, wenn auch nur auf dem beschränkten Gebiet der Botanik, allein entgegengetreten zu sein, bleibt stets ehrenvoll und des Danks der Nachwelt werth, nicht zu gedenken des Einflusses, den es später durch Albert den Grossen auf die Wiedergeburt der Botanik ausübte.

Und nun schliesslich einiges zur Probe aus der Schrift selbst. Wo ich dabei von dem Text, den ich in meiner Ausgabe lieferte, abweiche, geschieht es auf Auctorität jener alten Ausgabe des Gregorius de Gregoriis, deren ich damals ermangelte, und deren Werth mein Recensent Herr Thomas mit Recht geltend machte, wenn auch vielleicht ein wenig zu hoch anschlug.

Aus des Nikolaos Damaskenos zwei Büchern von den Pflanzen.

Buch I, Kapitel 1. — „Leben waltet in den Thieren und in den Pflanzen; in jenen deutlich und unverkennbar, in diesen verborgen und nicht so entschieden. Um es auch bei diesen erkennen zu lassen, ist eine weitläuftige Untersuchung nöthig. Denn es steht nicht fest (nec constat enim. Greg.), ob die Pflanzen eine Seele und das Vermögen, Schmerz und Freude zu unterscheiden,

Buch III. Kap. 7. §. 47.   331

besitzen oder nicht. Anaxagoras und Empedokles (Abrucalis) sagen, sie würden vom Verlangen bewegt, sie empfänden auch, betrübten und freueten sich. Ja Anaxagoras behauptet, sie wären Thiere, die Freude und Schmerz empfänden, indem er sich auf die Biegungen (ich lese flexus statt fluxus) der Blätter beruft. Empedokles aber meint, die Geschlechter wären in ihnen vermischt. Platon sagt nur, sie besässen Verlangen, wegen des heftigen Bedürfnisses der Nahrung. Stände das fest, so würde daraus folgen, dass sie sich auch freueten und betrübten, und dass sie empfänden. Zweifelhaft erscheint auch, ob sie vom Schlaf erquickt, durch Wachen aufgeregt werden, ob sie athmen, und ob sie Geschlechtlichkeit mit vermischten Geschlechtern besitzen oder nicht. So viele Zweifel machen eine lange Untersuchung nöthig. Doch die wollen wir übergehen, und nicht das Einzelne weitläufig erörtern. Einige sagten aber, die Pflanzen hätten Seelen, weil sie sahen, dass dieselben erzeugt und ernährt werden, wachsen, in der Jugend grünen, und im Alter sich auflösen, indem nichts Unbeseeltes diese Eigenschaften mit den Pflanzen theilt. Da sie dieselben aber besitzen, so hielten sie dafür, dass sich die Pflanzen auch vom Verlangen bestimmen liessen."

Kapitel 2. — „Zuerst wollen wir nun das Offenbare, sodann das Verborgene untersuchen. Platon sagt, was Speise zu sich nimmt, das verlangt nach Speise, freuet sich der Sättigung, und betrübt sich, wenn es hungert; und diese Affectionen finden nicht statt ohne Empfindung. So schloss dieser Bewunderungswürdige, wenn er meinte, sie besässen Empfindung und Verlangen. Anaxagoras aber und Demokritos und Empedokles legten ihnen sogar Verstand und Einsicht bei. Wir jedoch, dies als schimpflich zurückweisend, wollen bei der gesunden Meinung stehen bleiben und sagen, dass den Pflanzen weder Empfindung noch Verlangen zukommt. Denn Verlangen geht nur aus Empfindung hervor, und das Ziel unseres Wollens bestimmt sich nach der Empfindung. Bei den Pflanzen finden wir aber weder Empfindung, noch ein Sinnesorgan, noch etwas dem Aehnliches, noch eine bestimmte Gestalt, noch ein Verfolgen der Dinge, noch Bewegung (überhaupt), noch einen Weg und Steg (vim iterum Greg. Mein Recensent möchte vim internam lesen, dem ich nicht beitreten kann, weil hier nur äusserlich Wahrnehmbares aufgezählt wird. Ich lese daher viam iterve) zu einer sinnlichen Wahrnehmung, noch sonst ein Zeichen, woraus sich abnehmen liesse, dass sie Empfindung haben, so wie es Zeichen giebt, aus denen wir wissen, dass sie sich ernähren und wachsen. (Sollte des Folgenden wegen heissen: so wie Ernährung und Wachsthum Zeichen sind, aus denen wir wissen, dass sie eine Seele haben.) Denn auch das wissen wir nur, weil Ernährung und Wachsthum Theile der Seele sind. Finden wir nun die Pflanze damit begabt, so erkennen wir daran, dass ihr nothwendig ein gewisser Theil der Seele einwohnen muss. Hat aber etwas keinen Sinn (si sensu quidem careat Greg. Statt quidem lese ich quid), so kann man nicht behaupten, dass es mit Empfindung begabt sei, weil Empfindung die Bedingung eines höheren Lebens, Ernährung aber die Bedingung des Wachsthums eines Lebendigen ist, u. s. w."

Nachdem die Untersuchung in solcher Weise noch eine Strecke lang fortgesetzt ist, und zu dem Resultat geführt hat, dass die Pflanze zwar eine Seele, doch nur die ernährende Seele habe, geht Nikolaos über zur Unterscheidung der Pflanzentheile, ganz nach Theophrastos. Im zweiten Buch bemüht er sich alle Lebenserscheinungen der Pflanze auf Wärme Kälte Trockenheit und Feuchtigkeit zurückzuführen. Nur noch Eine Stelle daraus theile ich mit, weil sich darin wenigstens eine leise Ahnung der Metamorphose der Pflanze auszusprechen scheint.

Buch II, Kap. 9 in der Mitte. — „Die alten Weisen erklärten auch alle Blätter für Früchte. Aber die Feuchtigkeit (meinten sie) wäre dermassen, dass sie nicht zur Reife und Festigkeit gelangten bei der von oben her auf sie einwirkenden Wärme und der Schnelligkeit der Anziehungskraft der Sonne. So verwandelt sich die nicht verdaute Feuchtigkeit in Blätter (alteratus est in folia Greg.), und der Zweck der Blätter ist nur, dass die Sonne (durch sie) die Feuchtigkeit anzieht, und dass sie die Frucht gegen die Sonnengluth schützen. Daher sind die Blätter eigentlich auch Früchte, und nur die von ihnen aufsteigende Feuchtigkeit macht sie, wie gesagt, zu Blättern. Ebenso muss man von den Oelbäumen urtheilen. Oft setzen sie keine Frucht an. Denn sobald die Verdauung eingetreten ist, trennt sich zuerst die nicht verdauete Feuchtigkeit von der zarteren, und wird zu Blättern, und die verdauete wird zu Blumen, und wenn das Verdauete im Spätjahr reift, so entsteht Frucht und tritt hervor am Ende des Stammes an dem ihm naturgemässen Orte."

Anmerkung. In dem Augenblicke, da dieser Bogen die Presse verlassen soll, finde ich folgende Schrift im Messkatalog angezeigt, und bedaure sehr, sie selbst noch nicht gesehen zu haben: *Frdr. Nauet, Nikolaus von Damaskus. Sein Leben und seine Schriften, nebst Uebersetzung der noch erhaltenen Bruchstücke. Simmern 1853. 8. (Frankf. a. M. b. Hermann)*.

Viertes Buch.

Botanische Anklänge bei den Römern vor und unter Augustus.

§. 48.
Einleitung.

Dem Keimen Blühen Welken der Botanik bei den Griechen und griechisch sein wollenden Alexandrinern folgten wir in den drei ersten Büchern bis tief in das Zeitalter des Kaisers Augustus hinab; jetzt, uns nach Rom wendend, sehen wir uns noch einmal von vorn anzufangen, und einen neuen Faden aufzunehmen genöthigt. Denn wie auch römisches und griechisches Wesen später allmälig in einander flossen, wie das besiegte Griechenland den rauhen Sieger mit seinen verfeinerten Künsten umgarnte[1]), wie selbst lange vor dem Siege, zumal in der römischen Literatur, griechische Einflüsse sich geltend machten: die daraus entspringende griechische Färbung römischer Dinge spielte doch nur auf der Oberfläche, im tieferen Leben der künftigen Weltherrscherin waltete ein eigenes Gesetz, das in ihrer besseren Zeit selbst ihrer Literatur, trotz jener fremden Färbung, den Stempel der Nationalität aufdrückte, und b e i d e L i t e r a t u r e n, die römische wie die griechische nicht aus demselben Gesichtspunkt aufzufassen gestattet.

---

1) *Graecia capta ferum victorem cepit, et artis intulit agresti Latio.* — *Horat. epist. II, 1 vers. 156.*

Buch VI. §. 48.

Nur Einen Gegensatz hebe ich hervor, der sich wie der weisse Lichtstrahl, der durchs Prisma geht, in die bunteste Mannichfaltigkeit aller Farben bricht; griechische Geistestiefe, und römische Charakterstärke. Ein Grundzug des Griechenthums ist die Ahnung und Anerkennung, ja Anbetung des Göttlichen in Kunst Poesie und Wissenschaft, woraus sich das Leben, das bürgerliche wie häusliche, durch politische Freiheit und andere Verhältnisse begünstigt, zur schönsten Blüthe entfaltete. Bei den Römern dagegen war es das Hochgefühl unbesiegter Kraft des Arms und des Willens, wovon alles ausging, worauf sich alles bezog, das stolze Selbstbewusstsein der Persönlichkeit, die sichere Begründung der Familie auf den Grundbesitz, des Staats auf seine kriegerische Haltung unerschütterliche Consequenz und sich immer weiter ausdehnende Uebermacht.

Einer solchen Richtung sind Wissenschaft und Literatur an sich völlig fremd. Sie entsprangen auch nicht wie in Griechenland urkräftig aus dem römischen Boden; wie das Unkraut zwischen der Saat schlichen sie sich ein, und wurden lange Zeit wie Unkraut behandelt. Als man im Jahr 181 v. Chr., also länger als zwei Jahrhunderte nach Sokrates, zu Rom unter einem Stein Schriften phytagoreischer Philosophie entdeckte, liess sie der Prätor Quintus Sextilius verbrennen, „quia philosophiae scripta essent". So erzählt wenigstens bei Plinius[1]) der älteste römische Annalist Cassius Hemina. Einen Senatsbeschluss vom Jahre 161 und ein Edict der Censoren vom Jahre 132 v. Chr. zur Austreibung griechischer Philosophen und Rhetoren aus Rom bewahrte uns Suetonius[2]). und als eine aus drei Philosophen bestehende Gesandtschaft der Athener im Jahr 156 v. Chr. in Rom verweilte, von der besonders Einer, der Akademiker Karneades, die Jugend durch hinreissende Beredtsamkeit fesselte, vermochte der ältere Cato den Senat, die Abfertigung der Gesandten zu beschleunigen, um sie auf gute Art so schnell wie möglich aus Rom

---

1) *Plin hist. nat. XIII*, cap. 13 sect. 27.
2) *Sueton. de clar. rhetorib.* cap. 1.

zu entfernen [1]). Auch waren die bedeutenderen älteren römischen Dichter grösstentheils Ausländer; einige, wie der Grieche Livius Andronicus, der Karthager Publius Terentius wurden sogar als Sklaven nach Rom geschleppt und später erst wieder freigelassen. Als man aber an griechischer Kunst und Wissenschaft Geschmack zu gewinnen anfing, eroberte man sie lieber mit den Waffen als mit dem Geist, man erbeutete Kunstwerke und Bibliotheken, machte Künstler und Gelehrte zu Sklaven, und betrachtete auch ihr geistiges Können und Wissen als wohl erworbenes Eigenthum. So brachte Sulla die Bibliothek des Apellikon, den literarischen Nachlass des Aristoteles und Theophrastos, nach Rom; so sammelte Lucullus die reichste Bibliothek, welche Rom bis dahin gesehen, wenigstens grossentheils auf seinen asiatischen Feldzügen, machte den Tyrannion, einen der gelehrtesten Grammatiker seiner Zeit zum Gefangenen, und führte ihn, wenn auch grossmüthiger als Andere nicht als Sklaven, mit sich nach Rom; so erbeutete Pompejus die Archive des Mithridates, und liess des Königs geheime Memoiren durch seinen gelehrten Freigelassenen Lenäus ins Lateinische übersetzen [2]).

Zwei so disparate Naturen wie griechischer Geist und römischer Charakter lassen sich nicht unmittelbar an einander messen, sie wollen einzeln jede für sich gewürdigt sein. Uns aber, die wir es nur mit der Wissenschaft, und zwar nur mit einem besondern Zweige derselben zu thun haben, berührt nicht, was den Römer gross machte, und was uns angeht, lag dem fern. Denn mit der Naturwissenschaft lässt sich, wenn man kein Archimedes ist, das heisst sich nicht mit reiner Begeisterung nach göttlichem Beruf in die Tiefen der Wissenschaft versenkt hat, kein Hund aus dem

---

[1] *Plutarch. in vita Catonis maj.*, *Opp. I, pag. 349 D. edit Paris.*

[2] Auf Lenäus werde ich später §. 59 zurückkommen. Ueber die Bibliothek des Apellikon und über Tyrannion vergl. man vornehmlich *Stahr's Aristotelia, II, cap. 10 Seite 114 und cap. 11 Seite 122*, und *Brandis Handbuch der Geschichte der griechisch-römischen Philosophie Theil II, Abtheil. II, erste Hälfte, Seite 65 ff.*

Ofen locken, geschweige denn ein Haus bauen, der Staat regieren oder Völker unterjochen. Und an sich betrachtet, was kann sie werden ohne Naturphilosophie, die in Rom niemals Eingang fand, als höchstens ein Conglomerat abgerissener Wahrnehmungen? Erwarten wir daher, statt des fröhlichen Aufschwunges der Botanik in Griechenland, hier zu Rom nur einzelne Anklänge, und zwar meist unverkennbar an griechische Weisen, seltener, wie es scheint, nationalen Ursprungs; eingestreuete Bemerkungen über Pflanzennatur oder einzelne Pflanzen zum Zweck vortheilhafterer Benutzung, sehr selten als Andeutung eines geahneten tieferen Zusammenhanges der Erscheinungen. Manches der Art werden uns die Landwirthe, fast noch mehr der Architekt Vitruvius, das wenigste die Aerzte darbieten, welche die Heilmittellehre noch mehr als anderes vernachlässigten.

Unter den zahlreichen Hand- und Lehrbüchern römischer Literargeschichte nenne ich nur diejenigen, die ich vor andern benutzte, um sie nicht Seite für Seite vollständig citiren zu müssen:

Joh. Nicol. Funccii Marburgensis de virili aetate latinae linguae tractatus (Pars I). Marburgi Cattorum 1727. Pars II, Ibidem 1730. 4. — Als Materialien-Sammlung zu den Biographien der Schriftsteller noch immer sehr brauchbar. — Die drei vorhergegangenen Tractatus de origine, de pueritia, de adolescentia latinae linguae, behandeln Zeiträume, die für unsern Zweck wenig oder nichts darbieten.

Jo. Alb. Fabricii bibliotheca latina, nunc melius delecta rectius digesta et aucta diligentia Jo. Aug. Ernesti. Tom. I — III. Lipsiae 1773 — 74. 8. — „In der That hat sich Ernesti Weglassungen und Zusammenziehungen erlaubt, welche durch seine Vermehrungen nicht ersetzt werden. Auch ist das Buch sehr incorrect gedruckt, und es fehlen die Register." (Ebert, in s. bibliogr. Lexikon). Alles wahr, und doch brauchbarer als die fünfte und letzte Originalausgabe, worin Nachträge und Verbesserungen nicht gehörigen Orts aufgenommen, sondern in zwei starken Supplementbänden nachgeschleppt sind. Wichtig sind besonders für Chronologie die von Fabricius selbst herrührenden Verzeichnisse der von fast jedem Schriftsteller citirten Quellen.

Girolamo Tiraboschi storia della letteratura Italiana. — Ich benutze die Ausgabe Roma Tom. I — X (in XIII volum.) 1782 — 97. 4. — Der letzte Theil (Tom. X oder vol. XIII, der freilich meist wenig erhebliche Nachträge enthält, und lange nach Vollendung des vorletzten von 1785 erschien, fehlt merkwürdiger Weise in Ebert's und Brünet's bibliographischen Wörterbüchern und bei andern Literatoren. — Ich nenne das Werk hier, weil es von den ältesten Zeiten beginnt; wichtig wird es jedoch erst im Mittelalter, und die Geschichte der Naturwissenschaften ist nicht die glänzende Seite des trefflichen Werks.

Joh. Christian Felix Bähr Geschichte der römischen Literatur. Dritte verbesserte und vermehrte Aufl. Band I, II. Carlsruhe 1844 — 45. 8. — Sehr reich an neuerer Literatur, wogegen die eigentlichen Quellen der gegebenen Nachrichten öfter als billig übergangen werden, und erst bei Funccius und andern aufgesucht werden müssen.

F. L. A. Schweiger, Handbuch der classischen Bibliographie. Zweiter Theil: Lateinische Schriftsteller. Abtheilung I, 1832, II, 1834. Leipzig. 8.

Erstes Kapitel.

Römische Landwirthe und Gärtner.

§. 49.

Marcus Porcius Cato Censorius.

Die Landwirthschaft stand bei den alten Römern im höchsten Ansehen. „Wollte man einen tüchtigen Mann loben, sagt Cato [1]),

---

1) *Cato de re rustica, in praefatione.*

so nannte man ihn einen tüchtigen Feldbauer, tüchtigen Pflanzer; den hielt man aufs höchste gelobt, der so gelobt war." Ueberhaupt kennt Cato nur drei einträgliche Gewerbe: den Handel, den er für unsicher und gefährlich, den Wucher, den er für ehrlos erklärt, und die Landwirthschaft, welche die tapfersten und ausdauerndsten Krieger erzeugt, den sichersten, am wenigsten gehässigen Gewinn abwirft, und bei denen, die sich eifrig damit beschäftigen, nicht leicht eine schlechte Gesinnung aufkommen lässt. Und das ist nicht bloss Cato's Privatmeinung, es ist ein Widerhall der ganzen älteren Geschichte Roms, das seine Feldherren mehr als einmal vom Pfluge wegnahm, und vom Triumphzuge zum Pfluge zurückkehren sah. Die Schriften über die Landwirthschaft bildeten daher, nächst den historischen, oratorischen und juristischen, den fruchtbarsten Zweig der römischen Literatur, und einige der bedeutendsten Schriftsteller dieses Fachs blieben uns glücklich aufbehalten.

So unterandern das Buch des Marcus Porcius Cato Censorius über die Landwirthschaft, nach einstimmiger Aussage seiner Landsleute [1]) das erste seiner Art in lateinischer Sprache. Zwar beruft sich Cato darin ein paar mal auf fremde Zeugnisse, beim Zypressenbau auf einen Manius Percennius Nolanus, bei der Weinbereitung auf die Manlier; doch kennt kein Späterer ihre Schriften, so dass, was jener von ihnen anführt, auf mündlicher Ueberlieferung zu beruhen scheint.

Ueber sein politisch bedeutendes Leben und seine nicht landwirthschaftlichen Schriften verweise ich auf seinen neuesten Biographen, meinen verehrten Collegen Drumann[2]), nach dessen Untersuchungen es keinen Zweifel mehr leidet, dass unser Cato von 234 bis 149 v. Chr. lebte, also ein Alter von 85 Jahren erreichte. Einfalt und Rauheit der Sitten, Strenge gegen sich und

---

1) *Cicero pro Cn. Planco, cap. 8 sect. 20.* — *Columella de re rustica I, cap. 1 sect. 12.* — *Plin, hist. nat. XIV, cap. 4 sect. 5.*

2) *Drumann, Geschichte Roms in seinem Uebergange von der republicanischen zur monarchischen Verfassung V, (1841) Seite 97 ff.*

340 Buch IV. Kap. 1. §. 49.

Andere, die er aus einer früheren Zeit in die seinige zu verpflanzen sich sein ganzes Leben über vergebens bemühete, wodurch er sich als Censor mit aller Welt verfeindete, sprechen sich auch in dem uns vorliegenden Buche aus, unterandern in der Vorschrift, altes abgenutztes Fuhrwerk, altes Eisen, alte kränkliche Sklaven, und was sonst nichts mehr taugt, zu verkaufen.

Die besten Ausgaben des Werks sind noch immer die von Johann Mathias Gesner[1]) und die von Johann Gottlob Schneider[2]). Den darin vorkommenden Pflanzen widmete Rottböll[3]) eine besondere Abhandlung in dänischer Sprache, die ich leider nur aus Schneider kenne, der sie fleissig benutzte.

Der in dem Buche herrschende Mangel an Ordnung, und vornehmlich die auf ein missverstandenes Zeugniss des Servius gegründete Annahme, Cato's verloren gegangene Praecepta ad filium in mehreren Büchern und sein einzelnes Buch de Re Rustica wären identisch, wonach denn freilich, was die Alten aus jenem Werk anführen, in diesem gesucht werden musste, und sich nicht fand, — verlockten Gesner zu der auch von Schneider lebhaft aufgenommenen, von Andern wiederholten Meinung: wir besässen Cato's Werk nur noch in einer durch Umstellungen Auslassungen und fremde Zusätze entstellten Redaction eines späteren Grammatikers. Diesen Irrthum, wodurch eins der ältesten und gehaltreichsten Denkmäler der römischen Literatur auf kurze Zeit völlig entwerthet ward, hat neuerlich Klotz[4]) Schritt für Schritt verfolgt und widerlegt. Allerdings ist das Werk kein Muster der

---

1) *Scriptores rei rusticae veteres latini. Curante J. M. Gesnero. Lipsiae 1735. 2 voll. 4.* Eine neue Auflage davon mit einigen Zusätzen besorgte *J. A. Ernesti. Lipsiae 1773 — 4. 2 voll. 4.*

2) *Scriptores rei rusticae veteres latini. Illustravit J. G. Schneider. Lips. 1793—6. 4 tomi in IX partes 8.*

3) *Rottböll anmärkinger og oplysninger 'til M. Porcius Cato de re rustica; in Danske Vidensc. Selsk. Skrifter. Nye Saml. vol. IV, 1790, pag. 229 sqq.*

4) *Klotz, über die ursprüngliche Gestalt von M. Porcius Cato's Schrift de re rustica, — in Jahn und Klotz neuen Jahrbüchern der Philologie und Pädagogik. Supplementband X, 1844, Seite 5 ff.*

Darstellung und Anordnung, manches steht am unrechten Orte, anderes wiederholt sich; vieles, worüber man mehr erwartet, ist kaum angedeutet oder fehlt ganz, wogegen anderes hier nicht am Ort erscheint, wie das Ceremoniel ländlicher Opfer, Hausmittel gegen Krankheiten der Menschen und Thiere, Recepte zu Gerichten aller Art: allein grade so schildern die Alten Cato's Werk. Es zeigt sich unverkennbar als ein nach und nach zu verschiedenen Zeiten zusammengeschriebenes Gedenkbuch, eine Sammlung eigener und fremder Erfahrungen und Rathschläge über den Landhaushalt und was nur näher oder entfernter damit zusammenhängt, und war ursprünglich vielleicht gar nicht für die Oeffentlichkeit bestimmt. Von Theorie, namentlich von einer naturwissenschaftlichen Grundlage der Pflanzenbehandlung keine Spur, als höchstens Kap. 41 die Vorschrift, beim Pfropfen genau Mark auf Mark zu passen, hinter der sich die Meinung verbergen könnte, das Mark leite den Saft.

Für uns gewinnt die Schrift nur dadurch Bedeutung, dass sie, mit Einschluss der Varietäten und einiger ausländischer Pflanzenproducte, welche die römischen Salbenhändler, Unguentarii, feil boten, ungefähr 120 Pflanzen nennt. Da mir noch kein Verzeichniss derselben bekannt ist, füge ich eins bei, und schalte demselben noch ein Paar Pflanzen ein, die in einem Bruchstücke Cato's bei Plinius genannt werden. Die Summe aller zu Cato's Zeit den Römern bekannten Pflanzen ist aus diesem Verzeichniss zwar nicht zu entnehmen, da z. B. Zierblumen nur in Bausch und Bogen aufgeführt, von lästigen Unkräutern nur drei unterschieden werden, und Zaubermittel und Gifte ganz fehlen; doch wird es uns später zu interessanten Vergleichungen dienen. Um bemerklich zu machen, wie vieles Cato, der erklärte Feind der Griechen, diesen schon damals, oft vielleicht ohne es zu ahnen verdankte, zeichne ich die ursprünglich griechischen Pflanzennamen durch Cursivschrift aus. Aber ich wage nicht, die Namen durchgängig zu deuten, da bei den meisten auch nicht ein einziges bezeichnendes Wort steht, und manche Namen bei Cato und seinen Nachfolgern sehr verschiedene Pflanzen bedeuten können.

342   Buch IV. Kap. 1. §. 49.

Verzeichniss der bei Cato vorkommenden Pflanzen.

	Kap.
Absinthium Ponticum, Mittel gegen das Wundwerden beim Gehen	159
A doreum semen, Spelt oder eine verwandte Weizenart, wie Siligo	34
Alium (alte Form für Allium), zur Thierarznei	70
Anisum, als Gewürz	121
Aquifolii vectes, doch wohl Pfähle unserer Ilex Aquifolium	31
Arundo, als Culturpflanze im arundinetum, zu Weinpfählen, Arundo Donax 6,	47
Avena, als Unkraut im Getreide	37
Beta, Zusatz zu einem Abführungsmittel	158
Brassica, höchlich gepriesen als das vorzüglichste Heil- und Nahrungsmittel	156
„ crispa seu apiana (mit Eppichblättern? apiacon bei Schneider)	157
„ erratica	157
„ lenis	157
„ levis (laevis)	157
Bulbi Megarici, man meint Arum Italicum	8
Bulbus minutus. Plinii hist. nat. XVIII, c. 5. s. 7.	

	Kap.
Calamus, Zusatz zur Bereitung eines griechischen Weins, der dem koischen nicht nachsteht	105
Capreida, Zusatz zu einem harntreibenden Wein. Einige riethen auf Caprifolium. Schneider möchte statt capreidam lieber capparidem lesen. Ich bezweifele beides, da in Ermangelung dieser Pflanze Juniperus empfohlen wird	122
Carpinus, praesertim atra, das Holz zur Oelpresse empfohlen. Eine andere Lesart ist Sappinus, welches man für Pinus Abies, französisch Sapin hält. Doch soll in Oberitalien auch Ulmus campestris Sapino genannt werden	31
Cicer	37
Cicuta, Unkraut im Getreide	37
Coriandrum, als Gewürz 119,	157
Coronamenta omne genus, Zierblumen aller Art, werden für Landgüter in der Nähe der Stadt empfohlen (Aber Plin. hist. nat. XXI,	

Buch IV. Kap. 1. §. 49. 343

cap. 4 sect. 10 sagt:
Die Unsrigen kannten äusserst wenig Zierblumen als
Gartenpflanzen, fast nur
Violen und Rosen) . . 8
Coruda, unde asparagi
fiant 6
Ueber die Cultur des
Asparagus. 161
Cupressus. — „Advena et
difficillime nascentium fuit,
ut de qua verbosius saepiusque quam de aliis
prodiderit Cato." Plin hist.
nat. XVI, cap. 33 sect.
60 . . . . 17, 28, 48, 151
Ebulus, Unkraut im Getreide . . . 37
Auch Plin. l. c.
Ederacea frons, als Futter,
wenn es an Heu fehlt 54
„ materia, zu Bechern,
welche den Wein, aber
kein Wasser durchlassen, also zur Weinprobe 111
Elleborum, Abführungsmittel 157
Faba, unterandern auch zur
Gründüngung, 27, 35, 37, 134
Fabulus albus? davon
drei Stück zu einer Thierarznei. Bei Gellius IV,
cap. 11 bedeutet es die
ägyptische Bohne von Nelumbium speciosum; hier
wäre wegen Unsicherheit
der Lesart jede Erklärung
gewagt 70
Feliculae radix zur Abführung 158
Ficus kommt öfter vor.
Davon folgende Abarten:
„ Africana 8
„ Herculana . 8
„ hiberna . 8
„ marisca . 8
„ Saguntina . 8
„ Telana atra . . 8
Foeniculum, als Gewürz 117, 119
Foenum. Graecum, als Viehfutter 27, 37
Ilignea frons, zur Streu . 5
„ fibula, zum Korbflechten 31
Iris arida contusa, zu einer
wohlriechenden Salbe, um
den Spund der Weinfässer
zu verstreichen 107
Juniperus. Vergl. Capreida 122
Laserpitium, als Zusatz
zum Kohl, wenn er
als Medicin dienen
soll 157
„ Acetum Laserpitianum, zum Besprengen der Linsen, damit
sie sich besser halten 116

	Kap.
Laurus *Cypria*	8, 133
„ *Delphica*	8, 133
„ silvatica	8
Lens	35, 116
Lentiscum, ein Präparat, vermuthlich aus Pistacia Lentiscus, um Oliven darin einzumachen	7, 117
Lupinus, besonders wie Faba zur Gründüngung	34, 37, 54
Malum kommt öfter vor. Davon folgende Sorten, die zum Theil verschiedene Arten od. Gattungen sind [1]):	
„ cotoncum, der Quittenapfel	7, 135
„ Punicum, der Granatapfel	7, 126, 127, 135
„ Quirinianum	7
„ Scantianum	7
„ *Strutheum*, die Quittenbirn	7, 135
Malus silvestris Plin. l. c.	
Melanthium, Schwarzkümmel, gegen Schlangenbiss empfohlen	102
Mercurialis herba, als Zusatz zum Kohl, wenn er als Medicin gebraucht wird	158
Milium, Hirse	6
Murtus (alte Form für myrtus) alba	8, 133
„ conjugalis	8, 133
„ nigra	8, 125, 133
Muscus ruber, wahrscheinlich ein Pilz als Krankheit des Oelbaums	6
Nux avellana, Haselnuss	8, 133
„ calva, wird für die Walnuss gehalten	8
„ *Graeca*, scheint die Kastanie zu sein	8
„ Praenestina	8, 133
Ocimum oder *Ocinum*, ein zweifelhaftes, schon zu Columella's oder gar Macer's Zeit nicht mehr übliches, zur Familie der Leguminosen gehöriges Futterkraut, das mit der Hand abgerissen, nicht abgeschnitten werden sollte, wohl zu unterscheiden vom ὤκιμον der Griechen und ocimum der späteren Römer, wel-	

---

[1]) „Der Apfel ist in Italien einheimisch, und als die Römer den feinen Geschmack der Aprikose, Pfirsche, des Granatapfels, der Zitrone und Orange kennen lernten, legten sie allen diesen neuen Früchten den gemeinsamen Namen Apfel mit einem Epitheton von dem Lande bei, woher sie stammten." *Gibbon's Geschichte des Verfalls und Unterganges des römischen Weltreichs. Deutsche Ausgabe in Einem Bande von Sporschil. Kap. II, Seite 41.*

Buch IV. Kap. 1. §. 49.

	Kap.
ches zu den Labiaten gehört, und im Garten gezogen ward (vergl. Schneider im Jndex ad scriptt. rei rust.) . 27, 33, 52,	54
Olea, sehr häufig. Davon folgende Sorten:	
„ albiceris. .	6
„ Colminiana	6
„ conditiva	6
„ Liciniana	6
„ orchites	6
„ Posea oder Pausea	6
„ radius major .	6
„ Salentina	6
„ Sergiana . . .	6
Ordeum oder Hordeum 35, 37,	134
Origanites vinum	127
Palma, quam habent unguentarii (vergl. Palma im Verzeichniss der bei Columella vorkommenden Pflanzen im Buch V, §. 6)	113
Panicum, Fennich. (Darüber und über Milium, welche Link anders deutete, vergl. meine botanischen Erläuterungen zu Strabon Seite 46 ff.) . . . 6,	54
Papaver, zum Kuchenbacken . . . . . , .	84
Pinus, und nuces Pineae, also unsere Pinie 17, 28,	48
Pirum, kommt öfter vor.	

	Kap.
Davon folgende Sorten:	
Pirum Anicianum	7
„ cucurbitinum	7
„ museum .	7
„ sementivum .	7
„ Tarentinum .	7
„ Volemum	7
Pirus silvestris Plin. l. c.	
Platanus	133
Populus und frons populnea zur Fütterung 5, 6,	30
Porrum, zur Thierarznei	70
Prunus, kommt nur einmal vor, unter den Obstbäumen, und mehrere Sorten davon kennt Cato noch nicht .	133
Prunus silvestris Plin. l. c.	
Quercus, Plin. l. c.	
Quernea frons, zur Fütterung .	. 5, 30
Raphanus .	. 6, 35
Rapa	6
Rapina, auch rapina, unde rapicii fiant, und semen rapicium . . . 5, 35,	134
Robus oder Robur (also drei Eichen scheint Cato zu kennen: Ilex, Quercus, Robur)	17
Rubus Plin. l. c.	
Ruta, zur Thierarznei und als Gewürz . . . 70,	119
Sabina herba, zur Thierarznei	70
Salix, auch cultivirt im salictum . 1, 9,	31

	Kap.
Salix, *Graeca*	6
Sapinus, vergl. Carpinus.	
Scamonium, als Abführungsmittel	157
Schoenus, zur Bereitung des griechischen Weins	105
Serpillum, zur Thierarznei	73
Serta Campanica, auch bloss Serta, vermuthlich Melilotus Italica (vergl. Plin. hist. nat. XXI, cap. 9 sect. 29)	107, 113
Siligo, und silignea farina (vergl. adoreum. Hier ist nicht der Ort auf eine Kritik der Deutung dieser viel besprochenen Getreidearten einzugehen)	35, 121
Silphium, als Zusatz zum Kohl	157
Smyrnium, quod medici vocant —; gegen Schlangenbiss	102
Sorbum	7
Thus, zur Thierarznei, und gegen Würmer	70, 127
Trifolium, herba pratensis Plin l. c.	
Triticum	34, 35, 114
Ulmus, auch frons ulmea, fibulae ulmeae, vectes ulmei	5, 17, 28, 30, 33
Ulpicum, zur Thierarznei (heisst nach Plin. hist. nat.	

	Kap.
XIX, cap. 6 sect. 37 auch Allium Cyprium, also ein Lauch)	70
Veratrum, zerschnittene Wurzeln davon an die Wurzeln der Weinstöcke gelegt, machen den Wein abführend	114
„ atrum, als Zusatz zum Wein führt ab	115
Vicia, auch wie Faba und Lupinus zur Gründüngung	27, 35, 37
Vinum und Vitis kommen häufiger vor, unter andern	27, 28
Cato unterscheidet folgende Sorten:	
„ Amineum majusculum	7
„ Amineum minusculum	6, 7
„ Apicianum	6, 7, 24
„ geminum *eugeneum*	6
„ helveolum	24
„ „ minusculum	6
„ Lucanum	6
„ Murgentinum	6
Vitis alba, zur Thierarznei, vermuthlich Bryonia alba	70

Unterscheidende Merkmale fehlen durchgehends, ausser bei den vielgepriesenen Kohlarten. Gleichwohl hat Sickler[1]) grade das schwierigste, die bei Cato vorkommenden Obstsorten, fast ohne Ausnahme auf neuere Sorten zurückzuführen gewagt, meist entweder ganz ohne Angabe seiner Gründe oder, wenn er Quellen bezeichnet, mehr daraus schöpfend, als sie enthalten. Gediegener ist des älteren Wallroths[2]) ähnlicher Versuch, blieb aber ein Fragment, welches nur die Birnen Aepfel und Quitten begreift. Beide beschränken sich zwar keineswegs auf Cato allein, sondern behandeln die Geschichte der Obstzucht bei den Alten überhaupt; ich nenne sie jedoch erst hier, weil wir nach ihnen zur Erläuterung der Griechen bessere Hülfsmittel erhalten haben, zu der der Römer nicht.

Letzteres gilt auch von Billerbeck's[3]) flora classica, einer sehr unvollständigen und unzuverlässigen Compilation, worin sich wenig Eigenes findet ausser der ganz zwecklosen Anordnung der Pflanzen nach dem Sexualsystem. Gleichwohl führe ich es hier an, weil wir für die Pflanzenkunde der alten Römer, welche Fraas[4]) nur beiläufig zuweilen berührt, noch immer kein besse-

---

1) *Sickler, F. K. L., allgemeine Geschichte der Obstkultur. Band I* (und mehr ist nicht erschienen) *von den Zeiten der Urwelt bis zu Konstantin den Grossen. Frankfurt a. M. 1802. 8.*

2) *Wallroth, C. F. W., Geschichte des Obstes der Alten. Erstes Heft. Halle 1812. 8.*

3) *Billerbeck, J. Flora classica* (in deutscher Sprache). *Leipzig 1824. 8.* Von seiner Unzuverlässigkeit nur ein Beispiel statt vieler. *Seite 127* soll *Plinius XV, cap. 25* ausdrücklich *Cerasa sylvestria*, ursprünglich in Europa wilde Kirschen, aufführen. Davon steht nicht nur in diesem Kapitel, worin er die Einführung der Kirsche aus dem Pontos erzählt, nichts, sondern es scheint bei ihm überhaupt nicht vorzukommen. Wenigstens habe ich es vergeblich gesucht, und zwei andere Stellen bei ihm würden, wenn es vorkäme, damit im Widerspruch stehen, nämlich *XII, cap. 3 sect. 7*, wo *Cerasus*, wie alle Pflanzen mit griechischem Namen, als fremde bezeichnet werden, und *XVI, cap. 25 sect. 42*, wo die Kirsche als zahme Pflanze von andern wilden unterschieden wird.

4) *Fraas, synopsis florae classicae.*

res allgemeines Repertorium besitzen, und weil darin wenigstens ein Theil der römischen Literatur, die Dichter, etwas minder sorglos behandelt sind als die Prosaiker und sämmtliche Griechen.

§. 50.
Die lateinische Uebersetzung des Mago.

Aus dem vorigen Buch[1]) kennen meine Leser bereits den nach Carthago's Fall (146 v. Chr.) gefassten Senatsbeschluss, dass die 28 Bücher des Mago von der Landwirthschaft ins Lateinische übersetzt, und dies Geschäft den vorzüglichsten Kennern der punischen Sprache aufgetragen werden sollte, unter denen Decimus Silanus aus einer gar vornehmen Familie alle übertraf[2]). Aber wann? wie? durch wen der Beschluss zur Ausführung kam? ob die lateinische Uebersetzung jemals ans Licht trat, oder vielleicht in den Archiven des Senats lebendig begraben ward? das sind schwierige Fragen, die wir nunmehr so weit wie möglich zu beantworten versuchen wollen.

Den ersten Anknüpfungspunkt bietet der Name des Decimus Silanus dar. Schneider[3]) erinnert an den Decimus Junius Silanus, der im Jahr 62 v. Chr., also 84 Jahr nach Carthago's Fall, Consul war. Ich kann nicht glauben, da nach Plinius Zeugniss der Senatsbeschluss dem Fall Carthago's auf dem Fusse folgte, dass dem Silanus sein Auftrag so spät ertheilt sei, und freue mich zu sehen, dass der genaueste Kenner römischer Geschichte, Drumann[4]), derselben Meinung ist. Gestützt auf des Plinius angeführte Worte, unterscheidet er in der Familie der Junier einen Decimus Junius Silanus, beauftragt mit der Uebersetzung des Mago, um das Jahr 146 (Carthago's Zerstörung). Doch weiter führt uns das nicht, weil sonst kein Alter dieses Silanus gedenkt, und Plinius über die Ausführung des ihm gewordenen Auftrages schweigt.

---

1) Seite 296.
2) *Plin hist. nat. XVIII, cap. 3 sect. 5.*
3) *Scriptores rei rusticae, edid. Schneider, vol. I, pars II, pag. 251.*
4) *Drumann, Geschichte Roms u. s. w. IV, Seite 45.*

Der älteste Schriftsteller, welcher von dem agronomischen Werke des Mago spricht, ist Varro[1]). Auch sein Zeugniss kennen wir bereits aus dem vorigen Buche[2]). Er spricht von der griechischen Uebersetzung oder vielmehr Bearbeitung, welche ihr Urheber Cassius Dionysius Uticensis dem Prätor Sextilius sandte; von der lateinischen Uebersetzung und dem Senatsbeschluss, der sie verordnete, kein Wort. Sollen wir daraus schliessen, es sei beim Vorsatz geblieben? Das wäre zu rasch; denn sogleich werden wir ein bestimmtes Zeugniss der Existenz der lateinischen Uebersetzung antreffen, und Varro's scheinbares Schweigen darüber erklärt sich leider nur zu gut. Sehr bestimmt sagt er, nachdem er die Götter angerufen, er wolle nun zu den kürzlich geflogenen Unterhaltungen über die Landwirthschaft übergehen und anzeigen, in welchen griechischen und römischen Schriftstellern man das, was darin etwa fehle, antreffen könne[3]). Nach diesen Worten folgt das lange Verzeichniss der Griechen, das ich im vorigen Buch a. a. O. abdrucken liess; das der Römer fehlt, doch wohl nur durch die Schuld nachlässiger Abschreiber oder sonst einen Zufall und dahinein gehörte jene Uebersetzung, wenn sie zu Varro's Zeit bereits vorhanden war.

Der einzige, der sich über die Existenz der lateinischen Uebersetzung so ausspricht, dass wir nicht daran zweifeln dürfen, ist Columella. Bei ihm folgt nach dem Verzeichniss griechischer, wirklich, was wir bei Varro vermissen, ein Verzeichniss römischer Agronomen, und da es für uns, als das einzige seiner Art, von Wichtigkeit ist, so gebe ich es vollständig[4]).

„Und auf dass wir dem Ackerbau gleichsam das römische Bürgerrecht ertheilen, — denn bisher unter den genannten Schriftstellern war er griechischer Nation, — wollen wir nunmehr des M.

---

1) *Varro de re rustica I, cap. 1 sect. 10.*
2) Seite 290.
3) *Varro l. c. sect. 7.*
4) *Columella de re rustica I, cap. 1 sect. 12 — 14.*

Cato Censorius gedenken, der ihn zuerst lateinisch reden lehrte; nach ihm der beiden Saserna, Vater nnd Sohn, welche ihn sorgfältiger erzogen; dann des Scrofa Tremellius, der ihn beredt machte; bald darauf des Virgilius, durch den er sogar der Dichtkunst mächtig ward; und zuletzt wollen wir auch den Julius Hyginus, gleichsam des vorigen Hofmeister, nicht übergehen; jedoch so, dass wir dem Carthaginienser Mago, dem Vater der Landwirthschaft, die höchste Ehrfurcht bezeigen: denn dessen denkwürdige 28 Bücher wurden nach Senatsbeschluss in die lateinische Sprache übersetzt. Doch nicht minderen Ruhm erwarben sich die Männer unserer Zeiten, Cornelius Celsus und Julius Atticus. Denn Cornelius umfasste das Ganze der Lehre in 5 Büchern; der andere schrieb über einen besonderen Zweig der Cultur, über den Weinbau, ein einzelnes Buch; und Julius Gräcinus, gewissermassen des letztern Schüler, hinterliess der Nachwelt zwei noch geistreichere und gelehrtere Bücher ähnlicher Vorschriften über den Weinbau."

Demnach steht das Dasein des lateinischen Mago fest, sein Zeitalter noch immer nicht; denn offenbar nennt ihn Columella ausser der Reihenfolge. Der punische Mago war der Vater der Landwirthschaft, älter selbst als Cato; wann er lateinisch reden lernte, erfahren wir nicht.

Nach einer andern Stelle Columella's [1]) war schon Scrofa, den wir so eben als Varro's Vorgänger kennen lernten, mit des Mago Werk bekannt. Daraus folgerte Schneider in seinem Commentar zu der Stelle, die lateinische Uebersetzung müsse schon vor Scrofa existirt haben. Er übersah, dass derselbe wenige Zeilen zuvor als ein eifriger Forscher der Alten geschildert wird, dem wir zutrauen dürfen, dass er die griechische Arbeit des Dionysios Itykäos zu benutzen verstand. Mit grösserem Schein des Rechts könnte man sich auf Varro berufen, der zweimal [2]) den Mago und Dionysius zugleich citirt, und an einer dritten Stelle [3]) einen

---

1) *Colum. l. c. sect. 6.*
2) *Varro de re rustica. II, cap. 1 sect. 27; III, cap. 2 sect. 13.*
3) *Ibidem II, cap. 5. sect. 18.*

Buch IV. Kap. 1. §. 50. 351

seiner Interlocutoren sagen lässt: „Ueber die Gesundheit (der Ochsen) ist vieles, was ich, ausgezogen aus Mago's Büchern, meinem Ochsenhirten häufig zustelle, damit er etwas davon lese." Gegen die Beweiskraft auch dieser Stellen ist jedoch wieder manches zu erinnern. Die Hirten waren Sclaven, warum nicht mitunter auch griechische Kriegsgefangene? Von diesem vermuthe ich es um so mehr, weil er gern las. Wegen der andern Stellen schalte ich eine Bemerkung Schneiders[1]) ein, die der Aufmerksamkeit werth ist. Sie lautet: „Ueber Mago's Abkunft und Alter und die Auctorität seiner Lehren kann ich nicht urtheilen; allein das sehe ich, dass Mago unzählige mal von Plinius und den Scriptoribus rei rusticae citirt wird, wo sie sich mit gleichem Recht auf Theophrastos berufen könnten. Daher die Frage entsteht, ob nicht Dionysius Cato und die nach ihm den Mago übersetzt, excerpirt, mit Zusätzen vermehrt haben, das, was Plinius und Andere unvorsichtig den Mago zuschreiben, aus Theophrastos und andern Griechen in ihn eingeschaltet haben?" Mir erscheint diese Vermuthung sehr begründet, und sie erklärt zugleich, warum der genaue Varro lieber Mago und Dionysius als nur Mago citirte.

Hiermit schliesst unser Zeugenverhör. Das negative Resultat ist, dass sich eine **sichere** Anzeige der **Benutzung des lateinischen Mago** nirgends findet. Ich stelle mir demnach die Sache so vor.

1. Wahrscheinlich noch in demselben Jahr, als Karthago fiel (146 v. Chr.) beauftragte der römische Senat den Decimus Junius Silanus nebst Anderen, die wir nicht kennen, mit der Anfertigung der lateinischen Uebersetzung des Mago.

2. In ähnlichen Fällen bedienten sich vornehme Römer zu solchen Arbeiten ihrer gelehrten Sclaven. Sollte Silanus nicht auf dieselbe Art zu Werk gegangen sein, und sich mit der Führung der Aufsicht begnügt haben?

3. Fertig ward die Arbeit, das lässt Columella nicht bezweifeln; wohl gerathen war sie schwerlich, sonst erführen wir

---

1) *Schneider in indice auctorum ad scriptores rei rust., voce Mago.*

mehr von ihr. Vermuthlich ward sie daher, wenn sie jemals öffentlich erschienen war, durch des Cassios Dionysios Itykäos Bearbeitung um 88 v. Chr. ganz verdrängt; und so wollen auch wir sie auf sich beruhen lassen.

§. 51.
Die beiden Saserna, Vater und Sohn, und Cneus Tremellius Scrofa.

Von Cato's nächsten Nachfolgern unter den agronomischen Schriftstellern, Saserna dem Vater und dem Sohn, ist wenig zu sagen. Nicht einmal ihren Geschlechtsnamen kennen wir mit Sicherheit. Zwei Brüder Namens Saserna nennt die Geschichte als Unterbefehlshaber in Cäsars afrikanischer Armee [1]), aber auch ihr Geschlechtsname wird nicht angegeben. Nur auf Münzen kommt Saserna als Beiname einiger Hostilier vor [2]), eines der ältesten patricischen Geschlechter, das sich in mehrere Linien schied. Citirt werden bald beide zugleich, bald nur einer ohne Bestimmung, ob Vater oder Sohn, von Varro, Columella und Plinius. Was der erste von ihnen entlehnt, gehört nicht hierher. Columella's allgemeines Urtheil über sie, dass sie den Landbau sorgsamer ausgebildet als Cato, kam schon im vorigen Paragraphen vor. Unter den von ihm angeführten Stellen darf ich nur eine nicht übergehen [3]). Gewisse Fruchtarten, soll Saserna behauptet haben, düngten und verbesserten den Boden, andere dörreten und mergelten ihn aus. Zu jenen gehöre die Lupine Bohne Wicke Ervilie Linse Kicher und Erbse. Also lauter Papilionaceen, die vielleicht dadurch wohlthätig auf das Land wirkten, dass sie die stete Folge sogenannter Halmfrüchte (Gramineen) unterbrachen. Bei Plinius kommen beide als Quellen im Elenchus auctorum des I. Buches

---

1) *Hirtii de bello Africano, cap. 9, 10, 29.*

2) Eine solche mit dem Namen L. Hostilius Saserna citirt Bähr bei Eckhel (*doctrina numorum veterum*) V, *pag. 226*; mehrere der Art *Harduin* in seinem *Elenchus auctorum zum I. Buch des Plinius*, bei *Patin (familiae Romanorum pag. 123).*

3) Columella *II, cap. 13.*

öfter, im Werke selbst nur einmal vor[1]), und zwar als entschiedene Gegner der Weinzucht an niedern Stöcken, welche ihr Nachfolger Scrofa um so eifriger vertheidigte. Alle drei erklärt Plinius bei der Gelegenheit für die ältesten und erfahrensten Lehrer der Landwirthschaft nach Cato.

Ich wende mich zu Scrofa. Einer Schrift desselben erwähnt Varro noch nicht, macht ihn aber zu einem der Interlocutoren seines eigenen in Gesprächsform geschriebenen Werks über die Landwirthschaft, also zu seinem Zeitgenossen, indem er selbst neben ihm redend auftritt, und führt ihn ein mit dem vollständigen Namen Cneus Tremellius Scrofa[2]).

Das weitläufige Geschlecht der Tremellier war ein plebejisches, schwang sich aber früh zu höherem Ansehen auf. Den unsrigen stellt Pighius[3]) beim Jahr 77 v. Chr. (nach seiner Rechnung 676, nach Zumpt 677 n. R. E.) unter die Quaestores provinciarum, und bei Varro[4]) nennt er sich selbst den siebten Vir praetorius seines Stammes. Als Cicero gegen Verres sprach, 70 v. Chr., war dieser Scrofa, ein Mann von strenger Rechtlichkeit und Sorgfalt, Richter und designirter Tribunus militum für das folgende Jahr[5]). Im Jahr 50 v. Chr. finden wir ihn bei Pighius[6]) wieder als Proprätor von Macedonien. Er war begütert in der Nähe der Stadt, und seine Güter zeichneten sich aus durch den trefflichen Culturzustand[7]), den sie seiner Kenntniss und Sorge verdankten. Aber auch auswärts war er ein scharfer Beobachter agronomischer Gegenstände, wie er denn von sich selbst erzählt[8]), dass er als Führer einer Armee in Gallien agronomische Beobachtungen am Rhein angestellt habe. Columella[9]) rühmt ausser seiner reichen

---

1) *Plin hist. nat. XVII, init. cap. 23 sect. 35.*
2) *Varro de re rust. I, cap. 2. sect. 9.*
3) *Pighii annales III, pag. 289.*
4) *Varro l. c. II, cap. 3 sect. 2.*
5) *Cicero in Verrem I, cap. 10.*
6) *Pighius l. c. pag. 429.*
7) *Varro de re rust. I, cap. 2 sect. 10.*
8) *Ibid. cap. 7 sect. 8.*
9) *Columella I, cap. 1 sect. 12; II, cap. 1 sect. 2.*

Erfahrung noch ganz besonders seine Eleganz und Beredtsamkeit. Er war es also, der das der ganzen römischen Literatur so wesentliche rhetorische Element, das bei Cato, wie uns der Augenschein lehrt, bei den beiden Saserna, wie wir aus Columella abnehmen können, noch fehlte, auch in diesen Zweig der Literatur einführte, und dadurch ohne Zweifel seinen Mitbürgern aufs wirksamste empfahl.

Was Varro aus seiner Schrift entlehnte, was er ihm nur in den Mund legte, ist schwer, meist unmöglich zu unterscheiden. Genauer belehrt uns Columella über einen Theil seiner Meinungen. Ich hebe folgendes aus. Mago's Vorschriften fand er nicht immer anwendbar, erklärte das aber aus der Verschiedenheit des italiänischen und afrikanischen Klima's und Bodens [1]). Wie des Weibes Fruchtbarkeit mit dem Alter abnimmt, so, meinte er, auch die der Mutter Aller, der Erde, worüber ihn Columella ausführlich zurechtweist [2]). Die Kicher und der Lein wirkten nach ihm als Gift auf den Boden, jene weil sie salziger, dieser weil er hitziger Natur wäre [3]). Von den beiderlei Ulmen, welche der Römer kannte, der U. Atiniana und U. nostras (also Italica) hielt er jene, die höhere, für unfruchtbar, was abermals Columella [4]) berichtigte. Seine Vertheidigung der niedern Haltung der Weinstöcke gegen Saserna bei Plinius führte ich bereits an, füge aber noch hinzu, dass nach ihm wenigstens in Italien die edelsten Weine nur von niedern Stöcken sollten gewonnen werden, wiewohl an denselben von den höchsten Trauben.

Auf Scrofa folgt in Columella's Liste:

§. 52.
Marcus Terentius Varro,

dessen drei Bücher de re rustica wir noch besitzen. Auch an vielfachen, wiewohl sehr zerstreueten Nachrichten der Alten über

---

1) *Columella I, cap. 1 sect. 6.*
2) *Ibidem II, cap. 1 sect. 2.*
3) *Ibidem II, cap. 13 sect. 3.*
4) *Ibidem V, cap. 6 sect. 2.*

Buch IV. Kap. 1. §. 52.

seine Zeit sein Leben und seine literarische Thätigkeit fehlt es nicht; nur eine lichtvolle Zusammenstellung und Kritik derselben vermisse ich noch [1]). Hier im Vorbeigehen lässt sich dieser Mangel nicht ersetzen; ich begnüge mich deshalb mit wenigen Angaben. Varro's Geburts- und Todesjahr findet sich angemerkt in des Hieronymus lateinischer Uebersetzung der Chronik des Eusebios, und zwar letzteres mit dem Zusatz, er wäre fast (prope) 90 Jahr alt geworden: jedoch stehen diese Angaben in den beiden Ausgaben von Scaliger und von Majo bei verschiedenen Jahren. Nach Scaligers Ausgabe [2]) ward er geboren Olympiade 166. 1, das heisst 118 v. Chr., und starb Olympiade 188. 1, das heisst 30 v. Chr., erreichte mithin ein Alter von 88 Jahren; nach Majo's Ausgabe [3]) dagegen ward er geboren Olympiade 166. 2, oder 637 nach Rom's Erbauung, das ist 117 v. Chr., und starb Olympiade 189. 1 oder 728 n. R. E., das ist 26 v. Chr., und erreichte ein Alter von 91 Jahren. Das scheint ein Widerspruch gegen die fast 90 Jahr. Sollen wir deshalb bei Scaliger stehen bleiben? Ich glaube nicht. Majo benutzte bei der Uebersetzung des Hieronymus [4]) über 20 vaticanische Handschriften, darunter einige sehr alte und werthvolle; und Plinius [5]) bezeugt, dass Varro in seinem 88. Lebensjahr noch Schriftsteller war; Valerius Maximus [6]) lässt ihn sogar fast ein Jahrhundert lang leben, was doch wohl so viel heisst, als

---

1) *J. D. G. Pape dissert. histor. literar. de C. (M.?) Terentio Varrone. Lugd. Bat. 1835. 8.*, welche Bähr citirt, kenne ich nicht. Sein nächster Vorgänger, Schneider, hat in der dem Commentar vorangeschickten *Vita Varronis* zur Aufklärung der schriftstellerischen Thätigkeit Varro's viel Material gesammelt, doch keineswegs hinlänglich, hie und da nicht einmal ganz genau verarbeitet. Ueber sein politisches Leben und anderes geht Schneider sehr flüchtig weg.

2) *Scaliger, Joh. Just., thesaurus temporum pag. 148 et 154.*

3) *Scriptorum veterum nova collectio etc. ab Angelo Majo. VIII, pag. 363 et 369.*

4) Nur um diese, das heisst Buch II, handelt es sich, und nur Buch I, ist meines Wissens wegen Missbrauch der armenischen Uebersetzung den Historikern verdächtig.

5) *Plin. hist. nat. XXIX, cap. 4 sect. 18.*

6) *Valer. Maxim. VIII, cap. 7 Romanor. sect. 3.*

das letzte Jahrzehnd desselben erreichen. Auch löst sich der scheinbare Widerspruch, wenn wir das prope in der zwar seltenern, doch nicht unerhörten Bedeutung von ungefähr, um das 90. Jahr, nehmen.

Das Geschlecht der Terentier war ein plebejisches, doch schon im Jahr 216 v. Chr. finden wir einen Consul Cajus Terentius Varro, dessen Wahl die Volkstribunen eben deshalb durchgesetzt hatten, weil er niederer Herkunft war [1]). Seitdem werden öfter Terentii Varrones bald in hohen Staatsämtern bald als Volkstribunen, die bekanntlich Plebejer sein mussten, genannt; weshalb ich daraus, dass Cicero [2]) einen jungen M. Terentius Varro Gibba seines Standes nennt, also einen Ritter, nicht auf den Stand unseres Varro zu schliessen wage.

Ein etwas späterer Schriftsteller, Symmachus (gegen 400 J. n. Chr.) sagt in einem seiner Briefe [3]): „Du kennst den Terentius, nicht den Komiker, sondern jenen Reatiner, den Vater römischer Gelehrsamkeit." Reate, das heutige Rieti, damals ein unbedeutendes Städtchen, etwa 10 Meilen nördlich von Rom, war demnach Varro's Geburtsort. Als zweiten Zeugen für diese Thatsache beruft man sich auf den noch etwas jüngern Sidonius Apollinaris [4]), allein bei diesem steht: „Varrones, vel Atacinus vel Terentius." Das ist verdächtig, weil der Dichter Varro Atacinus, selbst ein Terentier, durch diese Worte von keinem andern Varro zu unterscheiden war; daher Ruhnkenius vorschlug vel Atacinus vel Reatinus zu lesen; eine treffende Conjectur, doch kein historisches Zeugniss. Dass Varro zu Reate ausgedehnte Weiden besass und Pferdezucht trieb, sagt er uns selbst [5]). An derselben Stelle gedenkt er auch seiner Viehweiden in Apulien, und an verschiedenen andern Stellen seiner Landgüter bei Casinum (Monte

---

1) *Livii XXII, cap. 34, 35.*
2) *Cicero ad familiar. XIII, epist. 10.* Vergl. Drumann *Geschichte Roms u. s. w. VI, Seite 98 Anmerk. 31.*
3) *Symmachi I, epistol. 2.*
4) *Sidonii Apollinar. IV, epistol. 32.*
5) *Varro de re rust. II, proœm. sect. 6 et cap. 2 sect. 9.*

Cassino', berühmt durch eine luxuriös eingerichtete Voliere¹), am Vesuv²), bei Tusculum, wo er sich angekauft hatte³), und eines Landgutes seiner Frau im Sabinerlande⁴); auf seine Villa zu Cumä bezieht sich Cicero an verschiedenen Stellen seiner Briefe und im Eingange zur zweiten Ausgabe seiner dem Varro gewidmeten Akademica⁵). Er besass also, welches Standes er sein mochte, gewiss ein ansehnliches Vermögen; dafür spricht auch seine grosse Bibliothek, damals noch eins der kostbarsten Besitzthümer; und wiewohl uns über sein früheres Leben alle Nachrichten abgehen, so lässt sich doch aus seinem freundschaftlichen Verhältniss zu den vornehmsten und gebildetsten Männern seiner Zeit, zu Cicero, Atticus, sogar auch zu den beiden damaligen Machthabern, Pompejus und Cäsar, vor allem aus seinen Schriften und seiner sprichwörtlich gewordenen Gelehrsamkeit auf eine sorgfältige Erziehung schliessen.

Sein öffentliches Leben bedarf noch genauerer Forschungen, als mir anzustellen die lange Bahn, die vor mir liegt, vergönnt. Mehrere Nachrichten der Alten werden von Einigen auf ihn, von Andern auf Andere seines Namens bezogen. Gewiss ist sein Antheil unter Pompejus im Jahr 67 v. Chr., also etwa in seinem 50. Lebensjahre am Seeräuberkriege, und in den Jahren 49—48, also gegen das 70. Jahr seines Lebens am Bürgerkriege gegen Cäsar. In jenem commandirte er die zwischen Delos und Sicilien aufgestellte Abtheilung der griechischen Flotte⁶) und ward, man weiss nicht für welche That, von seinem Feldherrn Pompejus mit der Schiffskrone belohnt⁷). In diesem spielte er eine etwas zweideutige Rolle; man erkennt leicht, dass er sich nach Frieden und der seinem Alter wie seinen Neigungen angemesseneren literari-

---

1) *Varro de re rust. III*, cap. 4 sect. 2 et cap. 5 sect. 8. 9.
2) *Ibid. I*, cap. 15.
3) *Ibid. III*, cap. 3 sect. 8.
4) *Ibid. I*, cap. 15.
5) *Cicer. epist. ad famil. IX*, epist. 1, 5, 8; *academ. posterior. prooem.*
6) *Varro II*, prooem. sect. 7.
7) *Plin. hist. nat. VII*, cap. 30 sect. 31; *XVI*, cap. 4 sect. 3.

schen Muse sehnte, und nur gezwungen für Pompejus Partei genommen hatte. Als Legat desselben stand er mit zwei Legionen zwischen Cordova und Cadix, als Cäsar in Spanien eindrang. Bis dieser die beiden andern Legaten des Pompejus bei Ilerda vernichtet hatte, blieb er unthätig. Nun erst rüstete er ernstlich, doch zu spät; eine seiner Legionen fiel von ihm ab, mit der andern übergab er sich selbst nach kurzer Unterhandlung dem Sieger, dem er Rechnung ablegte über die öffentlichen Gelder, und sich zurückzog. Nach Cäsars eigenem Bericht[1]) hatte er lange zuvor schon kein Geheimniss aus seiner Gesinnung gemacht, seine Pflicht als Legat und die gelobte Treue bänden ihn, übrigens wäre er dem Cäsar eben so befreundet wie dem Pompejus. Gleichwohl finden wir ihn im folgenden Jahr, als sich der Kriegsschauplatz nach Illyrien gezogen hatte, aufs neue im Heerlager des Pompejus, ob jedoch als Combattant, oder gleich vielen Optimaten seiner Partei freiwillig dem Hauptquartier nur angeschlossen, bleibt zweifelhaft. Wir treffen ihn zuerst bei der Flottenstation des Pompejus auf der Insel Corcyra (Corfu), während die beiden Landheere bei dem nahen Dyrrhachium in stetem Kampfe einander gegenüberstanden. Die Stadt Corcyra war überfüllt mit Truppen, Verwundeten und Todten; es entwickelte sich eine pestartige Seuche; Varro bekämpfte sie durch Lüftung der inficirten Gebäude, durch veränderte Anlage der Thüren und Fenster, und rettete viele der Seinigen.[2]) Sodann begegnen wir ihm noch einmal, nachdem sich die beiden Kämpfenden kurz vor der entscheidenden pharsalischen Schlacht nach Thessalien gewandt hatten, in Dyrrhachium, wo er nebst Cicero und andern Optimaten in Erwartung des Ausgangs zurück geblieben war[3]). Cäsar, der siegreiche, bei seiner versöhnlichen Politik weit entfernt ihm zu zürnen, belohnte ihn vielmehr: er beauftragte ihn nach seiner Rückkehr nach Rom, also zwischen 47 und 44 v. Chr., als den aner-

---

1) *Caesaris bell. civil. I, cap, 38; II, cap. 17—20.*
2) *Varro de re rustic. I, cap. 4 sect. 5.*
3) *Cicero de divinat. II, cap. 35.*

kannt gelehrtesten Mann seiner Zeit, mit der Sammlung und Einrichtung einer grossen öffentlichen sowohl lateinischen als griechischen Bibliothek [1]); aber auch diesen Plan vereitelte Cäsars Ermordung 44 v. Chr. Ganz anders behandelte ihn Antonius. Schon im Jahre 47 v. Chr., während Cäsar nach seines Gegners Fall in Aegypten noch zurückgehalten wurde, und jener für diesen in Rom schaltete, hatte er ihm, dem ehemaligen Anhänger des Pompejus, sein Gut zu Casinum entrissen [2]); und als im folgenden Jahr das Triumvirat des Antonius, Augustus und Lepidus zu stande kam, und seine Thätigkeit auf des Antonius Verlangen mit einer neuen Proscription begann, ward auch Varro's harmloser Name auf die Liste der Proscribirten gestellt. Sein Freund Calenus rettete ihm das Leben, indem er ihn auf seiner Villa verbarg [3]), und mag auch nach dem ersten Sturm seine Begnadigung so wie die Rückgabe seines bei der Proscription unzweifelhaft confiscirten Vermögens erwirkt haben; denn von nun an bis zu seinem Ende lebte er fern von öffentlichen Angelegenheiten in ungestörter literarischer Thätigkeit, in fortwährendem Besitz aller zuvor genannten Landgüter bis auf eins, was er selbst verkauft haben mag. Das folgt unwidersprechlich aus seinen eigenen Erwähnungen jener Besitzthümer in dem lange nach der Proscription geschriebenen Werk über die Landwirthschaft, in welchem nur seines Cumanum nicht gedacht wird. Sogar das ihm früher geraubte Casinum mit der prachtvollen Volière, dessen Confiscation Cäsar schon von Aegypten aus missbilligt zu haben scheint [4]), fehlt nicht. Nur Ein herber Verlust war unersetzlich: seine Bibliothek war geplündert, und einige seiner noch unedirten Werke dabei zu Grunde gegangen [5]). Allein literarische Arbeiten wie die seinigen sind ohne einen reichen Bücherschatz undenkbar; was auch verloren ging, der grössere Theil der Bibliothek muss ihm erhalten sein.

---

1) *Sueton. vita Caesaris cap. 44; Isidor. Hispal. etymol. VI, cap. 5.*
2) *Ciceronis Philippic. II, cap. 40.*
3) *Appian. bell. civil. IV, cap. 47.*
4) *Ciceronis Philippicor. II, cap. 40.*
5) *Gellii noct. Attic. III, cap. 10 ad finem.*

Wie gross seine schriftstellerische Thätigkeit von früh auf war, ergiebt sich aus den zahllosen Titeln, unter denen seine Werke citirt werden, noch bestimmter aus einem von Gellius[1] aufbewahrten Fragment der Vorrede zu seinen Hebdomaden, einer Sammlung von hundert mal sieben Bildnissen berühmter Dichter und anderer Schriftsteller Künstler und Staatsmänner mit beigefügtem Text. Auch er, sagt Varro hier von sich selbst, wäre bereits in die zwölfte Hebdomade der Jahre getreten (also über 77 Jahr alt), und hätte bis auf den Tag siebzig Hebdomaden (also 490, Bücher geschrieben. Sein letztes Werk war das aber nicht; wir hörten schon, dass Plinius eins aus seinem acht und achtzigsten Lebensjahr citirt, und wie viele mochten noch dazwischen erschienen sein! Die meisten waren, nach den Titeln und Fragmenten zu urtheilen, antiquarisch-historischen oder literar-historischen Inhalts. Sein Werk de formis philosophiae scheint eine Geschichte der Philosophie gewesen zu sein. Roms Alterthümer (de vita populi Romani, de gente populi Romani, de initiis urbis Romae etc.) füllten eine ganze Reihe von Schriften, wozu noch die Alterthümer des gesammten menschlichen Geschlechts (antiquitates rerum humanarum) und der göttlichen Dinge (antiquitates rerum divinarum) kommen. Andere betrafen die Erziehung (Catus seu de liberis educandis), die Verfassung (z. B. Tribuum libri), die Grammatik (de lingua latina), die Nautik (ephemeris navalis), das Theater (z. B. de actionibus scenicis). Noch andere scheinen sehr gemischten Inhalts gewesen zu sein, wie die disciplinarum libri, die epistolicae quaestiones, die satirae Menippeae, die zum Theil in Versen geschrieben waren. Mehrere Bücher, von denen es zweifelhaft ist, ob sie Werke für sich oder nur Theile grösserer Werke bildeten, übergehe ich. Schwer zu errathen ist, was das Buch de aestuariis enthielt, ob es naturwissenschaftlichen Inhalts war, oder nicht. Auch über sein Buch de admirandis steht uns nach den wenigen Fragmenten, die wir davon besitzen, kein Urtheil zu. Ueber die drei Bücher de re rustica habe ich noch besonders zu sprechen.

---

1) *Gellii noct. Attic. III, cap. 10 ad finem.*

Bähr[1]) ist geneigt in den meisten dieser Werke eine praktische Tendenz zu finden. Varro müsste kein Römer sein, hätte er nicht auf das Leben zu wirken beabsichtigt; unter den Römern früherer Zeit dürfte jedoch keiner mehr unmittelbares Interesse an den Dingen und am Wissen derselben kund geben als er. Cicero schildert ihn in einem vertraulichen Briefe an Atticus als einen mürrischen, argwöhnischen, schwer zu behandelnden Mann; dazu war aber ein besonderer Anlass, den wir im Geist jener Zeit und jener Männer zu würdigen kaum fähig sind. Varro wollte sein grosses Werk über die lateinische Sprache dem Cicero dediciren, wünschte aber lebhaft in gleicher Weise von diesem öffentlich anerkannt zu sein. Dazu war auch Cicero bereit, aber keiner von beiden übereilte sich, jeder hätte es gern gesehen, dass ihm der andere zuvorkäme. Varro hatte vollgültige Entschuldigung, er arbeitete lange an seinem Werk, und gab unterdessen nichts anderes heraus; Cicero liess manches erscheinen ohne Bezug auf Varro. Darüber war dieser empfindlich, und Atticus unterhandelte förmlich für ihn mit Cicero über die Dedication, die derselbe niemals ablehnte, doch so lange wie möglich hinausschob, unterandern auch einmal unter dem Vorwande, er werde ihn doch nicht befriedigen können[2]). Es ist klar, wie viel Gewicht darauf zu legen ist; mir scheint daraus nur hervorzugehen, dass im Gelehrtendünkel keiner dem andern nachstand, dass Cicero wusste, wie er in der Kunst der Darstellung, Varro, wie er im Reichthum der Kenntnisse dem Nebenbuler überlegen war. Wie musste es diesem Manne schmeicheln, als endlich Asinius Pollio in Augustus Auftrage die grosse öffentliche Bibliothek zu Stande brachte, welche einzurichten früher er selbst beauftragt war; als er sie geschmückt fand mit den Bildsäulen aller der grossen Verstorbenen, deren Werke

---

1) *Bähr* Gesch. der röm. Literatur *II*, Seite *30 ff.* und *551 ff.*, wo auch mehrere von Schneider übergangene Schriften Varro's vorkommen.
2) *Cicero ad Atticum IV*, epist. *16*; *XIII*, epist. *12, 13, 18, 19, 23, 25, 44*. Bekanntlich sind *Ciceronis academica posteriora* dem Varro, und das Werk dieses *de lingua latina* jenem gewidmet.

sie enthielt, und — mit dem seinigen, dem des einzigen Lebendigen, dem Pollio diese Huldigung dargebracht hatte [1])!

Die drei Bücher von der Landwirthschaft schrieb er seiner eigenen Angabe nach [2]) im Alter von 80 Jahren; Plinius [3]) sagt 81, vielleicht dem Jahr der Vollendung des Werks. Bei der freieren Form des Dialogs, die er ihm gab, überrascht gleich von vorn herein der streng systematische Zuschnitt. Er untersucht, was wirklich zur Landwirthschaftslehre gehört, was Andere irrig dahin zogen, stellt den Begriff dieser Disciplin fest, bestimmt die Grundlage, auf der sie ruht, den Zweck, den sie verfolgt, macht Haupt- und Unterabtheilungen, und hält sich das ganze Werk hindurch streng an den einmal angenommenen Plan. Die Form wird dadurch freilich um so steifer, je mehr Leichtigkeit sie versprach; doch entschädigt dafür den Wissbegierigen der körnige Gehalt, nebst den vielfach eingeflochtenen Zuthaten grammatischer historischer literarischer Bemerkungen. Varro kannte wenigstens auch die ächten Naturforscher der Griechen; sowohl auf Hippokrates wie auf die beiden botanischen Werke des Theophrastos bezieht er sich; wie tief er selbst in die Natur eingedrungen war, ist eine andere Frage. Doch scheint er genug selbst beobachtet zu haben, um fremde Beobachtungen würdigen zu können; ja sogar einer philosophischen Naturbetrachtung scheint er nicht so abgeneigt, wie die Mehrzahl seiner Landsleute. Ihn als Pflanzenkundigen mit seinem Vorgänger Cato zu vergleichen, wird ein Verzeichniss der bei ihm vorkommenden Pflanzen das bequemste Mittel darbieten.

Verzeichniss der bei Varro vorkommenden Pflanzen.

Abies I, c. 6 s. 4.
Absinthium I, c. 57.
Adoreum far I, c. 9 s. 4.

Alnus I, c. 7 s. 7.
Apiastrum, quod etiam $\mu\varepsilon\lambda\iota$-$\varphi v\lambda\lambda o\nu$, $\mu\varepsilon\lambda\iota\sigma\sigma\acute{o}\varphi v\lambda\lambda o\nu$, $\mu\acute{\varepsilon}\lambda\iota\nu o\nu$

---

1) *Plin. hist. nat. VII, cap. 30 sect. 31.*
2) *Varro de re rust. I, prooem. sect. 1.*
3) *Plin. hist. nat. XVIII, cap. 3 sect. 5.*

Buch IV. Kap. 1. §. 52. 363

dicitur. III, c. 16 s. 10, 13, 25, 31. — Unsere Melissa officinalis.
Arbutus I, c. 6 s. 4. — Unsere Arbutus Unedo.
Arundo I, c. 7 s. 7; c. 16 s. 3; c. 24 s. 4. Arundinetum kommt öfter vor. — Arundo Donax.
Asparagus III, c. 16 s. 24. Als Bienenfutter, also vielleicht falsche Lesart, oder wenigstens nicht das Product der Corruda wie bei Cato.
Brassica I, c. 2 s. 28; c. 40 s. 2; III, c. 16 s. 25. — Vergl. Holus.
Cannabis I, c. 22 s. 1; c. 23 s. 6.
Cerasus I, c. 39 s. 2.
Cicer I, c. 23 s. 1.
Cicercula I, c. 32.
Corruda I, c. 23 s. 5; c. 24 s. 4.
Crocus I, c. 35 s. 1.
Cucurbita III, c. 16 s. 25.
Cupressus I, c. 15 s. 1; c. 26; c. 37 s. 5; c. 41 s. 5.
Cyperum III, c. 16 s. 13. Als Bienenfutter, also nicht unser Cyperus, ob vielleicht Butomus umbellatus?
Cytisum I, c. 23 s. 1, 2; c. 43; II, c. 1 s. 17; c. 2 s. 19; III, c. 16 s. 10, 13, 26. — Medicago arborea.

Ervilia I, c. 32.
Faba I, c. 13 s. 1; c. 23 s. 5; c. 34 s. 2; c. 44 s. 1; c. 58; II, c. 1 s. 17; c. 4. s. 17; III, c. 16 s. 13, 25. Fabalia I, c. 23 s. 3.
Fabulus I, c. 31 s. 4.
Ficus, sehr häufig. Ein Feigenbaum mit immergrünen Blättern I, c. 7 s. 6. Fici lac, als Coagulum zur Käsebereitung II, c. 11 s. 4. Auch der Baum als Bienenfutter III, c. 16 s. 24, 26. Ficulnea folia als Viehfutter II, c. 2 s. 19.
„ Africana I, c. 41 s. 6.
„ Chalcidica ibidem.
„ Chia ibidem.
„ Lydia ibidem.
„ Marisca I, c. 6 s. 4.
„ Sabina I, c. 67.
Holus und Olus (in Schneiders Ausgabe kommen beide Schreibarten abwechselnd vor) I, c. 16 s. 6; c. 23 s. 2; c. 26. — Scheint reines Synonym von Brassica zu sein.
Hordeum und Ordeum (wieder beides in Schneiders Ausgabe abwechselnd). Kommt sehr häufig vor.
Juglans I, cap. 16 s. 16. Auch Nux Juglans I, c. 59 s. 4; c. 67.
Juncus I, c. 22 s. 1; c. 23 s. 6.

Juniperus I, c. 8 s. 4.
Lapsana III, c. 16 s. 25.
Lens I, c. 13 s. 1; c. 32; III, c. 16 s. 13.
Lilium I, c. 35 s. 1.
Linum I, c. 22 s. 1; c. 23 s. 1, 6.
Lupinum I, c. 13 s. 3; c. 23 s. 1, 3; c. 31 s. 5; II, c. 1 s. 17.
Malum cotoneum I, c. 59 s. 1, 3.
„ musteum, nunc melimelum I, c. 59 s. 1.
„ orbiculatum ibidem.
„ Punicum I, c. 41 s. 3, 4; c. 59 s. 3. Malus Punica III, c. 16 s. 24.
„ Quirinianum I, c. 59 s. 1.
„ Scantianum ibidem.
„ silvestre III, c. 16 s. 25.
„ struthcum I, c. 59 s. 1, 3.
Medica I, c. 23 s. 1; c. 42; II, c. 1 s. 17; c. 2 s. 19; III, c. 16 s. 13. Medicago sativa.
Milium I, c. 23 s. 7; c. 45 s. 1; c. 57 s. 2.
Muscus ruber I, c. 24 s. 3.
Nux Graeca I, c. 6 s. 4; II, c. 9 s. 14; c. 16 s. 25.
Ocimum und Ocinum (beides in Schneiders Ausgabe) I, c. 23 s. 1; c. 31 s. 4; III, c. 16 s. 13.
Olea kommt häufig vor, auch als Bienenfutter III, c. 16 s. 24.
Olea alba I, c. 66.
„ albiceris I, c. 24 s. 1.
„ Colminiana ibidem.
„ conditanea ibidem.
„ Liciniana ibidem.
„ nigra I, c. 66.
„ orchites I, c. 24 s. 1; c. 60.
„ „ nigra I, c. 60.
„ Pausea und Posea (beides in Schneiders Ausgabe) I, c. 24 s. 1; c. 60.
„ radius major I, c. 24 s. 1.
„ Sallentina ibidem.
„ Sergiana ibidem.
Opulus Mediolanensium I, c. 8 s. 3. Unbestimmbar. Man rieth auf Viburnum Opulus, minder unwahrscheinlich, doch höchst unsicher auf Acer Opalus.
Palma, zu Flechtwerken I, c. 22 s. 1. Langsamen Wuchses I, c. 41 s. 5.
„ in mari I, c. 7 s. 7.
Palmula I, c. 67. Palmula caryota II, c. 1 s. 27.
Panicum I, c. 23 s. 7.
Papaver III, c. 16 s. 13, 25.
Pinus I, c. 15 s. 1.
Pirum Anicianum I, c. 59 s. 3.
„ sementivum ibidem.
Pirus silvatica I, c. 40 s. 5; III, c. 16 s. 25.
Pisum III, c 16 s. 13.
Platanus I, c. 7 s. 6; c. 34 s. 5.

Populus I, c. 6 s. 4; c. 24 s. 3, 4.
„   alba I, c. 46.
Quercus I, c. 6 s. 4; c. 8 s. 4;
c. 16 s. 6.
Rapa I, c. 59 s. 4.
Raphanus I, c. 23 s. 7.
Rosa III, c. 16 s. 13. Rosarium I, c. 16 s. 3. Rosetum I, c. 35 s. 1.
Ros marinus III, c. 16 s. 26.
Salix I, c. 6 s. 4; c. 30; c. 46.
Salictum I, c. 23 s. 4.
„   Graeca I, c. 24 s. 4.
Sappinum I, c. 6 s. 4. Vergl. Carpinus bei Cato, und Sapinea nux bei Columella.
Serpullum und Serpyllum (Schneider hat beides). I, c. 35 s. 2; III, c. 16 s. 13.
Sesama I, c. 45 s. 1.
Siligo I, c. 23 s. 1.
Sinapis I, c. 59 s. 4.
Sisera III, c. 16 s. 26.
Sorbum I, c. 59 s. 3.
„   mite et acerbum I, c. 68.

Spartum I, c. 23 s. 6.
Squilla I, c. 7 s. 7.
Thymus III, c. 16 s. 10, 14, 26.
Triticum, kommt sehr oft vor.
Ulmus I, c. 15 s. 1; c. 24 s. 3; c. 35 s. 2.
Vicia I, c. 23 s. 1; c. 31 s. 4, 5; c. 32; II, c. 25 s. 16.
Vinum und Vitis kommen häufig vor; auch Uva.
„   Amineum majusculum I, c. 25; c. 58.
„   „ minusculum ibidem.
„   Apicianum ibidem.
„   Duracinum ibidem.
„   geminum eugeneum I, c. 25.
„   helveolum minusculum ibidem.
„   Lucanum ibidem.
„   Murgentinum ibidem.
„   Scantianum ibidem.
Viola I, c. 23 s. 5. Violarium I, c. 16 s. 3; c. 35 s. 1.

Vergleichen wir beide Verzeichnisse, das der bei Varro und das der bei Cato vorkommenden Pflanzen erst bloss äusserlich, so finden wir, Arten und Abarten durch einander, bei Cato beträchtlich mehr Pflanzen als in Varro's dreimal stärkerem Werk. Es fehlen bei lezteren die Arzneipflanzen, da er die Thierheilkunde und vollends die der Menschen ausschliesst; es fehlen ferner die bloss des Laubes wegen zur Fütterung von Cato empfohlenen Bäume; endlich fehlen die vielen von Cato unterschiedenen

Varietäten des Kohls, des Birnbaums, der Myrte und des Lorbeers. Varro nennt selbst die des Weinstocks, des Apfel- und Oelbaums meist nur im Vorheigehen und mit Bezug auf Cato; man sieht, er giebt nicht viel darauf. Ziehen wir die ökonomische Bedeutsamkeit der Pflanzen in Betracht, so kehrt sich das Verhältniss um. Das meist wenig nahrhafte Laub der einheimischen Bäume ersetzen zwei neu eingeführte Futterpflanzen, die Medica, unsere Luzerne oder Medicago sativa, und das Cytisum (bei Plinius und Andern Cytisus genannt), unsere Medicago arborea. Jene Staude war, vermuthlich über Pontos und Griechenland, aus dem fernen Medien [1]), dieser Strauch gleichfalls über Griechenland aus Kythnos, einer der kykladischen Inseln, in Italien eingeführt, und beide Pflanzen, vornehmlich letztere, fanden unter Griechen und Römern die eifrigsten Lobredner, ja an Amphilochos [2]) sogar einen Monographen. Uns mag es befremden einen fast baumartigen Strauch unter den Futterkräutern zu treffen [3]); liest man aber bei Varro, Columella oder Plinius, wie ihn die Alten behandelten, so löst sich das Räthsel: sie zogen ihn ganz niedrig, so dass sich das Laub bequem von dem Stockausschlag abstreifen liess; und an Laubfütterung waren sie überhaupt gewöhnt. Zu Thauwerken und dergleichen behalf sich Cato noch mit Weidenruthen, Binsen und ähnlichen gröberen Stoffen; sie fehlen auch bei Varro nicht, dazu kommen nun aber Lein Hanf Spartum (das ist die ursprünglich spanische Stipa tenacissima [4]), die in Spanien

---

1) Mit Unrecht giebt folglich De Candolle Spanien als ihr Vaterland an. Vergl. *Strabo XI, cap. 13 §. 7 pag. 525*, und *Basiner in den Beiträgen zur Kenntniss des russischen Reichs von Baer u. Helmersen XV, S. 222.*

2) Ueber ihn-sehe man Seite 291 und 295.

3) Viele wollten daher unter demselben Namen *Cytisus* zwei verschiedene Pflanzen bei den Alten unterscheiden. Ausführlich widerlegt hat sie Sprengel in seinem *Antiquitatum botanicarum specimen I, (unicum). Lipsiae 1794. 4. cap. 3. De Cytisis veterum;* und was ihm noch zweifelhaft blieb, klärte Voss vollends auf in den Anmerkungen zu seiner Uebersetzung von *Virgil. georgic. II, vers. 431.*

4) Vergl. *Strabo III, cap. 4 §. 6 pag. 160*, und dazu meine botanischen Erläuterungen Seite 7 f.

noch jetzt das trefflichste Thauwerk liefert) und die Palme (sollte man wirklich die Dattelpalme der Blattfasern wegen in Italien angepflanzt haben?). Völlig neue Culturzweige eröffnen der Safran, der Sesam, der freilich ein noch wärmeres Klima liebt, und so weit der Oelbaum gedeihet, die Concurrenz mit diesem auf die Dauer nie ertragen wird; und als die Krone von allen die edle Kirsche, Cerasus. Ich sage die edle, die, welche Lucullus nach seinem Siege über Mithridates, also im Jahr 73 v. Chr., als Varro einige 40 Jahr zählte, aus dem Pontos nach Italien verpflanzte und, wie die Römer meinten, nach dem Namen der Stadt Kerasus, vielleicht unserm Cerasunt, benannt hatte[1]); denn die gemeine Vogelkirsche war ohne Zweifel einheimisch und den Römern längst bekannt[2]).

---

1) So nach *Plinius XV, cap. 25 sect. 30, Servius ad Virgil. georg. II, vers. 18, Tertullianus apologetic. cap. 11, Hieronymus in epistol. 19 ad Eustachium, Ammianus Marcellinus XXII, cap. 8 sect. 16, Isidorus Hispal. etymolog. XVII, cap. 7 §. 16.* Dasselbe lässt Athenäos bei seinem Gastmal *II, cap. 11 pag. 50 sq.* einen Römer erzählen, lässt ihn aber sofort von einem Griechen widerlegen durch eine Stelle über die Kirschen aus Diphilos Siphnios, der lange vor Lucullus lebte; und Casaubonus zeigt zu dieser Stelle, dass unstreitig nicht die Stadt dem Baum, sondern der Baum der Stadt den Namen verliehen habe. Dadurch wird indess die historisch beglaubigte Thatsache der Einführung des Kirschbaums in Italien durch Lucullus nicht im mindesten berührt.

Ob aber das alte Kerasus dem heutigen Cerasunt wirklich entspricht, oder ob es ein unbedeutender Ort war, dessen Name später auf das heutige Cerasunt überging, ist zweifelhaft. Vergl. *Mannert Geographie der Griechen und Römer VI, Heft II, Seite 383 und 386 ff.*

2) Dafür spricht ausser dem gegenwärtigen Vorkommen des Baums durch ganz Europa mit Ausnahme des hohen Nordens, auch das Zeugniss des *Servius a. a. O: Sane Cerasus vicitas est Ponti, quam cum delesset Lucullus, genus hoc pomi inde advexit et a civitate Cerasum appellavit. Hoc autem etiam ante Lucullum erat in Italia, sed durum, et Cornum appellabatur, quod postea mixto nomine Cornocerasum dictum est.* (So in *Burmanns Ausgabe des Virgilius I, pag. 277*, Casaubonus zum Athenäos *a. a. O.* las: *quod postea incepto nomine Corno, Cerasum dictum est.* Sollte es nicht heissen: *misso nomine Corno?* Lion's neueste Ausgabe ist mir leider unzugänglich. Das

Der grammatischen Richtung Varro's verdanken wir eine Reihe botanisch-terminologischer Bestimmungen, die nicht ohne Einfluss auf die Vorstellungen vom Bau der Pflanzen bleiben konnten. Nicht die aus Rinde bestehenden Galbuli sind die wahren Samen der Cypresse, sondern in diesen befinden sie sich, und sind unscheinbar klein[1]). Der natürliche Same des Feigenbaums (im Gegensatz gegen Stecklinge und Ableger, die man im weitern Sinn auch zu den Samen rechnete) befindet sich inwendig in der Feige, die wir essen, und besteht aus so kleinen Körnern, dass kaum Pflänzchen daraus erwachsen können; denn alle sehr kleinen und trockenen Samen keimen schwer. Besser erzieht man daher die Feige aus Stecklingen als aus Samen, ausgenommen wenn man sie über Meer kommen lässt. So sind die Feigen aus Chios, Chalcidica, Lydien und Afrika eingeführt[2]). Die Aehre des Weizens und der Gerste besteht aus drei Theilen, dem Korn, der Spelze und der Granne, und anfangs, während sie entsteht, auch noch aus der Scheide. Korn nennt man das Innere, Harte; Spelze dessen Schlauch; Granne, was wie eine lange dünne Nadel aus der Spelze hervorragt. Die Granne und das Korn kennt fast jedermann, Wenige kennen die Spelze; nur Ennius gedenkt ihrer in seiner Uebersetzung des Euhemerus (von der Natur der Götter[3]). Mit der nun folgenden Etymologie dieser Kunstausdrücke, die nicht immer zum Besten gelingt, wollen wir uns nicht aufhalten.

Auch an Beobachtungen über das Wachsthum und die normale Bewegung der Blätter und Blumen fehlt es nicht. Sind Boden und Wetter günstig, so pflegt die Gerste nach sieben Tagen,

---

monströse Wort *cornocerasum* kommt nicht weiter vor). Doch wollen wir eins bei diesem Zeugniss nicht vergessen, dass die gleiche Bedeutung des griechischen κέρας und des lateinischen *cornu* dem Grammatiker vermuthlich bedeutsamer vorkam, als uns Naturforschern, und ihn erfindsam gemacht haben könnte.

1) *Varro de re rust. I, cap. 40 sect. 1.*
2) *Ibidem cap. 41 sect. 4—6.*
3) *Ibidem cap. 48.*

der Weizen etwas später, die Hülsenfrüchte nach vier bis fünf Tagen zu keimen, ausgenommen die Bohne, die etwas mehr Zeit erfordert. Eben so halten Hirse, Sesam und andere Samen ziemlich regelmässig ihre Zeit. Zuerst entwickeln sich die Wurzeln. Einige strecken sich weiter, andere nicht so weit aus, theils ihrer eigenen Natur gemäss, theils nach dem Grade der Lockerheit des Bodens [1]). Funfzehn Tage lang, sagt man, befinde sich das Getreide in den Scheiden, funfzehn Tage lang blühe es, funfzehn Tage lang trockene und reife es [2]). Die Blätter einiger Bäume, wie des Oelbaums der weissen Pappel der Weide, kehren sich zur Zeit der Sommergleiche um, so dass man an ihnen die Jahrszeit erkennen kann. Auch nennt man gewisse Blumen Heliotropia, weil sie sich bei Sonnenaufgang gegen die Sonne richten, und bis zum Abend ihrem Laufe folgen [3]). — Das sind die erheblichsten, nicht die einzigen Beobachtungen solcher Art. Hie und da sucht Varro sogar die physiologischen Gründe des agronomischen Verfahrens auf, z. B. beim Weinschnitt [4]); doch kommt das seltener vor, und recht charakteristisch lässt er einmal, freilich erst bei der Viehzucht, einen seiner Interlocutoren sagen: „so ist es; warum es sei, das ist eure Sache, die ihr den Aristoteles leset [5])"

Die Pflanzenwissenschaft überhaupt machte demnach durch Varro keinen Fortschritt, kaum dürfte sich etwas bei ihm finden, was nicht die Griechen lange zuvor eben so oder besser gelehrt hätten; im Vergleich mit Cato aber ist Varro, nicht bloss als Landwirth, sondern auch als Botaniker beträchtlich höher zu stellen; und was er auch den Griechen verdanke, das Verdienst, die Römer damit bekannt gemacht zu haben, bleibt ihm gewiss.

---

1) *Varro de re rust. I, cap. 45.*
2) *Ibidem cap. 32.*
3) *Ibidem cap. 46.*
4) *Ibidem cap. 31.*
5) *Ibidem II, cap. 5 sect. 13.*

§. 53.
Publius Virgilius (Vergilius) Maro.

Dieses Dichters Leben ist von seiner bis auf unsere Zeit so oft und ausführlich beschrieben [1]), und gewiss den meisten meiner Leser noch von der Schule her in seinen Hauptzügen so bekannt, dass für unsern Zweck wenige chronologische Bestimmungen genügen. Den 15. October 70 v. Chr. zu Andes bei Mantua auf seines Vaters ländlicher Besitzung geboren, und daselbst erzogen, führte er unter dem Schutz mächtiger Freunde und des Kaiser Augustus selbst, dessen Gunst ihm sein dichterisches Talent erwarb, ein ruhiges Leben, verbrachte seine späteren Jahre meist in Unteritalien und starb, kaum von einem Ausfluge nach Athen zurückgekehrt, zu Brundisium in Calabrien den 22. September 19 v. Chr. im noch nicht vollendeten ein und funfzigsten Jahre seines Lebens.

Schon seine Bucolica sind reich an Beziehungen auf italiänische Pflanzennatur; was ihm aber vor allem hier seine Stelle giebt, ist sein Meisterwerk, die Georgica, eine poetische Schilderung der Landwirthschaft in vier Gesängen. Dass auch in den zwölf Büchern der Aeneide einige Pflanzen vorkommen, die in jenen Gedichten fehlen, sei uns eine willkommne Zugabe zu dem von Virgilius uns überlieferten Schatz botanischer Kenntnisse.

Das Hauptwerk für uns, die Georgica, begann der Dichter um das Jahr 37 v. Chr. und 35 erschien der erste Gesang, der zweite gegen 30. Um dieselbe Zeit setzen die Grammatiker, die sein Leben beschrieben oder seine Werke erklärten, die Vollendung des ganzen Werks, ungeachtet der Beziehungen auf spätere Ereignisse aus den Jahren 30 bis 20 v. Chr. im dritten Gesange Vers 26 ff. und am Schluss des vierten. Zur Hebung dieses Wider-

---

1) Eine Biographie des Dichters, sei es ein Abdruck der des Tiberius Claudius Donatus oder eine neue Bearbeitung, oder beides, steht fast vor jeder grösseren Ausgabe seiner Werke. Vergl. Bähr Geschichte der römischen Literatur I, S. 223 die Anmerkung *).

spruchs erklärte man die erste Stelle für eine zufällig eingetroffene dichterische Vision, die zweite für einen fremden Zusatz. Der scharfsinnigste und geschmackvollste aller Ausleger des Dichters, unser Johann Heinrich Voss, fand eine bessere Lösung. Er zeigte die Unstatthaftigkeit der vorausgesetzten Weissagung und rechtfertigte glänzend die angefochtene Stelle; die Angabe der Grammatiker bezog er auf eine frühere Vorlesung, auch wohl Mittheilung der beiden letzten Gesänge in ihrer ersten unvollendeten Gestalt, berief sich dabei auf die Aussage derselben Grammatiker, dass das Gedicht spätere Ausbesserungen erfahren habe, und setzte den Abschluss desselben kurz vor des Dichters Tod [1]).

Da die Aeneide im Grunde nicht hierher gehört, so beschränke ich mich auf Angabe der beiden Ausgaben der Bucolica und Georgica, welche für den Botaniker die wichtigsten sind.

Virgilii georgicorum libri IV. The georgics of Virgil. With an english translation and notes by J. Martyn. London 1741. 4.

Virgilii bucolicorum eclogae X. The bucolics of Virgil. With an english translation and notes by J. Martyn. London 1749. 4.

Beide Werke wurden öfter, auch in 8., wieder abgedruckt. John Martyn war Arzt und Professor der Botanik zu Cambridge, der Freund Sherard's, Sloane's und unsres Dillenius, der erste, der seine Landsleute mit Linne's Arbeiten bekannt machte [2]), und der erste, der zur Erläuterung unsres Dichters gründliche botanische und ökonomische Kenntnisse mitbrachte.

Des Publius Virgilius Maro ländliche Gedichte. Uebersetzt und erklärt von J. H. Voss. Band I—IV. Altona. 1797— 1800. 8.

---

6) Siehe Vossens Anmerkungen zu den betreffenden Stellen in seiner gleich anzuführenden Ausgabe *IV, Seite 529* und *919 ff.*
3) *Pulteney's Geschichte der Botanik bis auf die neuern Zeiten, mit besonderer Rücksicht auf England. Aus dem Englischen von Kühn. II, S. 406 ff.*

Die beiden ersten Bände enthalten die Bucolica, die beiden letzten die Georgica. DerText ist der Uebersetzung gegenüber abgedruckt. Voss, der anerkannt tief und gründlich durchgebildete Philologe, stand dabei doch der Natur ungleich näher als irgend ein anderer seines Fachs, und besass als Geschenk der Natur, was in höherer Ausbildung den Naturforscher macht, — die Kunst zu sehen. Auch in Beantwortung botanischer Fragen beschämte er nicht selten alle Botaniker.

Zur Erläuterung der bei Virgilius vorkommenden Pflanzen dienen ferner:

Andr. Joh. Retzius flora Virgiliana, eller Försök at utreda de Wäxter som anföras uti P. Virgilii Maronis eclogae, georgica och aeneides. Jämte Bihang om Romarnes Matwäxter. Lund 1809. 8.

A. L. Fée flore de Virgile, composée pour la collection des Classiques Latins.

Bildet (wenigstens in der Seconde souscription von 1837, welche ich benutze) den Quartus index zum Virgilius in der Sammlung von Lemaire, ist 1822 erschienen, enthält pag. I—CCLII, und schliesst mit den Worten: Finis octavi et ultimi voluminis. — Hierauf erschienen:

(M. Tenore) osservazioni sulla flora Virgiliana. Napoli 1826. 8.

Es sind nur 18 Seiten, worin der Verfasser, der sich am Schluss nennt, 11 der von seinem Vorgänger seiner Meinung nach unrichtig gedeuteten Pflanzen erörtert. — Der Vorgänger nahm den Gegenstand abermals auf, und lieferte zu einer neuen pariser Ausgabe des Virgilius in der Sammlung von Pancouque einen Catalogue alphabétique des plantes énumerées dans les ouvrages de Virgile, unter dem Titel:

Fée flore de Virgile (pag. 429—460, klein gedruckt, mit den Schlussworten Fin du tome quatrième et dernier) 8.

Viel Ueberflüssiges ist daraus weggelassen, Vieles neu hinzugekommen oder berichtigt, wobei auch auf Tenore's Bemerkungen Rücksicht genommen ward. Ich bemerke das so ausführlich, weil diese zweite Arbeit Fée's in Pritzels Thesaurus botanicus fehlt und überhaupt wenig bekannt geworden zu sein scheint. — Rechnet man zu dem allen, was Sprengel in seinen beiden botanischhistorischen Werken zur Erläuterung der Pflanzen Virgils beigesteuert, so muss man die Sorgfalt anerkennen, welche die Botaniker diesem ihrem Lieblingsdichter widmeten. Und doch, wie viel wäre auf diesem Felde noch zu leisten, wenn endlich einmal ein mit der vaterländischen Flora wie mit dem Alterthum gleich vertrauter Italiäner den Gegenstand aufnähme! Fée, als Franzose unbekannt mit Voss wie mit dem grösseren Theil der auswärtigen Literatur, unterzog besonders Sprengels erste Arbeit in lateinischer Sprache seiner Kritik; wie sehr die seinigen derselben bedürfen, gewahrt der Sachkundige auf den ersten Blick.

Den Umfang und Zuwachs römischer Pflanzenkunde werden folgende Zahlen anschaulich machen, die freilich nur annähernd sein können, und Abarten und Arten ohne Unterschied umfassen.

von		Summe der überhaupt genannten Pflanzen:	Summe der von jedem zuerst genannten Pflanzen:
Cato lebte	334 — 149 vor Chr.	125.	125.
Varro,	117 — 26	107.	42.
Virgilius[1],	70 — 19	164.	78.
Summa der von allen dreien genannten Pflanzen			245.

Und 300 Jahr zuvor kannte Theophrastos allein schon etwa 450 Pflanzen! Es fehlt also viel, dass die Römer zur Zeit ihrer schönsten Blüthe in der speciellen Pflanzenkunde ihre Vorgänger und Meister erreicht, geschweige denn übertroffen hätten. Denn wenn sie auch mehr Pflanzen kannten, als die von ihren landwirthschaftlichen Schriftstellern erwähnten, so gilt von den Griechen dasselbe; und in die römische Literatur, mit Einschluss der uns verloren gegangenen Werke, kann wenigstens nicht viel ausser dem genannten Eingang gefunden haben.

---

[1] Nach Fée, mit Ausschluss der Pflanzen, die nur in untergeschobenen oder zweifelhaften Gedichten des Virgilius vorkommen.

Beschrieben fanden wir bei Cato einige Abarten des Kohls, bei Varro nicht eine einzige Pflanze; Virgilius beschrieb wenigstens Eine so, dass sich unser **Aster Amellus** darin erkennen lässt. Ich gebe die Stelle [1]) nach Voss:

„Ferner blüht auf Wiesen ein Kraut, dess Namen Amellus
Nannte der Ackermann, dem suchenden leicht zu erspähen.
Denn ein mächtiger Wald entsteigt der zasrigen Wurzel,
Gold ist die Scheibe der Blum', allein auf den häufigen Blättern
Ringsum glänzt der dunklen Viol' anmuthiger Purpur.
Oftmals schmückt sie zu Ketten gereiht die Altäre der Götter.
Scharf ist im Mund' ihr Geschmack. Es pflückt in geschoreren Thälern
Solche der Hirt, und längs dem gewundenen Strome des Mella."

Indess fehlt es auch bei andern Pflanzen nicht an einzelnen malerisch treffenden Bezeichnungen, wie z. B. bei der Beschreibung eines ergiebigen Gemüsegartens in den Worten:

— „Tortusque per herbam
Cresceret in ventrem cucumis" — [2]),

welche Retzius, Sprengel und Fée noch auf die Gurke bezogen, worin aber Voss, ungeblendet durch den Namen, mit vollem Recht die **Melone** erkannte. Auch schweift der freie Blick des Dichters wohl einmal über Italiens Grenzen hinaus und singt, was er über wunderbare Pflanzen von des Alexandros Begleitern auf dem indischen Feldzuge vernommen hatte [3]).

„Schaue den Kreis auch der Erde, gezähmt von den äussersten Pflanzern,
Oestliche Hütten der Araber dort, hier bunte Geloner.
Abgetheilt ist den Bäumen ihr Land: nur in India dunkelt
Ebenholz, nur Saba gebiert den Sprössling des Weihrauchs.
Was verkünd' ich annoch wohlriechendes Holzes entquollen
Balsame? was dir die Beeren des immergrünen Akanthus?
Aethiopia's Haine, mit weicher Wolle beschimmert?
Und wie das zarte Gespinnst von dem Laub abkämme der Serer?
Oder was India sonst, dem Oceanus nahe, für Waldung
Trägt, die äusserste Bucht? wo über die luftigen Wipfel
Nimmer ein Pfeil von der Sonne hinaufzustreben vermochte;

---

1) *Virgil. georgic. IV*, vers. 271 sqq.
2) *Ibidem* vers. 121.
3) *Ibidem II*, vers. 114 sqq.

Und nicht kraftlos spielt doch jenes Geschlecht mit dem Köcher!
Media zeugt den mürrischen Saft und verweilenden Nachschmack
Ihrem gesegneten Apfel: vor dem kein schnelleres Labsal,
Wann stiefmütterlich einst Unholdinnen Becher des Todes
Würzten, und Kraut vermischten und nicht unschädliche Worte,
Rettend kommt, aus den Gliedern die dunkelen Gifte zu scheuchen.
Hoch erhebt sich der Baum, und gleich an Wuchse dem Lorbeer;
Und wenn nicht ein anderer Duft weither ihn umströmte,
Selbst Lorbeer; die Blätter von keinem Wind ihm entsinkend;
Lang andauernd die Blume, womit den Athem der Meder
Heilt und des Mundes Geruch und der Greis' engbrüstiges Keuchen."

Ueberhaupt ist der zweite Gesang der Georgica, woraus ich diese Stelle entlehnte, botanisch der gehaltreichste. Er handelt von der Baumzucht, während sich der erste mit dem Ackerbau, der dritte mit der Viehzucht, der vierte und letzte mit der Bienenpflege beschäftigt, welche auch des pflanzenreichen Gartens in Bezug auf die Bienen zu gedenken Veranlassung giebt.

Das Erfreulichste ist, wenn sie ihn auch nicht zum Forscher machte, des Dichters Hochachtung vor der Naturerkenntniss. Andere ältere Römer, mit Ausnahme des leider ganz unbotanischen Lucretius, wiesen sie entweder schnöde von sich ab, oder würdigten sie keines Worts; Virgilius ruft aus, — und dass es ihm Ernst sei, bezeugt die Haltung des ganzen Gedichts, —

„Selig, wem es gelang, der Ding' Ursprung zu ergründen!"[1])

Doch schon zu lange weilten wir bei dem anmuthigen Dichter.

§. 54.

Cajus Julius Hyginus.

Der Grammatiker Charisius[2]) citirt sein Werk de Agricultura, und öfter und mit Auszeichnung citirt ihn auch Columella ohne ein bestimmtes Werk von ihm zu nennen; nur einmal[3]) bei der Bienenzucht, bei der er ihn am häufigsten benutzte, bezieht er

---

1) *Virgil. georgic. vers. 490.*
2) *Charisius, in Grammat. Latin. veteres auctores, studio Putsch pag. 115.*
3) *Columella IX, cap. 13 sect. 8.*

sich ausdrücklich auf das Buch, das er von den Bienen geschrieben. Uebergehen darf ich ihn daher nicht, wiewohl ich zweifle, ob er zu den wahren Agronomen gehört.

Eine kurze Biographie von ihm hinterliess uns Suetonius[1]). Sie lautet vollständig so: Cajus Julius Hyginus, des Augustus Freigelassener, von Geburt ein Spanier (wiewohl ihn Einige für einen Alexandriner halten, der durch Cäsar nach der Einnahme Alexandria's als Knabe nach Rom gebracht sei), war ein fleissiger und eifriger Nachahmer des griechischen Grammatikers Cornelius Alexander, den wegen seiner Kenntniss des Alterthums Viele den Polyhistor, Einige die Historie nannten. Er stand der palatinischen Bibliothek vor, nichts desto weniger unterrichtete er sehr Viele, und war sehr befreundet mit dem Dichter Ovidius und dem Consular und Historiker Cajus Licinius, welcher berichtet, er wäre ziemlich arm verstorben, und während seines Lebens von ihm unterstützt worden. Sein Freigelassener war Julius Modestus, der in Studien und Lehre in seines Patrons Fusstapfen trat."

Den Beinamen des Polyhistors, den Seutonius seinem Vorbilde giebt, eignet Hieronymus[2]) ihm selbst zu, und gedenkt seiner als eines berühmten Grammatikers beim vierten Jahr, nachdem Augustus sich zum Pontifex Maximus erklärt hatte, also beim Jahr 7 v. Chr. nach unserer Zeitrechnung. Angenommen, er wäre bei Cäsar's Rückkehr von Aegypten nach Rom (47 v. Chr.) zehn Jahr alt gewesen (denn ward er auch nicht als Knabe durch Cäsar nach Rom gebracht, so konnte doch diese Meinung nur entstehen, wenn ihr sein Alter nicht widersprach): so zählte er in der von Hieronymus bezeichneten Zeit der Blüthe seines Ruhms 49 Jahr, war 22 Jahr jünger als Virgilius und 15 Jahr älter als sein Freund Ovidius. Columella's Ausdruck in seinem früher[3])

---

1) *Sueton. de illustr. grammaticis cap. 20.*
2) *Eusebius*, edit. *Maji, pag. 371;* edit. *Scaligeri pag. 156,* die, wie gewöhnlich, so auch hier um ein Jahr von einander abweichen.
3) Seite 15.

mitgetheilten Verzeichniss römischer Agronomen „gleichsam Hofmeister des Virgilius" bezieht sich folglich nicht auf sein Alter, sondern auf seinen Commentar zum Virgilius, den namentlich Servius und Gellius häufig anführen, und in welchem er, wie viele dieser Anführungen darthun[1]), den Dichter oft auf die wunderlichste Art schulmeisterte.

Aber etwas anderes scheint sich mir daraus, dass grade Columella diesen Ausdruck gebraucht, und zwar grade da', wo er den Hyginus unter die Georgiker stellt, mit grosser Wahrscheinlichkeit zu ergeben: nämlich dass sein, wie wir sahen, nur einmal von einem spätern Grammatiker genanntes Werk de Agricultura, so wie sein von Columella gleichfalls nur einmal ausdrücklich genanntes Buch von den Bienen eben nichts anderes waren als sein Commentar zu des Virgilius Georgica, welche ihm, wenn er landwirthschaftliche Kenntnisse besass, Gelegenheit genug darboten sie auszukramen, und auch dabei den Dichter zurechtzuweisen. Wie sehr Columella[2]) diese Vermuthung durch das ganze Kapitel begünstigt, in welchem er die Art, wie Hyginus Virgilius Celsus denselben Gegenstand, nämlich die Bienenzucht behandelten, vergleicht, überlasse ich meinen Lesern bei ihm selbst nachzusehen. Sie werden darin den Hyginus als einen nach mythologischen Abgeschmacktheiten und sogenannten Naturmerkwürdigkeiten haschenden Grammatiker kennen lernen, an dessen Werke die Botanik nichts verloren zu haben scheint.

§. 55.
Sabinus Tiro und der römische Gartenbau.

Auch eine den Gartenbau ins Besondere behandelnde Schrift führt Plinius[3]) an, die Cepurica des Sabinus Tiro. Sie waren dem Mäcenas gewidmet, folglich nicht jünger als dessen Todesjahr 8 v. Chr., und wie das Verzeichniss der von Plinius

---

1) *Namentlich bei Gellius I, cap. 21; V, cap. 8; VI, cap. 6; X, cap. 16.*
2) *Columella IX, cap. 2.*
3) *Plin. hist. nat. XIX, cap. 10 sect. 57.*

zum neunzehnten Buch benutzten Schriftsteller ausweist, in lateinischer Sprache geschrieben. Titel und Zueignung könnten verleiten, das Werk für ein Gedicht zu halten, gleichsam einen Nachtrag zu des Virgilius Georgica; allein das tiefe Schweigen der fleissigen Commentatoren dieses Werks über jenes, wie auch des Columella, der sein Gedicht über den Gartenbau gradezu als Fortsetzung der Georgica des Virgilius ankündigt, steht dem entgegen, und was Plinius aus dem Werke mittheilt, ist zu unbedeutend, um irgend eine Vermuthung über Form und weitern Inhalt zu gestatten. Er sagt nur, nach Sabinus Tiro im Buch der Cepurica, welches er dem Mäcenas gewidmet, sei es unvortheilhaft, die Raute die Cunila (Satureja Thymbra?[1]) die Minze und das Ocimum (Basilicum[2]) mit Eisen zu berühren[3]).

Das Bemerkenswerthe dabei bleibt immer, dass der Gartenbau in der römischen Literatur schon so früh wenigstens Einen, vielleicht gar mehrere besondere Vertreter fand, obgleich ihn auch die Landwirthe keineswegs vernachlässigten, und dass die römische Literatur die griechische in diesem Zweige an Reichthum sogar überboten zu haben scheint. In dem Verzeichnisse der Schriftsteller, welche Plinius zu seinem neunzehnten Buch, welches vom Gartenbau handelt, benutzt hatte, finden wir neunzehn einheimische gegen nur sechs griechische genannt, während sonst die Menge der letztern beträchtlich zu überwiegen pflegt; und unter den sechs Griechen hatte vermuthlich kein einziger, unter den neunzehn Römern hatten mindestens noch drei, **Cäsemius, Castritius** und **Firmus** sonst ganz unbekannte Personen, Cepu-

---

1) Das ist die gewöhnliche Interpretation. Doch verdient bemerkt zu werden, dass nach Bertoloni (*flor. Ital. VI, pag. 53*) gegenwärtig *Satureja hortensis* den Namen *Cunilia* oder *Coniella* führt.

2) Dasselbe behauptet schon Cato von dem **Futterkraut** *Ocimum*. Liess sich Tiro etwa durch die Gleichheit des Namens verleiten? Denn dass er in seinem Gartenbuch von jenem Futterkraut gehandelt, ist doch nicht wahrscheinlich.

3) **Auf den Sabinos**, von dem uns Oribasios ein längeres Fragment erhielt, und von dem Haller meint, er wäre vielleicht mit dem Sabinus Tiro identisch, werde ich später Buch VI, §. 21 zurückkommen.

rica, das heisst Gartenbücher geschrieben. Auch Athenäos, bei dem fast ein halbes Hundert griechischer Schriftsteller über Kochkunst und verwandte Gegenstände vorkommt, dem es also nicht an Veranlassung fehlte, der Gartenschriftsteller zu gedenken, citirt nach dem von Dalechamp verfertigten Verzeichniss der bei ihm vorkommenden Schriftsteller neben sechs griechischen Georgikern nur einen einzigen, den Eudemos Athenäos[1]), der über Gemüse geschrieben. Ja sogar noch in der weit späteren Sammlung der Geoponika, welche vorzugsweise aus griechischen Schriftstellern zusammengetragen ist, und dem Gartenbau drei ganze Bücher, das 10. 11. und 12. gewidmet hat, kommt nur ein einziger vor, der besonders über Gartenkunst geschrieben, nämlich Nestor, der Dichter des Alexikepos oder Heilgartens [2]).

Eine gewisse Vernachlässigung dieses Zweiges der Literatur von Seiten der sonst so schreibseligen Griechen ist also Thatsache; und keineswegs vom eigentlichen Griechenland, sondern von Kleinasien, namentlich Kilikien aus über Gross-Griechenland (Unter-Italien) scheint die feinere Gartenkunst zu den Römern gelangt zu sein. Schon Virgilius[3]) preist einen Greis aus Kórykos in Kilikien, den er bei Tarentum in Unteritalien sah, als vorzüglichen Gärtner,

„der verlassenes Landes
Wenige Juger besass, und nicht einträglich dem Pflugstier,
Noch anlockende Weide dem Vieh, noch gefällig dem Bacchus.
Doch weitzeilig Gemüs' in dem Dornwall, rings auch mit weissen
Lilien, heilige Grün', und zehrendem Mohne sich pflanzend,
Dünkt er sich reich wie Fürsten an Muth, und in späterer Dämmrung
Kehrend belud er den Tisch mit unerkauften Gerichten.
Rosen im Frühling brach er zuerst, und im Herbste die Baumfrucht;
Und wann noch durch Frost der traurige Winter die Felsen
Spaltete, noch mit Eise den Lauf anhielt der Gewässer,

---

1) *Athenaei deipnosophist. IX, cap. 2, pag. 260 E. et 371 A*, wo vom Kohl drei, vom Mangold vier Sorten unterschieden werden.
2) *Geoponic. XII, cap. 16.*
3) *Virgil. georgic. IV, vers. 127 sqq.*, nach der Uebersetzung von Voss.

Nahm schon jener die Krone der zarten Blum' Hyacinthus,
Höhnend der Sommertage Verzug und der Zephyre Säumniss.
Mutterbienen demnach und zahllos schwärmende Jugend
Hatt' er zuerst, und gepresstem Gewirk entzwang er des Honigs
Schaumigen Seim; ihm sprosste die Lind' und die Pinie reichlich;
Und so viel des Obstes in frischer Blüthe den Fruchtbaum
Kleidete, eben so viel belastet' ihn reifend im Herbste.
Jener verpflanzt' auch spät in geordnete Zeilen die Ulmen,
Härtliche Birnenstämm' und pflaumentragenden Schleedorn,
Auch die dem festlichen Trunk schon Kühlungen bot, die Platane."

Hierzu bemerkt Voss [1]): „Der grosse Pompejus hatte im Jahr 687 (67 v. Chr.) den überwundenen' mehr als zwanzig tausend cilicischen Seeräubern, die man nicht als Gesindel sich vorstelle, ausser Soli u. s. w. . . , auch Aecker in Calabrien angewiesen. Der letzten vielleicht kleinen Anweisung gedenken zwar nur Grammatiker: aber Servius beruft sich auf ein jetzt verlorenes Zeugniss des Suetonius, und Probus erzählt mit wahrscheinlicher Umständlichkeit, dass es cilicische Ruderer waren, denen Pompejus, als er seinen Soldaten tarentinische Aecker austheilte, die schlechtesten zum Lohn ihres Verrathes gab. . . . Aber der kärglich abgefundene Cilicier zwang die Natur durch einheimische Kunst, die so berühmt war, dass Martial die durch Specularfenster getriebenen Fruchtbäume und Reben einmal (VIII, 68) über den Obstgarten des Alcinous erhebt, ein andermal (VII, 14) Cilicum pomaria, Cilicische Obsthaine nennt, und in einem alten Gedichte (Catalecta Virgilii et aliorum poetarum latinorum veterum poematia, cum comment. Jos. Scaligeri, pag. 193) ein zufriedener Landmann sich rühmt:

„Dann wo das lockere Beet einsaugt die umschlängelnden Quellen,
Steigt mir korycisches Gartengewächs. — "

Weil die cilicische Betriebsamkeit im Gartenbau so berühmt war, nahmen Einige, denen Servius beistimmt, das Wort Kory-

---

[1]) *Virgilius ländliche Gedichte, übersetzt und erklärt von J. H. Voss IV*, S. 773 f.

cier bei Virgilius als Ehrenbenennung des Greises, der nach korycischer Art den Garten bestellte, und beriefen sich auf ein Zeugniss des Plinius, welches verloren ist. Auch Philargyrius sagt, er scheine Einigen ein Korycier, nicht an Geschlecht, sondern an Tüchtigkeit, weil dieses Volk mit Eifer die Gärten baue."

So weit Voss. Schon Cato künstelte bei der Baumzucht auf vielfache Weise weit mehr, als man in seiner Zeit und bei seiner nur auf Erwerb ausgehenden Richtung erwarten sollte. Besondere Freude mag er daran gefunden haben, Baumzweige durch gespaltene Töpfe oder Körbe zu ziehen, hoch über dem Boden mit Erde zu umgeben, dadurch zum Wurzeln zu nöthigen, und dann abgeschnitten zu verpflanzen; denn er beschreibt dies mühsame Verfahren sogar zweimal [1]). War es vielleicht seine eigene Erfindung? Bei den Griechen kennen wir es wenigstens nicht. Je mehr nun die Schwelgerei in Rom Ueberhand nahm, desto mehr wuchs und verbreitete sich dort das Bestreben, beliebte Gartenproducte von vorzüglicher Güte und zu jeder Jahreszeit zu erzeugen, und der Ausübung folgte die schriftliche Anweisung dazu. Schon der Kaiser Tiberius ass fast jahraus jahrein Melonen, die in Kasten auf Rädern, und durch Fenster geschützt, bald ins Freie, bald unter Dach gebracht wurden [2]). Von Spargeln, die am schönsten bei Ravenna gezogen wurden, erzählt Plinius [3]), dass deren drei Stück ein römisches Pfund (etwa ¾ unseres bürgerlichen Pfundes) ausmachten. „Artischocken (cardui), fügt er hinzu, dem Vieh zu untersagen, wäre wunderlich; dem Volk untersagt man sie." Das kann wohl nur heissen: man bauet sie mit solcher Sorgfalt, dass ihr Preis die Kräfte des gewöhnlichen Bürgers übersteigt. Etwas später pflegte Lucius Verus, der Mitregent des Marcus Aurelius oder Antoninus Philosophus seinen Gästen beim Mahl Kränze reichen zu lassen mit eingeflochtenen Blättern von Gold und Blumen einer unge-

---

1) *Cato de re rust.*, cap. 52 et 133.
2) *Colum. XI*, cap. 3 sect. 51—53; *Plin. hist. nat. XIX*, cap. 5 sect. 23.
3) *Plin. l. c.*, cap. 4 sect. 19.

wöhnlichen Jahreszeit[1]. Also auch Zierpflanzen, auf welche die Römer sonst wenig Werth legten, trieb man jetzt. Ja noch weit später, nach Alexander Severus, der 235 starb, zu einer Zeit, da die eigentliche Landwirthschaft mehr und mehr dem Verfall entgegeneilte, werden wir in Gargilius Martialis noch einen ausgezeichneten Schriftsteller über Gartenbau finden.

Ich bin dem Zeitalter, bei dem wir stehen, vorausgeeilt, um die Thatsachen nicht zu sehr zu vereinzeln. Auf Botanik haben sie so unmittelbar freilich keinen Bezug; wir werden aber auch noch zu der Zeit kommen, in welcher die Physiologie der Pflanzen der Gartenkunst ihre schönsten Eroberungen schuldig ward.

Zweites Kapitel.
Marcus Vitruvius Pollio der Architekt.
§. 56.
Sein Werk.

Auch zu dem mir früher wenig bekannten Werke dieses Mannes führte mich meine botanische Aehrenlese auf altrömischem Boden mit sehr geringer Erwartung, und zu desto grösserer Befriedigung.

In zehn kurze Bücher, die noch dazu manche Abschweifung enthalten, drängt er die Theorie seiner Kunst zusammen. Jedem Buch voran geht eine an den Kaiser gerichtete Einleitung, worin er irgend einen würdigen oder ergötzlichen Gedanken entwickelt, und bald lockerer bald inniger mit dem Gegenstande des Buchs oder seiner Persönlichkeit in Beziehung setzt. Im Anfang des ersten Buchs verlangt er vom Architekten eine äusserst vielseitige sowohl wissenschaftliche als technische Ausbildung, und kommt dann auf die Kennzeichen der Salubrität der Gegend, in

---

1) *Capitolini Verus imperator*, cap. 5: *coronas, lemniscis aureis interpositis, et alieni temporis floribus.*

der man sich anbauen will, wozu er unterandern auch gesunde Viehweide rechnet. Dabei erzählt er, freilich etwas ernster, als wir dergleichen lesen können, von zwei Ortschaften auf Kreta, durch einen Fluss getrennt, Gnoson und Gortyna: das Vieh, welches auf der Seite von Gnoson an dem Flusse weide, sei gesund; dem auf der andern Seite weidenden fehle die Milz. Dadurch aufmerksam gemacht, hätten die Aerzte an der Seite von Gortyna ein Kraut entdeckt, dessen Genuss die Milz verkleinere, und welches die Kretenser daher Asplenion nennten. Offenbar die Erfindung eines Grammatikers, welcher sich den Namen der Pflanze aus σπήν, Milz, und dem α privativum zusammengesetzt dachte, da dies α doch nur euphonistisch die Aussprache der drei folgenden Consonanten erleichtern sollte, und die Bedeutung des Namens einfach Milzkraut ist.

Gehaltreicher für uns ist das zweite Buch, von der Naturbeschaffenheit der Baumaterialien. Nach Entwickelung des muthmasslichen allmäligen Uebergangs des Menschengeschlechts vom Bau kunstloser Hütten zu immer künstlicheren Gebäuden folgt eine kurze Musterung der philosophischen Meinungen über die Natur der Körper und ihre elementaren Bestandtheile von Thales bis auf Demokritos, den Vitruvius auch an andern Orten sehr hoch zu stellen scheint, und dessen unächte Schriften er von den ächten, wie wir schon früher[1]) sahen, nicht gehörig unterscheidet. Leicht möglich, dass aus dieser Quelle die Geschichte vom Asplenion floss. Mit dem neunten Kapitel kommt er endlich zum Bauholz. Es soll vom Herbst bis zum Frühling gefällt werden, bevor es seine besten Kräfte bei der Laub- und Fruchtbildung zugesetzt. Denn wie das schwangere Weib alle Nahrung der Frucht zuwende, so auch die Pflanze; erst im Herbst sorgten die Wurzeln aufs neue für den Stamm und gäben ihm seine frühere Festigkeit wieder. Doch nicht auf einmal soll man den Baum fällen, sondern ihn erst von Einer Seite bis aufs Mark anhauen, damit der Saft ausfliesse, und nachdem er ausgetrocknet, ihn ganz

---

1) Seite 277.

niederwerfen. Die Wirkung dieses Verfahrens lasse sich an
Sträuchen (des Weinstocks) wahrnehmen, die dauerhafter würden,
wenn man den Stamm unten spalte, damit das Mark den überflüssigen und krankhaften Saft ausströmen lasse [1]). Das Holz
verschiedener Bäume, wie der Eiche Ulme Zypresse Pappel Fichte
und anderer besitze, je nach seiner elementaren Beschaffenheit,
verschiedene Vorzüge und Mängel. So sei das Fichtenholz, weil
es zumeist aus Luft und Feuer bestehe, leicht, und werde gleichwohl unter Lasten wenig gekrümmt; doch wegen seiner grösseren
Wärme leide es vom Wurmfrass, und wegen seiner luftigen Beschaffenheit fange es leicht Feuer. Die Eiche dagegen, reich an
erdigen Bestandtheilen, arm an Feuchtigkeit Luft und Feuer, hat
unter der Erde unverwüstliche Dauer; weil sie aber nicht porös
sondern so dicht ist, dass sie keine Feuchtigkeit in sich aufnehmen
kann, so fliehet sie dieselbe, wenn sie mit ihr in Berührung kommt,
und wirft sich. Die Speiseeiche (Q. Aesculus) hat wegen der
Gleichmässigkeit ihrer elementaren Bestandtheile als Bauholz
grosse Vorzüge; wird sie aber ins Feuchte gebracht, so nimmt
sie dieselbe vermöge ihrer Porosität leicht auf, verliert ihre Luft
und ihr Feuer, und leidet von der Nässe. Die Cerrus (Quercus
Cerris) die Korkeiche die Buche, unter deren Bestandtheilen die
Luft vorherrscht, nehmen daher die Feuchtigkeit tief in sich auf
und verderben leicht. — In solcher Weise wird ferner die Brauchbarkeit der weissen und schwarzen Pappel der Weide der Linde
des Keuschbaums der Erle der Esche der Ulme der Hainbuche
der Zypresse der Pinie der Zeder des Wacholders und der
Lerchentanne nach damaligem Stande der Wissenschaft begründet;
zwar nach unsern Vorstellungen sehr verkehrt, doch wer bürgt
dafür, dass nicht nach abermals zwei tausend Jahren, was wir
jetzt für ausgemacht halten, eben so ungenügend erscheint?

Im zehnten und letzen Kapitel des Buches wird auch noch

---

1) Das ist das schon von Theophrastos (*hist. plant. II, cap.* 7 *sect.* 6)
empfohlene Mittel, Bäume fruchtbarer zu machen., Man soll den Stamm am
Grunde spalten, und einen Stein in den Spalt bringen.

Buch IV. Kap. 2. §. 56.

der Einfluss äusserer Verhältnisse auf die Beschaffenheit des Bauholzes untersucht. Fichten von der Süd- und von der Nordseite des Gebirgs besitzen sehr verschiedene Eigenschaften. Auch diese sucht Vitruvius nach aristotelischen oder vielmehr demokritischen Grundsätzen zu erklären.

Weniger Botanisches liefern die nächstfolgenden Bücher, die der eigentlichen Baukunst gewidmet sind. Es wird erzählt, wie eine Vase, zufällig über eine Akanthuspflanze gestellt, die Erfindung des korinthischen Capitals veranlasst hätte (IV. cap. 1). Die Verjüngung des Säulenschaftes nach oben zu wäre eine Nachahmung der Natur; denn eben so verjünge sich nach dem Gipfel zu der Stamm der Bäume (V, cap. 1). Bei den Dielen, welche dem Estrich zur Unterlage dienen (VII, cap. 1), so wie bei der Holzunterlage gewölbter Decken (ibid., cap. 3) kommt es vorzüglich darauf an, Holz zu wählen, das sich nicht wirft; weshalb nochmals die für jeden dieser Zwecke brauchbarsten Hölzer durchgegangen werden. Zum Wölben werden, ausser schon genannten Holzarten, vorzüglich auch Buchsbaum Oelbaum und Steineiche empfohlen, und vor der gemeinen Eiche gewarnt. Ueber dem Holzwerk wird am besten griechisches Rohr mit Bindfäden aus spanischem Spartum (Stipa tenacissima) befestigt. In Ermangelung des griechischen Rohrs soll man aus den nahen Sümpfen die zartesten Halme auswählen. Das griechische Rohr war also zarter (ob Saccharum Ravennae?).

Im siebten Buch, nachdem das Berappen der Wände abgethan, dehnt sich Vitruvius auch auf die Verzierung derselben durch Malerei aus, und handelt umständlich von der Natur der Farbestoffe, vorzüglich der mineralischen, kürzer auch der vegetabilischen (cap. 14), doch nur als Surrogate für die kostbareren mineralischen. Purpur erzeuge man durch Färberröthe Kermes (Hysginum[1]) oder auch Heidelbeeren, Gelb durch Violen, Grün

---

[1] Sehr übereilt erklärt Rode (in dem seiner Ausgabe des Vitruvius angehängten *Lexicon Vitruvianum*) *Hysginum* für Waid, wie schon daraus erhellt, dass diese Pflanze wenige Zeilen weiter bei Vitruvius selbst unter ihren

durch Wau mit blauer Farbe verbunden, Blau durch Waid (vitrum, quod Graeci isatin appellant).

Um nun im achten Buch die Anlange von Brunnen und Wasserleitungen gründlich zu lehren, spricht Vitruvius zuerst (cap. 1) von den Zeichen, dass man beim Graben Wasser, und zwar gutes Wasser finden werde. Dazu gehört das Vorkommen solcher Pflanzen, die ohne Feuchtigkeit im Boden nicht entstehen noch sich ernähren können, als: zarte Binsen wilde Weiden Erlen Keuschbaum Schilf Epheu und andere der Art. Oft findet man sie zwar auf Senkungen des Bodens, in denen das Regenwasser zusammenläuft. Wo das aber nicht der Fall ist, da zeigen sie Wasser in der Tiefe an. Das folgende Kapitel, vom Regenwasser, enthält zwar nicht unmittelbar Botanisches, empfielt sich aber dem Botaniker durch eine sehr gesunde Erörterung des für das Pflanzenleben so wichtigen sogenannten meteorologischen Processes der Wasser- und Wolkenbildung, nebst sehr bestimmten Andeutungen der nach den Temperaturen wechselnden Capacität der Luft für den Wasserdampf. Im dritten Kapitel, von der Natur verschiedener, besonders warmer und mineralischer Quellen und Gewässer, wird deren Verschiedenheit auf die Arten des Bodens, woraus sie entspringen zurückgeführt, und erläutert durch die Verschiedenheit des Geschmacks der Früchte nicht nur verschiedener, sondern sogar derselben Pflanzenarten je nach Be-

---

bekannten Namen *vitrum* oder *isatis* vorkommt. Suidas hat ὕσγη, eine Pflanze und ὑσγινοβαφής χιτών, ein damit gefärbtes Gewand. Die richtige Bedeutung des Namens, den kein Neuerer erklärte, fand schon vor einigen hundert Jahren Turnebus (*Adversar. XIX, cap. 25*), und verbesserte darauf die Stelle des Pausanias (*X, cap. 36 sect. 1*), in welcher die Kermeseiche und ihr Product der Kermes mit dem Zusatz beschrieben wird, die Griechen nennten den Strauch (*Quercus Ilex*) κόκκον, die Gallier in ihrer Sprache ὕς (Sau); nach Turnebus ὕσγην. Wie abgeschmackt klingt dagegen Kühn's (auch von Facius in seiner Ausgabe des Pausanias mitgetheilte und gebilligte Erklärung der gewöhnlichen Lesart! In dem Laute des Wortes κόκκος hätten die Gallier ihr einheimisches *coche (cochon)* gehört, und deshalb die Pflanze ὕς, Sau, genannt. Kühn übersieht ganz, dass das Wort ὕς oder lieber ὕσγη von Pausanias gradezu ein gallisches genannt wird.

schaffenheit des Bodens, worauf sie wachsen. Wer diese Stellen in einer neueren Sprache ohne Angabe des Verfassers läse, könnte in Versuchung kommen, sie einem Chemiker oder Physiologen der neuesten Schule zuzuschreiben; so bestimmt wird darin die Verschiedenheit der Pflanzensäfte nicht aus der Natur der Pflanzen selbst, sondern lediglich der Nahrung, welche [sie empfangen, erklärt. Doch schwindet die Täuschung, wenn als letzter Grund der Verschiedenheit der Erdsäfte nicht ihre chemische Beschaffenheit, sondern der mehr oder minder spitze Winkel, unter welchem die Sonnenstrahlen eine Gegend treffen, bezeichnet wird.

Die beiden letzten Bücher, von den Sonnenuhren, und vom Maschinenbau, enthalten viel Astronomie und Mechanik, Botanisches kommt darin nicht mehr vor.

§. 57.
Sein Leben.

Wann und wo er geboren war, ist unbekannt. Eine Sage, welcher der Marchese Maffei in seiner Verona illustrata [1]) historischen Werth zu geben bemüht war, macht ihn zu einem Veronesen. Ihr Ursprung ist leicht zu errathen. Noch befindet sich an einem alten Bauwerk zu Verona folgende Inschrift: L. Vitruvius L. L. Cerdo Architectus, „Lucius Vitruvius Cerdo der Architekt, des Lucius Vitruvius Freigelassener." Weit öfter wiederholt sich der Geschlechtsname der Vitruvier auf Inschriften, die man in Unteritalien bei Formiä, dem heutigen Mola di Gaëta fand [2]); dort soll der König Alfonso nach dem Zeugnisse seines geheimen Secretärs [3]) sogar die Grabschrift unseres Vitruvius gesehen haben; und noch etwas südlicher bei Bajä fand man neuerlich

---

1) *Maffei Veron. illustr. vol. III, pars II, pag. 44 ff.* (nach Bähr).
2) *Tiraboschi I, pag. 269 edit. Roman.*
3) *Fabric. bibl. latin I, pag. 481 edit Ernesti*, mit dem Citat: *Panormitanus de doct.* (liess *dictis et factis*) *Alphons. I, pag. 47, apud Aeneam Sylvium pag. 476 Opp.* Bekanntlich commentirte letzterer die Schrift des Antonio Beccatelli Palermitano über seinen König.

wieder eine vorn wenig verstümmelte Inschrift [1]), die in vier Zeilen also lautet:

(v) ITRUVIO
(polli) ONI. ARCH
JUS. CLASSIC
G. P. M.

Eine einnehmende Gestalt hatte ihm, wie er selbst gesteht, die Natur versagt [2]), Vermögen besass er nicht [3]), und nichts an ihm verräth einen vornehmen Stand; auch fehlt ihm, wie sein ganzes Werk zeigt, die in Rom so hoch geschätzte, fast für unerlässlich gehaltene, grammatisch rhetorische Bildung jener Zeit. Seine Darstellung hat etwas Unbeholfenes, seine Schreibart strotzt von Gräcismen und Ausdrücken, deren sich der feinere Römer enthielt; neuere Kritiker sprechen von seiner plebejen Sprache, und dass er calefaciuntur statt calefiunt sagt, scheint ihnen der Gipfel der Rohheit. Uns Botanikern, denen wohl einmal etwas ähnliches begegnet, ziemt es, ihn mit einem andern Maass zu messen, uns seiner vielseitigen Kenntniss, seiner eigenen Beobachtungen, wie seiner Belesenheit zu erfreuen, und ihm die höchste Achtung dafür zu zollen, dass er, was er mit den Sinnen wahrgenommen, hinterdrein auch mit der Vernunft zu begreifen strebte. Steht er doch darin unter den Römern neben Lucretius beinahe allein. Man könnte ihn nach dem allen für einen geistreichen Autodidakten halten, rühmte er nicht voll Dankbarkeit den Unterricht, den ihm seine Aeltern ertheilen liessen, und zwar vorzüglich in derjenigen Kunst, welche eine wissenschaftliche Bildung, ja eine Uebersicht aller Wissenschaften voraussetze [4]), in der Baukunst.

---

1) Bekannt gemacht im *Rheinischen Museum für Philologie*, von *Welcker und Ritschl*. *Neue Folge, Jahrg. III, S. 467.*

2) *Vitruv. II, praefat.· Mihi staturam non tribuit natura.*

3) *Idem VI, praefat.: Potius tenuitatem cum bona fama, quam abundantiam cum infamia sequendam probavi.*

4) *Itaque ego maximas infinitasque parentibus ago atque habeo gratias, quod ... me arte erudiendum curaverunt, et ea, quae non potest esse probata sine literatura encyclioque doctrinarum omnium disciplina. Ibidem.*

Sein Werk widmete er dem Kaiser Augustus, doch schon Julius Cäsar (ermordet 44 v. Chr.) war auf ihn als Architekten aufmerksam geworden [1]), was schwerlich lange vor dem 30. Jahr seines Lebens geschehen konnte. Augustus selbst hatte ihn zur Anfertigung von Kriegsmaschinen gebraucht, und liess ihm, als diese Beschäftigung aufhörte, auf Verwendung seiner Schwester Octavia seinen Gehalt als Pension. Den Namen Augustus, mit welchem Vitruvius den Kaiser bezeichnet, indem er von einem Tempel desselben zu Colonia Fanestris redet, nahm derselbe erst im Jahr 27 v. Chr. an. Früher schrieb Vitruvius also nicht; und nicht später als 13 v. Chr. Denn bis zu der Zeit besass Rom nur ein einziges steinernes Theater, jetzt bekam es auf einmal noch zwei der Art; Vitruvius spricht aber von dem steinernen Theater zu Rom so, dass man sieht, es sei zu seiner Zeit noch das einzige gewesen. Hirt [2]), dem ich diese Zeitbestimmungen, welche allgemeine Anerkennung fanden, entnehme, geht noch weiter. Den Tempel des Quirinus zu Rom, sagt er, nenne Vitruvius als einen solchen, der zur Gattung Dipteros gehöre. Dieser Tempel aber ward nach Dion Cassios [3]) erst im Jahr 16 vor Chr. von Augustus erbauet und eingeweihet. Folglich muss Vitruvius sein Werk zwischen den Jahren 16 und 13 v. Chr. geschrieben haben. Dagegen bemerkt Sachse [4]), Augustus hätte

---

1) Ich setze die Stelle, woraus sich dies und mehreres folgende ergiebt, ganz hierher: *Ideo quod primum parenti tuo* (dem Cäsar) *de eo* (es war von Bauten die Rede) *fueram notus, et ejus virtutis studiosus; cum autem concilium coelestium in sedibus immortalitatis eum dedicavisset, et imperium parentis in tuam potestatem transtulisset: idem studium meum in ejus memoria permanens in te contulit favorem. Itaque cum M. Aurelio et P. Numisio et Cn. Cornelio ad apparationem balistarum et scorpionum reliquorumque tormentorum perfectionem fui praesto, et cum eis commoda accepi. Quae cum primo mihi tribuisti, recognitionem per sororis commendationem servasti. Vitruv. I, praefat.*

2) *Hirt über die Zeit, worin Vitruvius schrieb; im Museum der Alterthums-Wissenschaft von Wolf. Band 1 (1806) Seite 219 ff., besonders Seite 228 und 229*

3) *Dio Cass. LIV, cap. 19.*

4) *Sachse, Geschichte und Beschreibung der alten Stadt Rom (Band I, 1824; II, 1828) II, Seite 100.*

diesen im Jahre 49 v. Chr. abgebrannten Tempel nur wieder erneuert, wahrscheinlich hätte derselbe schon vor seiner Zerstörung der Gattung Dipteros angehört, und andere „oben angegebene" Gründe schienen überwiegend dafür zu sprechen, dass Vitruvius sein Werk nicht erst gegen das Jahr 14 v. Chr. geschrieben habe. Vergebens bemühete ich mich die hier angezogene frühere Stelle in dem weitschichtigen Werk zu finden, es müsste denn die Stelle Band I, Seite 518 gemeint sein, wo beiläufig und· g a n z o h n e B e w e i s die Behauptung vorkommt, Vitruvius hätte sein Werk ungefähr gegen 30 v. Chr. geschrieben. Wie aber, frage ich, konnte sich dieser um jene Zeit auf ein Gebäude als Beispiel berufen, welches vom Jahre 49 bis 16 v. Chr. gar nicht existirte? Giebt es keine besseren Gegengründe, so müssen wir Hirts Zeitbestimmung vollkommen beitreten. Allein einen andern Irrthum bei Hirt darf ich nicht unbemerkt lassen. Aus einer oben angeführten Stelle folgert er, schon unter Julius Cäsar hätte Vitruvius als Kriegsbaumeister gedient, und von Augustus als Veteran seines Vaters einen Ruhegehalt bekommen. Das würde zu der Zeit, da Vitruvius schrieb, ein sehr hohes Greisenalter voraussetzen; und doch lässt sich aus mehreren Stellen seines Werks [1]) nicht verkennen, dass er sich, wiewohl bei Jahren, doch noch zur Ausführung grösserer Bauten dem Kaiser zu empfehlen wünschte. Vitruvius sagt aber auch in jener Stelle keineswegs, was Hirt ihn sagen lässt. Als Baukünstler war er zwar schon dem Cäsar bekannt, zur Anfertigung von Kriegsmaschinen benutze ihn erst Augustus selbst. Er spricht von Abnahme seiner Kräfte durch Krankheit; darin, nicht in seinem hohen Alter, scheint der Grund der Fortdauer seines Gehalts zu liegen. Vorausgesetzt, er hätte bei Cäsars Tode 30 Jahr gezählt, so war er im Jahr nach der Wiedererbauung des quirinischen Tempels 59 Jahr alt; und weit

---

1) *Vitruv. II, praefat.*: *Mihi, imperator, staturam non tribuit natura, faciem deformavit aetas, valetudo detraxit vires. Itaque, quoniam ab his praesidiis sum desertus, per auxilia scientiae scriptaque, ut spero, perveniam ad commendationem.* — Und so in den Vorreden mehrerer Bücher.

dürfte sich diese Annahme gewiss nicht von der Wahrheit entfernen. Das ist aber auch alles was wir von dem Leben dieses merkwürdigen Mannes wissen oder mit Grund vermuthen können.

Drittes Kapitel.
Die Heilmittellehre der Römer.
§. 58.
Uebersicht ihrer Geschichte nach Plinius.

Auf diesem in Griechenland mit Vorliebe angebauten Felde wird unsere römische Aehrenlese fast leer ausgehen. Die Wissenschaft der Medicin stand bei den älteren Römern in sehr geringer Achtung. Bei einfacher Lebensweise, kriegerischer Abhärtung bedurfte man ihrer selten, und auf der Stufe der Geistesbildung, auf welcher der ächte alte Römer stand, genügte ihm im Nothfall ein einfaches Hausmittel, eine Beschwörungsformel oder ein Orakelspruch seiner Priester, und ward ihm der Schmerz einer Krankheit unerträglich, verlor er die Hoffnung der Wiederherstellung, so galt ein freiwilliger Tod nicht nur für erlaubt, sondern ehrenvoll [1]). Zwar lockte Gewinnsucht griechische Aerzte schon zu Cato's Zeiten nach Rom; dass aber einer dem andern widersprach und entgegenhandelte, untergrub das Vertrauen zu ihrer Kunst, und dass sie dieselbe um Lohn ausübten, galt für Wucher. Es ist merkwürdig, was Cato darüber an seinen Sohn schreibt: „Ueber diese Griechen werde ich an seinem Ort sagen, mein Sohn, was ich zu Athen erfahren habe, und werde zeigen, dass es gut sei ihre Schriften zu durchblättern, nicht zu studiren. Es ist ein nichtswürdiges unverbesserliches Geschlecht. Und dies lass dir

---

1) Vergl. *Stäudlin Geschichte der Vorstellungen und Lehren vom Selbstmorde (1824) Seite 52 ff*.
2) *Plin. hist. nat.* XXIX, cap. 1 sect. 7.

als eine Weissagung gesagt sein: sobald als uns dies Volk seine Literatur giebt, wird es alles verfälschen, zumal wenn es seine Aerzte schickt. Sie haben sich verschworen, sämmtliche Barbaren mit Medicin zu tödten; und das thun sie sogar gegen Lohn, um Vertrauen einzuflössen und desto sicherer zu vernichten. Auch uns nennen sie Barbaren, und besudeln uns vor andern mit dem Namen der Dummköpfe. Ich untersage dir die Aerzte." — Plinius, der uns diese Stelle aufbewahrte, setzt hinzu: „Nicht die Sache verdammten die Alten, sondern die Kunst; vor allem aber wollten sie nicht, dass man einen ungeheuren Preis für das Leben zum Gewerbe mache. Darum, sagt man, hätten sie den Tempel des Aeskulapius, wiewohl auch dieser Gott Aufnahme fand, ausserhalb der Stadt, und zwar auf einer Insel erbauet; und nachdem sie die Griechen aus Italien vertrieben, hätten sie die Aerzte erst lange nach Cato wieder aufgenommen. Ich sage noch mehr von ihrer Vorsicht: nur diese Eine Kunst der Griechen verschmähet des Römers Würde. Trotz ihrer Einträglichkeit befassten sich mit ihr sehr wenige Quiriten, und die es thaten, gingen alsbald zu den Griechen über. Ja wer anders als griechisch über sie schreibt, wird weder von Nichtkennern noch Kennern der Sprache geachtet; und man trauet ihm um so weniger, wenn man das, was zur Heilung führen soll, versteht." — Mögen die Farben in beiden Stellen noch so stark aufgetragen sein, ganz widersprechen konnten sie wenigstens der öffentlichen Meinung nicht.

Volles Vertrauen verdient aber jedenfalls, was Plinius in Form eines Vorwurfs gegen seine Landsleute über ihre **Vernachlässigung der Heilmittellehre** sagt. Denn diese hielt er selbst hoch in Ehren, und trennte sie ganz von der ihm verhassten wissenschaftlichen Therapie der Griechen. „Um die **Kunde der Heilpflanzen**, sagt er[1]), machten sich die Unsrigen, sonst alles Nützliche und Würdige sich anzueignen begierig, weniger als billig verdient. Der erste und lange der einzige, der sie kurz berührte, und selbst die Thierheilkunde nicht überging, war Mar-

---

1) *Plin. hist. nat.* XXV, *cap.* 2 *sect.* 2, 3.

cus Cato, jener Lehrer aller guten Künste. Nach ihm befasste sich damit ein einziger der Vornehmen, der durch seine Gelehrsamkeit berühmte Cajus Valgius, in einem unvollendet gebliebenen Werk an den göttlichen Augustus, eine ehrfurchtsvolle Vorrede damit eröffnend, dass vor allem jenes Fürsten Majestät von sämmtlichen menschlichen Uebeln zu heilen sei. Vor ihm hatte darüber unter uns, so viel ich ermittelte, der einzige Pompejus Lenäus, Pompejus des Grossen Freigelassener geschrieben, um die Zeit, als diese Wissenschaft, wie ich finde, zuerst zu uns gelangte."

Auf drei Schriftsteller, auf Cato, Lenäus und Valgius, unter denen noch dazu der zweite nicht einmal Römer von Geburt war, beschränkt also Plinius die ganze römische Literatur der Heilmittellehre, ja der Medicin überhaupt, indem nach ihm die wenigen Römer, die sich mit der Medicin ausser der Heilmittellehre befassten, griechisch schrieben. Bei Cato hat er offenbar nur das im Auge, was beiläufig von Heilmitteln in seinem Werk über die Landwirthschaft vorkommt, und wir schon kennen lernten. Das Original, welches Lenäus ins Lateinische übersetzte, die geheimen Memoiren des Königs Mithridates, wurden auch schon früher besprochen. Es bleibt mir somit nur noch wenig über ihn und einiges über Valgius zu sagen übrig. Dazu werden aber im folgenden Zeitalter noch mehrere kommen, die Plinius ausliess, in diesem wenigstens Einer, den wir nicht übergehen dürfen, der Dichter Aemilius Macer.

§. 59.

Lenäus Pompejus.

Einige biographische Notizen über ihn hinterliess uns Suetonius in seinem Büchlein von berühmten Grammatikern (cap. 16), woraus von selbst folgt, dass er nicht Arzt, sondern Grammatiker war, wie ihn auch Plinius wenige Zeilen nach der zuletzt angeführten Stelle ausdrücklich nennt. Ob uns sein Name berechtigt, ihn für einen Griechen aus Lenos [1]), einem kleinen Ort bei Pisa (Olympia) in Elis zu halten, weiss ich nicht. Als Gerücht erzählt Suetonius, er wäre noch als Knabe aus der Gefangenschaft entsprungen und in sein Vaterland zurückgekehrt; nachdem er die freien Künste erlernt, wäre er mit Lösegeld zu seinem Herrn zurückgekehrt, von diesem aber wegen seiner Talente und Kenntnisse umsonst freigelassen. Den Pompejus soll er fast überall hin begleitet, und sich nach dessen und dessen Kinder Tode durch Unterricht erhalten haben. Von seinen literarischen Leistungen erwähnt Suetonius nur einer äusserst bittern (nach den daraus angeführten Schimpfwörtern vielmehr groben) kritischen Satire gegen den Geschichtschreiber Sallustius, der sich unziemliche Aeusserungen gegen seinen hochverehrten Patron Pompejus erlaubt hatte (Sallustius war bekanntlich ein Anhänger Cäsars, also von der Gegenpartei). Von seiner Uebersetzung oder Bearbeitung der mithridatischen Schriften schweigt Suetonius. Plinius führt folgendes daraus an; denn dass es diesem Werk entnommen sei, leidet wohl keinen Zweifel.

„Zwei Arten des Lorbeers unterschied Cato, den delphischen und den cyprischen. Pompejus Lenäus fügte den dritten hinzu, den er den **Mostkuchenlorbeer** (mustaceum) [2]) nannte, weil er den Mostkuchen untergelegt würde. Dieser habe ein sehr grosses weiches unterwärts weissliches Blatt; der delphische (auf beiden Seiten) gleichfarbige grüne Blätter, und grosse grün-röthliche Beeren; mit ihm kränzten sich die delphischen Sieger und römischen Triumphatoren. Das Blatt des cyprischen sei kurz, dunkel und am Rande kraus [3])."

---

[1] *Stephanos de urbibus voce Λῆνος.*
[2] Das Recept zu diesem Kuchen giebt *Cato cap. 121.* Er bestand aus Speltmehl Most einigem Gewürz Fett Käse abgeschabter Lorbeerrinde, und ward auf Lorbeerblättern gebacken. Daher das hübsche Sprichwort bei *Cicero (ad Atticum V, epist. 20): Laureolam in mustaceo quaerere,* **sich ein Lorbeerkränzchen im Mostkuchen suchen.**
[3] *Plin hist. nat. XV, cap. 30 sect. 39.*

„Die Myrice, welche Lenäus Erice nennt, vergleicht er den amerischen Ruthen¹). In Wein gekocht, gepulvert und mit Honig eingerieben, heile sie Karzinome²)."

„Dem Mithridates eignete Krateuas eine Pflanze zu, Mithridatea genannt.... Eine andere, zu der er eigenhändig Scordotis oder Scordion geschrieben, eignete ihm Lenäus zu. Sie ist eine Elle hoch, mit vierkantigem Stengel, ästig, den Eichen ähnlich, mit wolligen Blättern. Sie wächst im Pontos auf fetten feuchten Feldern, von bitterem Geschmack. Es giebt auch eine andere Art davon mit breiteren Blättern, dem Mentastrum ähnlich. Jede leidet vielerlei Anwendung für sich, und zugleich mit andern in Gegengiften³)."

Daraus, dass in allen drei Stellen nicht Mithridates, sondern Lenäus redend eingeführt wird, und dass derselbe sogar eine Pflanze, die Mithridates anders benannt hatte, in eine Mithridatea umtaufte, — denn so verstehe ich die letzte Stelle, — scheint zu folgen, dass Lenäus nach Art damaliger Uebersetzer (z. B. des Dionysios Itykäos) sich nicht eben streng an sein Original band, sondern so viel von dem Seinigen hinzuthat, dass Plinius das Werk als das des Lenäus betrachten konnte. Ob die Zusätze jedoch über das Grammatische hinausgingen, bleibt zweifelhaft.

---

1) Die amerische Weide (von Ameria, dem heutigen Amelia zwischen Rom und Spoleto), die man zum Binden benutzte, nennt Plinius bald (*XVI, cap. 37 sect. 69*) weisser (*candidior*) als die rothe griechische, bald (*XXIV, cap. 9 sect. 37*) spricht er wieder von der schwarzen amerischen Weide. *Columella (IV, cap. 30 sect. 4)*, dem wir hier mehr trauen dürfen, giebt ihr dagegen zarte röthliche Ruthen. Das kann unsre *Salix purpurea* sein, die sich recht gut zum Binden eignet. Nach *Dalechamp (hist. plantar. Lugdun. II, pag. 268)* hat sich der Name *Amarine* um Lyon für eine Weide, die ich jedoch nicht zu enträthseln weiss, erhalten.

2) *Plin. hist. nat. XXIV, cap. 9 sect. 41.*

3) *Ibid. XXV, cap. 5 sect. 26, 27.*

§. 60.
Cajus Valgius Rufus.

Ueber diesen Mann handelt Weichert[1] so ausführlich, und uns bietet derselbe so wenig dar, dass ich mich kurz fassen kann. Er war des Horatius und, wenn der dem Tibullus zugeschriebene Glückwunsch an Messala ächt ist, was Weichert bestreitet, auch des Tibullus Freund. Selbst Dichter, doch berühmter als Grammatiker und Lehrer der Beredtsamkeit, und als solcher ein Schüler des Apollodoros, des Lehrers des Augustus, hatte er sorgfältig seines Lehrers Rhetorik ins Lateinische übersetzt, und selbst ein grammatisches Werk, wie es scheint, in Form von Briefen verfasst. Ausserdem hatte er Epigramme und Elegien geschrieben. All diese Werke werden von Quintilianus und den späteren Grammatikern häufig citirt. Des unvollendet gebliebenen Werkes **über die Heilpflanzen** gedenkt dagegen niemand ausser Plinius in der schon angeführten Stelle.

Im Jahre 12 v. Chr. war dieser Valgius nachgewählter Consul. Vorausgesetzt nun, dass sein Pflanzenwerk durch den Tod unterbrochen ward, so ist es vermuthlich bald nach jenem Jahr angefangen. Wie weit es über die Vorrede hinaus gediehen, wissen wir nicht, und erhalten hat sich daraus keine Zeile. Wir können also weitergehen zu dem einzigen hierher gehörigen Schriftsteller, den Plinius ausliess, zu:

§. 61.
Aemilius Macer Veronensis.

Es gab in Rom beinahe gleichzeitig zwei Dichter dieses Namens, die oft verwechselt, doch schon von Joseph Scaliger in seinen Anmerkungen zum Eusebios[2] sehr richtig unterschieden wurden. Der jüngere geht uns nichts an. Der ältere, aus Verona

---

3) *Weichert poëtarum Latinorum, Hostii, Laevii etc. vitae et carminum reliquiae. Lipsiae 1830. 8. Pag. 201—240.*

1) *Eusebii thesaurus temporum, opera et studio J. J. Scaligeri. Ibique Scaligeri animadversiones pag. 157.*

Buch IV. Kap. 3. §. 61.

gebürtig, der Freund des Tibullus[1]) und des Virgilius[2]), starb nach Hieronymus[3]) im dritten Jahre nach Virgilius, also 15 v. Chr., und zwar in Asien. Auch Ovidius, der Freund jenes jüngern Aemilius Macer, hatte ihn noch vorlesen hören, wie er selbst bezeugt in den Versen, die zugleich auf seine drei Hauptwerke anspielen[4]):

„Oftmals las sein Geflügel vor mir der bejahrtere Macer,
Welches Gewürm Mord droht, welcherlei Kraut es bezwingt."

Die Titel zweier dieser Gedichte erhielten uns die Grammatiker, den der Ornithogonie Diomedes[5]), den der Theriaka Charisius[6]): den des dritten zu errathen, macht uns Quintilianus[7]) leicht, indem er sagt, Macer hätte vergebens den Nikandros nachgeahmt. Das geht zum Theil gewiss auf die Theriaka, denen sich aber, wie bei Nikandros selbst, höchst wahrscheinlich Alexipharmaka, die Mittel zur Verscheuchung der Schlangen und Heilung ihres Bisses anschlossen, wie schon des Ovidius Schlussworte verrathen. Auf die beiden genau verbundenen medicinischen

---

1) *Tibulli II, eleg. 7.*
2) *Servius ad Virgil. eclog. 5 vers. 1.*
3) *Euseb. studio Scaliger. pag. 155.* Hier steht bei *Olymp. 190, 1: Aemilius Macer Veronensis poëta in Asia moritur.* In der Ausgabe von *Majo pag. 370* steht dasselbe zwei Jahr später und mit dem Zusatz: *in Asia nascitur et moritur.* Das ist lächerlich, und muss, wenn es wirklich von Hieronymus herrührt, in das bei ihm fast auf jeder Seite vorkommende *agnoscitur* verwandelt werden. *Fabricius (bibl. graec. XIII, pag. 39)* und *Saxe (onomastic. literar. I, pag. 184)* setzen nach demselben Zeugniss seinen Tod in das Jahr 17 v. Chr., *Hamberger (zuverlässige Nachrichten 1, S. 567)* in das Jahr 20 v. Chr.
4) *Ovid. trist. IV, eleg. 10 v. 44.* Der Pentameter lautet: *Quaeque necet serpens, quae juvet herba, Macer;* das heisst offenbar, *quae juvet contra serpentes,* was Voss in seiner Uebersetzung durch die Worte: welcherlei Kraut uns erquickt, nicht ausdrückte. Man sehe die Vorrede zu seinem *Tibull.*
5) In der Sammlung von *Putsch pag. 371.*
6) *Ibidem pag. 61.*
7) *Quintilian X, cap. 1 sect. 56.*

Gedichte zugleich scheinen sich dann die Verse des Dionysius Cato [1]) zu beziehen:

„— — — Bist mehr du beflissen der Kräuter
Heilkräft' auszuspähn, es erklärt im Gedicht sie dir Macer,
Dass vom Körper du leicht abwendest jegliche Krankheit."

Gesetzt nun, was schon an sich nicht unwahrscheinlich, beide Werke hätten sich dem Inhalt nach genau an ihre Vorbilder gehalten, so wäre damit zugleich das Räthsel gelöst, warum Plinius den Macer nicht neben dem Cato, Lenäus und Valgius, zu den lateinischen Schriftstellern über Arzneipflanzen zählte. Im Verzeichniss seiner Quellen nennt er ihn bei Buch IX, X und XI, die von den Fischen Vögeln und Insecten handeln, er nennt ihn nicht bei Buch XX und den folgenden, die von den Arzneipflanzen handeln; hier nennt er den Nikandros selbst. Geht nicht auch daraus hervor, dass die Ornithogonie ein Originalwerk, die Theriaka und Alexipharmaka blosse Uebersetzungen waren? und dass wir Botaniker bei deren Untergang wenig verloren haben?

Die wenigen und ganz unbedeutenden Fragmente der Gedichte des Macer, die sich bei den Grammatikern erhielten, sammelte Broukhusius in seinen Noten zum Tibullus (II, eleg. 6), woraus sie in Fabricii bibliotheca graeca (XIII, pag. 36) übergingen. Nur Ein Vers [2]) verdient hier eine Stelle:

Inter praeteritas numerabitur ocymus herbas.

Man vergleiche die Bemerkung über Ocimum im Verzeichniss der bei Cato vorkommenden Pflanzen [3]).

Das ist alles, was wir von den botanischen Leistungen der Römer vom Aufgang bis zum Culminationspunkt ihrer Literatur

---

1) *Catonis distich. II, prooem.*
2) Bei Charisius, in der Sammlung von *Putsch pag. 55.*
3) Ueber das ins Mittelalter gehörige Gedicht des *Macer Floridus de virtutibus herbarum* wird später zu sprechen sein. Ich bemerke das nur, weil es früher den Namen des Aemilius Macer trug, und selbst lange nachdem man den Irrthum eingesehen hatte, in den Handbüchern der Literatur immer noch beim Aemilius Macer besprochen zu werden pflegte.

Buch IV. Kap. 3. §. 61.

wissen oder mit Grund vermuthen können; nicht einmal dem gleich zu stellen, was die Griechen auf demselben Felde lange vor Theophrastos und Aristoteles geleistet hatten, obschon diese griechischen Heroen der Naturwissenschaft nebst vielen uns verloren gegangenen Nachfolgern derselben den Römern bekannt waren, und als Muster vorleuchteten. Wie unwissend und leichtgläubig aber selbst hochgebildete Römer ausser den genannten in botanischen Dingen waren, davon zum Schluss nur ein einziges Beispiel. Mit Recht sagt Plinius [1]), er wundere sich, dass Trogus geglaubt habe, bei den Babyloniern würden die Blätter der Palme gesäet (das heisst freilich gesteckt), und daraus erwüchse der Baum. Das ist der als Historiker berühmte Trogus, der auch von den Thieren geschrieben haben soll [2]).

---

1) *Plin. hist. nat. XVII, cap. 10 sect. 9.*
2) *Charisius apud Putschium pag. 79.* Was Plinius sonst, namentlich *XI, cap. 39 sect. 94* und *cap. 42 sect. 114*, von ihm anführt, scheint eher einer auf Vergleiche mit Thieren gegründeten Physiognomik des Menschen, als einer Thiergeschichte entnommen zu sein.

Register.

Accoramboni 93, Note.
Achilles 2.
Adam 1.
Aegypter 2.
Aemilius Macer Veronensis 393, 396 ff.
Aeschrion 291.
Aesculap 2.
Agatharchides Knidios 311 ff.
  „   Samios 268.
Agathokles Chios 291.
Agathyrsides Samios 268.
Agnonides 143.
Akademische Schule 75.
Akron Akragantinos 59.
Alexandros der Grosse 83, 86, 87.
Alexias 12.
Alfredus Anglicus 326.
  „   de Sarchel 326.
Alkippos 147.
Amerios Makedo 266.
Amphilochos Athenäos 291, 285, 366.
Anakreon 267.
Anaxagoras Klazomenios 59.
Anaximander 294.
Anaximandros Milesios 35.
Anaximenes Milesios 36.
Anaxipolis Thasius 291.
Andreas 234, 273.
  „   Bibliägisthos 235, 236.
  „   Chrysareos 234, 236.
  „   Comes 234,
  „   Karistios 234, 236.
Andronikos Rhodios 156.

Androsthenes 22.
Androtion 15, 291.
Antigonus Cymäus 291.
  „   Karystios 271, 272.
Apellikon 336.
Apollodoros 282.
  „   Lemnios 16, 291.
Apollon 2.
Apollonios Biblas 243.
  „   Empirikos 243.
  „   Memphites 241.
  „   Mys 241.
  „   Pergamonos 291.
Aratos 274, 294.
Archelaos Aegyptios 271.
  „   Chersonesites 271.
  „   König von Kappadokien 292, 294, 305.
Archibius 294.
Archytas 22, 291.
Aristandrus Atheniensis 291, 305.
Aristobulos 163.
Aristodemos 314.
Aristomachos Athenäos 265.
Aristomenes 291.
Aristophanes Mallotes 291, 306.
  „   Milesios 294, 306.
Aristophilos 10.
Aristoteles 5, 6, 33, 81 ff. 291.
  „   sein Leben 81.
  „   seine phytologischen Schriften 88.
  „   Umfang seiner Werke 89.

Register.

Aristoteles. Ausgaben derselben 92.
„ phytologische Auszüge daraus 94.
Uebersetzung derselben 94.
Verwandtschaft der Thiere und Pflanzen 94.
„ Das Leben überhaupt 95.
„ Leben und Seele der Pflanzen 95.
„ Eigene Wärme derselben 103.
Elemente 103, Note.
Einfache Erzeugung 104, Note.
Lebensstufen und Tod 106.
Organe der Pflanzen 108.
Homöomere Körper 110.
Ernährung der Pflanzen 118.
Erzeugung 128.
Die ihm fälschlich beigelegte Schrift von den Farben 195.
Arzneihändler, siehe Pharmakopolen.
Asinius Pollio Trallianus 302, 305.
Asklepiades 257.
Athenagoras 291.
Atome, siehe Anaxagoras.
Attalos III. Philopator König von Pontos 284 ff. 290.
Atticus, siehe Julius Atticus.
Aubert du Petit Thouars 70.
Bacchius Milesius 291.
Bähr, J. Chr. F. 338.
Belos, siehe Bolos.
Biblische Pflanzen, Schriftsteller darüber 3.
Biese, die Philosophie des Aristoteles 88.
Billerbeck, J. 347.
Bion Soleus 291, 293.
Bock, Hieronymus 1.

Bodäus a Stapel 186.
Bolos Demokriteios 280.
„ Mendesios 274, 278 ff.
Bolus, siehe Eubolus 293.
Brandis 34, 74, 88.
Brontinos 270.
Caesennius 378.
Callippus 294.
Cassius Dionysius Uticensis, siehe Kassios Dionysios Itykäos.
Castritius 378.
Cato, siehe Portius Cato.
Celsius, Olaus 3.
Celsus, siehe Cornelius Celsus.
Cesalpini, Andrea 166.
Chaldäer 2.
Chareas Atheniensis 291.
Chares Parios 16.
Charesteus 291.
Chiron 2.
Chrestus, Sohn des Euphron 293.
Chrysippos 12, 14.
„ Parios 22.
Claudius Julius 243.
Cleobulus 280, Note. 293.
Clinton 27.
Columella 290, 292.
Cornelius Alexander 376.
„ Celsus 350.
Crates 291.
Creobulus 280, Note.
Criton 294.
Cuvier 152, Note.
Dadis 291.
Dalion Herbarius 264.
Damion oder Damon 264.
Decimus Silanus 296, 300.
Demetrios 299.
„ Phalereus 151.
Demokritos Abderita 70 ff., 172, 176, 277, 291.

Meyer, Gesch. d. Botanik. I.

Demokritos. Seine Reisen 8.
„ Sein angebliches Georgikon 16.
„ Seine Phytologie 74.
Diagoras 227.
Dierbach 6.
Dikäarchos 193 ff.
Diodoros Prienäos 291.
„ Sikeliotes 312.
Diokles 260.
„ Karystios 12, 13.
Dion Colophonius 291.
Dionysios 250, 291, 304.
Diophanes Bithynos 290, 292, 293, 302.
„ Nicäensis 291, 302, 304.
Dioskurides Alexandrinos 237.
Diphilos Siphnios 228, 367.
Dolus, siehe Bolos Mendesios.
Dositheus 294.
Drumann 339.
Einfache Gewächse, das heisst Arzneipflanzen 1.
Eleaten, deren Schule 33.
Elemente, vier, bei Empedokles 40.
Empedokles Akragantinos 38 ff., 144, Note.
„ Seine Phytologie 46.
Empirische Pflanzenkunde der Griechen vor Aristoteles 5.
Epicharmus 292, 292, Note.
Epigenes Byzantinos 306.
„ Rhodios 291, 306.
Epikuros 81, 82, 148.
Epiphanios 240.
Erasistratos 12, 14, 229.
Euagon Thasius 291.
Eubolus 280, Note, 281, 291.
Eudemos Athenäos 379.
„ Chios, Pharmakopola 11.
„ Pharmakopola 10, 11.
„ Rhodios 11.

Eudoxus 294.
Euphiton 291.
Euphorion 291.
Euphrastos statt Theophrastos 147.
Euphronius Amphipolites 291.
„ Atheniensis 291.
Eutecmon 294.
Fabricius, J. A., 337.
Farben, das Buch von den, 195.
Fee, A. L., 372.
Firmus 378.
Fraas 188.
Funccius, J. N., 337.
Gargilius Martialis 382.
Gaza, Theodor, 185.
Geoponika 17.
Gesner, J. M., siehe Scriptores rei rusticae.
Gräcinus, siehe Julius Gräcinus.
Haller, Albert von, 2.
Hamilcar 297.
Harpalus 294.
Hecatäus 294.
Hegesias Maronites 291.
Heinsius, Daniel, 185.
Heliodoros Athenäos 274.
Heraklides Ephesios 36.
„ Tarentinos 243.
Hermippos 156.
Herodotos 5, 8.
Herophilos 230.
Hesiodos 291, 293.
Hiero Siculus, König von Syrakus, 290, 306.
Hieronymus 397.
Hikesios 261.
Hipparchus 294.
Hippokrates(vergleichePseudo-Hippokrates) 1 .
Hippokratische Schriften, Menge der darin vorkommenden Pflanzen 6.

Hippon 162.
„ Rhegios 62.
Hoffmann, S. F. W. 185.
Homerische Pflanzen 3.
„ Deren Menge 5.
Homerischer Vers gedeutet 20.
Homöomerien des Anaxagoras 59.
Hostilius Saserna 350, 352 ff.
Humboldt, A. von, 31, Note.
Hyginus, siehe Julius Hyginus.
Jolas Bithynus 243.
Ionische Philosophen 30.
Juba 290, 317.
Julius Atticus 350.
„ Gräcinus 350.
„ Hyginus, Cajus, 350, 375 ff.
„ Modestus 376.
Junius Silanus, Decius, 348 ff.
Kain 2.
Kallisthenes 87.
Karneades 335.
Kassandros 148.
Kassianos Bassos 289.
Kassios Dionysios Itykäos, oder Cassius Dionysius Uticensis 290, 292, 301, 304, 349 ff.
Kerkops 270.
Kilikische Gartenkunst 379 ff.
Kleemporos 276.
Kleidemos 23, 169.
Kleitodemos statt Kleidemos, welchen man sehe.
Klotz 340.
Kolos statt Bolos 280.
Krateuas oder Cratevas 250.
Lechincon 60, Note.
Lenäus 288, 393 ff.
Leontion 148.
Leophanes 22.
Leukippos (siehe auch Alkippos) 71.
Lobeck 15.

Lommatzsch 39.
Lucullus 336, 367.
Lysimachus 291.
Macer, siehe Aemilius Macer.
„ Floridus 398, Note.
Maenas Licinius 297.
Magon der Karthager 291, 296 ff., 303.
„ ins Lateinische übersetzt 348 ff.
Manlier, die, 339.
Mantias 232.
Mantius, Cajus, 297.
Marcion Smyrnäus 263.
Martyn, J., 371.
Menander Heracleotes 291.
„ Prienäus 291.
Menecrates Ephesius 291.
Menedemos Rhodios 148, Note.
Menestheus 237.
Menestor 21, 171.
Menestratos 21, 291.
Menetheus 236, Note.
Menetor 21.
Meton 294.
Metrodorus 257.
„ Chius 257.
Micon statt Micton 263, 264.
Miction statt Micton 263.
Micton Smyrnäus 263.
Mikkion statt Mikton 263.
Mikton 263.
Miquel 3, Note.
Mithridates Eupator, König von Pontos, 286, 287 ff., 336.
Mnaseas 291, 297.
„ Milesius 293, 307.
„ Patreus 307.
Mnesitheos Athenäos 260.
Mosaische Schriften 4.
Moschion 296.
Mullach 17.
Müller 3, Note.

Murr 2.
Museion, alexandrinisches, 209, 212 ff.
Myecon oder Mycon statt Mikton 263.
Nestor 379.
Nicesius Maronites 291.
Nikandros Kolophonios 244.
Nikolaos Damaskenos 46, 324 ff., 328.
„ Laodikenos 328.
Nikon statt Mikton 263.
Noah 1.
Nymphäon 84.
Oenopides 293.
Onesikritos 162.
Onomakritos 270.
Oros statt Bolos 280.
Orpheus 15, 271.
Pamphilos Alexandrinos 258.
Parmenides Eleates 37, 61.
Parmeniscus 294.
Patricius 93.
Paxamus 290, 297, 307.
Pazschke 3, Note.
Percennius Nolanus 399.
Peripatetiker 85.
Persis 291.
Peyron 38.
Pflanzen bei Cato 342.
„ in den hippokratischen Schriften 6.
bei Homeros 5.
bei Theophrastos 6.
vor Theophrastos den Griechen bekannt 5.
„ bei Varro 362.
„ bei Virgilius 370.
Phanias Eresios 189 ff.
Pharmakes 266.
Pharmakopolen 8, 9, 10.
Philinos Koos 243.
Philippos, König von Makedonien 81.
Philippus 294.

Philippson 24, 73, Note.
Philosophen, athenisches Gesetz gegen sie 148.
„ aus Rom vertrieben 335.
Philotimos 228.
Photios 312.
Physiker oder Physiologen, ionische 14, 30.
Picton statt Mikton 263.
Platon 34, 74 ff.
Plentiphanes 291.
Plinius 290, 293.
Polybos 64.
Pompejus 336.
Porcius Cato Censorinus, Marcus 335, 339 ff., 350, 378, Note, 381, 393.
Prantl 73, Note, 195.
Praxagoras 12, 13.
Prodikos 270.
Pseudo-Aristoteles 195.
Pseudo-Demokritos 17, 277 ff.
Pseudo-Hippokrates 12, 64.
Pseudo-Orpheus 269 ff.
Pseudo-Plutarchos 55.
Pseudo-Pythagoras 275 ff.
Ptolemäos Epiphanes 211.
„ Energetes 210.
„ Philadelphos 204, 207.
„ Philopator 211.
„ Physkon oder Kakergetes 211.
Soter, der Lagide 148, 203, 206.
Pythagoras 32, 35, 275.
Pythagoreer 32.
Pythagorische Schriften in Rom 335.
Python Rhodius 291.
Reisende Griechen 8.
Retzius 372.
Rhizotomen 8.
Ritschl 89.

Rogerus Herefordensis 326.
Rolos statt Bolos 186.
Rosenbaum 11, Note.
Rosenmüller 3, Note.
Rottböll 340.
Sabinus 258.
„ Tiro 377 ff.
Sakontala 3.
Salomon 2.
Samen der Dinge bei Anaxagoras 59.
Saserna, siehe Hostilius Saserna.
Scaliger, Jul. Cäs., 170, 188.
Schlosser 80, Note.
Schneider 186, 340.
Schweiger. F. L. A., 338.
Scriptores rei rusticae 340.
Scrofa, siehe Tremellius Scrofa.
Servius 367.
Sextilius, Quintus, der Prätor 335.
„ der Prätor 292, 301.
„ Publius, der Quästor 301.
Sibthorp 7.
Sickler, F. K. L., 347.
Silanus, siehe Junius Silanus.
Skylax 8.
Sokrates 61.
Sokratiker 30.
Solon Smyrnäos 265.
Sophisten 30.
Sophokles, des Amphiklides Sohn 148.
Sosigenes 294.
Speculative Phytologie der Griechen 4, 30.
Speusippos 83, 87.
Sprengel, Kurt, 2, Note, 187.
Stackhouse 6, 186.
Stahr 81.
Strabon 313 ff.
Straton Lampsakenos 195.
Stratonikos 258.
Sturz 38.

Sulla 336.
Tarentinos 244, Note.
Tenore 372.
Terentius Varro, Marcus, 290, 354 ff.
Thales 294.
„ Milesios 31, 34.
Theophilus 291.
Theophrastos Eresios 6, 30, 146 ff., 291, 384, Note.
  sein Leben 146.
  erbte des Aristoteles Bibliothek 148.
  widersprechende Urtheile über ihn 149.
  seine Reisen 149.
  sein Garten 151.
  seine Schriften 153.
  seine Geschichte der Pflanzen 157, 159.
  Proben daraus 177.
  sein Werk von den Ursachen der Pflanzen 158. 167.
  seine Phytologie, und zwar Theile der Pflanzen 159.
„ Flos superus et inferus 160.
  Adern der Pflanzen 160.
  Fasern derselben 160.
  Pflanzensystem 162.
  Vorkommen der Pflanzen 162.
  Morphologie derselben 162.
  Krankheiten derselben 163, 176.
  Caprification 164.
  Befruchtung der Palme 164.

Theophrastos. Weiden und Pappeln, ob
  sie unfruchtbar 164.
  Ueberwallung 164.
  Kranzpflanzen 165.
  Anthesis 166.
  Keimung, Verschiedenheiten derselben 166.
  Entstehung, Vermehrung, Wachsthum der Pflanzen 167.
  Falsche Teleologie 169.
  Wärme und Kälte der Pflanzen 171.
  Meteorologie und Geognosie in Bezug auf die Pflanzen 172.
  Umgekehrt gepflanzte Bäume 172.
  Baumpflanzung 173.
  Getreidebau 174.
  Geschmack und Geruch der Pflanzen 176.
  Ausgaben seiner Werke nebst Erläuterungsschriften 177.
  die ihm fälschlich beigelegte Schrift von den Farben 195.
Thrasias, der Rhizotom 11.

Tiraboschi, Girolamo, 338.
Tiro, siehe Sabinus Tiro.
Titze 196.
Tremellus Scrofa, Cnejus, 350, 353 ff.
Tryphiodoros Alexandrinos 259.
Tryphon 258.
Tyrannion 314, 336.
Tyrtamos 147.
Valgius Rufus, Cajus, 393, 396 ff.
Varro, siehe Terentius Varro.
Virgilius Maro, Publius, 350, 370 ff.
Vitruvius Pollio, Marcus, 18, 382 ff.
Voss, Joh. Heinr., 371.
Wallroth, C. F. W., 347.
Weichert 396.
Welcker 2.
Wimmer 6, Note, 93. 188.
Wurzelgräber, siehe Rhizotomen
Wurzeln der Dinge bei Empedokles 47.
Xenarchos 297.
Xenokrates 237.
Xenophanes Kolophonios 33, 36.
Xenophon 291, 296.
Zenon 234, 243, 294.
  „ Eleates 33, 61.
Zopyros 270.
Zoroaster 294.
Zuccarini 7.